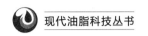
现代油脂科技丛书

花生油加工技术

主　编　郑竟成　田　华
　　　　何东平　李子松

U0189705

中国轻工业出版社

图书在版编目（CIP）数据

花生油加工技术/郑竟成等主编 . —北京：中国轻工业出版
社，2019.12
ISBN 978-7-5184-2603-4

Ⅰ.①花… Ⅱ.①郑… Ⅲ.①花生油—油料加工 Ⅳ.①TS225.1

中国版本图书馆 CIP 数据核字（2019）第 168162 号

责任编辑：张 靓 责任终审：劳国强 整体设计：锋尚设计
责任校对：晋 洁 责任监印：张 可

出版发行：中国轻工业出版社（北京东长安街 6 号，邮编：100740）
印 刷：三河市国英印务有限公司
经 销：各地新华书店
版 次：2019 年 12 月第 1 版第 1 次印刷
开 本：720×1000 1/16 印张：30.25
字 数：590 千字
书 号：ISBN 978-7-5184-2603-4 定价：98.00 元
邮购电话：010-65241695
发行电话：010-85119835 传真：85113293
网 址：http：//www.chlip.com.cn
Email：club@chlip.com.cn
如发现图书残缺请与我社邮购联系调换
190341K1X101ZBW

本书编写人员

主　编

郑竟成　武汉轻工大学

田　华　武汉轻工大学

何东平　武汉轻工大学

李子松　山东省兴泉油脂有限公司

参　编

罗　质　武汉轻工大学

潘　坤　益海嘉里金龙鱼粮油股份有限公司

向红莉　遵义市粮油质量监测中心

吴建宝　武汉轻工大学

李正民　山东省兴泉油脂有限公司

王爱月　山东省兴泉油脂有限公司

前　言

花生是一年生草本植物，是优质食用油脂的主要油料品种之一，它的果实为荚果，有蚕茧形、串珠形和曲棍形。花生果壳内的种子通称为花生仁，由种皮、子叶和胚三部分组成，这就是人们通常所食用、加工的部分。我国是世界上最大的花生生产、出口和消费国，随着我国花生消费量的增大，花生的种植面积、种类都在不断地增多。花生的营养价值很高，测定结果显示花生脂肪含量为45%～60%，蛋白质含量为22%～36%，含糖量为20%左右，花生仁中含丰富的脂肪和蛋白质，特别是不饱和脂肪酸的含量很高，还有植物甾醇、维生素 E 等植物活性物质，同时氨基酸分布广泛，富含人体必需的 8 种氨基酸，不论添加到动物性食品或植物性食品中，都能起到改善食品品质、强化食品营养的作用，适宜制作各种营养食品。

十五年前我们出版了《浓香花生油制取技术》一书，在此基础上增加了一些内容，出版《花生油加工技术》一书，目的是为中国的花生油及产业助力。

本书编写人员有：武汉轻工大学郑竟成（第一章、第四章、第六章），武汉轻工大学何东平（第二章），益海嘉里金龙鱼粮油股份有限公司潘坤（第三章），武汉轻工大学罗质（第五章），山东兴泉油脂有限公司李子松（第七章），山东兴泉油脂有限公司李正民、王爱月（第八章），遵义市粮油质量监测中心向红莉（第九章），武汉轻工大学田华（第十章、第十一章），武汉轻工大学吴建宝（第十二章）。本书由郑竟成、田华、何东平、李子松主编。

感谢中国粮油学会首席专家、中国粮油学会油脂分会名誉会长王瑞元教授级高工；江南大学王兴国教授、金青哲教授、刘元法教授；河南工业大学刘玉兰教授、谷克仁教授；中国粮油学会油脂分会周丽凤研究员等专家对本书的支持和帮助。

感谢武汉轻工大学油脂及植物蛋白创新团队的胡传荣教授、雷芬芬博士、曹灿老师；赵康宇、孔凡、杨威、周张涛等研究生对本书的贡献。

本书得到山东兴泉油脂有限公司出版资助，特表谢意。

由于编著者水平有限，书中不妥或疏漏之处恐难避免，敬请读者不吝指教。

本书相关信息请登录中国油脂科技网（http：//www.oils.net.cn）查询。

编　者

目录

第一章　花生和花生油

花生（*Arachis hypogaea* Linn.）为蔷薇目、豆科、花生属的一年生草本植物。根部有丰富的根瘤；茎和分枝均有棱，叶纸质对生；叶柄基部抱茎，卵状长圆形至倒卵形，先端钝圆形，两面被毛，边缘具睫毛；叶脉边缘互相联结成网状；花长约 8mm；苞片披针形；花冠黄色或金黄色，旗瓣开展，翼瓣与龙骨瓣分离，长圆形或斜卵形，花柱延伸于萼管咽部之外，荚果膨胀，荚厚，6~8 月花果期。花生植株图见图 1-1。

图 1-1　花生植株图

世界生产花生的国家有 100 多个，亚洲最为普遍，其次为非洲。但将花生作为商品生产的仅 10 多个国家，主要生产国中以印度和中国栽培面积和生产量最大，其他国家有塞内加尔、尼日利亚和美国等。

中国花生分布很广，各地都有种植。主产地区为山东、辽宁东部、广东雷州半岛、黄淮河地区以及东南沿海的海滨丘陵和沙土区。其中以北方的河北、河南，江苏、安徽两省北部等地区较多，山东半岛、山东中南丘陵、河北东滦河下游、河南东黄泛区以及江苏、安徽两省淮北地区是中国北方花生的重点产区。

随着我国花生消费量的增大，花生的种植面积、种类都在不断地增多。目前我国花生的品种有一百多种，有四粒红、中花、郑农、远杂、花育、青兰、徐花、海花、鲁花、豫花、泉花、湘花等各种型号，近年来还培育出了花生新品种如五彩花生、黑花生、白粒花生等。

我国的花生大约有 60% 用于榨油，30% 直接食用，10% 用于出口。花生的营养价值很高，测定结果显示花生脂肪含量为 45%～60%，蛋白质含量为 22%～36%，含糖量为 20% 左右，花生仁中含丰富的脂肪和蛋白质，特别是不饱和脂肪酸的含量很高，还有植物甾醇、维生素 E 等植物活性物质，同时氨基酸分布广泛，富含人体必需的 8 种氨基酸，不论添加到动物性食品或植物性食品中，都能起到改善食品品质、强化食品营养的作用，很适宜制作各种营养食品。花生是一百多种食品的重要原料，由于花生在烘烤过程中有吡嗪类化合物、醛类、酮类、酯类等一系列芳香物质挥发出来，使得花生加工产品具有特殊的浓郁香味，赋予花生更多的功能性品质。它除了可以用于制取花生油之外，还可以通过炒、炸、煮等烹饪方法加工后供人食用，同时还可以制作成花生酱、花生酥以及各种糖果、糕点等。

第一节　花生果和花生油

一、花生果

花生的果实为荚果，果壳的颜色多为黄白色，也有黄褐色、褐色或黄色的，这与花生的品种及土质有关。花生果壳内的种子通称为花生米或花生仁，是生产食用植物油的原料。花生果仁中提取油脂呈透明、淡黄色，味芳香，种子含脂肪40%～50%，含氮物质 20%～30%，淀粉 8%～21%，纤维素 2%～5%，水分 5%～8%，灰分 2%～4%，维生素等。花生米可以加工成副食品。花生各部分的主要营养成分见表 1-1 至表 1-4。

表 1-1　　　　　　　　　花生果和花生米的组成

组成	花生果		花生米		
	花生壳	花生米	花生红衣	花生仁	胚芽
含量/%	28～32	68～72	3～3.6	66～72	2.9～3.9

表 1-2 花生壳的组成

成 分	含量/%	成 分	含量/%
水分	5~8	还原糖	1.0~1.2
蛋白质	4.8~7.2	淀粉	0.7
脂肪	1.2~2.8	半纤维素	10.1
蔗糖	1.7~2.5	粗纤维	65.7~79.3
戊糖	16.1~17.8	灰分	1.9~4.6

表 1-3 花生红衣的组成

成 分	含量/%	成 分	含量/%
水分	9.01	还原糖	1.0~1.2
蛋白质	11.0~13.4	粗纤维	21.4~34.9
脂肪	0.5~1.9	灰分	2.1
总碳水化合物	48.3~52.2		

表 1-4 花生胚芽的组成

成 分	含量/%	成 分	含量/%
蛋白质	26.5~27.8	蔗糖	12.0
脂肪	39.4~43.0	粗纤维	1.6~1.8
还原糖	7.9	灰分	2.9~3.2

二、花生油（干性油）

花生油的理化常数和脂肪酸组成如表 1-5 和表 1-6 所示。

表 1-5 花生油的理化常数

名 称	参 数	名 称	参 数
相对密度	0.9110~0.9180	折射率	1.4680~1.4720
脂肪酸凝固点/℃	10~12	凝固点/℃	0~3
皂化值/（mgKOH/g）	188~197	碘值/（gI/100g）	94~96

表 1-6		花生油的脂肪酸成分		
成 分	含量/%	成 分	含量/%
豆蔻酸	0.01~2.23	花生酸	1.0~1.88
棕榈油酸	0.08~0.14	油酸	33.3~64.4
硬脂酸	1.75~4.92	亚油酸	13.9~47.5

第二节　花生油的营养价值和花生的经济价值

一、花生油的营养价值

花生油淡黄透明、色泽清亮、气味芬芳、滋味可口，是一种比较容易消化的食用油。花生油含 80% 以上不饱和脂肪酸（其中含油酸 41.2%，亚油酸 37.6%）。另外还含有软脂酸、硬脂酸和花生酸等饱和脂肪酸 19.9%。食用花生油，易于人体消化吸收，可使人体内胆固醇分解为胆汁酸并排出体外，从而降低血浆中胆固醇的含量。花生油中还含有甾醇、磷脂、维生素 E、胆碱等对人体有益的物质。经常食用花生油，可以防止皮肤皲裂老化、保护血管壁、防止血栓形成，有助于预防动脉硬化和冠心病。花生油中的胆碱，还可改善人脑的记忆力，延缓脑功能衰退。

二、花生的经济价值

（一）花生的加工利用

花生俗称"长生果"，是我国重要传统的六大油料作物之一。花生主要用于以下几方面：

（1）花生可以生产普通和浓香花生油、花生蛋白粉、花生蛋白饮料、蛋白糖、花生酱、咸花生、花生酥和花生糖果，以及应用上述花生制品生产千百种花生食品。

（2）以花生油为原料经过进一步加工可生产起酥油、人造奶油、色拉油和调和油。

（3）利用花生饼粕、花生皮壳和花生油精炼的副产物可以开发生产浓缩蛋白、组织蛋白、饲料、食用纤维、纤维板、酱油、糠醛、植酸钙、黏合剂、活性炭、维生素 E、植物甾醇等，广泛应用于食品、医药、饲料和化工等多种行业。

（二）花生加工利用情况

我国生产的花生除少部分作为干果食用之外，大部分作为油料用于制取食用油脂。花生是一项重要的食品资源，近年来国内外营养、食品、化学工作者对它进行了大量研究，取得许多可贵的成果，为花生资源的充分、合理利用开辟了广泛的途径。

花生仁中维生素含量较丰富，100g 花生仁中含维生素 B_1 1.03mg，维生素 B_2 0.11mg，烟酸 10mg，维生素 C 2mg，胡萝卜素 0.04mg，以及胆碱，维生素 E 等。花生仁中不饱和脂肪酸占 80%（油酸占 50%~70%，亚油酸占 13%），饱和脂肪酸占 20%（棕榈酸占 6.1%，硬脂酸 2.6%，花生酸 5.7%），在油中还含有植物甾醇、磷脂等。花生经脱脂后，其蛋白质含量可高达 55%，如用水溶法脱脂，蛋白质含量更可达 70%，比脱脂大豆粉（50%）、鸡蛋（15%）、小麦粉（13%）、牛乳（3%）等蛋白质含量都高。花生蛋白质所含的人体必需氨基酸见表 1-7。

表 1-7　花生蛋白质必需氨基酸的组成　　单位:%

类别	蛋白质含量	赖氨酸	色氨酸	亮氨酸	异亮氨酸	缬氨酸	苏氨酸	苯丙氨酸	甲硫氨酸
脱脂花生粕	55	3.00	1.60	6.62	4.10	4.00	2.50	2.52	0.90
脱脂大豆粕	50	6.28	1.28	7.72	3.10	4.72	4.07	5.20	1.85

花生具有较高的营养价值，是一种廉价的植物蛋白质资源。然而在我国，花生蛋白的开发利用较大豆蛋白开发利用起步迟，开发利用水平低。就花生油的开发而言，我国广大产区除沿用传统的机榨法和浸出法外，近年投产的水溶法是利用水作溶剂、采用高速离心方法将花生中的油与蛋白质分离，该法比有机溶剂浸出设备简单、安全无污染，出油率高，特别是得到的花生蛋白质是低变性的高蛋白花生或花生组织蛋白。花生中所含腹胀物质及抗营养因子较少，烘烤（炒）后能产生一种令人愉快的浓郁的香味，近来花生蛋白食品的开发比较活跃，应市产品也日趋增多。尽管我国花生食品的开发已令人注目，但与发达国家相比，差距甚远。虽然研制项目与产品较多，但还未形成产业优势，产品还没有进入千家万户。

第三节　高油酸花生和花生油

花生是我国重要的油料作物。我国花生常年播种面积 467 万 hm^2，总产约 1400 万 t，占世界花生总产量的 40%；单产 3000kg 以上，仅次于美国和以色列；国际市场上花生贸易量约 150 万 t（子仁），其中 60 万~80 万 t 来自我国，所占市场份额接近 50%。花生子仁中脂肪含量达 50% 左右，其中油酸和亚油酸含量占 80% 左右，且油酸含量高于亚油酸含量。

一、高油酸花生的好处

高油酸花生具有许多好处，有利于消费者健康，是未来花生生产和消费的根本方向。具体体现：

（1）有选择地降低人体低密度胆固醇，不破坏高密度胆固醇，延缓心脑血管疾病。

（2）高油酸花生的棕榈酸含量只有普通油酸花生的一半，更有利于人体健康。

（3）提高花生及花生油的抗氧化能力和烹调品质，降低有害物质产生。

（4）油酸因分子结构中不饱和的烯键数目少于亚油酸，因而对氧气、高温等环境因子更加稳定，不易酸败，故高油酸油料种子的耐储性好、制品的货架寿命长、油的高温稳定性强。

二、高油酸花生品种

花生高油酸育种起步于 20 世纪 80 年代，从第一个高油酸材料发现开始就付诸育种实践。1995 年发放第一个高油酸花生品种，油酸含量达 80%，截至目前花生高油酸育种历时 25 年，高油酸花生品种已育成 20 多个。高油酸花生品种见表 1-8。

表 1-8　　　　　　　　　　　高油酸花生品种

品种	育成单位	油酸含量/%	油酸/亚油酸	审定地区 年份
锦引花 1 号	锦州农业科学院	79.5	17.3	辽宁 2005
H 花 03~3	开封市农林科学研究院	81.6	29.14	安徽 2007
花育 32	山东省花生研究所	77.8	12.3	山东 2009
开农 61	开封市农林科学研究院	77.72	13.64	河南 2012
开农 176	开封市农林科学研究院	76.8	11.13	河南 2013
花育 51	山东省花生研究所	80.31	23.92	安徽 2013
花育 52	山东省花生研究所	81.45	26.97	安徽 2013
冀花 11	河北农林科学院	80.7	26.03	河北 2013
冀花 13	河北农林科学院	79.6	19.4	全国 2014
花育 961	山东省花生研究所	81.2	24.6	安徽 2014
花育 951	山东省花生研究所	80.47	27.8	安徽 2014
花育 662	山东省花生研究所	82.11	25.98	安徽 2014
开农 1715	开封市农林科学研究院	75.6	10.88	河南 2014
开农 58	开封市农林科学研究院	79.4	20.89	湖北 2014

三、花生油脂肪酸组成及含量

普通花生油油酸含量在 40%~50%，油酸/亚油酸（O/L）1.0~1.5。而高油酸花生油酸含量超过 75% 或油酸/亚油酸（O/L）≥10。从高油酸花生油和普通花生油脂肪酸组成和含量看，高油酸花生油中有利于人体健康的单不饱和脂肪酸含量显著提高，而不利于人体健康的饱和脂肪酸含量减少，极大地改善了花生油的营养品质。高油酸花生油和普通花生油脂肪酸组成及含量见表 1-9。

表 1-9　　　　　　　　　　　花生油脂肪酸组成及含量

脂肪酸	含量/%	
	普通油酸花生油	高油酸花生油
棕榈酸	9.98	6.01
硬脂酸	4.40	3.13
油酸	53.81	81.84
亚油酸	25.01	4.10
花生酸	2.04	1.00
花生一烯酸	1.14	1.39
山嵛酸	3.61	2.54
油酸/亚油酸	2.15	19.96
饱和脂肪酸/不饱和脂肪酸	0.25	0.15

7

四、两种花生油中的微量成分含量的比较

（一）花生油中维生素 E 含量的比较

在高油酸花生品种选育中，除将脂肪酸组成和含量的改良作为主要目标外，深入研究并探明天然维生素 E 的合成途径，并通过基因工程的方法或分子标记对育种后代进行辅助选择，来增加维生素 E 总量和同分异构体的含量也应成为高营养品质花生新品种选育的一个重要目标。高油酸花生油和普通油酸花生油中维生素 E 含量见表 1-10。

表 1-10　　　　　　　　　　花生油中维生素 E 含量　　　　　　　单位：mg/100g

样品	α-维生素 E	γ-维生素 E	$(\alpha + \gamma)$-维生素 E
普通油酸花生油	17.62	14.27	31.89
高油酸花生油	18.94	12.77	31.71

（二）花生油中植物甾醇含量的比较

高油酸花生油和普通油酸花生油中植物甾醇含量见表 1-11。由表 1-11 可知，两种花生油中均检测到 β-谷甾醇、菜油甾醇、豆甾醇、$\Delta5$-燕麦甾醇，4 种植物甾醇，但其含量差异显著。引起植物甾醇变化的可能原因是研究材料的基因型差异。

表 1-11　　　　　　　　　　花生油中植物甾醇含量　　　　　　　单位：mg/100g

样品	β-谷甾醇	菜油甾醇	豆甾醇	$\Delta5$-燕麦甾醇	总植物甾醇
普通油酸花生油	91.30	27.02	19.87	19.96	158.15
高油酸花生油	206.89	53.04	29.95	32.84	322.72

（三）花生油的氧化诱导期与货架期

与普通油酸花生油相比，高油酸花生油是一种营养价值更高、货架期更长、市场潜力和竞争力更强的优质食用油。高油酸花生油和普通油酸花生油的氧化诱导期和货架期见表 1-12。

表 1-12　　　　　　　　　　花生油的氧化诱导期和货架期

样品	氧化诱导期/h	货架期/年
普通油酸花生油	11.70	0.89
高油酸花生油	38.97	4.98

如表 1-12 所示，高油酸花生油的氧化诱导期和货架期也有显著提高，高于普通油酸花生油的货架期。由此可见，与普通油酸花生油相比，通过脂肪酸改良后的高油酸花生油氧化稳定性得到显著提高。产生这一变化的原因主要有两个方面：①脂肪酸含量的变化，由于油酸含量的增加和亚油酸含量的减少，这使得高油酸花生油的氧化稳定性得到显著提高。②微量成分的增加，与普通油酸花生油相比，高油酸花生油中 α-维生素 E 和植物甾醇含量有显著增加，α-维生素 E 相对于 γ-维生素 E 具有更高的氢原子供给能力，因此表现出更好的抗氧化能力，且植物甾醇中 $\Delta5$-燕麦甾醇增加了，$\Delta5$-燕麦甾醇是一种非常重要的抗氧化剂，因此高油酸花生油氧化稳定性得到提高。油脂氧化稳定性与油脂中的微量成分有

着密切关系。维生素 E 和植物甾醇是油脂氧化稳定性的重要影响因素。

因此，我国应大力加强高油酸花生品种的选育与推广应用，并进一步加强高油酸花生油营养品质、氧化稳定性、煎炸特性以及相关营养学方面的研究，为高油酸花生油的应用奠定基础。

五、花生高油酸的检测技术

（一）气相色谱法

气相色谱法是直接检测花生油各种脂肪酸含量的有效方法，也是最可靠的方法，但是常规的气相色谱法需要提取大量花生油，并进行甲酯化或者皂化，以氮气为载气，氢气为燃气，采用归一化法或内标法，步骤繁琐、耗时长、需要样品量大，育种工作者要对大批的后代材料进行检测非常困难。并且因为种子籽粒粉碎后不能延续后代，在待检测材料种子很少时，常遇到检测与育种的矛盾。2010年高慧敏等就报道了一种改进的快速气相色谱测定方法，从花生籽粒上切取0.020g 样品，采用提取液（苯∶石油醚 = 1∶1）提取 5min，再经由 0.5mol/L 甲醇钠酯化 10min 后，即可进行气相色谱分析。

（二）折光指数法

折光指数法是一种花生脂肪酸测定方法，可以快速测定高油酸种质。具体做法如下：取 0.5g 样品装入 2mL 离心管中，用玻棒捣碎后加入 1.0mL 的石油醚，振荡，室温下静置 3~4h，10000r/min 离心 5min，将上清液移到新的 1.5mL 离心管中，敞口置于通风橱以挥发干石油醚，即得到花生油；使用折光仪（数字式折光仪或手持式折光仪）测定花生油在环境温度下的折射率，校正为标准温度下的折射率，建立油酸质量含量与折射率的对应关系。

第二章　花生的干燥和储藏

第一节　花生的干燥

一、花生干燥的目的

花生的干燥是指高水分油料脱水至适宜水分的过程。花生有时水分含量高，为了安全储藏，使之有适宜水分，干燥就十分必要。利用干燥设备加热油料，可使其中部分水分汽化，同时油料周围空气中的湿度，必须小于油料在该温度下的表面湿度，这样形成湿度差，则油料中的水分才能不断地汽化而逸入大气，并且在单位时间内，通过花生的表面的空气量越多，则花生的脱水速度越快，干燥设备强制通入热风进行干燥，就是利用这个原理。常用的干燥设备有回转式干燥机、振动流化床干燥机和平板干燥机。

二、干燥设备

花生干燥设备多采用平板干燥机，如图 2-1 所示。平板干燥机由加热板、刮板链条、链轮、链轮张紧装置、无级调速电机、减速器、机架及壳体组成。在长方体的干燥室内，装有多层带有夹层的加热板和回转的刮板链条输送器。当油料

图 2-1　平板干燥机

落在上层加热板上后，在刮板链条的拖动下向前移动，移动到平板的末端时，便落至下一层加热板上，继续被刮板链条带着运动，直至最下层。油料在各层加热板上移动的过程中，被加热至一定温度，其中部分水分汽化与油料分离，水蒸气靠自然排汽或由风机强制抽出。刮板链条在加热板上移动的速度较慢，而且料层又薄，因此干燥过程中不会造成油料的粉碎且干燥效率较高。

第二节　花生的储藏

一、花生的储藏特性

花生的储藏特性是不易干燥，易生虫霉变，易受冻，易浸油酸败，耐热性差，种皮易变色等性状。

（一）不易干燥

花生果大壳厚，外壳质地粗糙疏松，易破碎、土杂多、孔隙度大、容易吸湿。刚收获的花生果含水量有的高达30%~50%，且因花生中含有大量油脂，热容量较高，所以不易晒干。

（二）易生虫霉变

新收获的花生含泥沙多，水分含量大（一般达40%左右），收获时又正值晚秋，若收获后不能及时干燥，极易发生霉烂。如果花生果水分超过10%，花生仁水分超过8%，进入高温季节极易生霉。生霉部位首先从花生仁尖端（胚根、胚茎、胚芽部位）或两片子叶的内侧面以及破碎粒、未熟粒、冻伤粒开始，而后逐渐扩大影响好的籽粒。花生仁发热霉变的早期现象为籽粒发软，光泽变暗，一般在堆垛表面以下15~30cm首先出现。花生水分在10%以上，就有可能被黄曲霉菌感染而产生黄曲霉菌毒素。花生及其制品是被黄曲霉毒素污染最严重的粮油品种之一。花生虫害一般以印度谷蛾最为严重。

（三）易受冻影响发芽率

花生原始水分大，收获时正值晚秋，气温较低，如收获过迟或新收获的潮湿花生遇到霜冻，都易受冻。受冻后的花生质量显著下降，耐藏性差，发芽率降低，含油量下降，酸价增加。因此，花生的适时收获，及时干燥对日后储藏稳定性影响很大，应引起重视。

（四）耐热性差

花生仁种皮薄，含油多，不宜进行高温曝晒。花生仁受高温作用后，即发生走油、变色、起皱等现象，破碎粒增加，榨油品质降低。如水分较大时，可以进行低温（26℃以下）干燥或间接曝晒。

（五）易浸油酸败

花生是高含油料，其所含油脂在不良储藏条件下容易发生酸败，尤其是虫蚀粒、冻害粒和破损粒比完好粒更易发生酸败，并出现浸油（或称走油）现象。开始浸油时，种皮失去原有的色泽，逐渐变为深褐色，子叶由乳白色慢慢变成透明蜡质状，产生哈喇味，严重的产生腥臭味。通常花生仁水分 8%、温度达到 25℃或花生果水分 10%、温度达到 30℃时即开始浸油。水分越高，温度越高，浸油就越严重。即使干燥的花生，经过夏季油脂酸价也会显著增高。

（六）种皮易变色

过夏的花生仁即使没有浸油酸败，其种皮由于色素受光、氧气和高温等影响，也会发生变化，由原来新鲜的浅红色变为深红色，乃至暗紫红色，种皮变色的花生仁容易脱皮。花生仁种皮变色也是品质降低的一种现象，一旦出现这种现象，应立即采取措施改善储藏条件，妥善保管。花生不耐压，无论储藏花生果或花生仁，堆高以不超过 2m 为宜。

二、花生的储藏技术

花生果的储藏稳定性较花生仁好，但花生仁只要合理保管，也能安全度夏。

（一）花生果的储藏

花生果的储藏要注意适时收获、及时干燥、控制水分和适时通风降温。花生产地广阔，品种类型繁多，应根据地区气候和品种成熟特点，适时收获，以免受冻而影响花生品质及储藏稳定性。花生收获后应及时进行干燥，迅速降低水分，促使后熟，保持品质，确保安全储藏。花生果的干燥可采用晾晒或烘干机干燥。烘干机干燥对霜期早临或收获时多雨地区商品花生果的储藏很有价值。花生果仓内散装密闭，水分 9%以下，温度不超过 28℃，一般可作较长期保管。花生果的安全水分标准也可根据季节灵活掌握，一般在冬季为 12%，春秋季为 11%，夏季为 10%。花生入库后应及时通风，排除堆内积热，以后还应根据气温变化情况抓住低温有利时机间歇反复通风。

花生果除氧气调储藏能防止和延缓所含油脂的氧化酸败，保持较好的生活力和新鲜度，是确保花生果安全储藏的一种好方法。经试验表明，除氧剂密封缺氧储藏，一周后氧含量降至 0.1%，经 170d 储存，仍能保持其新鲜度。花生特别容易被老鼠侵害，在储藏期间要注意做好防鼠工作，避免老鼠危害。

（二）花生仁的储藏

花生仁储藏的关键是干燥、低温和密闭。花生仁的安全水分，一般在秋冬春季均为 10%，夏季为 9%。若长期储藏，水分应控制在 8%以内。花生仁失去了外壳的保护，不宜采用烈日曝晒，如必须进行日晒降水，日光直射温度不宜超过 25℃，否则会出现脱皮浸油现象，并影响出油率。在日照温度过高时，可采用席片阻隔阳光进行晾晒。此外还可在冬季进行仓内机械或自然通风干燥。

低温密闭储藏不仅可以提高花生仁的储藏稳定性，还可起到防虫作用，是安全储藏花生仁的重要技术措施。长期保管的花生仁，经过冬季通风干燥，水分降至8%以下，在春暖前，应及时进行密闭储藏。长期储藏的花生仁，即使为安全水分，其储藏温度也不宜超过25℃，否则油脂酸价会显著增高。但长期密闭储藏对种用花生的发芽率有一定的影响。花生仁也可采用气调储藏，如抽真空充氮保管，能抑制花生仁的呼吸强度与霉菌活动，消灭害虫，保持其原有的色泽和品质。

（三）花生油的储藏

由于花生油含有高碳饱和脂肪酸，故容易凝固，一般在5℃以下黏度就会加大，温度过低（0℃以下）就会凝固。所以花生油在冬季应注意保温。另外花生油属于不干性油，暴露在空气中不易形成薄膜，这对储藏而言是有利的。

第三章　花生压榨制油技术

第一节　花生仁的清理

一、清理的目的、方法和要求

油料在收获、运输和储藏过程中会混入一些杂质。尽管油料在储藏之前通常要进行初清，但初清后的油料仍会夹带少量杂质，不能满足油脂生产的要求，因此油料进入生产车间后还需要进一步进行清理，将其杂质含量降到工艺要求的范围之内，以保证油脂生产的工艺效果和产品质量。

（一）油料清理的目的和意义

油料中所含的杂质可分为有机杂质、无机杂质和含油杂质三类。无机杂质主要有灰尘、泥沙、石子及金属等；有机杂质主要有茎叶、皮壳、蒿草、麻绳及粮粒等；含油杂质主要是病虫害粒、不完善粒及异种油料等。

油料中所含的杂质大多本身不含油，在油脂制取过程中不仅不出油，反而会吸附一定量的油脂残留在饼粕中，使出油率降低，油脂损失增加。油料中含有的泥土、植物茎叶、皮壳等杂质，会使制取的油脂色泽加深，沉淀物增多，产生异味等不良现象，降低毛油质量，同时也会使饼粕及磷脂等副产品的质量受到不良影响。在生产过程中，油料中的石子、铁杂等硬杂质进入生产设备和输送设备，尤其是进入高速旋转的生产设备，将使设备的工作部件磨损乃至破坏，缩短设备的使用寿命，甚至导致人身伤害事故。油料中的蒿草、麻绳等长纤维杂质，很容易缠绕在设备转动轴上或堵塞设备的进出料口，影响生产的正常进行和造成设备故障。在输送和生产过程中油料中灰尘飞扬造成车间的环境污染，工作条件恶化。因此，在油脂制取之前对油料进行有效的清理和除杂意义重大：可以减少油脂损失，提高出油率，提高油脂、饼粕及副产物的质量；减轻设备的磨损，延长设备的使用寿命，避免生产事故，保证生产的安全，提高设备对油料的有效处理量；减少和消除车间的尘土飞扬，改善操作环境等。

（二）油料清理的方法和要求

对油料清理的方法主要是根据油料与杂质在粒度、比重、形状、表面状态、硬度、磁性、气体动力学等物理性质上的差异，采用筛选、磁选、风选、比重分选等方法和相应设备，将油料中的杂质去除。对油料清理的要求是尽量除净杂质，清理后的油料越纯净越好，且力求清理流程简短，设备简单，除杂效率高。各种油料经过清选后，不得含有石子、铁杂、麻绳、蒿草等大型杂质。净料中含杂质最高限额为花生仁 0.1%，杂质（下脚料）中含花生仁最高限额为 0.5%。

二、清理设备

筛选是利用油料和杂质在颗粒大小上的差别，借助含杂油料和筛面的相对运动，通过筛孔将大于或小于油料的杂质清除掉。油厂常用的筛选设备有振动筛、平面回转筛等。所有的筛选设备都具有一个重要的工作构件即筛面。

（一）筛面

1. 筛面的形式和材料

常用的筛面形式有两种，即筛板和筛网。筛板用薄钢板冲制而成，可以按照油料和杂质的外形冲制成各种形状的筛孔，在使用过程中不易变形，坚固耐用。花生仁中大杂的清理常采用筛板，筛网用金属丝编织而成。其优点是筛网的筛面利用率高、筛理量大、筛孔边缘光滑物料易于穿过筛孔而不易卡料，缺点是不如筛板坚固耐用。花生仁中小杂的清理可采用筛网。

2. 筛孔的大小和形状

（1）筛孔大小的确定　利用筛选设备对油料进行清选，首要的是要选择合适的筛孔尺寸。假设油料混合物由三部分组成：净油料、小杂质和大杂质。而且每一部分的粒度组成互相不重叠，即大杂质的最小尺寸比油料的最大尺寸要大，而小杂质的最大尺寸比油料的最小尺寸要小。当选用筛孔直径的筛面进行筛选时，筛上物是大杂质，筛下物是油料和小杂质。油料和小杂质再经过筛孔直径的筛面进行筛选，则油料成为筛上物，小杂质穿过筛孔成为筛下物。这样油料混合物就分离成净油料、大杂、小杂三个部分。但实际上油料和杂质的粒度组成是彼此互相重叠的，其选择筛孔直径进行筛选的结果是，第一层筛面筛上物的大杂中将含有一部分较大的油料，而第二层筛面的筛下物小杂中将含有一部分小颗粒油料。筛选效果不能达到预期的要求。如欲达到好的筛选效果，必须根据油料和杂质的粒度组成合理选择筛孔尺寸。表 3-1 所示为花生仁筛选通常采用的筛孔形状和大小，供选择筛孔时参考。注意，由于油料品种和产地的不同，即使是同种油料，其颗粒大小往往也有较大差距，因此在实际应用时，还必须根据油料颗粒的实际大小来选择。

（2）筛孔形状的确定　筛板上的筛孔，可以按照筛选物料或杂质的外形冲制成各种不同的形状，油脂加工厂多采用圆形或长圆形筛孔，有时也冲制成六角形筛孔。筛网上的筛孔是由金属丝编制而成的，故其筛孔的形状只有正方形和长方形两种。筛孔形状不同，其性能和用途也有所区别。圆形及正方形筛孔，主要是按照物料颗粒的直径或长度来进行分选，如图 3-1（1）所示，筛孔直径的大小需要以油料与杂质颗粒在直径或长度上的差异来定。长圆形筛孔按照物料颗粒的宽度来进行分选，如图 3-1（2）所示。因此，筛孔的宽度取决于油料与杂质颗粒的宽度差别。筛孔长度一般取 20mm。花生仁宜用长圆形筛孔的筛板进行筛选。

表 3-1 筛选所用筛孔的形状和大小

油料	筛除大杂质				筛除小杂质			
	筛板		筛网		筛板		筛网	
	孔形	直径或长×宽	孔形	筛面长度每2.54cm的孔数	孔形	直径或长×宽	孔形	筛面长度每2.54cm的孔数
花生仁	长圆	10×20	—	—	圆	4	方	5

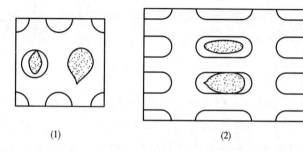

(1)　　　　　　　　　　(2)

图 3-1　不同形状筛孔的分离原理图

（3）筛板上筛孔的排列方式及筛面利用系数　筛选效果的好坏与筛面上的筛孔总面积的大小有关，而筛孔总面积又与筛孔的形状及其排列方式有着密切的关系。筛面利用系数是筛面上筛孔的总面积（称为有效筛理面积）与筛面总面积（称为筛理面积）之比值，它的大小表示筛面利用率的高低。即

$$K = \frac{F_1}{F}$$

式中　K——筛面利用系数；

　　　F——筛面总面积，m^2；

　　　F_1——筛面上筛孔的总面积，m^2。

从上式可知，筛面利用系数 K 值的大小随 F_1 的增大而增大。因此在保证筛面强度的前提下，适当缩小筛孔的间距，增加筛孔的面积，则可提高筛选效果。

圆形筛孔的排列方式有直线排列和交错排列两种，如图 3-2 所示。直线排列又称正方形排列，交错排列又称正六角形排列。由此可知，圆形筛孔在筛孔直径和间距相等的情况下，交错排列的筛面利用系数 $K_{交}$ 要比直线排列的筛面利用系

数 $K_直$ 高出 16%，而且交错排列的筛面强度也较高，因此交错排列的应用最多。

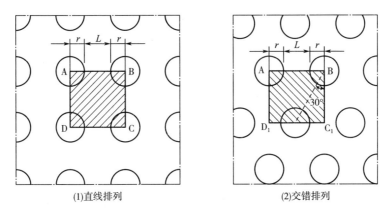

(1)直线排列   (2)交错排列

图 3-2 圆形筛孔的排列方式

长圆形筛孔的排列方式，一般有直行式、交叉式和斜行式三种，如图 3-3 所示。其中以交叉式应用最广，但直行式的筛面强度较高。

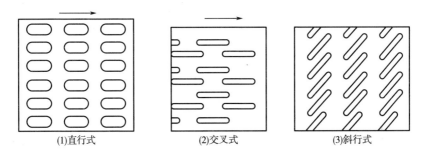

(1)直行式   (2)交叉式   (3)斜行式

图 3-3 长圆形筛孔的排列方式

筛网上的筛孔是由金属丝编织而成，因此筛孔的形状及排列方式较简单，其筛面利用系数与金属丝的直径和筛孔边长有关。当边长一定时，金属丝的直径越大，则筛面利用系数越小。

（4）筛面组合 若要利用一台筛选设备同时将油料中的大杂和小杂都清选出去，或将油料按颗粒大小不同进行分级，就必须通过若干层不同筛孔的筛面进行组合来实现。组合筛面筛选出的物料种类数等于所用筛面的张数加一。筛面组合的方式按筛面形式分，可以是同种筛面的组合，也可以是不同种筛面即筛板和筛网的组合；筛面组合的方式按筛孔大小分，可以是筛孔由大到小，它适用于多层的振动筛和平面回转筛；也可以是筛孔由小到大，它适用于各种旋转筛（图3-4）。

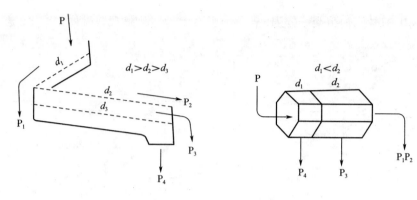

图 3-4　筛面组合示意图

d_1、d_2、d_3—筛孔孔径　P—未经筛选的细料　P_1—大型杂质 1

P_2—大型杂质 2　P_3—净油料　P_4—小型杂质

（二）振动筛

振动筛又称平筛，是指筛面在工作时作往复运动的筛选设备。由于振动筛清理效率高，工作可靠，因而是油厂应用最广泛的一种筛选设备。振动筛的结构一般由进料机构、筛体、筛面、筛面清理机构、振动机构、传动机构、吸风除尘机构等部件组成。进料机构的作用是保证整个筛面上料流的均匀和稳定。其结构由进料斗、压力门和进口吸风管等组成。

振动筛的筛体通常由 4 根弹性支杆悬吊或支撑在机架上，通过振动机构使之做往复运动。筛体内安装有按清选要求组合而成的筛面，筛面可以直接固定在筛体上，也可以做成活动的筛格，从进料端插入筛体或从筛体中抽出，以便于筛面的清理、检修及更换。筛面下可设置刷帚或橡皮球清理机构，以利用筛体的运动自动清理筛面。吸风除尘机构常装置在振动筛的出料口处，在出料口处的垂直吸风道中利用料流均匀分散的条件，并通过调节吸风道中挡板的位置来控制合适的风速，以清除油料中的灰尘和各种轻杂质。

振动机构的形式有偏心连杆机构、惯性振动机构及振动电机三种。偏心连杆机构是利用偏心轴套，通过连杆使筛体作往复运动的机构，其结构如图 3-5 所示。偏心连杆机构的优点是具有一定的超载能力，即当超载时，筛体的转速和振幅均不受影响，缺点是筛体的惯性力不能得到完全的平衡。惯性振动机构是利用偏重块在转动轴上旋转，其产生的离心惯性力周期变化，从而引起筛体振动的机构。

如图 3-6 所示为边轮惯性机构的结构图。惯性振动机构的优点是筛体的惯性力得到完全平衡，振动小，机器工作平稳。振动电机是在电机的转轴上安装两块扇形偏重块，把旋转引起的离心力作为振动力而使筛体振动。调节两块偏重块安装的夹角可以改变筛体振幅。

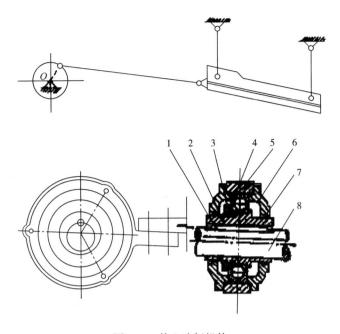

图 3-5　偏心连杆机构

1—键　2—偏心套筒　3—紧圈　4—轴承　5—套环　6—轴壳　7—填料函　8—传动轴

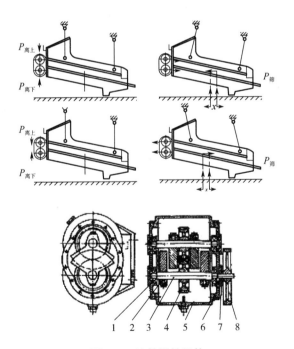

图 3-6　边轮惯性机构

$P_{离}$—转动轴上平衡块产生的离心力　$P_{筛}$—筛体所受的惯性作用力

1—轴承　2—平衡重块　3—传动轴　4—齿轮　5—外壳　6—轴承座　7—轴承压盖　8—皮带轮

如图 3-7 所示为油厂常用的振动清理筛的结构示意图。

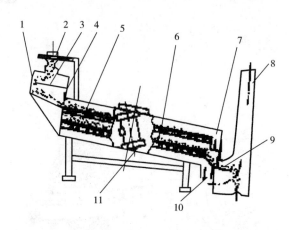

图 3-7　振动清理筛结构示意图
1—喂料箱　2—进料口　3—可调分流淌板　4—均布挡板　5—上层筛面　6—下层筛面
7—大杂出口　8—配套吸风管　9—油料出口　10—小杂出口　11—振动电机

　　其工作过程物料通过进料管进入带有偏心锥形漏斗的进料口，通过布筒进入喂料箱的散料板上，锥形漏斗可以旋转使得物料正确地落到散料板中间。随着筛体的振动，物料均匀地撒在进料箱的底板上，并沿底板流到筛面的整个宽度上。在喂料箱与筛面的连接处安装了一个压力门，它使物料流能均匀分散于同一高度，物料通过压力门后布满了第一层筛面，第一层筛面的筛下物落到第二层筛面上，筛上物（大杂）则由旁边的出料口导出。第二层筛面的筛下物（小杂）落到底板上，从位于机器中部的出料口导出。第二层筛面的筛上物经过压力门导出到垂直吸风分离器进行风选，去除尘土和轻型杂质，垂直吸风分离器中的风速可通过调节手轮进行调节，以达到最佳的风选效果，从垂直吸风分离器排出的即是清理后的净料。振动电机位于机器两侧的中部，使筛体不断地进行往复运动。

　　（三）平面回转筛

　　平面回转筛是筛面在工作时随筛体做平面回转运动的筛选设备。其特点是筛体作平面回转运动，转速较低，筛体工作平稳，单位筛面宽度上的流量比振动筛约高 50%，对清除细小杂质的效果较振动筛好。平面回转筛常用于清理米糠、芝麻等粉状或小颗粒油料。

　　平面回转筛的结构如图 3-8 所示。筛体内通常装置两层不同筛孔规格的筛面，筛面下安装有橡皮球清理机构，筛体用弹性吊杆支撑在机架上，筛面倾角为 8°~10°，转速为 100~200r/min，偏心距为 12~40mm。筛体的底部中间安装有传动架，它的作用是承吊偏重的三角带轮。在筛体进料口端的下部，有电机支架和倒置在支架上的电动机。电机上的三角带轮传动偏重三角带轮，带动整个筛体做平面回转运动。在进料口和出料口装有吸风管道，空气从机器底部进入，穿过进出料口的物料层，吸走油料中的轻型杂质及灰尘。

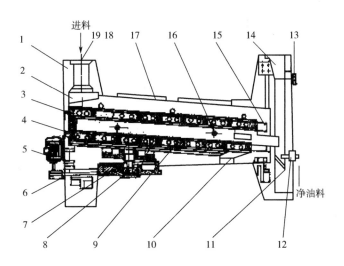

图 3-8　平面回转筛的结构示意图

1—机架　2—面板　3—上层筛格　4—下层筛格　5—电机　6—减振装置　7—偏心块　8—传动机构
9—橡皮球　10—小杂出口管　11—观察窗框　12—重砣　13—手柄　14—后吸风道
15—大杂出口管　16—压紧机构　17—观察窗　18—进料口　19—吸风口

（四）花生分级筛

花生分级筛对花生按粒度大小进行分级，然后分成大路料和小路料分别进行预处理。

1. 工作原理

花生仁由进料斗进入进料机构的散料板上，进料箱随着筛体的振动，花生仁均匀地撒在进料箱底板上，并沿底板流向整个筛面。在进料箱与筛面的连接处安装了一个压力门，它能使花生均匀地分散成同一厚度。花生仁通过压力门后布满第一层筛面，第一层筛面的筛上物由后面的出料口导出，它的筛下物落到第二层筛面上；第二层筛面的筛上物经过压力门导出，筛下物落到底板上，从底板上的出料口导出。

2. 设备结构

花生分级筛的结构如图 3-9 所示。

（1）筛体　由普通钢板焊接及螺栓连接而成，振动电机驱动装置位于机器的中心。内装两层筛格，筛格上固定筛面。筛体由空心的橡胶弹簧支撑。

（2）进料、出料机构　都由钢板焊接及螺栓连接而成。

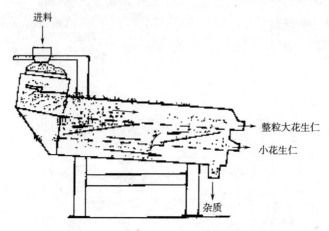

进料

整粒大花生仁

小花生仁

杂质

图 3-9　花生分级筛的结构示意图

（3）机架　带有横梁的钢结构架，横梁能在各种高度安装，以便在 0°～12° 范围内调节筛面倾角。

（4）振动电机　它是筛体做往复直线振动的动力装置，结构简单，对振幅、抛掷角的调节方便。

3. 运输、安装和调整

（1）运输　为了保证运输中的安全，用四块黄色的角钢使筛体与机架相连。在机器开车前，必须将它们拆除。机器在没有安装这些角钢时，绝对不能运输或起吊以免损坏橡胶弹簧。为了吊装机器，在机器的卸料端安全角钢上有两个孔装吊装挂钩，在进料端机架上也有这些孔。

（2）安装

①安装前校准水平，用四个螺栓将机器固定好。

②接电时两台振动电机必须转向相反，且应保证它们同时运转或停车。

（3）调整

①本机行程在出厂前已调好，不可随意调节。

②振动方向角为 0°～45°，最佳角度在出厂前已调好。

③筛体倾角为 6°，在出厂前已调好，可从标牌刻度知道。

（4）操作

①启动前的准备。

②拆除四个黄颜色的、运输时用的角钢。

③检查振动电机的旋转方向。两电机须相向旋转，且同步运行或停止。

④检查各连接处螺栓是否拧紧。

⑤确保没有工具、扳手等物体搁置或停靠在机器上。

（5）空载运行

①检查行程盘上振幅。

②观察橡胶弹簧与支撑，检查有无脱出松动现象。

③在开动 10~15min 后，检查并用扭矩扳手拧紧驱动部分的螺栓，扭矩为 8kg·m，检查所有螺栓连接处，保证没有松动现象。

④负载运转：检查进料及出料情况，如达不到要求，可按上述方法进行调节。

4. 保养维护

（1）本机只有振动电机上两端轴承需润滑，应细心保护；电机在运转四个月左右即应更换润滑油脂，采用 3# 润滑脂或与其相当的润滑油注入电机轴承。建议每三个月换一次。为保证电机正常运行，应将接线固定好，以免断相烧电机。

（2）筛面应根据使用情况及时清理，要经常检查筛面，将有缺陷或坏损的筛面换下，以保证分级效果；检查清理球的磨损情况，及时更换失效的清理球。

（3）定期检查螺栓及手柄等紧固件，以保证它们处于紧固状态。

5. 影响筛选效果的因素

影响筛选效果的因素主要有油料的性质、筛选设备的形式、筛选操作等方面。

（1）油料的性质　油料的性质包括油料的杂质含量、水分含量、油料的粒度组成、油料与杂质在形状和大小上的差别等。油料的含杂率越高，水分含量越大，油料与所含杂质的形状及大小越接近，筛选效果越低。

（2）筛面的选择　筛面的选择包括筛面上筛孔的形状和大小、筛面的长度和宽度、筛面的运动形式、筛面的斜度、筛面的振幅和转速、筛面的表面状态等。筛孔的形状和大小必须根据油料与杂质在形状和大小上的差异合理进行选择；筛孔的排列形式，在满足筛面强度要求的前提下，应尽量先采用交错排列。

筛面宽度应依据生产量进行选择，但筛面过宽将造成筛宽方向物料流量的不均匀，影响筛选效率，同时将导致筛体庞大和操作不便。筛面长度应保证油料有足够的筛选路程来进行自动分级，并使小于筛孔的物料有较多的机会穿过筛孔，通常筛长 L 与筛宽 B 的关系为 $B:L=1:3~1:2$。

筛面的运动形式决定了油料在筛面上的运动轨迹，筛面的运动形式应使油料在筛面上能走更多的路程，以增加穿孔机会。据此平面回转筛较往复振动筛要好。筛面斜度影响到筛选设备的处理量和筛选效率。筛面斜度增大，物料在筛面上的流速加快，筛选处理量加大，但由于物料在筛面上停留时间缩短，减少了物料与筛孔接触的机会，筛选效果将受到影响；同时当筛面斜度太大时，筛孔的水平投影形状改变，使得在平筛面上可以穿过筛孔的物料此时则可能无法穿过筛孔，因而亦将使筛选效率降低。筛面斜度减小，筛面上的料层增厚，情况则相反。所以筛面的斜度必须适当，振动筛常为 8°～14°，平面回转筛为 8°。

为了提高筛选效率，在筛选过程中要求油料在筛面上做向下向上的往复运动，同时又要避免油料在筛面上跳动。欲达到这一要求，就需要使振动筛振动机构的偏心半径与其转速配合恰当。振动筛偏心轴的转速通常取 200～300r/min，而转速 n 及偏心半径 r 的关系通常取 $n \cdot r = 2.6～3.5$，即偏心半径一般为 6～12mm。对于旋转筛的工作转速，若转速过低，在油料在筛筒内流速减慢，增加料层厚度，且翻动作用小，降低筛选效率；转速太快，则油料流速太快，翻动剧烈，使油料不易穿过筛孔，同样会影响筛选效果，同时过高的转速会产生太大的离心力，易使筛孔堵塞。旋转轴的转速一般为 18～28r/min。筛筒的长度与直径之比为 2.5～4。

筛选机械在工作过程中，筛面应很好地张紧在筛框上，且筛面不应有凹凸不平现象，必须经常注意清理机构的实际效果，并及时辅以人工清刷，使筛面上的筛孔保持 80% 以上无堵塞。

6. 筛选设备的操作

为保证好的筛选效果，必须保证筛选设备的单位负荷量及均匀性。单位负荷量以每小时单位筛宽上物料的流量［kg/（h·cm）］表示。筛面单位负荷量过大，将使筛面上的料层加厚，造成自动分级困难，同时会导致筛体振幅或回转半径减小等，影响筛选效率。若流量过小，则筛面料层过薄，筛体的振幅或回转半径将增大，易使物料在筛面上发生跳动，使筛选效果降低，同时也会降低筛选设备的产量，使设备利用率降低，通常料层厚度控制在 10～15mm 为宜。

此外，要注意筛选设备进出料口的通畅，防止杂草、麻绳等大杂造成的堵塞。注意检查筛面、筛面清理机构、振动机构的情况，定期检查设备的运行状况和筛选效果，及时保养设备等。

三、选籽

花生仁选籽采用特殊设计、制造的选籽机，此设备由电机带动经减速机，拖动皮带运转的一种具有输送、选籽双重作用的机械。

选用含油量多的普通型或珍珠豆型优质花生仁为原料，应干燥；贮存期在半年内、无霉变、无虫害、质量标准符合 GB/T 1532—2008《花生》。花生仁应先筛选，除去铁屑、砂土等杂质并拣出未成熟果、霉变或虫害颗粒，以利于降低成品中黄曲霉毒素含量，保证产品质量。花生仁选籽机由普通皮带输送机改造而成。普通皮带输送机技术参数见表 3-2。

表 3-2			普通皮带输送机技术参数			
型号	YD40-8	YD50-8	YD40-10	YD50-12	YD50-15	YD60-15
输送长度/m	8	8	10	12	15	15
输送高度/m	1.5~4	1.5~4	2~7	2~8	2~8	2~8
输送量/（t/h）	40	40	45	50	50	60
带宽/mm	400	500	400	500	500	600

选籽机的结构如图 3-10 所示。花生仁选籽机的皮带做水平运动，线速度约 3m/min，两边坐人若干剔除筛选时未尽杂粒。

图 3-10 花生仁选籽机立体图

四、磁选

磁选是利用磁铁清除油料中金属杂质的方法。金属杂质在油料中的含量虽不高，但它们的危害甚大，容易造成一些高速运转设备的损坏，甚至可能导致严重的设备事故和人身安全事故，故必须清除干净。

永久磁铁装置用于磁选的永久磁铁，一般是采用高碳铬钢或铬钴钢制成。永久磁铁可以直接安装在输送料管或设备进料口的淌板上。安装磁铁处应设置可开启的活动盖板或底板，以便人工定期清除被吸附的铁杂。永久磁铁也可以制成专门的磁选设备。这种磁选设备的型式很多，永磁滚筒磁选器和圆筒磁选器为常见的两种型式。

1. 永磁滚筒磁选器

永磁滚筒磁选器如图 3-11 所示，它主要由进料斗、旋转滚筒、磁芯和排料装置等组成。永磁滚筒的磁芯由 48 块磁钢组成，它们呈 170°的半圆形固定在不旋转的轴上。磁芯与滚筒的间距约为 2mm。滚筒由电动机通过蜗轮减速器带动而旋转。油料由进料斗进入后，经压力活门控制流量，并使其沿旋转滚筒的长度方向均匀分布，厚薄一致。油料随滚筒一起旋转到下部位置时落入出料口排出，而磁性杂质由于磁芯的磁力作用仍被吸在滚筒上继续旋转，当转到后部无磁芯位置时，即自动落下，经杂质出口排出。永磁辊筒的特点：磁力强且均匀，能自动吸铁和自动排铁，避免了被吸住的磁性杂质再被油料从磁极上冲走的现象。

2. 圆筒磁选器

圆筒磁选器如图3-12所示。它主要由壳体、转动门、磁芯等部分组成。磁芯由分流伞形帽、磁环、磁芯圆筒组成并安装在转动门的底托上，能随转动门的开关而出入壳体。

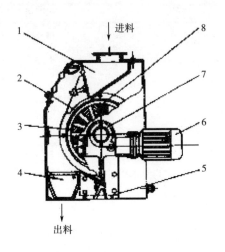

图3-11　永磁滚筒的结构示意图
1—淌板　2—转鼓　3—永久磁铁
4—原料出口　5—铁质出口　6—电机
7—减速机　8—磁铁支架

磁筒内部用不同的永久磁铁按一定的规则排列组合，在三个磁环上形成不同的三个磁场，其中以中环的磁场最强。壳体中部为圆筒形，上下呈锥形，两端为法兰，以便与输送料管的连接。物料经上法兰口流入，经分流伞形帽均匀分散落下，当铁杂随料流而下时，迅速被磁环吸住，与油料分离。圆筒磁选器具有不用动力，节约能源，使用维修方便，价格便宜的优点，但需要人工定期清理。

采用永久磁铁装置进行油料磁选时要注意：物料在输送料管内或淌板上的流速不宜过大，一般在0.15～0.25m/s为宜；流经磁铁的物料应呈均匀的薄层，料层厚度不大于10～12mm；装在料流上方的磁铁磁极面与油料面的间距不应超过10mm，且料层厚度应薄。所配磁铁的磁力大小应符合油料处理量的要求，且定期进行充磁或更换磁铁。

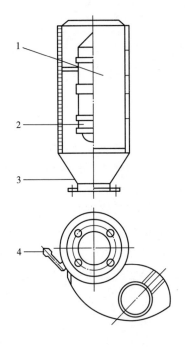

图3-12　圆筒磁选器的结构示意图
1—门　2—永磁体　3—外筒体　4—门扣

五、除尘设备

油料中所含灰尘不仅影响油、粕质量，而且会在油料清理和输送过程中飞扬起来，这些飞扬的灰尘除了污染空气，影响车间的环境卫生外甚至引起爆炸，因此必须加以清除。除尘的方法首先是密闭尘源，缩小灰尘的影响范围，然后设置除尘风网，将含尘空气集中起来并将其中的灰尘除去。除尘风网主要由吸尘口、风管、通风机及除尘器等部分组成。如图 3-13 所示为除尘网路的示意图。

（一）吸尘口

吸尘口或称吸风口，是含尘空气的吸入口。各种可能产生灰尘的设备及油料进出口管道处，必要时均可装置吸尘口。吸尘口应装置在正对和靠近灰尘产生最多的位置，并位于气流或灰尘自然流动的下行方向。常用的吸尘口有圆形、方形和扁形等型式。在处理粒状物料时，其吸尘口风速应不超过 3~4m/s；处理粉状物料时，吸尘口风速不超过 0.5~1.5 m/s。应避免因吸尘口风速不当造成管道的堵塞和油料的损失，并注意在满足吸尘要求下尽量减少吸风量。

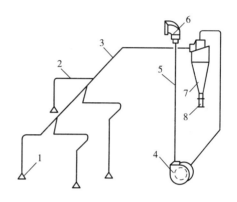

图 3-13　除尘网路示意图

1—吸尘口　2—风管　3—汇集风管　4—风机
5—排风口　6—风帽　7—除尘器　8—闭风器

（二）风管

一般是镀锌薄钢板制成的圆管，它包括直管、弯头、三通、连接法兰等。风管将吸尘口与风机、除尘器等连结起来，使含尘空气在其中以一定的路线和速度流动，形成除尘网路。风管的直径应按风管内所选用的气流速度和所需的输送风量来确定。油厂中除尘风管的风速通常取 10~15m/s。当管道直径小或含尘量少时取较小的风速，当管道直径大或含尘量大时取较大的风速。对于较长的水平管，应取较大的风速。

（三）风机

风机是除尘网路中气流的动力源，是保证通风除尘系统正常工作而又经济运行的重要设备。油厂常用中压和低压离心通风机。风机型号可根据除尘系统所需的总风量及压力损失参阅有关设计手册选择使用。

（四）除尘器

除尘器用来清除被吸空气中的灰尘。根据我国《工业"三废"排放标准》

规定，生产性含尘空气经净化后排入大气的含尘浓度不能超过150mg/m³，这就要求除尘器具有高的除尘效率。除尘器有干式和湿式两类，干式除尘器有离心除尘器、布袋除尘器、电除尘器及沉降室等；湿式除尘器有水浴除尘器、喷淋除尘器、水膜除尘器等。油厂常用离心除尘器和袋式除尘器。

1. 离心除尘器

离心除尘器的结构简单，造价低，管理维修方便，因此应用普遍。但离心除尘器去除细小尘粒的效果较差，适用于对除尘要求不很高的场所或作为初级除尘。离心除尘器的结构由内筒、外筒和锥体三部分组成。含尘空气由外筒体上的进口沿切线方向进入内外筒体之间，向下作旋转运动，气流中的粉尘在离心力的作用下被甩向器壁沉降下来，经除尘器底部的封闭阀排出。净化后的空气流则转向中心从下部螺旋上升并经排气管排出。

离心除尘器的除尘效果取决于尘粒的特性及进入离心除尘器的气流速度和离心除尘器的半径。在尘粒特性、气流速度相同的情况下，小直径离心除尘器的除尘效果较大直径的要好。因此在生产中为了保证生产能力及提高除尘效果，往往采用几个直径较小的离心除尘器并联使用。如图3-14所示为四联离心除尘器。在使用离心除尘器时必须注意，其外壳应具有可靠的接地，否则因尘粒沿离心除尘器内壁运动时形成的静电及外壳上存在足够高的电势将引起火险。

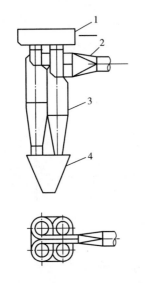

图3-14　四联离心除尘器示意图

1—排风口　2—进风口

3—离心除尘器　4—集尘斗

2. 袋式除尘器

袋式除尘器是利用纤维织物制成的滤袋对粉尘的过滤作用进行除尘的。按照除尘器与风机的连接方式可分为"吹式"和"吸式"两种。按布袋的清灰方式可分为机械清灰、压缩空气脉冲喷吹两种。如图3-15所示为油厂常用的脉冲袋式除尘器的结构示意图。

含尘空气从进口进入中部箱体，中部箱体内装有若干排滤袋，含尘空气经过滤袋时，粉尘被阻在袋外。过滤净化后的空气经文氏管进入上箱体，最后从排气口排出。滤袋依靠钢丝框架固定在文氏管上，滤袋框架和文氏管依靠压紧弹簧被固定装置在中部箱体内，每排滤袋上均装有一根压缩空气喷射管2，喷射管上开有一列直径为6.4mm左右的喷射孔，并与每条滤袋的中心相对应。喷射管前装有与压缩空气管相连的脉冲阀，脉冲阀与小气包相连。控制器不断发出短促的脉冲信号，通过控制阀顺序地控制各脉冲阀开闭。当脉冲阀开启时，与该脉冲阀相连的喷射管即与小气包相通，高压空气从喷射孔以极高的速度喷出，并与其周围形成的相当于其自身体积 5~7 倍的诱导气流一起，经文氏管进入滤袋，使滤袋急剧膨胀，引起冲击振动。同时在瞬间产生由内向外的反向气流，使粘在袋外及吸入滤袋孔隙的尘粒被吹扫下来，落入下部箱体即积尘斗内，最后经排尘阀排出。

袋式除尘器具有除尘效率高（通常可达 99% 左右）、处理风量大、使用寿命长、设备阻力小等优点。但也存在结构复杂、设备费用高、体积庞大、维修管理麻烦等缺点。所以这种除尘器适用于对除尘要求较高的场所。

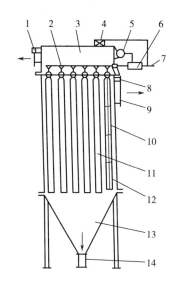

图 3-15　脉冲袋式除尘器示意图

1—排气口　2—压缩空气喷射管　3—上箱体
4—控制器　5—小气包　6—控制阀　7—脉冲阀
8—文氏管　9—含尘空气进口　10—钢丝框架
11—滤袋　12—中部箱体　13—灰斗　14—排灰阀

第二节　花生仁的破碎

一、花生仁的破碎

是用机械将油料粒度变小的工序叫破碎。破碎的目的，对于大粒花生仁而言，是改变其粒度以利于轧坯；对于预榨花生饼来说，是使饼块大小适中，为浸出或第二次压榨创造良好的出油条件。花生仁的破碎工艺指标见表 3-3。

表 3-3　　　　　　　　　　花生仁破碎的工艺指标

油料	设备	原料入机水分/%	破碎程度/瓣	粉末通过筛/（目/in）	粉末不超过/%
花生仁	牙板破碎机对辊破碎机	7~12	6~8	20	5
预榨饼	齿辊破碎机对辊破碎机	8~11	最大对角线6~10mm	—	8

破碎设备的种类较多，常用的有牙板破碎机、辊式破碎机及齿辊破碎机三种。无论采用压榨法或溶剂浸出法从油籽中提取油脂，都需要先把油籽轧制成适合于取油的料坯，而为了保证轧坯的工艺效果，通常需要在轧坯之前对油料进行破碎和软化。

（一）花生仁破碎的目的和要求

在花生仁轧坯之前，必须对大颗粒的花生仁进行破碎。其目的是通过破碎使花生仁具有一定的粒度以符合轧坯条件；花生仁破碎后的表面积增大，利于软化时温度和水分的传递，软化效果提高；对于颗粒较大的压榨饼块，也必须将其破碎成为较小的饼块，才更有利于压榨或浸出取油。

要求花生仁破碎后应粒度均匀，不出油、不成团、少成粉，粒度符合要求（为6~8瓣），粉末度控制为通过20目/in筛不超过5%。预榨饼破碎后的最大对角线长度为6~10mm。为了达到破碎的要求，必须控制破碎时油料的水分含量。水分含量过高，油料不易破碎，且容易被压扁、出油，还会造成破碎设备不易吃料、产量降低等；水分含量过低，破碎物的粉末度增大，含油粉末容易黏附在一起形成结团。通常花生仁的适宜破碎水分为7%~12%，此外花生仁的温度也会对破碎效果产生影响。热油籽破碎后的粉末度小，而冷油籽破碎后的粉末度较大。

（二）花生仁破碎的方法

花生仁破碎的方法有撞击、剪切、挤压及碾磨等几种形式。油厂常用的破碎设备主要是齿辊破碎机，此外也可采用锤式破碎机等。

二、破碎设备

（一）辊式破碎机

1. 辊式破碎机的特点

辊式破碎机结构合理，外形美观；调节灵活，喂料均匀可靠；采用压缩弹簧紧辊，防护性能好；产量大、耗电少、噪声低、维修简单；在喂料系统中安装了强力永久磁铁，能避免磁性杂质落入齿辊内。该机主要对植物油料进行破碎，提高其轧坯质量，是植物油厂关键的预处理设备之一。

2. 辊式破碎机的工作原理

破碎机的两对辊分别由电动机单独驱动，每对辊的转速为一快一慢，速度比为1:1.35。每对辊的齿形按"锋对锋"配置，工作时两对相向转动的齿辊，对原料有剪切作用，将落入辊间的原料破碎。

3. 辊式破碎机的主要结构

其结构如图3-16所示。

（1）喂料机构　喂料机构主要由壳体、喂料辊、喂料电机、调隙机构组成。

喂料大小调整：由调隙把手使调隙板上下移动，实现调隙板与喂料辊之间间隙的可大可小，从而调整了流量大小。喂料均匀的调整：为了使原料在齿辊全长上布料均匀，需调整调节螺母，使调隙板与喂料辊平行，从而达到喂料均匀。

（2）磁铁清理机构　磁铁清理机构安装于喂料辊前端，原料中铁质杂物被吸到磁铁上，转动磁铁把手，把铁质杂物清理干净。

（3）辊间压力的调整　通过调节压缩弹簧的螺母，调整弹簧的压力，弹簧压缩量为20mm。

（4）调整齿辊间隙　通过调节连接瓦座体上拉杆螺母，以调整辊间间隙。在调整时，两对辊必须在同一水平线上，辊的两端间隙相等，两对辊接触处上下对辊间隙根据油料种类调整。

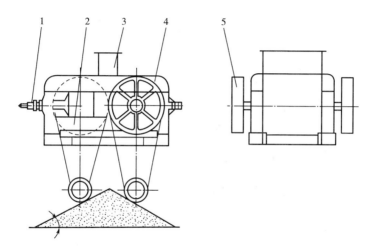

图 3-16　辊式破碎机的主要结构示意图

1—轧距调节装置　2—破碎辊　3—进料口　4—传动装置　5—角皮带轮

上下对辊间隙：上对辊间隙 5~7mm，下对辊间隙 2~3mm，主要性能参数：转速比 1：1.35，快速 400~480r/min，慢速 300~350r/min。出机粉末度小于5%，破碎粒度为整粒花生仁的 1/8~1/4。

4. 使用注意事项

（1）油料入机前所含水分，花生仁控制在 7%~12%。

（2）定期检查齿辊的磨损情况，如破碎的油料满足不了工艺要求，应及时打磨并重新拉丝。

（3）运转时轴承温度不得超过 45℃，最高温度不得超过 75℃。

（4）每次开机前应检查各紧固件是否松动，传动皮带张紧度是否合适，皮带罩是否安全可靠。

（5）油料入机前必须经过除杂清理，严禁金属、硬石等异物进入机器。

（6）在机器运行中，应经常检查轴承温度及运转情况，若有异常情况和声音，应立即停车检查，排除故障。

（7）每班需向轴承注入二硫化钼润滑脂。

（二）齿辊破碎机

齿辊破碎机的结构如图3-17所示。它主要由进料斗、齿辊、辊距调节装置、机座和传动机构等组成。

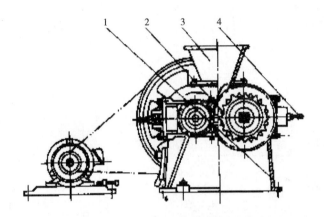

图 3-17　齿辊破碎机的结构示意图

1—机座　2—齿辊　3—进料斗　4—辊距调节装置

油料从进料斗均匀落入两个相向转动的齿辊之间进行破碎。齿辊是由锯齿形圆片和填片相间叠置而成。两辊之间距由调节装置调节，以控制油料的破碎程度。破碎后的油料直接从机座下部排出。

（三）破碎机的操作要求

1. 保持流量均匀

为了使破碎设备正常运转，要注意保持油料的流量均匀。否则不仅容易损坏设备，而且难以达到破碎要求。至于流量是否均匀，主要通过设备负荷（即电流）是否稳定就可反映出来。所以在实际操作中，应使破碎设备所用的电流保持稳定。

2. 经常进行清理

当破碎设备运转一定时间后，常有黏结堵塞现象发生，因此必须经常进行清理。在清理时应停机，严禁在运转中用硬物触及破碎辊或齿辊，以免损坏设备和造成人身伤害事故。另外发现金属杂质进入破碎设备时，应立即停机清理。

3. 及时更换部件

锯齿片、锤片和磨片等零件容易磨损，需要及时更换。为节约材料可以反向旋转，以利用其另一侧锋口。

4. 保持运转平稳

破碎设备在运转过程中应保持平稳。对齿辊破碎机，要求其在运转时不得有径向跳动或轴向窜动现象发生。

第三节 花生仁的轧坯

一、花生仁的轧坯

花生仁的轧坯，亦称"压片""轧片"。它是利用机械的作用，将破碎后的花生仁压成薄片的过程。轧坯的目的，在于破坏油料的细胞组织，为蒸炒创造有利的条件，以便在压榨或浸出时，使油脂能顺利地分离出来。对轧坯的基本要求是料坯要薄而均匀，粉末少，不露油，手捏发软，松手散开，粉末度控制在筛孔1mm的筛下物不超过10%~15%，花生仁的料坯的厚度为0.5mm以下。因此必须采用压力大的液压轧坯机，使坯片厚度控制在0.25~0.30mm，且坯片坚实。这样既不会增加坯片的粉末度，又有利于蒸炒。常用设备是对辊轧坯机。

（一）轧坯的目的和要求

轧坯的目的在于破坏油料的细胞组织和增加油料的表面积，有利于提高蒸炒效果，缩短油脂流出的路程，有利于油脂的提取。

油料料仁由无数细胞组成，油料细胞的表面是一层由纤维素及半纤维素组成的比较坚韧的细胞壁，油脂和其他物质包含在细胞壁中，要提取细胞内的油脂，就必须破坏其表面的细胞壁，破坏油料的细胞组织。轧坯便是利用机械外力的作用破坏油料的细胞组织，破坏部分细胞的细胞壁。油料辗轧得越薄，细胞组织破坏越多，油脂提取效果越好。轧坯使油料由粒状变成片状，减小了其厚度，增大了表面积，油脂的流出路程缩短，有利于出油。油料被轧制成薄的坯片后，在蒸炒过程中有利于水分和温度的均匀作用，提高蒸炒效果。

对轧坯的要求是料坯薄而均匀，粉末度小，不露油。通常料坯越薄出油率越高，但要求料坯薄而不碎，尽量减少料坯粉末度，以避免料坯粉末对后续的蒸炒、压榨所带来的不利影响。对于不同油料和不同制油工艺，要求料坯的适宜厚度有所不同。高油分油料的料坯应厚些，低油分油料的料坯厚度应薄些，直接浸出工艺的料坯应薄些，预榨浸出或膨化浸出的料坯可厚些。花生仁要求轧坯厚度为0.5mm以下。料坯粉末度控制在20目/英寸筛的筛下物不超过3%。在轧坯时，还需防止高油分油料的受轧出油，避免由于辊面带油而造成轧辊的吃料困难和料坯粘辊现象。当高油分油料的水分含量较高时，轧坯时更容易出现漏油和粘辊现象。

（二）轧坯原理

轧坯时，油料受到轧坯机轧辊施加的机械外力作用，由粒状变为片状。轧辊对料粒施加外力的形式和大小是由轧辊的形式及两辊间的圆周速度决定的。

1. 光面辊的辗轧作用

轧坯机工作时，被轧物料的粒子从轧坯机的喂料斗落入两轧辊之间的空隙，受到物料与辊面之间的摩擦力作用被拉入和顺次通过轧辊中心线的工作缝隙，在此过程中，物料受到轧辊施加的机械辗压作用而发生变形，成为薄的坯片。轧辊对料粒辗轧作用的程度，随两个轧辊圆周速度的比值而变化。如果两个轧辊的圆周速度相同，则物料在工作缝隙中只受到挤压作用，产生弹性变形和塑性变形而形成薄片；如果两个轧辊的圆周速度不同，物料不仅受到挤压作用，而且还受到搓辗和剪切作用。这时物料粒子的两边分别受到以不同速度运动的辊面的摩擦力作用，使料粒内部在某一平面或某些平面发生了位移。两辊圆周速度的差异越大，粒子受到的剪切作用和搓辗作用越强烈，粉碎的粒子也越多。当物料通过两辊之间距离最小处以后，轧辊工作面对物料的作用就停止了，物料与辊面脱离了接触，落入轧坯机下部被送走或进入下一对轧辊的缝隙中。

2. 带槽辊的辗轧作用

如果轧辊表面带有槽纹，辗轧的机理就比上述情况复杂得多，因为这时出现了槽纹对物料产生的多种力的作用。所谓槽纹，是指在轧辊表面加工成许多沟槽时所形成的凸出部分。槽纹对轧辊轴线有一定的斜度，并具有各种不同的形状。其截面形状有锐角、圆角或梯形等几种。槽纹的形状、角度、倾斜度和密度（即单位圆周辊长上的槽纹数）等，对轧辊给予被轧物料的作用会产生重大影响。

实际上，用于油料轧坯的轧辊并不是采用上述形式的带槽辊，通常是使辊面上局部带有齿槽的槽纹辊，以便辊子吃料并起一定的破碎作用。

3. 轧辊啮入物料的条件

料粒在轧辊工作缝隙中与轧辊表面相接触时，粒子的重量压在轧辊上，粒子受到辊面对它的反作用力，同时粒子又受到辊面与粒子之间产生的摩擦力。在轧坯机的实际工作过程中，轧辊啮入物料的条件要复杂得多。因为实际工作时，同时有很多料粒进入缝隙，粒子在缝隙中所占的位置也不同，实际啮入角将增大，啮入条件也将随之变化。此外由于料粒的含水量和含油率不同以及轧坯过程中少量油脂分离出来留在辊面上，都会使粒子与辊面之间的摩擦力发生变化，因此实际啮入条件与理论啮入条件有较大的差异。

（三）油料在轧坯过程中的变化

油料在轧坯过程中，由于受到轧辊施加的机械外力作用，不仅在外形、大小、厚薄等方面发生了变化，同时在油料内部也发生一系列的物理、化学和生化变化。

1. 油料轧坯时结构状态的变化

（1）细胞组织的破坏 油料在轧坯时，大量细胞的细胞壁由于受到挤压和撕裂作用而遭到破坏，而细胞内部结构也会受到不同程度的破坏。细胞组织破坏的数量和程度取决于轧坯的方法和油料的物理性质。轧坯过程轧辊施加的外力越大，料坯轧得越薄，细胞破坏的数量就越多，破坏的程度也越深。但油料的不同组织对轧辊所施加的外力有着不同的抵抗强度，所以在轧坯时油料的不同组织所发生的破坏程度也各不相同。一些部分可能因为所受外力超过了它的强度而遭到破坏，而其他部分在该外力作用下可能仍然保持完整。

油料细胞的直径很小，而轧坯后的料坯厚度是其细胞直径的10倍以上。因此即使经过最仔细的轧坯，许多油料细胞仍可能保留完整。

油料抵抗外力作用的强度大小也随油料的水分和温度而变化。油料的水分越低，其弹性越大；油料水分越高，其塑性就越大。干燥的油料有显著的脆性，受压时容易成为粉末，而经过湿润的油料可塑性高，受压时易成片状。当高水分油料受轧时会由于高水分及分离出的一些油脂的作用，把坯片黏结起来，使生坯从轧辊出来时呈很薄的带状。油料的温度越低，其弹性越大，可塑性越小；反之其弹性越小，可塑性越大。这就要求在轧坯之前，对受轧的油料进行温度和水分的调节，使其具备最适宜的受轧温度和水分，从而保证受轧物料所必须的塑性。

（2）粒子表面的增大和生坯自由表面能的积聚 油料经轧坯后，由粒状变成片状，其表面积增大。同时由于油料的生理结构受到破坏，原来隐藏在内部的表面大量地暴露出来变成了外表面。当细胞结构和原生质被破坏时，原来隐藏在细胞里面的大量的糊粉粒从破坏的细胞原生质中脱离出来，其表面与相应的原生质界面都暴露出来。此外有巨大表面的原生质凝胶结构也破裂而暴露出来。因此生坯的外表面急剧增大，其一部分内表面随之变成了外表面。粒子表面存在着自由分子力场，因而粒子表面也就集聚着自由的表面能。当粒子轧成坯片时，随着其表面的急剧增大，生坯具有的表面能也将相应地急剧增加。

（3）油脂部位的变化 在轧坯过程中，随着油料细胞结构的破坏，存在于细胞质凝胶结构中的油脂会大量地分离出来。分离出来的油脂由于受到生坯巨大的表面分子力场作用，被生坯表面所吸附，不会与生坯分离而流出。轧坯时油料细胞破坏得越多、破坏程度越深，分离出来的油脂就越多，生坯表面所吸附的油脂也就愈多。在未被破坏的细胞内部的油脂仍以原有的状态存在。此外还有一些油脂可能保留在被破坏的油体原生质的碎片中。

2. 轧坯时的化学和生物化学变化

（1）化学变化 轧坯时油料内部物质发生的化学变化主要是蛋白质的变性。引起蛋白质变性的主要原因是粒子受轧辊的机械作用和摩擦发热作用。当然由于轧坯时间很短，所以这种化学变化不会很大。此外，轧坯后生坯表面的增大和部分油脂暴露于生坯的表面，会使生坯所含油脂更容易被氧化。

（2）生物化学变化 在很短的轧坯过程中，生物化学变化不会很明显，但轧坯作用为以后的生物化学变化创造了条件。轧坯后细胞原生质结构受到破坏，生坯表面积增大，大量油脂附着在生坯的表面，这些变化都为油料的呼吸作用及酶的作用提供了良好的条件，结果使生坯的稳定性较料仁的稳定性大大降低。因此轧制后的生坯应及时转入下一道工序。试验和生产实践都证明，生坯停留时间的长短，直接影响到所得毛油的酸价、非水化磷脂含量及色泽等多项质量指标。

二、轧坯设备

（一）轧坯设备

轧坯所用的设备称为轧坯机，可分为直列式轧坯机和平列式轧坯机两类。直列式轧坯机有三辊轧坯机和五辊轧坯机两种；平列式轧坯机有单对辊轧坯机和双对辊轧坯机两种。直列式轧坯机由于其辊面有压力和生产能力较小，在新建油厂已很少使用。目前生产浓香花生油的油厂应用最多的是平列式对辊轧坯机。图3-18所示为单对辊轧坯机。各种类型的轧坯机，其结构和工作原理都基本相同。主要由喂料装置、轧辊、辊距调节装置、刮刀、挡板、机架及传动装置等所组成。

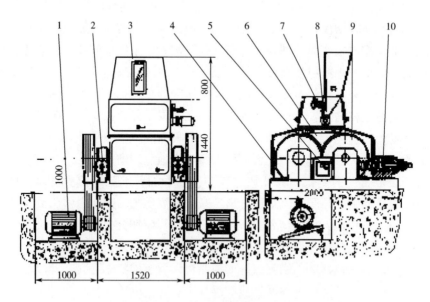

图3-18　单对辊轧坯机示意图

1—电机　2—调正板　3—料斗　4—刮刀　5—锁紧螺母

6—山肩　7—辊间限位器　8—喂料辊　9—轧辊　10—调紧装置

1. 喂料装置

喂料装置的作用是保证在整个轧辊长度上的均匀下料和进行流量调节。它由旋转着的喂料辊、料斗及控制闸门组成。喂料辊上带有长槽，当它不断转动时，可将油料均匀地喂入轧辊。

2. 轧辊

轧辊是轧坯机的主要工作构件，分光面辊和槽纹辊两种。单双辊轧轧坯机的轧辊是光面辊，槽纹辊用于立式轧坯机最上面的一个轧辊和双对辊轧坯机的上对辊。轧辊的结构如图 3-19 所示，它由辊体和辊轴依靠热压冷缩紧配合连接在一起。轧辊的直径较大，为了减轻重量、节省钢材和减少动力消耗，常将轧辊做成空心的，辊体壁厚一般为 100~150mm。轧辊在工作时由于对油料进行强烈的挤压，并与油料相摩擦，因此容易受到损坏，所以要求辊体具有足够的强度和刚度，且平衡性能好，表面耐磨。轧辊一般采用高强度的合金铸钢或铸铁以及添加特种微量金属作材料，用冷铸法或双金属离心浇铸法制成。辊面外层为白口层，硬层深度为 20~50mm，辊面硬度可达 HRC50~60。轧辊内层多为灰铸铁。轧辊的两端面通常做成倒角或梯形，以与挡板贴切配合防止漏料，并且可以减轻辊边的应力集中，防止轧辊工作时由于操作不当等原因引起的掉边现象。

直列式轧坯机的轧辊依次垂直重叠排列，相邻轧辊的中心线不在同一垂直面上，采用交错排列，两垂直面相距 25mm 左右，以便于轧辊进料。平列式轧坯机的轧辊水平放置并相对转动，形成一个或两个轧辊工作缝隙而进行轧坯。

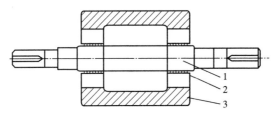

图 3-19　轧辊的结构示意图

1—辊轴　2—轴套　3—辊体

3. 轧距调节装置

轧距调节装置的作用是改变两辊间的工作间隙，以调整坯片的厚度。当两辊间进入大块坚硬的杂质时，可自动拉大两辊间距，以免损坏轧辊。轧距调节装置有弹簧式和液压式两种。直立式轧坯机的轧辊是垂直重叠排列的，靠轧辊自身的重量顺次接触在一起，当物料通过轧辊工作缝隙时，轧辊将产生向上跳动的现象，为了控制跳动幅度和控制所轧料坯厚度，在轧坯机第一辊的两端轴承座上设置了弹簧轧距调节装置，利用弹簧的压紧力将轧辊逐次向下压紧，从而使所有轧辊都处于压紧的工作状态。

采用弹簧式轧距调节装置的平列式轧坯机，其辊轴随轴承座分别装置在两边机架的滑轨内，可前后移动。其结构如图3-20所示。调节弹簧2的压紧螺母4可调节两辊间的压紧程度。旋动调节螺母6可使联接在两轴承座上1上的螺杆3前后移动，以改变两辊间的工作间隙，调节适当后分别以螺母5和7锁紧。当轧辊间进入大的硬杂时，弹簧压缩，辊间距扩大，可防止轧辊受到较大损坏。

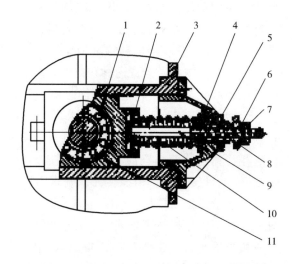

图3-20 平列式轧坯机的弹簧轧距调节机构示意图

1—轴承套 2、4—弹簧座 3—机架 5、7—锁紧螺母 6—调节螺母

8—压紧螺母 9—螺杆 10—弹簧 11—轴承座

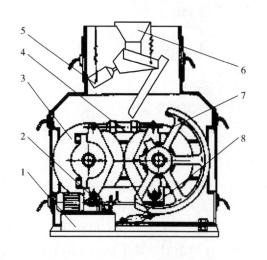

图3-21 液压紧辊轧坯机示意图

1—油箱 2—油泵 3—轧辊 4—油缸
5—电磁振动器 6—进料斗 7—转动皮带轮 8—刮刀

弹簧式紧辊装置在调节轧距时必须停机。所以调节不太方便，产生的压紧力也受到一定的限制，难以满足工艺上较高的要求，目前大型轧坯机都采用了液压紧辊装置，即利用液压系统的压力来代替弹簧压力进行轧距调节。

如图3-21所示为液压紧辊轧坯机的结构示意图。它主要由电磁振动喂料装置、液压紧辊系统、液压控制刮料装置、油泵、轧辊和机架等部件所组成。电磁振动喂料装置是依靠电磁振动器的高频振动作用，使物料连续、均匀地喂入两轧辊的缝隙中。液压紧辊系统由油泵、油缸、活塞、连杆及轧距调节螺杆等组成。轧辊间距的调整是通过调整油缸活塞行程来实现的，调整时将活塞缓慢收进，使两辊接触，此时锁定活塞螺母以固定其行程。停用时将油缸活塞伸出，使两辊离开。动、定辊之间的最小间隙由油缸活塞行程来保证，防止两辊相撞。根据制油工艺的要求，可以调节液压系统的压力，从而改变轧坯机的辊间压力，辊间压力最大可达 14t。轧辊工作时，当达到规定的油缸压力后，油泵能自动停止进油，而当油缸压力降到一定限度时，油泵能自动启动向油缸供油，以保证轧辊工作的恒定压力。此过程通过电气控制系统来完成，从而保证自动控制液压紧辊的稳定操作。轧辊上的刮料刀也是通过液压系统来控制的，它平时不接触辊面，当需要刮料时，刮刀即在液压油缸及活塞的控制下自动靠拢辊面进行刮料，刮料后又能与辊面脱离，以避免刮刀长期紧贴辊面而造成刮刀和辊面的磨损。

液压紧辊轧坯机的进退辊、两辊间压力调节、异物掉入辊间后轧辊瞬间脱开及刮刀对辊面的刮料等动作都由液压系统来实现，其显著特点：辊间压力大而稳定，轧制的坯片薄而结实，粉末度小，调节灵活方便及设备处理量大等。

4. 刮刀和挡板

轧辊底部装有刮料的刮刀，其作用是把黏附在轧辊上的料坯及时地刮落下来以保持辊面的光洁。刮刀通常依靠弹簧或重锤与杠杆的作用，使其和辊面保持经常（或及时）接触的状态。在轧辊两端的上半部装有挡板，其作用是防止从轧辊两端跑料造成一些油料漏轧。

5. 机架及轴承

轧坯机的机架由一个坚固厚实的机座（或称底板）以及两侧可装拆的支架（或称墙板）组成。在两侧墙板中间沿轧辊轴承的调节移动方向开一长槽，以垂直或水平放置轧辊轴承座并使轴承座可以在其内移动。轴承一般采用滑动轴承，以承受较大的负荷（也有采用滚子轴承的）。

6. 传动装置

直立式轧坯机的传动一般是由单台电机通过三角带轮带动若干轧辊转动，再依靠辊间的摩擦作用带动其他轧辊以相反方向转动。对辊轧坯机的传动通常采用两台电机分别通过三角带带动轧辊轴转动，也可以采用单台电机通过三角带带动主动辊轴转动，再通过齿轮带动从动辊轴转动。双对辊轧坯机则是通过若干对链轮及链条进行传动。

（二）影响轧坯效果的因素

1. 油料的性质

对轧坯效果影响较大的油料性质主要有含油量、含水量、含杂量、粒度、温度及可塑性等。进入轧坯机的油料必须经过严格的除杂，不得含有硬杂，否则将造成轧辊表面损伤，甚至造成轧辊掉边的严重事故。未经严格清选除杂的油料不得直接送入轧坯机。油料粒度尽可能必须符合轧坯的要求并保证轧辊对其有足够小的啮入角。同时要求油料粒度尽可能均匀一致，以保证轧坯后的料坯基本均匀。花生仁在轧坯前必须经过适当的破碎（成6~8瓣），否则会造成轧辊不吃料或设备生产能力降低。

要将油料轧成薄而坚韧的坯片，油料必须有适宜的弹塑性。油料温度、含油量、含水量、含壳量直接影响其弹塑性。

在轧坯过程中，油料受轧辊的外力作用而发生变形，油料抵抗外力作用的能力（或弹塑性）随油料水分而变化。干燥油料有很显著的脆性，轧制成的坯片上有很多裂痕，稍加压力即易粉碎。潮湿油料具有很大的可塑性，受压时易成片状，但油料水分含量较高时，在轧辊的作用下会分离出部分油脂使坯片黏结起来，形成很薄的带状；当油料水分含量很高时，在轧辊的作用下会形成出油，使油料与轧辊之间的摩擦力减小，甚至会使轧坯操作停止，花生仁的最佳轧坯含水率为8%左右。

油料抵抗外力作用的能力也随温度而变化。温度越低，油料的弹性越大，可塑性越小，反之可塑性越大。随着温度的提高，油料可塑性增加，且所含油脂的黏度降低，在轧坯时容易出油。花生仁的最佳轧坯温度为18~25℃。

油料含油量对轧坯质量产生很大影响。轧坯时油料受到轧辊压力的作用，油脂被挤压出来，并附着在新生的坯片表面。当油料含油量很高，且坯片又轧制得很薄时，被挤压出的大量油脂润滑辊面，使轧坯机产量降低，甚至无法工作。花生仁属含油的油料，所以在轧坯时需多加注意，不能掉以轻心。油料中若含过多的坚硬外壳，在轧坯时会因外壳有较高的抵抗外力作用的能力而使辊间缝隙增大，造成轧坯质量的降低或质量的不稳定。花生仁含壳率应该低于1%，方能保证取得满意的轧坯效果。

2. 轧坯设备

轧坯设备的形式、结构、机械性能及轧辊质量等对轧坯效果影响很大。如直列式轧坯机和平列式轧坯机对油料碾轧的次数不同，轧坯效果就不同。轧辊的辊面形式、轧辊速比等对油料的作用形式不同，因此所轧制的坯片质量就各异。轧辊的紧辊方式不同，辊面压力就不同，轧坯效果也就不同。轧辊的辊径、圆度、辊面硬度、辊面平整度等不仅对轧坯质量产生影响，而且也对轧坯机的运行、使用寿命及动力消耗等直接相关。轧辊的转速和轧辊直径影响到轧坯的时间和轧坯机的动力消耗，轧辊转速一般根据轧坯时所需的辊面线速度来决定，根据经验小直径轧辊的辊面线速度为3.5~4.5m/s，大直径轧辊的辊面线速度为5~6m/s；液压紧辊轧坯机的辊面线速度8~12m/s（与之对应的轧辊转速约为200~300r/min）。

三、轧坯机的操作要求

（一）轧坯机的操作要点

（1）轧辊必须圆整，在运转中不得有径向跳动或轴向窜动等现象产生。

（2）刮刀要平直，与轧辊表面有良好接触。

（3）未经筛选和磁选的油料不能直接送入轧坯机内。

（4）轧坯时，油料必须均匀地分布在辊面上，而且流量要均衡；进料斗内要经常保持有一定的存料。

（5）经常检查料坯的质量，要求厚薄均匀一致，符合技术要求。检查时，应从轧辊的左、中、右三段取样，并加以比较。如发现有厚薄不匀的现象，则应立即调节轧辊。

（6）轧辊发生堵塞时，应停止进料，并松开轧辊或停机清理，清理出的油料应回机重轧。

（7）轧辊未松开前，不得空转，如受结构条件限制不能松开，空转时间应尽可能短些，一般不超过 5min，以免轧辊相互辗轧时损伤表面而缩短使用时间。

（8）轧辊两端面不得与机架摩擦；但也不应有过大间隙，以免漏料。

（9）如发现突然停车；应立即关闭进料斗内调节门，并放出油料。

（10）严禁在轧坯机运转时触及轧辊，或登上轧坯机进行修理。如遇有硬质杂物落入轧辊中，应停车取出，不得在停车前用手或其他工具去取。

（11）轧坯机的运转部分必须装有防护罩，在运转时切不可将防护罩除去。

（12）经常检查轴承的润滑情况。所有油杯、油孔和油环必须经常保持充分润滑，每月检查一次轴承内的储油情况，若发现有混浊现象，须立即更换。

（13）在正常情况下，每隔 6～12 个月应检修辊轴轴承。若轴承磨损过多，应予更换；如果轴承磨损较小，可将其表面重新磨光后继续使用。

（14）轧辊经长期使用后，对其和辊轴的配合情况应进行检查。若发现有隙缝或松动现象，则须进行修理或更换辊轴。以防因断裂而发生重大事故。

（二）轧坯机的保养与事故处理

轧坯机是油厂的关键设备之一，售价高、机体笨重、修理费用不菲。所以在生产过程中，要精心保养以延长使用时间，这对增加效益和降低成本等都有很重要的意义。

（1）轧坯机经过长期运转，往往发生轧辊面两边磨损较严重的现象，从而影响轧坯效果。所以每周都应安排一定时间，用砂轮或其他办法将轧辊两边部位磨一磨。在车削轧辊时，两端 20～30mm 宽处应车成有 1：1000 的锥度。使用期间还应定期检查轧辊的磨损情况，如果辊面的不平直度超过 0.1mm 时，须进行车削加工修理。

（2）如果对油料的清杂不好，石头、小铁块等杂质进入轧坯机内；往往造成辊面的点蚀，致使光滑的辊面出现凹坑，轧出的料坯厚薄不匀，影响出油，这时就得更换轧辊，将有凹坑的，轧辊重新车平。轧辊辊面硬度较大，车削加工比较困难。有的油厂用一般车床（最大回转直径大于辊径），将转速降到 1~2r/min，慢转速，少吃刀，用合金刀头就可进行车削加工，在加工过程中应尽量避免换刀，每遍保证一刀用完。

（3）轧坯机有时发生不吃料或吃料少的现象，会严重影响轧坯机效率。轧坯机振动大是引起轧辊不吃料的一个重要原因。抖动的轧辊，不断地给油料一个向上的力，使油料被轧辊抛起、落下，始终在两个轧辊之间跳上跳下。发生轧辊不吃料时，应找出原因，绝不能将光滑的辊面人为地刨些坑，以此增加摩擦力而使之吃料。

（4）断轴和掉辊边。有些油厂使用的对辊轧坯机，其轧辊直径 600mm，辊长 1000mm 左右，传动轴直径以轴承处计算，一般为 100~110mm，按受力计算，它允许传递的功率是 220~240kW，而实际生产中，每台这样的轧坯机，只需 10~20kW 就可以了，由此可见断轴并不是扭断的。那么是怎样折断的呢？原来轧辊在铸造时两端的冷却速度总是比中间快些，因而两端硬度和脆性均比中间的大，即使在同样的工作条件下，中间总要比两端磨损得快些。为了保证轧坯的要求，在轧辊不平直度逐渐加大时；就要增加弹簧压力。这样使轴承处总是承受一个径向力，一旦料流不均匀，特别是进入铁器和石子等硬物，使两个轧辊发生碰撞，这瞬时的冲击力是相当大的。多次冲击的结果，超过轴的疲劳限度，就会发生断轴或掉边现象。所以应强调，操作时调节轧距的弹簧不要太紧；不要进入铁器；料流要均匀以及不要断料等，都是防止此类事故发生的有效措施。

（三）轧坯机轧辊掉边的预防措施

1. 生产方面的预防措施

生产方面的预防主要是降低辊子的磨损。辊子磨损的主要因素是原料中细粉末和石头、杂质。因此破碎原料时，粉末率要尽可能的低，前处理原料一定要清理得彻底，避免含石头，更不能有金属杂物。另一方面，原料的温度和水分对辊子磨损也较大。原料通过加热，抗变形阻力降低，就可使用较低的工作压力去压坯，从而减轻了辊子的表面磨损。在满足工艺条件的前提下，水分越高，产量越大，辊子的磨损越轻。

2. 设备方面的预防措施

（1）加大轧坯机辊子端部"E"区的研磨量（图3-22）。按规程规定，"E"区的研磨量（s）为 0.1mm，加大后的为 0.5mm。为了避免由于加大了辊子端部"E"区的研磨量后而带来的端部花生坯偏厚的问题，在轧坯机布料辊两端各加了一个可调节的挡料板，避免原料经过辊子端部"E"区。这样虽然在理

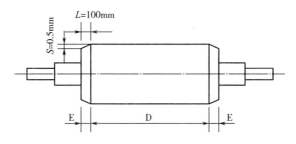

图 3-22　轧辊端部 "E" 区研磨区示意图

论上降低了辊子工作长度，但从实际来看，产量并未降低，而且质量效果也比较理想，还延长了辊子端部的研磨周期（由原来 350h 增大到 700h），减少了停机次数。

（2）定期用磨辊机对辊子实际通长修磨，消除辊子在长期使用中产生的不规则的凸起部分，防止辊子出现多边形状，从而减少撞击、振动，提高设备整体寿命。

（3）修改原液压系统　修改后的液压系统，每台轧坯机增加了两个节流阀，从而保证两端系统流量一致，辊子同时开停。修改后的液压系统保持了原设计的优点，避免了设备开、停机的短路现象，使开、停机时辊子均匀受力。

（四）轧坯工段安全操作规程

（1）开机前必须仔细检查各机件是否正常，加足润滑油。正常运行后，要防止空载运转，以免使轧坯机造成不必要的磨损。如遇突然停电，轧坯机不得硬开，须盘轮后再开。

（2）轧出的坯做到薄而匀、少粉末、不露油；严禁漏籽。

（3）要经常检查各部位是否发热、松动。轧坯机每班加油 2 次；注意观察刮料板是否紧贴于轧辊表面。

（4）不得在轧坯机运转时登上传动部位进行修理；经常注意电机温度和电流强度。

（5）及时打扫散落原料，严禁未经轧制的花生仁进入蒸炒锅内。搞好本工段场地、设备的卫生后方能交班。

第四节　花生坯的蒸炒

一、花生坯的蒸炒

花生坯的蒸炒是指生坯经过湿润、加热、蒸坯和炒坯等处理，使之发生一定的物理化学变化，并使其内部的结构改变，转变为成熟坯的过程。蒸炒是制油工艺过程中重要的工序之一。蒸炒可以借助水分和温度的作用，使油料内部的结构发生很大变化，例如细胞受到进一步的破坏，蛋白质变性等，这些变化不仅有利于油脂从油料中比较容易地分离出来，而且有利于毛油质量的提高。所以蒸炒效果的好坏，对整个浓香花生油生产过程的顺利进行、出油率的高低以及油品、饼粕的质量都有着直接的影响。层式蒸炒锅中料坯经蒸炒处理后的水分和温度见表3-4。

表3-4　　　　　　　　　　　　料坯出料水分和温度

料　坯	出料水分/%	出料温度/℃
花生仁	5~7	110 左右

经榨油机上的蒸炒锅处理后料坯的水分和温度，通常就称为入榨水分和入榨温度，见表3-5。

表3-5　　　　　　　　　　　　料坯的入榨水分和温度

料　坯	入榨水分/%	入榨温度/℃
花生仁	1.0~2.0	130 左右

（一）蒸炒的目的和类型

1. 蒸炒的目的

蒸炒的目的在于通过温度和水分的作用，使料坯在生物化学组成以及物理状态等方面发生变化，以提高压榨出油率及改善油脂和饼粕的质量。蒸炒使油料细胞受到彻底破坏；使蛋白质变性，油脂聚集；油脂黏度和表面张力降低；料坯的弹性和塑性得到调整；所含的酶类被钝化，有利于制油工艺的顺利进行。

2. 蒸炒的类型

浓香花生油的蒸炒采用湿润蒸炒。湿润蒸炒是指在蒸炒开始时利用添加水分或喷入直接蒸汽的方法使生坯达到最优的蒸炒初始水分，再将湿润过的料坯进行蒸炒，使蒸炒后熟坯中的水分、温度及结构性能最适宜压榨取油的要求。湿润蒸炒是油脂工厂普遍采用的一种蒸炒方法。正确的蒸炒方法不仅能提高压榨出油率和产品质量，而且能降低榨机负荷，减少榨机磨损及降低动力消耗。

（二）湿润蒸炒理论

1. 生坯的结构和性质

生坯的结构包括外部结构和内部结构。生坯的外部结构指其外形、大小、粒度、粒子间的空隙度以及是否有粒子聚集体存在等。生坯的结构取决于油籽本身的特性及轧坯的程度，例如含油量低的生坯互相结合的能力很小，接近于散粒物体；含油量高的生坯由于油脂分离出来的较多，所以易黏结成团块。经过轧坯，油料细胞组织已受到初步的破坏，油料生坯中有已经破裂的细胞、从破裂细胞中散落出的原生质碎片以及尚未破坏的完整细胞。料坯轧制的越薄，细胞破坏程度就越深。随着轧坯过程细胞组织的破坏，生坯中油脂的位置与完整油籽相比已发生了重大的变化，一部分油脂随着细胞的破裂、原生质凝胶结构的破坏而从细胞凝胶结构中分离出来，在生坯表面分子力场的作用下结合在生坯粒子的内外表面，还有一部分油脂仍存在于完整细胞的内部。

经轧坯过程，虽然油料形态发生改变及部分细胞结构遭受破坏，但油料中的亲水凝胶部分和疏水油脂部分，除少量蛋白质发生变性外，基本上仍保持原来的性质存在于生坯中。由于生坯是凝胶和油脂两部分组成的整体，所以它的性质应是这两部分性质的复杂配合，例如含油量低的生坯在蒸炒时表现出好的吸水性能；含油量高的生坯吸水能力弱，在蒸炒过程中易出油等。

2. 蒸炒时的湿润作用

按照湿润蒸炒的工艺要求，生坯在投入蒸炒前或在蒸炒中应首先进行湿润，使生坯达到最优初始水分，其目的是为蒸炒达到最佳效果提供有利条件。生坯润湿时，其凝胶部分进行水的吸收和膨胀是生坯润湿时进行的主要过程。生坯吸收水分的速度在很多情况下取决于润湿条件，特别是取决于加水的方法及润湿时的搅拌强度。同时吸收水分的速度也取决于被润湿物料的性质，即取决于生坯中亲水凝胶部分和疏水含油部分的数量关系。生坯的含油率越高，水分吸收进行得就越慢。生坯凝胶部分对水分的吸收最终导致凝胶部分的体积膨胀，因而造成细胞组织的破坏和油脂的聚集，并促使油脂向表面析出。蒸炒时的湿润作用主要有以下几个方面。

（1）破坏料坯的细胞组织　在轧坯过程中，油料细胞组织受到初步破坏，生坯中仍然存在有相当数量的完整细胞。油脂在生坯中的分布仍然是以超显微状态为主，与蛋白质形成乳状液包裹状态，不利于油脂的提取。为了提高油脂提取的速度和深度，还必须设法彻底破坏油料的细胞结构，而细胞结构中的细胞膜在一定程度上维持着油脂在原生质中的显微分散状态。在油料细胞中凝胶部分蛋白质等成分的表面具有极强的亲水基，当对生坯进行湿润时，水分便渗透进入完整细胞的内部被凝胶部分吸收并引起凝胶部分的膨胀，在加热和机械搅拌的双重配合作用下使细胞膜破裂。细胞膜破裂后，油体原生质散落出来，从而有利于细胞组织的进一步破坏和油脂的聚集和分离。

（2）促使蛋白质变性　对于一般的榨油工艺都要求料坯在蒸炒过程中最大限度地发生蛋白质变性，以破坏细胞凝胶部分的结构，破坏油脂与蛋白质的乳状液形态，并使得显微分散状的微小油滴聚成大油滴。

在湿润操作时通常伴随着加热，因而湿润对蛋白质的作用主要有三方面。其一，在湿润时由于大量水分子吸附于蛋白质分子的极性基上形成水膜，从而使蛋白质产生膨胀作用，这一作用会使油体原生质中分散的油脂产生聚集，并促使完整的细胞膜破裂。其二，由于湿润时的加热，会使料坯中的蛋白质产生热变性作用。但由于湿润的温度不太高，因此在一般情况下，湿润阶段以第一种作用为主。其三，湿润有利于加速蒸炒过程中蛋白质的变性。因为在蒸炒过程中蛋白质受热变性的程度随所含水分的多少而异。在蒸炒条件基本一致的情况下，湿润水分越高，蛋白质变性程度越深，反之变性程度越低。

（3）促使油滴由分散到集聚　湿润时，料坯中油脂原来的显微分散状态被破坏，油脂由细小的油滴聚集成较大的油滴，并由于料坯表面分子力场的作用和分子内聚力作用存在于料坯颗粒的表面。

生坯湿润时油脂分散状态的变化主要源于三方面的作用。其一是生坯湿润时，水分子在料坯分子力场的作用下与料坯结合，同时将原来处于分子力场上相应部分的油脂分子游离出来，使油滴局限在凝胶结构中的非极性基部分。湿润水分越多，被水占据的分子力场部分越大，油脂占据的部分越小，由此发生油脂的聚集并使得生坯对油脂的结合性减弱。其二是湿润时，由于生坯凝胶部分吸水膨胀，充满油脂的各种显微通道被压缩，而将通道中的油脂挤压出来并产生聚集。其三是湿润时，由于生坯粒子的粘结作用而使料坯的自由表面缩小，这种结合也会使油脂从这一部分表面被排挤出来。

（4）使磷脂凝聚　生坯中的磷脂分为游离磷脂和结合磷脂两种。湿润时游离磷脂首先吸水膨胀发生凝聚，同时随着湿润过程蛋白质结构的破坏，部分与蛋白质结合的磷脂从结合态释放出来。如果湿润水分较高，释出的磷脂也会吸水膨胀发生凝聚，磷脂凝聚后在油中的溶解度降低。

（5）生坯会发生黏结　湿润前的生坯大部分呈片状，湿润后料坯会发生黏结和结团现象，其原因主要是湿润时凝胶部分的吸水膨胀。当两个凝胶粒子接触时，粒子表面的水层便连接起来形成统一的薄层，其中的水分子同时被两个粒子的分子力场所吸引，成为连接两个粒子的中间层而产生料坯间的黏结现象，这种黏结力很强。此外湿润时由于聚集于料坯外表面的油脂增多，也会造成料坯间的黏结，但这种结合力较弱。湿润时的机械搅拌作用也会促使料坯产生结团现象。料坯黏结和结团的程度取决于湿润时的加水量及坯中含油量。结团对蒸炒操作极为不利，应尽量避免。

（6）增强生坯的生物化学活性　由于湿润之初料坯含水高，加之温度逐渐升高，会使料坯中酶类的活性及微生物的活动能力增强，使压榨毛油的酸价和非水化磷脂含量升高。一般酶的最适宜活动温度为30~40℃，当温度升高到80℃以上时可使酶的生物活性丧失。

3. 蒸炒时的加热作用

湿润主要是为蒸炒提供有利条件，而加热才是蒸炒的主要手段。蒸炒过程中料坯内部发生的变化主要都产生于加热，而这些变化的程度，又取决于加热的方法、时间、均匀性、生坯含水量以及水分蒸发的速度等诸多因素。蒸炒时的加热作用主要有以下几个方面。

（1）加热对蛋白质的作用　加热对蛋白质的作用，主要是使蛋白质发生变性，使蛋白质与料坯中其他成分发生结合反应。

①变性反应：蛋白质变性是指在蒸炒工艺条件下，由于料坯中的蛋白质结构遭到破坏而导致一系列性质发生变化的现象。变性后的蛋白质凝结成固态，其溶解度降低，塑性下降，弹性上升等。蛋白质的变性对提高出油率是非常有利的，因为在蛋白质变性前油滴实际上是与蛋白质呈乳状液形态，蛋白质的变性凝固使得乳状结构破坏。蒸炒的加热作用使油料蛋白质变性凝固，体积收缩，蛋白质对油脂的亲和力降低，油滴集聚和流出的通道加大。

天然蛋白质中的肽链，通过氢键、盐键等弱键互相联系，形成紧密而有规则的空间螺旋体结构。在变性条件下，这些弱键被破坏，从而使紧密折叠的肽链伸展开来。蛋白质结构遭到破坏后，其分子从刚性环状结构的有规则排列形式变成柔性展开的不规则排列形式，使原来卷曲在分子内部的疏水基释放出来，与疏水基结合的油脂也露出表面。

在料坯的蒸炒过程中，蛋白质的变性主要以加热变性为主。蛋白质受热变性，一般认为是分子间互相碰撞的结果，当蛋白质分子的动能达到凝固温度的临界值时，其互相撞击的力量足以折断氢键、盐键等弱键，并破坏分子内的一定排列方式。但是只有当水分进入肽链之间的空隙后，肽链才能展开而引起蛋白质的变性。因此生坯蒸炒前的湿润作用对蛋白质变性具有重要作用。干燥作用也能引起蛋白质变性，天然蛋白质肽链间的孔隙含有水分子，它们使蛋白质的结构稳定，当失去这些水分时，蛋白质的结构会发生变化。在蒸炒过程中，水分蒸发的快慢对蛋白质变性程度的影响也很大，料坯中水分的蒸发导致变性速度逐渐降低。给予高压也能引起蛋白质变性，在高压下蛋白质结构会发生紊乱而导致变性。

料坯加热温度越高，蛋白质的变性程度越深，但当温度超过130℃时，蛋白质变性增加的幅度大为降低。可见过高的蒸炒温度对提高蛋白质变性程度的作用不大，反而容易造成料坯焦化，形成不正常的深色毛油和油饼，降低油饼的营养价值。因此一般蒸炒的最高温度不宜超过130℃。

当其他条件相同时，料坯蛋白质热变性的程度随生坯含水量的增加而加深。在蒸炒温度及料坯水分相对稳定的条件下，料坯蒸炒的时间越长，蛋白质的变性程度越深。

②结合反应：在蒸炒过程中，蛋白质能与脂肪、磷脂以及糖类等成分产生结合反应。在一定蒸炒条件下蛋白质与油脂等类脂物产生的结合反应，是压榨饼中残油不能得很低的原因之一。

（2）加热对油脂的作用

①油脂黏度和油脂结合性的变化：蒸炒过程的加热作用，使料坯温度提高，引起油脂分子热运动的增强及分子间内聚力的削弱，导致生坯中油脂黏度及表面张力均降低，油脂与生坯凝胶部分的结合性减弱，油脂的流动性增强，为油脂摆脱蛋白质疏水基的吸附力、克服流动时的摩擦阻力创造了条件。这一变化使得压榨取油时油脂更容易与熟坯的凝胶部分分离。

②油脂的化学变化：在蒸炒过程常用的温度范围内，不可能使油脂产生深刻的化学变化。但由于油脂呈薄膜状处于料坯广阔的表面上，尤其在加热时与空气中氧的接触，会使油脂产生氧化作用，造成油脂的过氧化值有所升高。在蒸炒过程中也可能使油脂水解而产生游离脂肪酸（FFA），使油脂的酸价有所增加。

③油和其他物质的结合：蒸炒过程中的加热作用，会使脂肪及类脂物与蛋白质或糖类物质结合，生成多种不溶于乙醚的结合物。随着加热温度的提高，这类结合产物也增多。例如在温度为100~105℃下加热2h，生成的结合物为总量的0.75%；而在120~124℃下加热生成的结合物则上升为1.03%。由于加工过程中存在着这种结合反应，往往使饼粕残油率的检验结果低于实际含量，而在物料平衡中使原料含油率（乙醚萃取物）大于出油率与饼中残油率之和。

（3）加热对磷脂的作用

①磷脂溶解度的变化：料坯中的磷脂由于润湿凝聚作用而降低了它在油中的溶解度。但在对料坯加热时，因加热使料坯含水量大幅度降低，被磷脂吸收的水分也逐渐减少，使磷脂在油中的溶解度又逐步回升。

②磷脂结合物的分解：料坯中原有的结合磷脂以及蒸炒过程中磷脂与蛋白质等其他成分新形成的结合磷脂，会随着蒸炒过程中蛋白质变性作用的加深而逐渐分解，尤其在蒸炒过程的最后阶段，温度越高，磷脂结合物的分解也越剧烈，其结果使毛油中的磷脂含量上升。

③磷脂的氧化：磷脂在受热时容易被氧化，生成褐色甚至黑色的氧化物。这些氧化产物在压榨取油时能溶于油中使毛油颜色加深。

（4）加热对糖类的作用　料坯中的糖类在湿润阶段主要与水产生糊化作用，在蒸炒阶段的高温作用下糖类能与氨基酸在固相中反应生成类黑素化合物。类黑素化合物的生成会使原料损耗增加，并直接影响油饼及油的色泽。这种反应在105℃以下进行得很慢，但在较高温度下反应速度大为增加。

（5）加热对酶及微生物的作用　料坯内部的酶和料坯外部的微生物，在蒸炒的高温作用下均能被钝化和杀死，从而为提高油饼质量及安全储藏提供了有利条件。大多数酶在40℃以上活性降低，80℃时被完全钝化并失去活性。但油籽中的特种酶（如解脂酶）对热的稳定性较大，即使温度高达100℃，也不会完全丧失其活性。

（6）加热对料坯可塑性的作用　料坯经湿润后，含水量增加，可塑性提高。再经加热蒸炒后，由于含水量降低及蛋白质变性等，可塑性下降。经蒸炒后的入榨料坯，其塑性和弹性对压榨取油效果产生重要影响。而入榨料坯的塑性和弹性除与料坯的含油量、含壳量有关外，还直接取决于湿润蒸炒后熟坯的水分、温度及蛋白质变性的程度。水分是调整料坯塑性的最主要的因素，料坯的塑性在一定范围内随水分的增减而升降。温度对料坯塑性的调整作用，只有在料坯适宜的水分范围内才会显著，温度升高塑性增加，温度降低塑性减小。蛋白质的变性程度对榨料塑性和弹性的调整也具有重要意义，但蛋白质变性程度对榨料塑性和弹性的调整同样受到水分含量的影响。只有当榨料具有适宜的水分和温度时，蛋白质变性后的弹性增加才会充分表现出来。

4. 湿润蒸炒的特殊作用

在湿润蒸炒中，料坯的湿润水分控制在15%～17%。采用湿润蒸炒，由于对料坯湿润水分大，磷脂充分吸水凝聚，降低了在油脂中的溶解度。

二、蒸炒设备

湿润蒸炒设备称作蒸炒锅，有立式和卧式两种型式。湿润蒸炒操作可以在一个设备中完成，也可以先在一个设备中进行湿润和蒸坯，再在另一个设备中进行炒坯和干燥。如通常先采用层式蒸炒锅进行湿润、蒸坯，再用榨机上的调整炒锅进行炒坯、干燥。也有一些油厂先采用层式蒸炒锅进行湿润、蒸坯，再利用平板干燥机进行炒坯、干燥。卧式蒸炒锅通常也只起到蒸坯的作用，而用另一个单独的卧式容器进行炒坯、干燥。

（一）层式蒸炒锅

层式蒸炒锅是国内油厂广泛使用的蒸炒设备，其结构如图3-23所示。它由数层蒸锅单体重叠装配而成。每一层蒸锅单体的结构基本相同，都有边夹层和底夹层，夹层中通入蒸汽以加热料坯。蒸炒锅中心有一垂直轴通过各层，在每一层蒸锅单体中有转速为25～35r/min的两把桨式搅拌翅固定在垂直轴上，对料层进行搅动。在每层锅体底板上开有正方形或长方形的落料孔，每层落料孔处均安装有自动料门装置，通过控制落料量来调节每层锅体中的料层高度。湿润装置一般安装在层式蒸炒锅的第一层至第二层，有喷水管和喷汽管两种型式。喷汽管装在搅拌桨叶的背面，蒸汽经上段空心的搅拌轴通过喷汽管喷入料层中。每层蒸锅单体的侧壁均有排汽管，共同接到总排汽管上，以排出蒸炒过程中蒸发的水蒸气。生坯从第一层进入，依次经过各层，最后从蒸炒锅最底层的出料孔排出。传动装置在蒸炒锅下面，它由电机和三级齿轮减速箱组成。

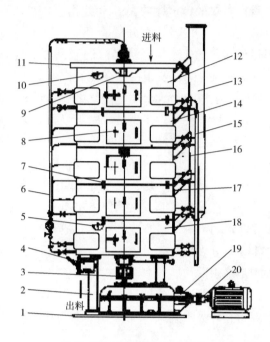

图 3-23 层式蒸炒锅示意图

1—底座 2—支柱 3—刚性联轴器 4—出料机构 5—料层指针 6—进汽管路
7—定位固定块 8—检修门 9—搅拌装置 10—料门装置 11—锅顶盖
12—第一层蒸锅 13—排汽管 14—第二层蒸锅 15—冷凝水管路 16—第三层蒸锅
17—第四层蒸锅 18—第五层蒸锅 19—CO32 型减速器 20—弹性联轴器

层式蒸炒锅的优点是结构紧凑，坚固耐用。缺点是蒸炒过程中料坯受热不太均匀，将料坯加热到所需温度的时间较长，这样在料温升至酶钝化温度之前，酶已对料坯中的某些物质产生作用，使油脂的酸价、非水化磷脂含量升高。

置于榨机上的蒸炒锅之结构与层式蒸炒锅相似，只是锅体直径较小，并直接安装在榨油机的机架上面。

（二）湿润蒸炒工艺技术

1. 湿润

湿润阶段应尽量使水分在料坯内部和料坯之间分布均匀。因此除了要求湿润均匀和充分搅拌外，还需要有一定的时间让水分在料坯间和料坯内部扩散均匀。湿润的方法有加热水、喷直接蒸汽、水和直接蒸汽混合喷入等。用直接蒸汽对生坯进行润湿，润湿速度快且均匀，但有时不能满足蒸炒工艺的要求（湿润的水分有限）。

料坯的湿润水分一般为 13%~15%，在设备条件许可的情况下可适当加大。

花生仁最高润湿水分为 15%~17%。在湿润时为使料坯有充分的时间与水分接触，保证料坯的湿润均匀，蒸锅湿润层的装料要满，充满度控制在 80%~90%，关闭排汽孔，保持蒸炒锅密闭，以防水分散失。当采用高水分润湿时，必须有足够的蒸炒条件与之配合，以保证满足低水分入榨的要求。为此可以在料坯进入蒸锅提前进行湿润（例如在进料绞龙中均匀加水），以保证在蒸炒锅中的蒸炒时间。

2. 蒸坯

生坯湿润之后，应在密闭的条件下继续加热，使料坯表面吸收的水分渗透到内部，并通过一定时间的加热，促使蛋白质等物质发生较大变化。蒸坯时要求料坯要蒸透蒸匀。为此蒸坯层的装料要满，装料量控制在 80%~90%，以延长蒸坯时间。关闭排汽孔，保持蒸炒锅密闭，以增加蒸锅空间的湿度，充分发挥料坯的自蒸作用。经过蒸坯，料坯温度应提高至 95~100℃，花生仁湿润与蒸坯时间约需 50~60min。

3. 炒坯

炒坯的主要作用是加热除水，使料坯达到最适宜压榨的低水分含量。炒坯时要求尽快排除料坯中的水分，因此须将排汽孔打开，加强蒸锅中的水蒸气的排出。锅中的存料量要少，一般装料量控制在 40%左右。经过炒坯，出料温度应达到 105~110℃，水分含量在 5%~8%，炒坯时间约 20min。

经层式蒸炒锅蒸炒的料坯在入榨油机之前，还需在榨机炒锅中进一步调整水分和温度，以满足料坯高温、低水分入榨的要求。料坯的入榨水分和温度随油料品种和压榨工艺的不同而异。一般含油量较高的料坯入榨水分较低，反之，水分较高。预榨工艺的料坯入榨水分较低，压榨工艺的料坯入榨温度较高。一次压榨的料坯入榨水分通常为 1.0%~2.5%，入榨温度为 125~130℃；而预榨料坯的入榨水分为 4%~5%，入榨温度为 110~115℃。

蒸炒过程必须有充分的时间保证料坯发生完善的变化，而高水分蒸坯更需要足够的时间将料坯所含水分降至适宜的程度。因此蒸炒全过程通常需要 90min。其中料坯在层式蒸炒锅中约需 60min，在榨机炒锅中约需 30min。当然对于不同的油料及预处理的不同要求，各环节的时间可以调整。

4. 均匀蒸炒

蒸炒对熟坯性质的基本要求是必须具有合适的塑性和弹性，同时要求熟坯要有很好的一致性。熟坯的一致性包括熟坯总体一致性和熟坯内外部的一致性。总体一致性是指所有熟坯粒子在大小和性质（水分、可塑性）方面的一致，而内外部一致性则是指每一料坯粒子表里各层性质的一致。

采用现行的连续蒸炒工艺和设备时，由于生坯本身质量的不一致、料坯通过蒸炒锅的时间不一致、部分料坯湿润时的结团以及部分料坯受传热面的过热作用形成硬皮等，必将导致料坯蒸炒过程中不一致性。为了减少蒸炒过程的不一致性，生产上必须采取以下措施以保证料坯的均匀蒸炒：①保证进入蒸炒锅的生坯质量（水分、坯厚及粉末度等）合格和稳定；②均匀进料；③对料坯的湿润应均匀一致，防止结团结块；④蒸坯时充分利用料层的自蒸作用，防止硬皮的产生；⑤蒸炒锅各层存料高度要合理，料门控制机构灵活可靠；⑥加热应充分均匀，保证加热蒸汽质量及流量的稳定；⑦夹套中空气和冷凝水的排除要及时；⑧保证各层蒸锅的合理排汽；⑨保证足够的蒸炒时间；⑩回榨油渣的掺入应均匀等。

三、蒸炒的操作要求

（一）湿润蒸炒的操作

（1）湿润操作

①直接加水法：将水直接加到生坯中，此时要在料流的线路中，把水喷成雾状，连续不断地喷洒在生坯上。因此怎样选择恰当的加水位置，并把水喷得细密和均匀，避免发生大水滴进入生坯致使个别坯片含水分特别高，而有的坯片又没有吸到水分或吸水很少等现象，这便是湿润操作中要认真掌握的要点。加水仅是提高生坯的水分，但湿润之后，紧接着就是提高生坯的温度。此时升温要快，所以一方面加水，一方面要开大间接蒸汽阀门，给料坯加热。因此采取加热水，如加乏汽水（即蒸汽凝结水），这种方法适宜于含水量很低的生坯。最简单的增湿方法是在油料上喷水。但用这种方法增湿，既不均匀，又需较长的水分均布时间。用饱和蒸汽和水混合后喷射到在输送中的油料上，可以取得较好的润湿效果，水分均布的时间也缩短。在油厂，单独应用的油料湿润设备较少，·油料或半成品的湿润通常在生产设备中结合工艺操作进行，油料湿润后的水分均布缓慢的过程可以在中间储存器中进行。储存器为正方形或长方形，大小为 $0.5 \sim 2.0 \mathrm{m}^3$，钢板厚度 $2 \sim 4\mathrm{mm}$，水温 $70 \sim 90℃$，加水量为 $15\% \sim 17\%$，加入地点在进入蒸炒锅之前，即在蒸炒锅上的螺旋输送机内。

②单纯喷蒸汽法：所谓单纯喷蒸汽法，就是把饱和蒸汽通过管道孔眼直接喷入料坯。蒸汽遇着冷的料坯放出大量的热量，传递给料坯，而蒸汽本身冷凝（凝结）成水，这种冷凝水直接附着在生坯上并为生坯所吸收。对生坯喷直接蒸汽起到既加热、又湿润的作用。同时喷进蒸汽直接扩散到料层各部，充满整个料坯，有着普遍的接触，其加热和湿润的均匀性比其他任何办法都好，而且操作方便。由于具有上述优点，所以有人把喷直接蒸汽法视为最有效的方法。此法对含水量很大的料坯（15%以上）尤其适用。但是对于含水量较小的料坯，单纯喷直接蒸汽则有一个最大缺点，就是它放出的大量热量使生坯升温过快，当料坯温度升到一定限度（95℃以上）时，蒸汽极少冷凝（或者不再冷凝），因而难以达到应加的水分量，同时还会使料坯已吸收的水分因温度升高而被汽化挥发，反而会影响

熟坯的质量。

③混合操作法：由于上述两种方法是在含水量很小或很大的情况下采用的方法，都有其局限性。因此最好采用加水和喷直接蒸汽同时进行的方法。是否采用蒸汽和蒸汽冷凝水同时加水和加热，这要根据料坯的情况（主要是含水量）和拥有设备的具体条件来决定。

（2）蒸坯和炒坯操作

①蒸坯操作：生坯湿润之后，在较密闭的条件下继续加热的过程称为"蒸坯"。其主要目的是使料坯表面吸收的水分渗透到内部，使蛋白质磷脂等物质发生较大变性。蒸坯操作应注意下列几点：

a. 蒸炒锅（四层以上者）密闭：如果料坯是在蒸炒锅的第一层湿润，则蒸坯主要在第二层进行（如蒸炒锅为五层以上，蒸坯还可延至第三层）。蒸坯阶段的锅层要进行密闭，以保持料坯以上的空间有最大湿度，这样才能使料坯蒸透、蒸匀。b. 装料较满：蒸坯阶段的锅内装料要满一些，一般为锅层容积的80%。这不但能增加蒸坯时间，而且容易蒸透。c. 升温达标：经过蒸坯，料坯温度应提高到95~100℃（如果蒸炒锅层数较少，其料坯温度还应适当提高）。d. 保证时间：湿润蒸坯的时间应为40~50min。

②炒坯操作：所谓炒坯，是指料坯经蒸坯后干燥除水的过程。此时在锅中料坯上面的空间尽量排汽，使料坯中的水分在加热过程中很快蒸发。从多层式蒸炒锅的最底层或第三层开始至榨油机的炒锅都属于炒坯过程。炒坯时应注意下列几点：

a. 尽快排汽：炒坯时要求尽快除去水分，因此要打开排气管阀门进行自然排汽。b. 存料要少：炒锅层中存料少，有利于料坯中水分的挥发。装料量一般控制在40%左右。另外还应根据炒锅能力的大小适当调节装料量。c. 控制蒸炒锅出料的温度和水分：蒸炒锅出料时，油料的温度均应保证达到105~110℃，含水量控制在5%~8%。d. 保证蒸炒时间：花生仁蒸炒时间在蒸炒锅中60min，在榨机蒸炒锅中30min为宜。e. 控制入榨水分和温度：榨机蒸炒锅有两层、三层和四层的几种类型。在榨机蒸炒锅中，一方面继续炒坯以除去水分；另一方面料坯还要升温和保温（靠间接蒸汽调节，如果水分太低还可开直接蒸汽），以保证入榨料坯的温度和水分。入榨料的水分应为1.0%~2.0%，温度130℃左右。

（二）蒸炒锅操作与维护

（1）必须勤检查、勤清理、流量均匀、料层适当、压力表和指针等明晰准确；以专人负责、前后工序密切配合的原则进行操作。

（2）禁止在满锅料坯的情况下开车。

（3）开车前应做好下列准备工作：

①清除机器周围的杂物，检查各个部位的紧定螺钉、螺帽有无松动以及轴承

有无松动和脱出，并检查机器的转动部分等。

②检查轴承润滑情况，锅顶轴承需加植物油，底层锅轴承需加"黄油"（钙基润滑油）。

③排尽锅体边类夹层和底夹层的冷凝水。

④清理装在第一层蒸锅搅拌翅反面的喷气管，以保证喷气孔畅通。

（4）开车前应先打开间接蒸汽阀门，使气压逐步上升，达到 0.5MPa 左右，将锅体预热 20~30min。

（5）开车后应先空车运转，待确认运转正常后，方可投料。

（6）蒸坯时要关闭排气孔，使蒸锅内料坯的上层空间保持最大的湿度。

（7）炒坯时，为了帮助水分的挥发，打开排气孔，利用气体本身的温度差，通过排气管进行自然排湿。

（8）停车前应从上到下逐层关闭蒸汽阀门，待锅内料坯放完后再停车并放出冷凝水。

（三）蒸炒工段安全操作要点

（1）开车前排除冷凝水，烘锅预热 30min 后，再开空车运转，待正常后开始投料加热。蒸炒锅存料必须逐层存满，逐层放料。为确保安全，蒸汽压力应控制在 1.0MPa 以内。

（2）根据料坯水分和汽压情况，合理调节蒸汽阀门，控制蒸炒锅下料水分和温度，具体要求：花生坯温度 105~110℃，水分 5%~8%，每 1h 检测一次，并按要求做好原始记录。

（3）做好本工段传动设备的加油检查工作，机油要少加又要勤加，要注意电机温度。

（4）突然停电时，必须将锅内料排出；正常停车前锅内存料要全部走空，不得存料，防止自燃和变质。

（5）认真做好本工段工作场地、设备的清洁卫生工作后方能交班。

四、过热蒸汽炉的设计与应用

在浓香花生油的生产中，炒坯工序需要在高温条件下完成。要得到高温热源，采用高压高温锅炉和导热油加热系统无疑可以保证工艺的指标和产品质量的要求，但设备的投资过大，系统复杂，使生产成本增加。我们采用从锅炉房产出的低压蒸汽，经压力容器设计部门批准，自行设计制造的过热蒸汽炉，将饱和蒸汽加热成高温过热蒸汽供炒锅使用，效果尚佳。

1. 设计依据与原则

（1）过热蒸汽炉的设计依据，是按《蒸汽锅炉安全技术监察规程》和《工业锅炉通用技术条件》的规定；并以"安全可靠、节能经济、保护环境、配套齐全、好用好造"为原则设计的。

（2）设计燃烧煤种，设计代表煤种为Ⅱ类烟煤，其成分组成见表3-6。

表3-6　　　　　　　　Ⅱ类烟煤成分组成　　　　　　　单位:%

挥发分 V^Y	含碳量 C^Y	含氢量 H^Y	含氧量 O^Y	含氮量 N^Y	含硫量 S^Y	含灰量 A^Y	含水量 W^Y	低位发热量 $Q^Y dw/$ (kJ/kg)
30.17	51.3	2.6	4.07	0.96	0.23	33.01	7.83	18937

（3）烟尘排放标准，按 GB 13271—2017《锅炉大气污染物排放标准》的规定，对司炉操作和烟尘排放进行管理和监督。

2. 设备结构

（1）过热蒸汽炉代号：QG0.5~0.39/164/300—A，代号含义：QG—桥锅，0.5—再热蒸汽量 t/h，0.39—额定压力 MPa，164/300—进出口蒸汽温度℃，A—Ⅱ类烟煤。

（2）QG0.5~0.39/164/300-A 过热蒸汽炉主要由炉体、铸铁炉排、炉门、沉降室、烟囱、引风机、阀门、仪表、管道和基础等组成，如图3-24所示。

在过热蒸汽炉前上方有炉门，下方有清灰门或称通风门。在炉门的下方设有铸铁炉排与炉壳组成燃烧室，其内布置有辐射受热面即螺旋管，经顶棚管后布置有后部受热面的蛇形管，燃烧室的火焰与主导烟气先经螺旋管与蛇形管后由烟管导入除尘器，再经引风机由烟囱排入大气。

（3）过热蒸汽炉主机设备，主要由铸铁炉排、炉壳、炉门、烟囱接管、螺旋管、蛇形管和进出口集汽箱组成。进口集汽箱上有压力表、温度计；出口

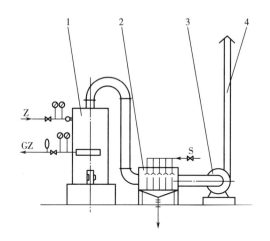

图 3-24　过热蒸汽炉的主要组成
S—水　Z—蒸汽　GZ—过热蒸汽
1—热蒸汽炉主机　2—沉降室　3—引风机　4—烟囱

集汽箱上有压力表、温度计、安全阀和疏水器。炉壳内衬有 80mm 厚的耐火材料，炉壳外现场安装完成后再铺以 50mm 厚的保温层，使外表温度不超过 50℃，以减少散热损失。为检修方便，炉壳后方开有一矩形后箱壳，箱壳内衬同炉壳，箱壳与炉壳之间敷设硅酸铝，纤维毡用螺栓压板与炉壳本体装配。在顶板上设二

个起重吊环，便于运输、安装时起吊。

过热蒸汽炉的技术规范见表3-7。

表 3-7   过热蒸汽炉的技术规范

项目	数量	项目	数量
再热蒸汽量/（t/h）	0.5	再热吸热量/（kJ/h）	100 045
额定压力/MPa	0.39	蒸汽进口温度/℃	164
蒸汽出口温度/℃	300	炉排面积/m²	0.07
受热面积/m²	1.33	排烟温度/℃	320
水压试验压力/MPa	0.59	主机运输外形尺寸/mm	1 100×750×2 400
主机运输质量/t	1.3		

4. 安装注意事项

（1）按照工业锅炉安装有关规定，为保证运输，操作和检查方便，炉前空间2~3m，炉后空余1m左右，右侧空余不小于1m。

（2）锅炉主机起吊，起重能力不小于2t，就位后，校核前后左右是否保持水平，允许倾斜不大于10mm。

（3）将烟囱吊装在前烟箱上，各法兰间均应填垫石棉或石棉袋，必须严密不漏风。

（4）根据有关规定，安全阀的排放量应保证在该排放量下"再热器有足够的冷却，不至于烧坏"的要求，安全阀的排气量略小于再热蒸汽量。通过计算，安全阀排气量 $E=440.32$ kg/h。锅炉的工作压力为0.39MPa，安全阀的始启压力调整到0.41MPa，安全阀经调整后加以铅封，切勿敲击安全阀上的任何部位，安全阀未调整，锅炉绝对禁止运行。

（5）按照阀门、仪表管道图纸进行安装，安全阀应在水压试验后安装，安全阀应装通室外的排汽管，排汽管底部应装有接到安全地点的泄水管。在排汽管、泄水管上都不允许装设阀门。

（6）在阀门、仪表和管道等安装完毕后，进行水压试验，压力为0.59MPa。水压试验时，进水温度保持在20~70℃，水压应缓慢地升降，当升到试验压力，保持5min。水压试验符合下列情况，即认为合格：在受压元件金属壁和焊缝上没有任何水珠和水雾；水压试验后，用肉眼观察，没有发现残余变形。

5. 燃烧运行操作方法

（1）点火前全面检查过热蒸汽炉的附件、管路、阀门、沉降室和风机等是否完好。

（2）打开沉降室内的进出水系统，并使其在运行状况下。

（3）揭开进汽阀门使过热蒸汽炉内有蒸汽流动，开启出口疏水阀。

（4）在炉排上放置点火木柴，然后均匀撒一层薄煤，再放置一层木柴，点燃上层木柴，引燃煤层，逐步加煤使燃料层厚度达到15~20cm，开启引风机，使燃烧稳定达到正常。

（5）燃烧正常稳定后，开大进汽阀门，出口集汽箱压力达到工作压力后，开启蒸汽出口阀门，关闭疏水阀。

（6）运行中严密监视压力表与温度计，出口温度偏差为±10℃，超过时应调节燃烧使温度达到正常。

（7）停炉时停止加煤，关闭引风机，打开疏水阀，关小蒸汽进口阀，待炉排上燃烧完全熄灭后，炉膛温度降至100℃以下，方可关闭进、出汽阀。

（8）过热蒸汽炉在运行期间，司炉工必须坚守岗位，经常观察蒸汽压力和温度；当发现进口蒸汽压力降低时应减缓燃烧，若进口蒸汽无压力，则应紧急停炉；进蒸汽含湿率不得大于3%，为保证过热蒸汽炉热管内部清洁，每两年应进行一次化学清洗。过热蒸汽炉适合于油厂使用，其结构简单、紧凑，占地面积少，整装出厂，便于安装和维修，可廉价获得高温热源，热效率高（$\eta = 66.16\%$），操作简单、容易掌握、无爆炸危险、可装于使用高温热源的机器附近。总之随着油脂工业的发展，对过热蒸汽炉的认识日益深刻。现在正就加热管材料的选择，蒸汽流量和温度的自动控制等方面作进一步改进，以便使过热蒸汽炉进一步完善和提高。

第五节　花生冷榨过程与基本特性

一、花生冷态压榨过程

通过可视窗口观察花生仁的冷态压榨过程。整粒花生仁的冷态压榨过程与碎粒花生仁的冷态压榨过程基本相同，如图3-25和图3-26所示。压榨前，压榨室里花生仁颗粒层呈自由状态，颗粒层中的孔隙较大，但碎粒花生仁颗粒层的孔隙明显比整粒花生仁的孔隙小［图3-25（1）、图3-26（1）］。压榨开始后，颗粒层中的孔隙开始减小，颗粒层逐渐致密，随后颗粒产生变形［图3-25（2）、图3-26（2）］，整粒花生仁表皮红衣发生破裂［图3-25（2）］。当压榨压力达到一定值时，个别颗粒表面局部开始渗出油液，随压榨继续进行，大多数颗粒表面开始渗出油脂，油脂逐渐浸湿颗粒整个表面［图3-25（3）、图3-26（3）］。当渗出油脂逐渐充满颗粒层中的孔隙，随即开始产生宏观的渗流运动

[图3-25（4）、图3-26（4）]。随油脂逐渐排出，颗粒层被逐渐压缩固结 [图3-25（5）、图3-26（5）]。

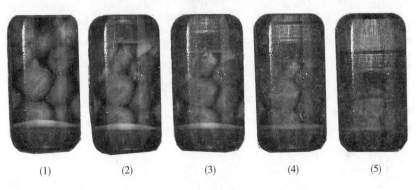

| (1) | (2) | (3) | (4) | (5) |

图3-25　整粒花生仁的冷态压榨过程

| (1) | (2) | (3) | (4) | (5) |

图3-26　碎粒花生仁的冷态压榨过程

花生仁压榨出油的微观和宏观机理可描述：油脂存在花生的细胞中，压榨使花生仁颗粒间彼此产生挤压，受挤压作用，油脂从细胞壁孔渗出，流向仁表面，在持续的挤压作用下，油脂连续不断地从细胞壁孔渗出，并流向花生仁颗粒层空隙，当油脂逐渐充满花生仁颗粒层空隙，形成饱和多孔介质后，花生仁颗粒层中的宏观渗流运动随之产生。当挤压力大到一定值时，花生仁细胞壁和表皮破裂，油脂渗流逐渐加速。随着油脂的逐渐排出，花生仁中油脂存量逐渐减少，花生仁颗粒层逐渐固结，油脂渗流速度转而逐渐减小，最终形成花生仁饼粕。

二、花生出油压力、出油应变试验结果

对每一种试样均做两次试验，试验结果取两次试验的平均值，结果见表3-8。

表 3-8	出油压力、出油应变试验结果	
名称	出油压力/MPa	出油应变/%
整粒花生仁	1.58	47.45
碎粒花生仁	1.49	35.66

试验结果显示出整粒花生仁的出油压力和出油应变均大于碎粒花生仁的出油压力和出油应变。

三、花生出油率试验结果与分析

对每一种试样均做两次试验,试验结果取两次试验的平均值。结果见表 3-9。

表 3-9	出油率试验结果					单位:%
出油率	压榨压力/MPa					
	10	20	30	40	50	60
整粒花生仁出油率	38.67	50.92	58.65	59.94	63.16	64.45
碎粒花生仁出油率	27.07	40.62	50.91	63.80	65.09	74.12

采用对数函数对出油率试验结果拟合,拟合公式:

$$整粒花生仁 \quad Y = 100 \times 0.175\ln(0.773P) \tag{3-1}$$
$$碎粒花生仁 \quad Y = 100 \times 0.272\ln(0.245P) \tag{3-2}$$

式中 Y 为出油率,%。拟合结果如图 3-27 所示。

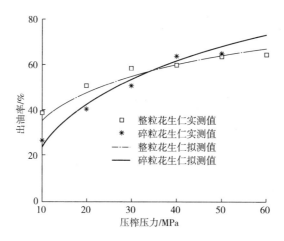

图 3-27 出油率与压榨压力关系

四、花生应力-应变试验结果与分析

花生应力-应变试验结果见表 3-10 所示。

表 3-10 　　　　　　　　花生应力-应变试验结果（恒速加载 2mm/min）

应力 A/MPa	0	5	10	15	20	25	30	35	40	45	50	55	60
整粒花生仁应变 A_1/%	0	66.45	71.94	74.17	75.47	75.54	77.11	77.71	78.24	78.77	79.26	79.72	80.16
碎粒花生仁应变 A_2/%	0	60.50	66.22	68.69	70.27	71.42	72.32	73.09	73.76	74.38	74.95	75.51	76.06

五、油料压榨过程应力-应变模型与模拟

油料压榨过程与粉末体的压缩过程很相似，粉末体侧限压缩下的各种压制方程中，川北公夫的压力、体积应变双曲线模型被认为是精度最高的。根据油料的侧限排油压榨应力-应变试验结果，采用川北公夫压制方程建立模拟花生的应力-应变关系的数学模型。侧限压榨条件下油料的径向应变等于零，故油料的体积应变与轴向应变相等。式（3-3）即为花生的应力-应变关系数学模型。

$$\varepsilon = \frac{abP}{1 + bP} \tag{3-3}$$

式中　ε——油料轴向应变，%；

P——轴向应力；

a、b——常数。

待定参数 a、b 决定了采用川北公夫压制方程模拟实际应力-应变关系的精度。可根据实际应力-应变测试结果反求模型参数，采用最小二乘法构造优化目标，参数 a、b 的反求归结为如下优化问题：

求 $x = (x_1, x_2) = (a, b)$

$$f(x)_{min} = \sum_{i=1}^{n} (\varepsilon_i - \varepsilon_i')^2$$

$$g_j(x) = x_j \geqslant 0 \qquad (j = 1, 2)$$

$$\varepsilon_i = \frac{x_1 x_2 P_i}{1 + x_2 P_i}$$

式中　ε_i'——P_i 压榨应力下的实测应变值，%。

对于整粒花生仁，模型参数 a、b 反求结果分别为 $a = 0.82$、$b = 0.62$；对于碎粒花生仁，模型参数 a、b 反求结果分别为 $a = 0.778$、$b = 0.5243$。运用应力-

应变模型式（3-3）模拟花生实际应力-应变，结果如图 3-28 和图 3-29 所示。

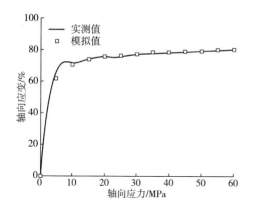

图 3-28　整粒花生仁应力-应变模拟

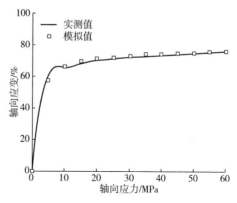

图 3-29　碎粒花生仁应力-应变模拟

花生的应力-应变关系均表现出明显的非线性特征。当压榨应力超过 30MPa时，油料应力-应变曲线斜率变得很小，曲线变得平坦，几乎呈水平线，这表明此时油料应变硬化很大，油料结构变得致密。这揭示出油料压榨时后段出油较少。

六、花生实际压缩比理论计算模型

根据建立的花生应力-应变模型可建立实际压缩比理论计算模型。油料压榨实际压缩比的定义指油料压榨前后的容积比，根据此定义：

$$\varepsilon_n = \frac{V_0}{V} \tag{3-4}$$

式中　ε_n——油料实际压缩比；

　　　V_0——压榨前油料体积；

　　　V——压榨后油料体积。

由于侧限压榨条件下油料的径向应变等于零，因此侧限压榨下，油料的体积应变与轴向应变相等。由定义式（3-4）可得侧限压榨下实际压缩比：

$$\varepsilon_n = \frac{V_0}{V} = \frac{H_0 \pi r^2}{H \pi r^2} = \frac{H_0}{H} = \frac{H_0}{H_0 - \Delta H} \tag{3-5}$$

式中　r——压榨室半径；

　　　H_0——压榨起始时油料厚度；

　　　H——对应 P 压榨压力下的油料厚度；

　　　ΔH——H_0 与 H 之差。

轴向应变定义式：

$$\varepsilon = \frac{\Delta H}{H_0} = \frac{\varepsilon_n - 1}{\varepsilon_n} \tag{3-6}$$

上式可得：

$$\varepsilon_n = \frac{1}{1 - \varepsilon} \tag{3-7}$$

式（3-7）即为实际压缩比的实测计算公式。ε_n 一般通过实测计算获得。根据油料压榨试验数据，由式（3-7）计算得到整粒花生仁和碎粒花生仁的实际压缩比，具体见表 3-11。

表 3-11　　　　　花生实际压缩比实测值（恒速加载：2mm/min）

应力 B/MPa	0	5	10	15	20	25	30	35	40	45	50	55	60
整粒花生仁实际压缩比 B_1/%	0	2.98	3.56	3.96	4.08	4.09	4.37	4.49	4.60	4.71	4.82	4.93	5.04
碎粒花生仁实际压缩比 B_2/%	0	2.53	2.96	3.19	3.36	3.50	3.61	3.72	3.81	3.90	3.99	4.08	4.18

将双曲线型应力-应变模型式（3-3）代入式（3-7），整理后可得：

$$\varepsilon_n = \frac{1 + bP}{1 + (1 - a) bP} \tag{3-8}$$

式（3-8）即为花生压榨实际压缩比的理论计算模型，运用此模型模拟花生压榨实际压缩比，如图 3-30 和图 3-31 所示。实际压缩比的理论计算模型的模拟结果表明，基于双曲线型应力-应变模型建立的油料实际压缩比理论计算模型与花生实际压缩比实测值吻合较好。

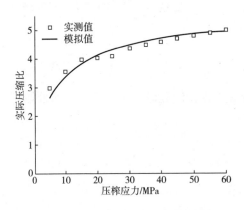

图 3-30　整粒花生仁实际压缩比模拟

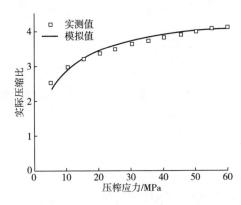

图 3-31　碎粒花生仁实际压缩比模拟

对式（3-8）微分可得：

$$\frac{\mathrm{d}\varepsilon_n}{\mathrm{d}P} = \frac{ab}{[1 + (1 - a) bP]^2} \tag{3-9}$$

式（3-9）即为油料实际压缩比关于压榨压力的变化率，运用式（3-9）模拟花生压榨实际压缩比的变化率，如图 3-32 所示。

理论上当压榨压力 P 趋无穷大时，实际压缩比的变化率趋于无穷小，故理论临界压榨压力应为无穷大。然而实际压榨压力是非常有限的，不可能取无穷大。式（3-9）表明随压榨压力增大，实际压缩比迅速减小。工程实际临界压榨压力可依据实际压缩比变化率曲线选取一个合适值，如图 3-32 所示，整粒花生仁和碎粒花生仁的压榨压力大于 80MPa 时，实际压缩比曲线趋于水平，故可以认为一般条件下，整粒花生仁和碎粒花生仁的工程实际临界压榨压力可近似取为 80MPa。

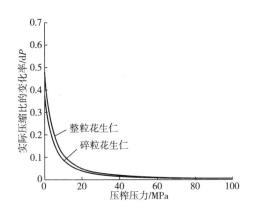

图 3-32　花生实际压缩比变化率

七、花生蠕变试验结果与分析

整粒花生仁和碎粒花生仁的蠕变试验结果见表 3-12 和表 3-13。如图 3-33 和图 3-34 所示，试验结果表明，花生应力-应变关系随时间变化，应变不但随应力变化，而且还随时间变化；应力-应变关系是非线性的。侧限压榨下的芝麻和花生蠕变曲线基本由一段曲线和一段直线构成，曲线和直线分别对应衰减蠕变和等速蠕变。进入等速蠕变阶段后，不同应力水平下的蠕变曲线近似平行的直线，并且直线斜率很小。

表 3-12　　　　　　　　　　　整粒花生仁蠕变试验结果 ε　　　　　　　单位:%

| 压力/ | 时间/min | | | | | | | | | | |
MPa	0	3	6	9	12	15	18	21	24	27	30
10	58.5	61.5	62.7	63.5	64.0	64.4	64.8	65.1	65.4	65.6	65.8
20	59.2	61.9	63.1	63.9	64.5	65.0	65.4	65.8	66.1	66.3	66.6
30	62.8	65.3	66.4	67.2	67.8	68.3	68.7	69.0	69.3	69.5	69.8
40	63.0	65.6	66.8	67.7	68.3	68.8	69.3	69.7	70.0	70.2	70.5
50	66.4	68.2	69.1	69.7	70.3	70.7	71.1	71.4	71.7	71.9	72.1
60	67.4	68.5	69.2	69.8	70.4	70.9	71.2	71.5	71.7	72.0	72.2

压力/	时间/min										
MPa	0	3	6	9	12	15	18	21	24	27	30
10	58.8	63.9	65.7	66.9	67.8	68.4	68.9	69.4	69.7	70.0	70.3
20	65.6	69.3	70.8	71.8	72.5	73.1	73.5	73.8	74.1	74.4	74.6
30	66.8	70.1	71.2	72.0	72.7	73.2	73.6	74.0	74.2	74.5	74.7
40	67.6	70.2	71.5	72.4	73.1	73.6	74.0	74.3	74.5	74.8	75.0
50	69.9	71.9	73.0	73.8	74.4	74.8	75.2	75.5	75.8	76.0	76.2
60	71.2	73.1	74.1	74.9	75.4	75.9	76.3	76.7	76.9	77.2	77.4

表 3-13　　　　　　　碎粒花生仁蠕变试验结果 ε　　　　　　单位:%

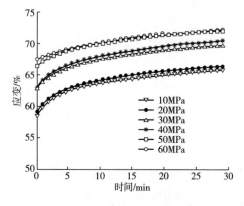

图 3-33　整粒花生仁蠕变曲线

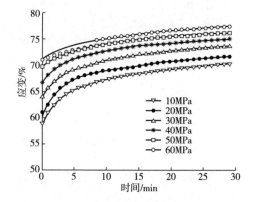

图 3-34　碎粒花生仁蠕变曲线

八、低温提取花生蛋白及花生油技术与传统工艺技术分析

（1）该技术全套工艺路线只用少量热源烘干脱衣，可节约大量能源。

（2）该技术保持了脱衣冷榨花生油的优良品质，无化学精炼过程，保持天然风味，无任何溶剂、污染或残留，各种天然营养成分保存良好。

（3）该技术在 60℃ 以下低温状态下，前后两次压榨，加工温度低，蛋白质不变性，使各种营养成分不被破坏。

（4）该技术生产过程为物理加工工艺，没有三废排放，无污染，绿色环保。

（5）该技术有严格的精选工艺，原料无杂质，无霉变，杜绝了黄曲霉毒素等对人体有害的物质进入生产工序，从而进一步提高了产品质量。

（6）该技术设备投资省，运行成本低，回报率高。

（7）该技术机械化程度高，全套生产线从进原料到出成品连续化生产。

第六节 花生仁的压榨

一、压榨法取油的基本原理

（一）压榨过程

压榨取油的过程，就是借助机械外力的作用，将油脂从榨料中挤压出来的过程。在压榨过程中，发生的主要是物理变化，如物料变形、油脂分离、摩擦发热及水分蒸发等。但由于温度、水分、微生物等的影响，同时也会产生某些生物化学方面的变化，如蛋白质变性、酶的钝化和破坏、某些物质的相互结合等。压榨时，榨料粒子在压力作用下内外表面相互挤紧，致使其液体部分和凝胶部分分别产生两个不同过程，即油脂从榨料空隙中被挤压出来及榨料粒子变形形成坚硬的油饼。

1. 油脂与凝胶部分分离的过程

在压榨的主要阶段，受压油脂可近似看作遵循黏液流体的流体动力学原理，即油脂的榨出可以看成变形了的多孔介质中不可压缩液体的运动。因此油脂流动的平均速度主要取决于孔隙中液层内部的摩擦作用（黏度）和推动力（压力）的大小。同时液层厚薄（孔隙大小和数量）以及油路长短也是影响这一阶段排油速度的重要因素。一般来说，油脂黏度越小、压力越大则从孔隙中流出越快。反之流油路程越长、孔隙越小则流速降低而使压榨进行得越慢。

在强力压榨下，榨料粒子表面挤紧到最后阶段必然会产生这样的极限情况，即在挤紧的表面上最终留下单分子油层，或近似单分子的多分子油层。这一油层由于受到表面巨大分子力场的作用而完全结合在表面之间，它已不再遵循一般流体动力学规律而流动，也不可能再从表面间的空隙中压榨出来。此时油脂分子可能呈定向状态的一层极薄的吸附膜。当然这些油膜在个别地方也会破裂而使该部分直接接触以致相互结合。由此可知，压榨终了使榨料粒子间压成油膜状紧密程度时，其含油量是很低的。实际上，饼中残留的油脂量与保留在粒子表面的单分子油层相比要高得多。这是因为粒子的内外表面并非全部挤紧，同时个别榨料粒子表面直接接触，使一部分油脂残留在被封闭的油路中所致。

2. 油饼的形成过程

在压力作用下，榨料粒子间随着油脂的排出而不断挤紧，直接接触的榨料粒子相互间产生压力而造成榨料的塑性变形，尤其在油膜破裂处将会相互结成一体。这样在压榨终了时，榨料已不再是松散体而开始形成一种完整的可塑体，称为油饼。应注意，油饼并非是全部粒子都结合，而是一种不完全结合的具有大量孔隙的凝胶多孔体，即粒子除了部分发生结合作用而形成饼的连续凝胶骨架以外，在粒子之间或结合成的粒子组之间仍然留有许多孔隙。这些孔隙一部分很可能是互不连接而封闭了油路，而另一部分则相互连接形成通道，仍有可能继续进行压榨取油。由此可知饼中残留的油脂，是由油路封闭而包容在孔隙内的油脂和粒子内外表面结合的油脂以及未被破坏的油料细胞内残留的油脂所组成。必须指出，实际的压榨过程由于压力分布不均、流油速度不一致等因素，必然会形成压榨饼中残油分布的不一致性。同时不可忽视，在压榨过程尤其是最后阶段，由于摩擦发热或其他因素，将造成排出油脂中含有一定量的气体混合物，其中主要是水蒸气。因此实际的压榨取油应包括：在变形多孔介质中液体油脂的榨出和水蒸气与液体油脂混合物的榨出两种过程。

（二）影响压榨取油效果的主要因素

压榨取油效果决定于许多因素，主要包括榨料结构和压榨条件两大方面。另外榨油设备也举足轻重。

1. 榨料结构的影响

榨料结构指榨料的机械结构和内外结构两方面。榨料的结构性质主要取决于预处理（主要是蒸炒）的好坏以及油料本身的成分。

（1）对榨料结构的一般要求　要求榨料颗粒大小应适当并一致，榨料内外结构的一致性好；榨料中完整细胞的数量越少越好；榨料容重在不影响内外结构的前提下越大越好。要求榨料中油脂黏度与表面张力要尽量低；榨料粒子要具有足够的可塑性。

（2）影响榨料结构性质的因素　在诸多的榨料结构性质中，榨料的机械性质特别是可塑性对压榨取油效果的影响最大。榨料在含油、含壳及其他条件大致相同的情况下，其可塑性主要受水分、温度以及蛋白质变性程度的影响。

随着榨料水分含量的增加，其可塑性也逐渐增加。当水分达到某一值时，压榨出油情况最佳，这时的水分含量称之为"最优水分"或临界水分。对于某一种榨料，在一定条件下，都有一个较狭窄的最优水分范围。当然最优水分范围同时与其他因素，首先是温度、蛋白质变性程度密切相关。

一般而论，榨料加热可塑性提高，榨料冷却则可塑性降低。榨料温度不仅影响其可塑性和出油效果的好坏，还影响油和饼的质量。因此温度也存在"最优值"。

蛋白质过度变性会使榨料塑性降低，从而提高榨机的必需工作压力。如蒸炒过度会使料坯朝着变硬的方向发展，压榨时对榨膛压力和出油及成饼都产生不良影响。然而蛋白质变性是压榨法取油所必需的，因为榨料中蛋白质变性充分与否，衡量着油料内胶体结构破坏的程度，也影响到压榨出油的效果。压榨时由于温度和压力的联合作用，会使蛋白质继续变性，如压榨前蛋白质变性程度为74%～77%，经过压榨可达到92%～93%。总之蛋白质变性程度适当才能保证有好的压榨取油效果。

实际上，榨料性质是由水分、温度、含油率、蛋白质变性等因素的相互配合体现出来的。然而在通常的生产中，往往仅注意水分和温度的影响。榨料水分与温度的配合是水分越低则所需温度越高。在要求残油率较低的情况下，榨料的合理低水分和高温是必需的。但榨料温度过高超过130℃是不允许的。此外不同的预处理过程可能得到相同的入榨水分和温度，但蛋白质变性程度则大不一样。

2. 压榨条件的影响

除榨料本身结构条件以外，压榨条件如压力、时间、温度、料层厚度、排油阻力等是提高出油效果的决定因素。

（1）压榨过程的压力 压榨法取油的本质在于对榨料施加压力取出油脂。然而压力大小、榨料受压状态、施压速度以及变化规律等对压榨效果产生不同影响。

①压力大小与榨料压缩的关系：压榨过程中榨料的压缩，主要是由于榨料受压后固体内外表面的挤紧和油脂被榨出造成的。同时水分的蒸发、排出液体中带走饼屑、凝胶体受压后凝结以及某些化学转化使密度改变等因素也造成榨料体积收缩。压榨时所施压力越高，粒子塑性变形的程度就越大，油脂榨出也越完全。然而在某一定压力条件下，某种榨料的压缩总有一个限度，此时即使压力增加至极大值而其压缩亦微乎其微，因此被称为不可压缩体。此不可压缩开始点的压力，称为"极限压力"（或临界压力）。

对榨料施加的总压力通过榨机工作机构传递给榨料，其中一部分压力用以克服油脂在榨料内的通道中运动的阻力，并使之具有一定的流动速度，而另一部分压力则用以克服粒子中变形凝胶骨架的阻力。总压力及总压力对于这两部分压力的分配比例在压榨过程中是经常改变的。

②榨料受压状态的影响：榨料受压状态一般分为静态压榨和动态压榨。所谓静态压榨，即榨料受压时颗粒间位置相对固定，无剧烈位移交错，因而在高压下粒子因塑性变形易结成硬饼。静态压榨易产生油路过早闭塞、排油分布不均的现象。动态压榨时，榨料在全过程中呈运动变形状态，粒子间在不断运动中压榨成形，油路不断被打开，有利于油脂在短时间内从孔道中被挤压出来。因此同样的出油率要求动态压榨所需最大压力将比静态压榨时低，而且压榨时间也短。所以在实际应用中，多采用"动态瞬间高压"进行压榨。对于摩擦发热，动态压榨比静态压榨显著。

③施压速度及压力变化规律：对压榨过程中压力变化规律最基本的要求是压力变化必须满足排油速度的一致性，即所谓"流油不断"。对榨料施加突然高压将导致油路迅速闭塞。研究认为，压力在压榨过程中的变化一般呈指数或幂函数关系。

（2）足够的时间 压榨时间与出油率之间存在着一定关系。通常认为压榨时间长，流油较彻底，出油率高，这对静态压榨比较明显。对于动态压榨也适用，仅仅是相对时间大为缩短而已。然而压榨时间也不宜过长，否则对出油率提高不大，还影响设备的处理量。

（3）压榨过程的温度　压榨时适当的高温有利于保持榨料必要的可塑性和油脂黏度，有利于榨料中酶的破坏和抑制，有利于油饼的安全储存和利用。然而压榨时的高温也产生副作用，如水分的急剧蒸发破坏榨料在压榨中的正常塑性；油饼色泽加深甚至焦化；油脂、磷脂的氧化；色素、蜡等类脂物在油中溶解度增加使毛油颜色加深等。

不同的压榨方式及不同的油料，有不同的温度要求。对于静态压榨，由于其本身产生的热量小，压榨时间长，需采用加热保温措施。对于动态压榨，其本身产生的热量高于需要量，故以采取冷却保温为主。

合适的压榨温度范围，通常是指榨料入榨温度（110~130℃）。因为压榨过程温度变化范围的控制实际上很难做到。例如动态压榨中，如控制不当温度将升得很高。

3. 榨油设备的影响

榨油设备的类型和结构在一定程度上影响到工艺条件的确定。要求压榨设备在结构设计上尽可能满足多方面的要求，诸如生产能力大、出油效率高、操作维护方便及动力消耗小等。具体包括：施于榨料有足够的压力，压力按排油规律变化且能适当调节；进料均匀一致，压榨连续可靠，饼薄而油路通畅；减少排油阻力，能以调节排油面积来适应不同油料；压榨温度调节装置满足最佳流油状态；生产过程连续化，设备运转可靠，结构和操作简单，维修方便；节约能源。

（三）压榨取油的必要条件

关于从固体中压榨液体的过程，现有两种见解来说明受榨液体的流出和主要因素的关系。第一种见解是把压榨过程看作过滤过程；第二种见解是采用了道尔斯的关于液体在紧密土壤中运动的公式。这两个公式都不能完全适用于油料的压榨过程，因为在压榨过程中，油脂通过通道而运动，而通道的截面同时又在逐渐缩小；这两个公式也都不能反映压榨过程中所发生的个别因素的变化（流油通道直径和长度的变化，油脂液压的变化，榨料体积上包围着的面积的变化等）。这两个公式只适用于个别的、时间间隔很短的压榨过程。

1. 榨料通道中油脂的液压越大越好

压榨时传导于油脂的压力越大，油脂的液压也就越大。由前所述，施于榨料上的压力只有一部分传给油脂，其余部分则用来克服粒子中的变形阻力。要使克服凝胶骨架阻力的压力所占比重降低，必须改善榨料的结构-机械性质。但是提高榨料上的压力而超过某种限度，就会使流油通道封闭和收缩，反而会影响出油效率。

2. 榨料中流油毛细管的直径越大越好、数量越多越好（即多孔性越大越好）

在压榨过程中，压力必须逐步地提高，突然提高压力会使榨料过快地压紧，使油脂的流出条件变坏。并且在压榨的第一阶段中，由于迅速提高压力而使油脂急速分离，榨料中的细小粒子被急速的油流带走，增加了压榨毛油的含渣量。榨料的多孔性是直接影响排油速度的重要因素。要求榨料的多孔性在压榨过程中，随着变形仍能保持到终了，以保证油脂顺利流出，饼中残油达到最小值。

3. 流油毛细管的长度越短越好

流油毛细管长度越短，即榨料层厚度越薄，流油的暴露表面越大，则排油速度越快。

4. 压榨时间在一定限度内要尽量长些

压榨过程应有足够的时间，以保证榨料内油脂的充分排出，但是时间太长，会因流油通道变狭甚至闭塞而收效甚微。

5. 受压油脂的黏度越低越好

黏度越低，油脂在榨料内运动的阻力越小，越有利于出油。生产中是通过蒸炒来提高榨料的温度，使油脂黏度降低。

二、螺旋榨油机取油

（一）螺旋榨油机压榨取油的一般过程

动力螺旋榨油机的工作过程，是由于旋转着的螺旋轴在榨膛内的推进作用，使榨料连续地向前推进，由于螺旋轴上榨螺螺距的缩短和根圆直径的增大，以及榨膛内径的减小，使榨膛空间体积不断缩小而对榨料产生压榨作用。榨料受压缩后，油脂从榨笼缝隙中流出，同时榨料被压成饼块从榨膛末端排出，其过程如图3-35所示。

1. 榨料在榨膛内的运动规律

榨料在榨膛内的运动规律　在理想状态下，榨料粒子受到榨螺推料面的作用，其理论粒子的运动在无阻力的情况下可以认为是按照螺旋体本身的运动规律向前推进，即粒子的运动轨迹是回转运动与轴向运动的合成。

然而，榨料在实际的推进过程中的运动状态是十分复杂的。它同时受到许多阻力作用，这些阻力包括：榨笼内表面和螺旋轴外表面与榨料间的摩擦力；榨料颗粒之间相对运动时的内摩擦力；榨螺中断处、垫圈形状突变及榨膛刮刀等对

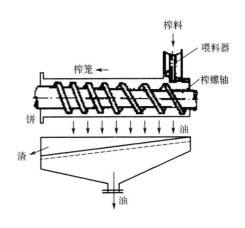

图3-35　螺旋榨油机的压榨过程示意图

榨料形成的阻力；榨膛空间缩小时的压缩阻力（包括调节出饼圈引起的阻力）等。上述阻力的作用结果使实际的榨料在榨膛内的运动不再像螺旋输送机那样地匀速推进，其运动速度不仅在数值上，而且在不同区段上的方向也在不断改变。通过实测榨条各区段的划痕，或用木制模型 X 射线照相，都证实了榨料粒子的运动轨迹是一条螺距不断增加的螺旋线，它恰恰与榨螺螺距的变化规律相反。

如果榨料粒子与榨轴外表面之间的摩擦力及榨料粒子之间的内摩擦力比榨料粒子与榨笼内表面间的摩擦力大，那么榨料会产生随轴旋转运动。在螺旋榨油机工作时，榨料的随轴旋转运动是不允许的。在榨笼内表面处，榨料粒子与榨笼内表面的阻力较大能抵消随轴转动的周向力，然而在中间层，榨料粒子主要靠内摩擦力的作用，其阻力较小，尤其在进料段，松散的榨料粒子之间的内摩擦力更小，这时就易产生榨料随轴转动现象。此外榨轴表面与榨料之间的摩擦力大也易产生随轴转动。由此可见沿径向各榨料层的随轴转动情况是不一致的。为防止榨料随轴转动，在螺旋榨油机榨膛内装置了刮刀（并将轴表面磨光），以及在榨笼内表面装置榨条时使其具有"棘性"。

榨料在榨膛内的推进过程中，部分榨料会在榨螺螺纹边缘和榨笼内表面所形成的细小缝隙中产生反向的运动（即回料）。回料的形成是由于多种阻力引起的，榨螺螺纹边缘和榨笼内表面所形成的缝隙偏大；榨螺螺距偏大；榨料与榨笼内表面之间较大的摩擦；出饼口缝隙太小造成的"反压"，以及榨膛理论压缩比大于榨料实际压缩比等等。回料将影响榨油机的生产能力和出油率，须根据实际要求加以控制。

2. 压榨取油的基本过程

在螺旋榨油机中，压榨取油过程可以分为三个阶段，即进料（预压）段、主压榨段（出油段），成饼段（重压沥油段）。

（1）进料段　榨料在进料段开始被挤紧，排出空气和少量水分，发生塑性变形形成"松饼"，并开始出油。高油分油料在进料压缩阶段即开始出油。要注意在进料段易产生回压作用，应采取强制进料和预压成型的措施，克服"回料"。

（2）主压榨段　此阶段是形成高压，大量排油的阶段。这时由于榨膛空间体积迅速有规律地减少，榨料受到强烈挤压，料粒间开始结合，榨料在榨膛内成为连续的多孔物而不再松散，大量油脂排出。同时榨料还会因螺旋中断、榨膛刮刀、榨笼棱角的剪切作用而引起料层速差位移、断裂、混合等现象，使油路不断打开，有利于迅速排出油脂。

（3）成饼段　榨料在成饼段已形成瓦块状饼，几乎呈整体式推进，因而也产生了较大的压缩阻力，此时的瓦块饼的可压缩性已经不大，但仍须保持较高的压力，以便将油沥干而不致被回吸。最后从榨油机排出的瓦状饼块，会由于弹性膨胀作用出现体积增大的现象。

压榨过程中大量的油脂是在榨油机的前一半榨膛中被榨出的，即在进料段和主压榨段的区域内榨出的，这可以从在螺旋轴长度上饼中残油率的变化特性得到证实。当然在榨膛内沿轴向分布的排油情况，会随着榨料含油和榨机结构的不同而有所变化，但总的希望是出现在主压榨段内，结构设计或操作不当会引起排油位置后移或提前。

在压榨过程中，油饼沿径向层次的含油率不一样，内表面层的含油率比外表面层高，同时压榨物料径向层次残油率之间的差别随着榨料向出饼口的推移而减小。而实际排出机外的饼径向层次残油率正好呈相反的关系，即饼外层的残油高于内层的残油。这种现象的产生可以认为是由于螺旋榨油机结构特点所致：一方面榨膛内油饼的单向排油必然使沿螺旋轴表面处榨料的油路较长而不易排出；另一方面在进料段和压榨段前部的料层较厚，容易产生含油率梯度，在压榨后期，榨料被压缩变薄，同时在靠近螺旋轴表面处的水分蒸发强度比榨笼内壁处高，以致将榨料粒子孔隙内的油脂挤出，因此内外饼层之间的含油率梯度相对缩小了；当饼排出机外时由于压力的消失，水分急剧蒸发及外层饼面油脂的回吸等反而使内层饼含油率低于外表层。

（二）榨膛压力的形成及其分布

1. 榨膛压力的形成

榨膛空间内的压力是由于榨料受压力后对榨机结构相应部分产生反作用所致。这些反作用力大致归纳为两个方面：

（1）榨膛空余体积的缩小，迫使榨料压缩而形成压力。空余体积沿轴向缩小的原因使榨螺螺距依次缩小、榨螺根圆直径逐渐增大以及榨笼内径的逐渐减小。

（2）缩小出饼圈缝宽，增大对榨料的反压力。调节出饼厚度在一定程度上可以改变榨膛内压力的大小。压榨的效果取决于压力增加的特性、最大压力的数值及压榨时间等。

2. 影响榨膛压力大小的因素

榨油机工作时，榨膛内压力的大小主要取决于以下因素，即压榨系统的结构特性、调饼装置的几何尺寸、榨油机的工作条件以及榨料的机械性质。在一定结构的螺旋榨油机中，如果出饼圈的缝隙宽度调节到一定程度，那么压力的大小，主要决定于榨料所产生的抵抗力的大小。此时榨膛内最大压力值主要取决于榨料结构-机械特性。换句话说，对一定结构的榨机，可以通过备料工作来调整榨膛压力的大小。为了使榨膛内产生的压力保证油脂的充分榨出，必须使熟料的弹性和塑性配合适宜，即具有适宜的榨料结构。

对于任何类型的压榨（预榨或一次压榨），榨料最适宜的塑性都是通过蒸炒来达到的。而榨料的可塑性由其水分和温度配合形成，如果熟料的入榨水分和温度配合不恰当，将导致熟料塑性的不适，使出油效果变差。若熟料塑性降低，压榨时粒子结合松散，形成干硬、高含油饼粉或粗块形式排出机外，油流移向出饼口，同时榨机负荷也显著增加。若熟料因过度润湿而使其塑性显著增加，压榨时大量熟料粒子将从榨条缝隙挤出，同时熟料不能形成瓦块状饼，而是以不定形的可塑物排出，油流移向进料段，且电机负荷降低。

压榨时榨机负荷的增高或降低是榨膛压力变化的结果。当熟料塑性降低，压榨时由于压缩熟料和榨出油脂时熟料本身抵抗力增加而导致榨机的电机负荷增大即榨膛压力增大。当熟料塑性增加时，因其流动性大，降低了熟料的运动阻力，使其在榨膛内不易建立压力，从而使电机负荷降低。另外榨油机的工作条件如进料量的多少和是否稳定也影响榨膛压力的变化。

3. 压力的大小与变化规律

榨膛内压力的变化规律呈指数或幂函数关系曲线。螺旋榨油机的特殊点是最高压力区段较小，即所谓瞬间高压，最大压力一般分布在主压榨段。对于低油分油籽的一次压榨，其最高压力点一般在主压榨段的开始阶段，而对高油分油籽的压榨或预榨，最高压力点一般分布在主压榨段中后期。

（三）榨膛空余体积变化与榨料体积的压缩

螺旋轴外表面与榨笼内表面之间所包容的体积称作空余体积。这可以通过一般的几何计算求出。理论压缩比也称空余体积比，是指螺旋轴上相邻两榨螺所对应的空余体积的比值。压缩比曲线表示出沿螺旋轴每一节榨螺所对应的空余体积变化情况。通常认为，可利用这些曲线近似反映榨料在榨膛内受压变化情况，同时也可以此作为榨膛空间结构的设计依据。

理论总压缩比（ε）指在充满系数为1，榨料没有随轴旋转及回料的情况下，第一节榨螺和最后一节榨螺的体积输送能力之比值。

实际压缩比（ε_n）是指进入榨油机的熟料体积与由榨机排出的物料体积之比值。实际压缩比曲线是指在对应于每一节榨螺的空余体积内，榨料实际压缩值的变化曲线。

榨油机的理论总压缩比值随着榨机结构型式的不同而有所变化，但都应保证理论压缩比 ε 大于实际压缩比 ε_n，即要求适当的超压，以克服榨料的弹性变形，利于提高出油率。实际上，所有的螺旋榨油机，其 ε 大于 ε_n 值，一般 $\varepsilon/\varepsilon_n =$ 1.5~4.5，有的甚至更高。如 ZX18 型螺旋榨机的理论总压缩比为 13.2。理论上要求榨膛每一节榨螺所对应的理论压缩比，都应大于实际压缩比。然而一般榨油机采取预压进料，榨料在进料段受压成型过程中的容重急剧增大，因此会产生 ε_n 值大于 ε 值的现象，一般高油分榨料的压榨要比低油分榨料压榨所要求的 ε 大些，而高油分中硬质油料或纤维油料要比软质油料所要求的 ε 大些。

实际压缩比（ε_n）反映了榨料在动态压缩状态下的真实受压状态。但应注意，由于螺旋榨油机榨膛压力大、排油速率高以及结构上的原因引起的所谓"流渣"也会引起榨膛体积的缩小。另外在压榨过程中由于高温高压的影响，使榨料中水分蒸发以及某些化学变化而引起榨料的比重改变，但一般情况下它对体积变化的影响很小。再一方面，瓦块饼排出机体后，往往因为弹性变形而产生稍微的膨胀。这些都说明实际压缩比的计算误差总是存在的。

物料的实际压缩比取决于许多因素，如榨机结构、操作的工艺条件、油籽的种类等。榨料实际压缩比的数值变化范围在 2.72~10.40，且随着榨料含油率的增加而递增。同一种油料采用不同压榨工艺，ε_n 也不同，一般压榨时 ε_n 大于预榨。相同油料而采用不同榨油机，ε_n 也会相应改变，但变化幅度不大，理论压缩比没有考虑榨料通过榨机向前移动的过程及榨料的物理—力学性质。物料压缩比与饼中残油率具有相反的关系。榨料的实际压缩比越大时，榨料体积的压缩程度越高，物料的残油率也就越低。另外当榨料的性质不同时（尤其是可塑性不同），要得到相同的压缩比，则施加的压力是不同的。

（四）压榨时间

压榨时间越长，油脂的榨出越全，但榨机的生产能力会降低。螺旋榨油机正常生产时，压榨时间可以看作是榨料通过榨膛的时间。榨料粒子在榨膛内的停留时间，若不考虑任何因素，可用螺旋轴转速 n 与导程 z 来描述，即 $\tau = z/n$。然而计算得出的时间很短，与实际情况完全不符。由此可见使压榨时间延长的因素很多，它主要包括两个方面：

1. 榨笼结构

榨笼结构包括榨笼长度、榨螺的导程数（节数）、螺纹中断次数、刮刀配置、榨笼结构形式及榨膛零部件磨损程度等。

2. 操作与工艺参数

工艺参数包括主轴转速、出饼缝宽的调节、榨料性质及入榨条件等。

工艺条件与榨油机的结构不同，所要求的合理压榨时间也各不相同。因此测定或确定榨料通过榨膛的时间，对于工艺规程的制定是必不可少的。

螺旋轴转速对压榨时间的影响是显著的。随着转速的提高，压榨时间相应缩短，但其变化关系并非直线关系，在转速较低时，转速对压榨时间的影响很大，转速提高后，榨料在榨膛内的摩擦、回料、随轴转动现象明显增加，转速对压榨时间的影响会减小。因此对于一定机型或榨料条件，转速与压榨时间的变化也有一定的范围，以无限提高转速来缩短压榨时间是不可能的。就实际应用的各种机型而言，预榨要比一次压榨的转速高、时间短。我国生产的 ZY24 型预榨机的螺旋轴转速为 15r/min，平均压榨时间约 60~70s，饼厚 12~15mm；而 ZX18 型一次压榨机的转速为 8r/min，平均压榨时间约 150s，饼厚 5~8mm。

当出饼圈缝隙宽度显著缩小时，压榨时间也就明显延长。但当瓦块饼厚度改变不大时，压榨时间只有很小的变化。在正常操作时，饼厚是一定的，而且可调范围不大，与其他主要影响因素如转速、榨膛结构、榨料性质相比，饼厚的影响显得不太重要。

压榨时间的长短还因榨螺的新旧程度而异。新装配榨螺螺纹棱角完整，推进物料有力，回料少，压榨时间会短些。而旧榨螺磨损严重时，推进力弱，回料增加，压榨时间会长些。更换榨螺时，可新旧兼用，以此维持适宜的压榨时间，使物料被推进的速度适当，保持正常的出油位置。此外榨油机供料强度的减小、榨条的磨损、刮刀的磨损都将造成压榨时间的延长。榨膛的结构及榨料的结构——机械性质都在不同程度上影响着压榨时间的长短。

（五）压榨过程的温度

压榨过程的温度对压榨工艺效果产生重要影响。压榨过程的温度主要是依靠由蒸炒锅所供给熟料的温度来维持的，同时榨料在榨膛内受到推进和挤压时与榨膛内各部件之间产生强烈的摩擦发热作用，以及榨料粒子之间的摩擦发热作用，都会使压榨过程的温度升高。当然榨机机体的散热也产生热损失，但摩擦发热量往往大大超过了榨机机体的热损失量，结果往往是压榨温度超出正常要求的范围。

为了保证压榨效果，必须控制榨膛温度的升高，故在压榨过程中对榨膛进行适当的冷却。常用的冷却方法：用榨出的冷油喷淋榨笼的外表面，冷油温度以60~70℃为宜；采用轴心钻孔的榨轴，将冷水通入螺旋轴的轴心进行冷却（但轴心钻深孔的加工制作比较麻烦，且冷却操作不当时，产生的激冷作用还可能引起榨轴的断裂事故）；采用带夹层的榨笼壳，将冷水通入榨笼壳中进行冷却；或同时采用榨轴和榨笼的水冷（榨笼和榨轴的水冷方法使得榨机结构复杂化，已较少采用）。

三、螺旋榨油机

动力螺旋榨油机的型式虽然很多，但所有螺旋榨油机都有类似的结构和工作原理，其区别仅在于主要组成部件的大小和型式不同而已。螺旋榨油机的主要工作部件是螺旋轴、榨笼、喂料装置、调饼装置及传动、变速装置等。我国螺旋榨油机的型号是按榨膛内径命名的，按压榨工艺分类：ZX10型、ZX18型、ZX28型属于一次压榨机；ZY24型、ZY28型属于预榨机。按生产能力分类：ZX10型、ZX18型、ZY24型属于小型榨油机，ZX28型、ZY28型是近几年研制的大型榨油机；它们的生产能力分别达到压榨35~40t/d和预榨140~160t/d。按榨油机的结构型式分类：ZX18型和ZY24型属于同一类机型，ZX28型和ZY28型榨油机则属另一类机型；ZX10型是单独一种机型。

（一）ZX10型螺旋榨油机

ZX10型螺旋榨油机是以原95型螺旋榨油机为基础，进行改进设计制造的。经技术鉴定，认为该机与原95型榨油机相比，结构更为合理，尤其是喂料部分和榨膛的改进，提高了工艺效果。该机具有操作简便、性能稳定、单机重量轻、运转平稳、无异常振动和噪音、齿轮箱无渗漏现象等优点。

1. ZX10 型螺旋榨油机的结构

ZX10 型螺旋榨油机的结构如图 3-36 所示。除机架及机座之外，大致可分为进料机构、螺旋轴、榨笼、出饼调节机构和传动装置这五个部分。

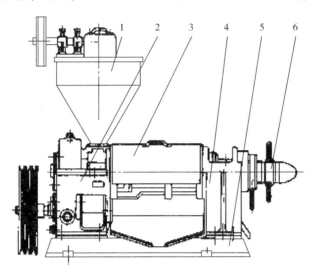

图 3-36 ZX10 型螺旋榨油机的结构示意图

1—进料斗 2—齿轮箱 3—榨笼 4—机架 5—榨螺 6—底座

2. ZX10 型螺旋榨油机的操作

（1）开车前的准备工作 检查变速齿轮箱内油位的高低，并对其他润滑部位进行详细检查，分别添加润滑油或润滑脂；检查榨膛内有无铁杂进入，用手扳动主动轴上大三角皮带轮，注意榨油机内及变速箱内有无异常声响；检查皮带的松紧程度；检查出饼口是否已放大。

（2）开车 开动电机，让榨油机空载运转数分钟，检查空载电流是否正常（一般为 3~5A），同时注意变速箱内有无异常声响，各轴承部位是否发烫。空转正常后即可进料，但开始压榨时，榨膛的温度较低，进料不能太猛，以防造成榨膛堵塞。因此应逐渐放大下料门。随着榨膛温度的升高，榨后料坯逐渐成饼，逐渐出油，这时才旋动调节螺栓，慢慢地使出饼由厚调薄，并将紧定螺母旋紧，于是榨机进入正常运转。

（3）正常运转 榨机在正常运转中，应保持均匀下料。同时要注意观察电流表指针，一般应为 10~12A。若超过说明压力过大，榨机负荷过重；猛然升高则说明榨膛堵塞，应立即停止进料，待恢复正常后再进料；若发现电流下降，可能是料斗内料坯搭桥引起榨膛中断料所致，此时可用竹片捅动料斗内原料，使其继续均匀下料。注意出油情况，正常情况下，出油位置大多集中在榨条圈处，靠近榨条圈的几个榨圈也有出油，且油色清亮，若入榨料水分过高或过低，则油中泡沫增多或油色浑浊。注意出饼情况，正常时饼成瓦片状，饼靠榨螺面光滑，而另一面有很多小裂纹，饼落下后很快变硬，表面无油迹、无焦味，一般饼厚为1.5~2mm。若饼松软无力，呈大片状，说明入榨料水分过高；若饼不成形而成粉并带有焦味、色深，则说明入榨料水分过低。注意出渣情况，一般出渣很少，若榨条圈处有片状渣片流出，则说明入榨料的水分过高，应在前处理过程中进行调整。正常运转下该机每天可处理花生仁 5t。

（4）停车　料斗内的料坯下空后，将出饼口放大，喂入一些油渣或饼屑，将榨膛内剩余料坯顶出后即可停车，这样可以防止榨膛内料坯冷结，避免下次开车时造成主轴扭断、榨笼爆裂等事故。若突然停电造成紧急停车，则应先切断电源，再采取人工盘车，待榨膛内存料盘空后，方可重新开车；否则停车时间过长就必须拆车清除积料后才能再次开车。

（二）ZX18 型螺旋榨油机

ZX18 型螺旋榨油机（图 3-37），是原有 200 型榨油机的改进设备。它具有结构紧凑、处理量大、操作简便、主要零部件坚固耐用等优点。该机还附装有榨机蒸炒锅，可调节入榨料的温度及水分，以取得较好的压榨效果。该机与辅助蒸炒锅配合，基本上实现了连续化生产。该机每天可处理花生仁 10~15t。

1. ZX18 型螺旋榨油机的结构

ZX18 型螺旋榨油机的结构如图 3-38 所示，大致可分为进料装置、螺旋轴、榨笼、校饼机构、榨机蒸炒锅和传动系统这六个部分。

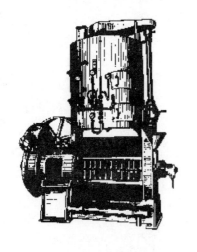

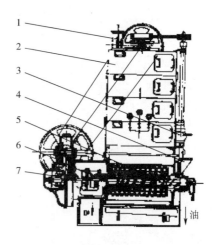

图 3-37　ZX18 型螺旋榨油机示意图　　图 3-38　ZX18 型螺旋榨油机的结构图

1—进料口　2—榨机蒸炒锅　3—进料装置

4—榨笼　5—螺旋榨轴　6—校饼机构　7—传动系统

　　螺旋榨轴是 ZX18 型螺旋榨油机的主要工作部件。如图 3-39 所示，其右端为进料端，左端为出饼端。在长度为 1960mm 的榨轴上装有 7 节榨螺和 6 个衬圈，均以平键连接，组成左旋的螺旋轴。衬圈安排在每两个榨螺之间，起着连接榨螺的作用。当榨螺的根圆直径不同时，即用锥形衬圈相连。衬圈处有安刮刀的刀口。刮刀的作用是防止料坯随螺旋轴一起旋转并使料坯受到良好的翻动。在榨轴上顺次安装完榨螺和衬圈之后，连同榨轴前端的铸铁镶铜滑动轴承一起用左旋特殊螺母及左旋止动螺母把它们锁紧。而榨轴的另一端则用联轴节与减速箱的输出轴相连。由于榨轴是左旋螺纹，因此从榨油机的进料端看，榨轴是按顺时针方向旋转的。

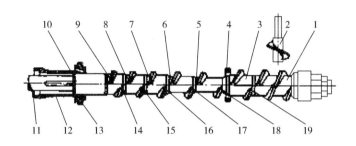

图 3-39　ZX18 型螺旋榨油机的榨轴组成示意图

1—第一节榨螺　2—螺旋喂料叶　3—第二节榨螺　4—榨笼对开圈　5—第三节榨螺
6—第四节榨螺　7—第五节榨螺　8—第六节榨螺　9—第七节榨螺　10—光套
11—榨螺主轴　12—校饼头　13—出饼对开圈　14~19—距圈

　　ZX18 型榨油机榨螺和距圈规格见表 3-14。

表 3-14　　　　　　　　ZX18 型榨油机榨螺和距圈规格　　　　　　　单位：mm

序号	名称	榨螺直径	螺底直径	螺纹外径	螺距	榨螺内径	备注
1	第一节榨螺	225	120	176	241.3	78	双头螺纹
					254.0		
2	距圈	28	120			78	
3	第二节榨螺	170	120	176	171.5	78	
4	锥形距圈	24	前 100			78	斜度 4°46′
			后 96				
5	第三节榨螺	150	96	148	146.1	78	

续表

序号	名称	榨螺直径	螺底直径	螺纹外径	螺距	榨螺内径	备注
6	锥形距圈	24	前96			78	斜度10°37′
			后105				
7	第四节榨螺	126	105	148	123.8	78	
8	锥形距圈	33.5	前105			85	斜度8°30′
			后115				
9	第五节榨螺	95	115			85	
10	距圈	30	115			85	
11	第六节榨螺	95	115	148	88.9	85	
12	锥形距圈	24	115			85	斜度4°46′
13	第七节榨螺	75	119	148	69.9	85	

2. ZX18 型螺旋榨油机的操作

（1）开车　ZX18 型榨油机和 ZX10 型榨油机一样，从开车到正常运转，必须有一个过程，这个过程所需要的时间，比 ZX10 型榨油机要长。

①开车前的准备：新榨机（或经维修之后）生产时，应该进行必要的检查，其主要内容：

a. 清除蒸炒锅中的存料、关闭底层蒸炒锅出料门，防止积料进入榨膛发生堵塞。

b. 松开夹饼器（调饼机构），使出饼器间隙达到最大限度。

c. 检查各部传动系统，保证无差错（包括减速箱的油位和皮带张紧程度）。

d. 检查各部分连接件是否牢固。

e. 用手扳动大槽轮，检查是否灵活轻便，确保无撞击声和其他异声。

f. 启动电机，观察运动方向是否正确。如果正确无误，应该空转一段时间。空载运转时如果负荷较高，可能是传动过紧，齿轮啮合不良，榨笼装配不当，润滑油脂加注得太少或电机有毛病，应逐步检查。待空载运转正常后，才能投料生产。

②开车时的操作：凡螺旋榨油机，其榨膛必须有较高的温度才能正常生产。榨膛温度由低到高，必须有一个过程，此过程称为"暖车过程"。

a. 排出蒸炒锅冷凝水，打开蒸汽阀。

b. 打开蒸炒锅进料门，关闭出料门，使蒸炒锅存料。

c. 少量进料提高榨膛温度。开始进料时最好投入油渣或饼屑，以免在榨膛中形成结块，此时只要求出渣，不急于出油或成饼。进料后不能断料。进料量均匀，为正常进料的1/3左右。

当出饼处出来的渣和碎饼的温度升高后（约需30min），开始增加料坯的水分，促使成饼、出油，此时调节夹饼器使饼达到正常厚度。上述暖车过程需60min左右。

（2）正常运行操作

①保持负荷稳定：榨膛内必须有足够的压力才能正常生产。压力正常与否，表现在负荷是否稳定。具体来说，主要是从电流表上进行观察，正常值为25～28A。如果料坯水分太大，电流偏小，则压力降低；如果水分太低，渗渣过猛，含壳太多或冷却过度，电流上升，则压力过大，均需及时调整。

②保持正常供料：如果供料不均匀，造成压力忽高忽低，会影响出油。有时进料造成"搭桥现象"容易断料。断料时间较长后继续进料时，原先的料坯结块不易推出去，因而造成榨膛炸裂事故。因此操作人员必须勤捅下料门，防止断料保证正常供料。

③注意出饼情况：操作正常后，出饼成瓦块状，略有弹性而坚硬；折之有脆声，折口整齐；正面光滑而背面有细裂纹；有香味；表面无油渍。如果料坯水分过高，则饼成大块状而不易折断，饼软而不坚，无香味而带有生味，饼面有油渍；如果水分太低，则饼酥松易碎，饼色较深，饼背面裂纹增大，有焦味。

④注意出油情况：正常生产时，在装笼板的第二、第三挡处大量出油。当料坯水分太高时，塑性增大成饼过早，因此出油位置提前，油色较浅且泡沫明显增多；如果料坯水分过低，塑性减小成饼较难，成饼位置后移，因此出油位置也移后，油色较深且浑浊（粉末增多）。

⑤注意出渣情况：正常操作时，装笼板第六、第七挡处大量出渣，第四、第五挡处少量出渣，出油位置基本不出渣或很少出渣，出渣量为总入榨料的10%左右。如果水分过高，则出渣位置前移，渣片软且大，出渣量也增多；如果水分过低，出渣成粉状，出渣虽然增多，但出渣位置分散。

（3）停车操作

①正常停车时：首先走完蒸炒锅存料，关闭蒸汽，放空冷凝水，再人工喂入油渣或饼屑，顶出榨膛中积料，同时放松夹饼器，待出饼圈全部出渣时才能停车。

②紧急停车时：当发生故障或停电而停车时，应首先切断电源（防止突然来电发生事故），再关闭蒸汽，放空冷凝水，然后停止进料放松夹饼器，将皮带移至游轮上。如果停车时间过长（超过5～10min），必须拆车清料后才能开车。蒸炒锅中的存料则需人工清除，摊凉于地以免变质。

3. ZX18 型榨油机容易出现的问题

压榨是取得毛油的最后一道工序，毛油出油率的高低以及质量的好坏，与前面所有工序都是相互关联的。前面工序的操作不正常将会直接影响压榨的效果。至于压榨工序本身，有时也会出现一些不正常的现象，这些现象同样也直接影响压榨效果。常见的不正常现象、产生原因以及解决方法如下：

（1）新榨机不出油　初次使用 ZX18 型榨油机，由于对榨油机的性能不够了解，没有操作经验，初次试车时就可能出现不出油或者出油很少的情况。其原因主要有二：

①榨条间隙太小：表 3-15 中所列榨条垫片厚度，是指正常操作时使用的厚度，而对新榨油机而言，所有的零件都是新的，情况便有所不同。新榨条没有受到磨损，棱角明显而尖锐，使用同样厚度的垫片，新榨机的榨条间隔要小一些。根据这些原因，当使用新榨机时，垫片厚度要适当放大一些，这样榨条间隙增大，就会防止不出油的现象产生。

表 3-15　　　　　　　　ZX18 型榨油机榨条垫片使用厚度　　　　　　　　单位：mm

原料	第一段	第二段	第三段	第四段
花生仁	1.5	1.0	1.5	2.0

②榨膛表面粗糙：由于榨条、榨螺都是新的，未经磨损，表面粗糙（不光滑），这种情况也是产生不出油的原因之一。其解决办法有二：一是使用前，用砂布将榨条、榨螺各个表面（主要是与料坯的接触面、出油面）磨光、除锈，以增加光滑度。二是试车时先以不成形的细饼屑、滤渣喂入榨油机，待开车一定时间后，榨膛表面逐渐光滑了再喂熟料。

（2）榨膛炸裂　无论是新榨机还是老榨机都出现过榨膛炸裂事故（有的榨条变形，有的榨笼螺母脱落，螺丝损坏变形），产生这类事故的主要原因有下列几点。

①操作不当形成搭桥现象：在正常情况下，料坯由蒸炒锅通过进料斗连续喂入榨膛进行压榨。但有时料斗中存料很多，而下面却断料引起搭桥现象。由于失去后续的推进作用，致使部分料坯积聚在出饼段而出不去，时间一长饼块就会发硬，即使再继续进料也不易将这部分饼块推进去，从而使榨膛内压力突然升高，到一定程度后就产生榨膛炸裂事故。为了避免这种事故发生，首先操作时必须勤捅料门，并把它作为工厂制定安全操作规程的一个重要内容。其次，要经常注意负荷，正常操作时负荷不超过 30A，当电流超过 30A 时就要引起注意。再次，经常注意出饼是否连续，如果断饼，很可能就是"搭桥"所致，必须立刻检查。除了操作上防止"搭桥"现象外，在设备上可以做些改进。如果榨轴的喂料叶

是碟形的，则可以改成螺旋状的，以保证喂料效果。

②榨油机中混入坚硬物质：在压榨之前的工序中由于混入石块，或由于除铁效果不好而混入铁器，或设备局部松动以及检修时的疏忽而混入螺母之类的铁质零件等，它们与料坯一起进入榨膛，也能引起榨膛的损坏。为了防止这类事故，在前面的有关工序应该经常检查除铁设备是否完善，检修时螺丝、螺母应该清点、记数、对号，检修后还应仔细检查，试车时更应注意倾听是否有异声，操作时应注意电流是否稳定。

③动力设备不安全：有些地区因为缺少电源或电力不足，而本厂又无发电设备，就只有用柴油机直接驱动榨油机，因此当发生"搭桥"或混入铁质时，再加上操作的疏忽大意，即使榨膛压力突然升高也难以发现，于是榨膛炸裂事故较易发生。故应尽量采用电机传动，以减少此类事故的发生。

（3）榨轴折断或扭曲变形　当榨轴轴端与榨机尾部变速箱中齿轮轴用联轴节连接时，齿轮轴与榨轴应该在同一中心线上。由于制造上的偏差、安装不当或经过使用一段时间后，榨机前的墙板有所位移，这样就使榨轴与齿轮轴不在同一中心线上，特别是前一段的偏差较大，"来福线"偏差受力不均匀，因此容易产生榨轴扭曲变形。

4. **榨油机的维修**

ZX18 型榨油机的维修与保养和 ZX10 型榨油机大致相同，这里只简单提及以下几点。

（1）平时维修与保养

①定时、定量、定点、保质地加注润滑油。

②制定操作规程，不得违章操作。

③生产时因紧急停车而必须排除故障时，传动轮不能倒转，防止损坏轴承。

（2）检修

①小修：榨机运行 1~2 个月小修 1 次。其项目：

a. 更换榨条、榨螺或刮刀。

b. 拆开夹饼器进行清理。

c. 检查、修理管道的管件、阀件。

d. 检查传动部分，做好记录，等待中修或大修。

②中修：半年左右中修 1 次。其项目：

a. 更换榨条、榨螺、刮刀、抵饼圈和出饼圈等易损零件。

b. 检修轴承。

c. 更换、修理蒸炒锅搅拌叶、搅拌轴和喂料叶。

d. 清洗减速器、更换新油，更换油圈，防止润滑油和食用油脂混杂。

e. 修理、更换齿轮。

③大修：每年大修 1 次。其项目：

a. 拆卸可以拆开所有的部件、零件。

b. 拆洗、校正轴承。

c. 检修齿轮齿形。

d. 检验地脚螺钉、机身的坚固程度，并校对中心。

e. 刷新机身的油漆。

（三）ZY24 型预榨机

ZY24 型预榨机是在 202 型预榨机基础上重新设计的机型。它传动合理，结构紧凑，占地面积小。该机在蒸炒脱水、均匀进料、机械校饼、榨笼装卸等方面作了较大的改进，故具备蒸脱迅速、进料均匀、校饼省力、装卸榨笼壳方便等优点。该机对压榨花生仁含油量较高的油料尤为宜。

1. 结构

图 3-40 所示为 ZY24 型预榨机结构图。该机主要由蒸炒锅、进料装置、榨笼壳、榨螺主轴、校饼机构、油渣初分绞龙及传动系统等组成。

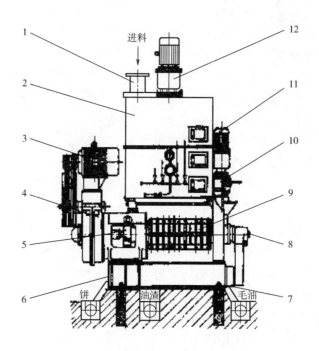

图 3-40　ZY24 型预榨机的结构示意图

1—进料口　2—蒸炒锅　3—主电机　4—减速箱　5—调饼机构　6—机架　7—出油口
8—榨轴　9—榨笼　10—进料装置　11—进料减速机　12—蒸炒锅减速机

（1）蒸炒锅　该设备有立式 $\varphi1400×400mm$ 蒸炒锅四层，装在榨机上部。该炒锅的结构形式与预处理辅助炒锅相似，它的传动系统由电动机、减速箱组成，传动部分紧固在锅的顶端，是压榨前调节料坯水分及温度的关键设备，它对于出油率的高低及油品质量有重要影响。

（2）进料装置　它的传动系统由电动机、减速箱组成。由传动系统通过进料轴端的螺旋叶，均匀地将料坯输入榨螺主轴。入榨料坯的流量多少，由紧固在下层蒸炒锅出料口的控制门进行调节。

（3）榨笼壳及榨螺主轴　榨机的主要工作部件是榨笼壳及榨螺主轴。从进料装置送来的料坯，连续而均匀地进入榨笼壳和榨螺的空隙中（即榨膛）。由于榨螺主轴的旋转和榨膛的空间逐渐缩小，榨膛内料坯受到强大压力而缩小体积，大部分油脂从料坯中压出，通过榨条隙缝流入油渣初分绞龙。榨螺主轴上的各节榨螺，由各个不相同螺距的榨螺组合而成。各个榨螺之间有衬圈隔开，榨笼壳上刮刀齿头部对准衬圈，以防止榨膛内被压榨料坯随榨螺主轴一同旋转，从而迫使榨膛内被压料坯不断地重新整合，有效地推进被压的料坯，完成料坯压榨过程。

（4）调饼机构　调饼机构是用来调整饼块厚度，增加或降低榨膛内压力的部件。它由一对变形蜗轮副及一对螺纹副组成。摇动调饼机构的蜗杆手柄，能使调饼头作轴向移动，以达到调节饼块厚度之目的。

（5）油、渣初分绞龙　油、渣初分是由两条旋向相反的绞龙组成。左旋绞龙将油渣输入回渣绞龙，右旋绞龙则将毛油输入毛油绞龙。两条旋向相反的绞龙均由榨螺主轴带动。

（6）传动系统　该设备分别由三台电动机及减速箱组成传动系统。榨螺主轴减速箱的传动，由安装在减速箱上部的主电动机通过三角皮带轮传递给减速箱带动榨螺主轴。蒸炒锅与进料装置的传动系统，则分别由另外两台摆线针轮减速机驱动蒸炒锅刮刀轴和进料轴。

2. 调整

（1）榨条间隙调整　榨笼壳中榨条间隙是采用适当厚度的垫片来调整的。垫片的厚度选择，应根据油料种类、工艺要求和榨条新旧程度等情况决定。调整榨条间隙时，各长、短压板相互之间应基本平整，切忌异峰突起而造成跑渣。压榨过程中出现跑渣，不宜单纯过分旋紧特制螺栓，造成螺栓塑性变形而减弱强度。处理花生仁所用垫片见表3-16。

表3-16	ZY24 型榨油机榨条垫片使用厚度		单位：mm	
原料	第一段	第二段	第三段	第四段
花生仁	1.5	1.0	1.5	2.0

注：整机出厂装压榨油菜子垫片，从进料端开始为第一段，出饼端为第四段。

（2）饼块厚度调整　车开车后，逆时针摇动调饼机构的蜗杆手柄，放大出饼口的间隙，让榨料坯呈松散状从出饼口排出，待冷车走热后再顺时针摇动调饼手柄，使饼块达到规定厚度。预榨饼块厚度为 10～15mm，出饼口的间隙则为 7～12mm。

（3）蒸汽阀门调整　车开车后，先将蒸炒锅上所有阀门都开启，然后再打开进汽阀使蒸汽畅通，冲出蒸炒锅中积水，调整回汽阀至适度，使各层蒸炒锅升温。

3. 操作

（1）影响机榨饼质量的因素

①蒸炒：ZY24 型榨机和 ZX18 型机对入榨原料的性状要求应有所区别：由于 ZY24 型榨机比 ZX18 型榨机的螺旋转速高，饼在榨膛内的推进速度快，停留时间短，所以与 ZX18 型榨机的入榨原料相比，ZY24 型榨机的可以使蒸炒的料生一些。

②入榨。

a. "暖车"时间太短（按要求，从入榨到饼成型均需 1h 左右），榨机内榨膛温度太低，会导致饼松散不成型。

b. 入榨料坯搭桥断料，榨膛内压力减小，导致饼不成形。

c. 调饼盘未调节到位，出饼太厚，导致饼不易成形。

d. 榨壳内有断裂榨条，榨膛压力减小，导致饼不成形。

e. 入榨料水分高，弹性不足，榨膛内压力不够，导致饼不成形；入榨原料水分太低（或料坯炒焦）、无塑性、榨机不吃料，导致饼不成形。

f. 个别榨螺装反，榨膛内有"回饼"现象，导致饼不成形。

g. 榨条排列方向不一致，榨机不出油，导致饼松散不成形。

（2）正常操作　开车前先用榨笼螺母撑齿扳手扳动减速箱，倾听榨膛内及其他部位有无碰击声或摩擦声。然后空运转 0.5h，观察各部位有无不正常现象：齿轮运转时有无不规则噪声；机身是否有异常振动；蒸气阀门是否漏汽；安全阀是否按规定压力放汽；蒸气压力表是否准确、蒸气进口有无漏水现象。

将蒸炒锅上所有出汽阀门打开，然后打开进汽阀门，排出炒锅积水，调整出汽阀使各层炒锅的温度逐步上升，同时将辅助炒锅蒸炒的料坯陆续放入各层蒸炒锅，每层充满度：上层炒锅 60%～70%；（上）中层锅 50%～60%；（下）中层锅 50%～60%；下层锅 40%。在下层锅出口处料坯温度为 100～110℃，水分为 2.5%～3%，开始时应少量向榨螺主轴进料，待榨膛温度上升后逐步加大进料量。摇动调饼手柄调整饼块厚度使其成饼。若饼块松散不成形，则可在蒸炒锅中喷直接蒸汽。

正常运转过程中，应经常查看电机负荷、料坯流量、出油、出饼、出渣等情况是否正常，同时应注意蒸炒锅层充满度及蒸汽压力。正常出油位置应在第一段与第二段榨条变换处，干饼成块状，略有弹性而坚实，内面光滑无油斑，外面有明显细裂纹，油渣成小碎片状。大部分油渣在第二段及第三段榨条隙缝中挤出。

当入榨料坯水分过高时，会发生下列现象：

①进料不畅或不进料，料坯与榨螺一起旋转。

②饼块发软，水汽很多，饼块表面带油，饼块在出饼口排出时跟着榨螺主轴一起转动。

③电机负荷降低。

④出油减少，油色发白起沫，出油位置移向进料端。

发生以上情况时可逐步提高蒸炒锅蒸汽压力，降低辅助炒锅出料水分，使入榨料坯水分降至正常要求。当入榨料坯水分过低时，可能发生下列现象：

①饼不成瓦块状而呈碎散状。

②电机负荷偏高。

③出油位置移向出饼端，出油减少，油色深褐。

以上现象如果持续较长时间，会造成重大事故，必须立即关小进料控制门，降低炒锅蒸气压力，在炒锅料坯上喷直接蒸汽，必要时可在下料处喂一些生料，提高辅助炒锅出料水分，待负荷下降后再调节至正常。

（3）停车前应先停止向蒸炒锅送料　关闭炒锅进汽阀门，放大出饼口，待炒锅中所有存料全部用完后，再将生料加入进料口，排出榨膛内剩余饼块，方可停车。如发生突然事故停车时，必须扳动主轴减速箱，并向进料斗投入少量生料，将熟料全部排出榨膛后，同时打开各层炒锅刮刀安装门，扒出存料后才能重新开车。

4. 安全保养

（1）榨机进料不能中断，如果断料时间较长，停留在榨膛内生的料坯就会硬结，不可能再从出饼口排出，若再盲目进料，会发生榨膛崩裂、主轴变形、齿轮断齿等严重设备事故。此时应拆开榨膛，排除榨膛内积料后重新开车。

（2）压榨过程中如果发现榨条间大量跑渣，可能是跑渣处榨条严重磨损或榨条已折断，应拆开榨笼壳更换新榨条。若大量跑渣位置在榨笼壳结合处，可能是榨膛内各压板之间不平直，使榨笼壳上下片无法压紧而跑渣，此时应拆开榨笼壳，将各压板垫平直后压紧榨笼壳。不宜单纯旋紧特制螺栓。

（3）检修时榨螺和衬圈不易从主轴上拆卸下来，可用文火烘烤，待榨螺内腔油垢碳化后，才能拆开。但切忌高温烘烤，以免易损件表面退火而影响使用寿命。

（4）每班检查油杯及各润滑点，并加油一次。各减速箱润滑油，示油标应适当补充，在检修时应全部放出，然后将油过滤后再放入减速箱。在正常使用情况下，每年检修一次。

5. 主要技术参数

（1）榨油机技术参数

主轴转速：16r/min；

处理量：45~50t/d；

配用电机：30kW、7.5kW、2.2kW；

干饼残油率：12%~14%；

蒸汽压力：0.5~0.7MPa；

蒸汽用量：150kg/h。

若车间需要安装多台榨机，则榨机与榨机间的中心距以3.3~3.5m为宜。

（2）榨油车间布置技术参数　对榨油机的布置，要求设备中心间距不少于3m，榨机前面的操作通道要大于2m，榨机炒锅顶净空要大于0.85m，以便搅拌轴的装拆。榨油车间作为预榨车间，与浸出车间之间可设置饼库，以便浸出车间出现故障时能堆放预榨饼。

四、ZY28 预榨机

如图3-41所示为ZX28预榨机。日处理量40~60t，干饼残油率6%~8%，配备动力45~75kW，外形尺寸（长×宽×高）3740mm×192mm×3843mm，净重9160kg。

图3-41　ZX28预榨机立体图

五、ZY32 预榨机

如图 3-42 所示为 ZX32 预榨机。日处理量 260～300t，干饼残油率 16%～20%，配备动力 110kW，外形尺寸（长×宽×高）4100mm×2270mm×5140mm，净重 11000kg。

图 3-42　ZX32 预榨机立体图

第四章　浓香花生油制备技术

第一节　浓香花生油制备工艺流程和工艺要求

一、浓香花生油制备原料

生产浓香花生油的原料，应选择新鲜、籽粒饱满、无破损、无霉变、无虫蚀、品质优良的当年花生仁，并符合 GB/T 1532—2008《花生》中三等以上的标准要求。花生仁要有好的储藏条件，最好是低温储藏，品质差的花生仁无法加工出好的浓香花生油产品。

二、浓香花生油制备的工艺流程

浓香花生油是以优质的、精心挑选的、新鲜的花生仁为原料，采用部分整籽特殊高温炒制、混合机械压榨、低温冷滤的纯物理方法生产的精制植物油。浓香花生油独特的生产工艺能够使榨取的花生油产生浓郁的花生油香味，并在精炼过程中不损失，此外，还最大限度地保留了花生油中的营养成分和生理活性成分。

浓香花生油制备的工艺流程：

大路料-优质花生仁 → 清选 → 破碎 → 轧坯 → 蒸炒　　　　　　冷冻介质

小路料-优质花生仁 → 清选 → 炒籽 → 扬烟冷却 → 破碎 → 压榨 → 沉降 → 冷却 → 过滤 →

浓香花生油　　　　　　　　　　碎红衣　　　　　预榨饼

三、工艺要求

（1）原料　原料花生仁不应有霉变，通过特殊方法进行处理，也可采用色选机及清理筛等设备。

（2）大小路比　大路料与小路料一般按 3∶1 掌握。小路料比例太小，花生油香味较淡；比例太大，榨油难以成型、出油率低、毛油浑浊，给后道工序的处理增加困难。

（3）蒸炒　采用高水分的蒸炒技术，最大限度地创造料坯入榨条件，以利于与小路料的很好结合，使油脂具有浓郁香味。浓香花生油出油率的高低、香味与色泽、磷脂与胶溶性成分的含量都与蒸炒有直接关系。

（4）热风烘炒　花生油香味的产生与烘炒温度有直接关系。温度太低，香味较淡；温度太高，油料易焦煳。一般控制烘炒温度180～200℃。为防止油料糊化和自燃，烘炒后应立即散热降温。

（5）榨膛垫片　为使压榨更顺利出油，要适当调整垫片，注意出油部位的分隔，一部分油作为浓香花生油的原油进行加工，另一部分油作为一般花生油进行加工。

（6）压榨辅助蒸炒　要有较高的温度，有条件的可采用过热蒸汽进行加热。

（7）搅拌　搅拌不能太快或太慢，要适中，有条件的可进行无级调速。

（8）过滤温度　过滤温度的高低直接影响产品的质量，必须在最佳温度下进行过滤。

（9）过滤设备　全自动液压板框过滤机。

（10）过滤介质　滤布的选择，也是影响产品质量的素，因此要合理选用过滤介质。

（11）破碎、轧坯　对花生仁，先要破碎至4～6瓣，经轧坯机轧制到适当的厚度。

（12）储香　在生产过程中，注意密封生产，防止灰尘进入，防止香气逃逸，在生产过程中，盛油容器口尽量不敞开。

浓香花生油生产的两个关键工序是炒籽和冷滤。炒籽工序一般采用滚筒炒籽机，直接火作热源，炒籽时间为30～40min，炒籽温度达180℃以上，要求炒籽均匀，不焦不煳，不夹生，掌握合适的炒籽。炒籽后要迅速冷却，并去除脱落的花生红衣。冷却过滤工序一般采用冷却油罐，将其在搅拌下缓慢冷却至20℃左右，然后将油脂泵入板框滤油机进行粗过滤。

冷却粗滤工序的冷却水温要求在20℃以下，在冬季可采用循环水池的冷水，但一定要保证冷却水的清洁，以免冷却油罐中换热盘管的结垢和堵塞。当水温较高时，需要用冷却机组提供的低温冷却水作为冷却介质对油脂进行冷却。

冷却精滤工序：将粗滤后的油脂打入冷却油罐，进一步冷却至24℃左右，毛油中胶体杂质在临界凝聚温度下逐渐凝聚。将油脂泵入板框滤油机，油脂经过滤布和滤纸组成的过滤介质，胶体杂质被过滤介质截流而与油脂分离。

冷却精滤工序的冷却水温要求在10℃以下，需要采用由冷冻机组提供的低温冷却水作为冷却介质对油脂进行冷却。冷却油输送泵要选用既能满足较大过滤压力，又能避免凝聚胶质被破碎的泵类。

第二节 花生仁的小路料预处理

花生仁的小路料预处理包括花生仁分级后的炒籽、筛选、破碎、分配等一系列的处理，其目的是除去杂质将其制成具有一定结构性能的物料，以符合制取浓香花生油工艺的要求。

一、花生炒籽

热处理是花生进行深加工的重要工序，也是影响其主要功能性质的主要因素。湿热处理是在有水的情况下进行加热处理，干热处理则是在无水的情况下进行的加热处理，即烘烤处理。分别设定121℃蒸汽，130℃烘烤花生0，10，15，20，25，30，35，40min，测定花生蛋白质溶解度（PDI）。湿热处理（蒸汽）和干热处理对花生蛋白主要功能性质的影响（图4-1）。

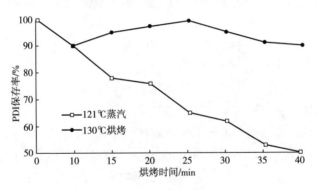

图4-1　湿热处理（蒸汽）和干处理对PDI保存率的影响

如图4-1所示结果表明，花生经过加热处理后，PDI均比未经加热处理的PDI减小。加热时间相同的情况下，干热处理法对PDI影响小，如在加热40min时，湿热处理PDI的损失达49.6%；而干热处理的损失仅为10.9%。在湿热处理中的保存率随处理时间的延续逐渐减少；而干热处理在10~25min，PDI的保存率随处理时间的延长逐渐增大；超过25min则逐渐减小。因此采用干热处理法对PDI的保存有利。不同烘烤温度对花生PDI及其保存率（图4-2）。

图4-3表明，黏度及可溶性固形物在100~130℃范围内随温度的增高逐渐增大，在130℃时都达到最大值。而超过130℃时，两项指标均逐渐减小。黏度及可溶性固形物的影响，表明花生烘烤后的PDI均比未经烘烤的有所降低。当烘烤时间一定，烘烤温度在100~130℃范围内花生PDI、PDI的保存率随温度的增高逐渐增大，在130℃时都达到最大值。而超过130℃时，两项指标均

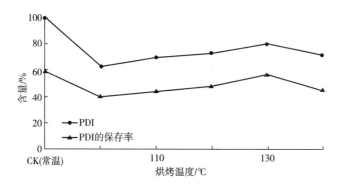

图 4-2　不同烘烤温度对花生 PDI 及 PDI 保存率的影响

逐渐减小。

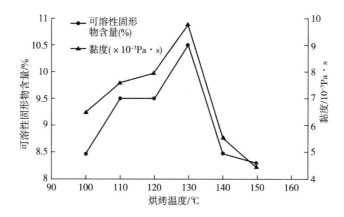

图 4-3　花生烘烤温度对可溶性固形物及黏度的影响

从以上两图可以看出，花生烘烤温度在 130℃时，PDI 的保存率达 93.8%，可溶性固形物为 10.5%，黏度为 $9.7×10^{-3}Pa \cdot s$，效果良好。相同烘烤温度，不同烘烤时间对花生 PDI 及 PDI 保存率的影响见图 4-4，黏度及可溶性固形物的影响见表 4-1。

表 4-1　　　　烘烤时间对可溶性固形物及黏度的影响（130℃）

内容	时间/min					
	10	15	20	25	30	35
可溶性固形物/%	9	9	9	10.5	8.2	7.6
黏度/（$×10^{-3}Pa \cdot s$）	9.2	9.5	9.5	9.5	9.5	9.4

如表 4-1 所示，可溶性固形物在花生烘烤 10~20min 没有变化；20~25min 区间，随烘烤时间的延长逐渐增大，25min 时达到 10.5% 最高值，25min 之后，逐渐减少。黏度随烘烤时间的延长无明显变化。以上试验表明，花生最适烘烤时间为 25min，PDI 的保存率达 98.9%，可溶性固形物为 10.5%，黏度为 9.7×10^{-3} Pa·s 最好。

图 4-4 表明，在 0~10min 区间，花生 PDI、PDI 的保存率随烘烤时间的延长逐渐减小。10~25min 范围，两者均随时间的延长逐渐增大。超过 25min 时，两者均逐渐减小。

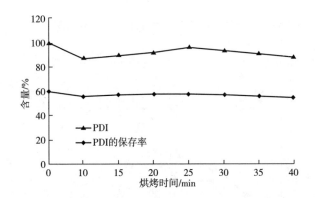

图 4-4　不同烘烤时间对花生 PDI 及 PDI 保存率的影响

花生仁中所含的蛋白质约 90% 为花生球蛋白和伴花生球蛋白，其中存在大量的亲水基团和亲油的疏水基团，球蛋白的空间构象：亲水基团分布在外表面（表现为很强的亲水性），疏水基团拢聚于球蛋白的内部，包围着相当部分的油脂，其余油脂以微滴的形式均匀分布于细胞原生质内，在一定温度下，经一定时间的炒籽，可使细胞蛋白质变性，破坏细胞壁等组织结构，便于细小分散的油滴聚集和释放。同时蛋白质因变性改变了其空间构象，部分疏水基团转向外部，打破了蛋白质与油指的结合与束缚，有利于油脂的提取。另一方面，正是在近 200℃ 的高温炒籽下，因羰氨反应（美拉德反应）所生成的高碳氢化合物、含硫化合物、吡嗪类化合物赋予了花生特有的浓郁香气。同时炒籽引起的羰氨反应与焦糖化反应使油脂形成了鲜亮、诱人的橙黄色。实践证明必须经一定温度一定时间的炒籽，才能形成花生特有的香味和特有的色泽。花生炒籽温度与油脂香味、色泽的关系见表 4-2。

用火直接加热筒体，物料通过筒体被加热，由自身水分蒸发产生蒸汽在缓压下蒸籽，然后排气升温炒籽。在微压作用下，蛋白质变性充分，出油率很高；转筒翻动良好，物料受热均匀，不易产生死角炒焦。一般 20~25min 温度可达近 200℃，继续再炒 30~35min，即可出锅。若有条件，在维持近 200℃ 的温度下，可喷入小于花生质量1%~2%的冷水，再转动1min效果更好。喷水的目的，可使花生仁骤然降温，使组织松酥，利于破碎和压榨。

表4-2　　　　　　　　　　炒籽温度与油脂香味、色泽的关系

温度范围/℃	油脂色泽	油脂香味
130~180	浅黄	轻香
180~210	橙黄	浓香
210~240	棕红	香有苦味

由于炒籽所形成的含硫化合物、吡嗪类等香味物质不耐高温，炒籽后的花生仁如长时间处于高温下，这些香味物质就会逃逸或遭到破坏，失去特有的香气，还会产生焦煳味乃至苦味。因此炒后的花生仁必须及时冷却降温至60℃左右，并用振动筛和风力风选设备除去含有较高单宁、色素的花生红衣、碎屑等杂质，如能除去胚芽，所得油脂的品质将会更好。

二、热风炒籽机

热风炒籽机主要用于机榨浓香花生油时花生仁的均匀烘炒。经该设备烘炒的花生仁色泽均匀、质地疏松、水分低、出油率高。由于该设备实现了连续化、全封闭生产，从而优化了生产条件。

（一）设备结构

热风炒籽机结构如图4-5所示。热风炒子机筒体采用夹层结构，内层烘炒花生，夹层通以高温烟道气（800℃左右）。

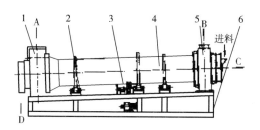

图4-5　热风炒籽机的结构示意图

1—前机座　2—筒体　3—传动机构　4—托轮　5—后机座　6—机架

A—烟道气出口　B—烟道气进口　C—扬烟气出口

花生仁从进料口进入筒体内层后，由于筒体的倾斜（3°）及不断地旋转，因此它就不断地向前运行。由于炒板的作用，花生仁在向前运行的同时还不断地翻动，使之受热均匀，也不易炒焦。经过烘炒，出锅时熟花生仁的温度为200~

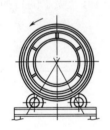

图 4-6　热风炒籽机的筒体截面图

220℃。热风炒籽机的传动采用一台无级调速电动机和一级减速器变速。筒体转速可在 3~12r/min 范围内变动。由于采用齿轮传动，所以筒体运转平稳。筒体与机座采用迷宫式间隙密封，其间距为 5~10mm，由于引风机在炒子机后面（吸式），故烟道气不会外泄。该设备的原料与烟道气的走向，根据花生仁要快速干燥、不爆裂或不焦化等要求，采用并流方式（走向一致）。热风炒籽机的筒体截面见图 4-6。

（二）工艺流程

热风炒籽机在机榨浓香花生油时的工艺流程如图 4-7 所示。

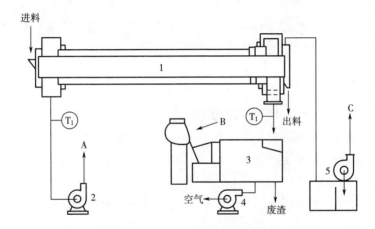

图 4-7　热风炒籽机在机榨浓香花生油工艺流程图
1、4、5—风机　2—炒籽机　3—热风炉
A—烟道气出口　B—烟道气进口　C—扬烟气出口

（三）原料温度的控制

（1）该设备传动采用无级变速，因此花生仁温度过高，甚至发生焦化现象时，适当地加快筒体转速，以加速花生的翻动、推进速度。反之则适当减慢筒体转速，尤其出锅花生仁生熟不均时，更要注意调节筒体转速。

（2）该设备设有手动装置，如果在生产过程中突然发生停电现象，这时必须将炒籽机中的花生仁及时清出，否则机内花生会焦化甚至燃烧。由于设有手摇设置，以人力转动筒体就能及时将机内花生清出，以减少损失。

（3）利用旁路风管进冷空气降低烟道气温度。在热风炉至热风炒子机之间烟道气管道上，设计有旁路风管。当进炒子机的烟道气温度过高，甚至使花生发生焦化现象时，可适当开大旁路风管风门，引进冷空气，降低烟道气温度，从而降低花生仁温度。

（4）经济技术数据

处理量：5~30t/d；

动力：2.2~11kW；

筒体转速：3~12r/min；

烟道气进口温度：800℃；

烟道气出口温度：300℃；

炒花生出口温度：200~220℃；

热风炉耗煤：12.8kg/t。

三、筛选

TQLZ 系列自衡振动筛如图4-8 所示。该设备用于清理经烘炒后的花生仁，是一种风、筛结合，以筛为主的清理设备，具有较好的清理效果。它是利用花生仁与杂质在粒度上的差异，在筛板往复运动下达到分离之目的，同时配置的垂直吸风分离器能除去轻杂质（主要是花生红衣）。

图4-8 TQLZ 系列自衡振动筛立体图

系列 TQLZ 系列自衡振动筛主要技术参数见表4-3。

表4-3　　　　　　　　　TQLZ 系列自衡振动筛主要技术参数

型号规格	TQLZ80	TQLZ100	TQLZ150
产量/（t/h）	6~15	8~20	12~30
吸风量/（m³/h）	3000~3300	4000~4400	6000~6600
配备动力/kW	0.25×2	0.4×2	0.6×2

续表

型号规格	TQLZ80	TQLZ100	TQLZ150
筛面长度/mm	1500	1500	1500
筛面宽度/mm	800	1000	1500
外形尺寸（$L×A×H$）/mm	2500×1300×1550	2500×1500×1550	2500×2000×1550
质量/kg	600	700	900

四、破碎

花生经过炒籽后，由螺旋输送机送入自衡振动筛经筛选后，进入磨粉机存料斗，然后由慢辊将其喂入慢辊和快辊之间进行研磨，磨料经出口进入暂存仓，完成花生仁小路料的预处理。

图4-9　6FY-30A 型磨粉机立体图

烘炒花生仁的破碎采用 6FY 磨粉机，该系列机的品种：6FY-30A 型、6FY-30E/F 型和 6FY-35/40 型。6FY 系列磨粉机主要适合单机使用，适合于花生仁的破碎。6FY-30A 型磨粉机立体图见图 4-9。

该产品具有以下特点：

（1）结构紧凑、坚固耐用、外形美观。

（2）体积小、质量轻；运输安装方便。

（3）操作简单、容易维护保养。

（4）手动跳闸机械与流量调节机械开关联动，使用灵敏可靠。

（5）能耗小、噪声低、性能稳定可控。

6FY-30A 型及 6FY-30E/F 型磨粉机自衡振动筛主要技术参数见表 4-4。

表4-4　　　　　　**6FY-30A 型磨粉机自衡振动筛主要技术**

型号	6FY-30A	6FY-30E/F
外形尺寸（长×宽×高）/mm	1080×600×1320	
质量（不包括电机）/kg	320	310

续表

型号	6FY-30A	6FY-30E/F
磨辊规格（直径×长度）/mm	φ180×300	
快辊转速/（r/min）	720	900
快慢辊速比	2.4∶1	
喂料方式	慢辊喂料	
圆笋规格（直径×长度）/mm	φ320×415	
圆笋转速/（r/min）	530	660

五、除尘

花生仁小路料的除尘设备采用脉冲除尘器，该除尘器集旋风除尘和袋式除尘性能于一体，其特点为除尘效率高（达99%以上，出口空气浓度低约150mg/m³）；占地面积小、操作简便、投资少等。适合粉尘浓度在 40~200g/m³ 工况时选用。可将花生仁清理、分级和大路料处理过程中产生的粉尘导入该设备集中处理，TBLM$_D$系列低压直喷脉冲布袋除尘器如图 4-10 所示。

TBLM$_D$系列低压直喷脉冲布袋除尘器的系列型号：TBLM$_D$4、10、18、26、39、52、78、104 及 130 等。

在实际使用中体验到这种除尘器的突出优点有三：

①清灰技术先进，采用电磁阀直喷式对滤袋喷吹，取代步进电机驱动机构，工作可靠，除尘效果好；

②气包体采用专用镗床等工装夹具加工，避免手工气割、电焊等造成的热变形，减少了漏气的可能性；

③布袋管接头采用多组模具冲栽、拉伸等工艺成形，故拆卸

图 4-10　低压直喷脉冲布袋除尘器立体图

互换方便、快捷。该产品是高压脉冲除尘器的新一代产品，它广泛用于油脂工厂的生产中。主要技术参数如下：

过滤面积：2.0~117.6m²；

处理风量：156~34530m³/h；

除尘效率>99.5%；

滤袋规格：120mm×1800mm，120mm×2000mm，120mm×2400mm。

第五章　水相酶法从冷榨花生饼同步提取花生蛋白和花生油

提取花生蛋白的原料一般有以下两种：一是以脱脂或部分脱脂后的饼粕作为原料直接提取花生粉或进一步提取浓缩蛋白或分离蛋白；二是以花生仁为原料，直接生产全脂花生粉或采用水剂法同时分离出油脂和蛋白。

在植物蛋白的过程中，目前常用的技术有冷榨、浸出、酸沉淀、碱溶酸沉法、水代法以及膜分离技术等。这些技术常常结合起来以达到目的。

无论采用压榨法，还是浸出法，或是低温预榨-浸出法，由于在预处理时要对花生原料进行蒸炒、轧坯，受温度和压力等因素的影响，而造成部分蛋白质变性。这种变性后的蛋白质水溶性变低，部分氨基酸与糖结合，减少了氨基酸的含量，而且由于氨基酸的分解和改变，大大降低了花生蛋白的营养价值。

目前，生物水解植物蛋白因其反应条件温和，对设备要求低；水解植物蛋白的食用安全性高，不会形成羰基化合物和羰基化合物的络合物等剧毒物质，风味良好，不会产生分解臭等优点，因此利用酶来水解植物蛋白已经成为现在研究的重点。

国外早在 20 世纪六七十年代对酶法水解花生蛋白进行了研究。1975 年 Larry R. B. 等采用胃蛋白酶、菠萝蛋白酶和胰蛋白酶对脱脂花生粕进行水解研究，发现蛋白质的水溶性、持水性和乳化性都得到提高。Sekul A. A. 等研究了植物蛋白酶用于限制性水解花生蛋白，并进行了水解产物与未水解蛋白的功能性对比，证明酶解的花生蛋白比未水解的花生蛋白更适于在食品中应用。1978 年 Sekul A. A. 等研究用木瓜蛋白酶限制性水解花生蛋白提高水溶性和起泡性降低黏度，实验结果显示，限制性水解的花生蛋白在特定的食品配方中还能使食品的风味得到改善。1985 年 Robin Y. C. 等研究用固定化的木瓜蛋白酶在连续反应器中部分水解花生奶蛋白并测定水解后蛋白的物理和功能特性。1994 年 Monterio 研究了胃蛋白酶、胰蛋白酶和胰凝乳蛋白酶水解花生蛋白组分（花生球蛋白、伴花生球蛋白 I 和伴花生球蛋白 II），确定不同酶对不同花生蛋白组分物化性质和功能特性的影响。Monteiro 等研究用化学法和酶法水解改善花生蛋白组分（花生球蛋白、伴花生球蛋白 I 和伴花生球蛋白 II）的功能特性，证明酶水解可提高蛋白组分的水溶性、乳化性和起泡性。国内对酶水解花生蛋白也进行了一系列的研究，改善了花生蛋白的功能特性，更好地开发利用了花生蛋白，证明用酶来改善花生蛋白的功能特性是比较好的方法。黄文等采用木瓜蛋白酶水解脱脂花生蛋白，以提高其游离氨基酸的含量，从而可使美拉德反应的产物增加，达到增强焙烤花生香味的目的。1998 年陶谦进行了酶水解法提取食用花生蛋白的研究，对原料前处理方法、各水解因素进行了优选，并对实验制得的产品进行了配制混合乳粉的应用以及功能特性对比实验，获得了较好的效果。林勉等人利用内肽酶与端解酶对花生粕蛋白的水解作用进行了研究，说明利用复合酶可深度水解花生粕蛋白，得到氨基肽氮生成率高的完全澄清透明的水解液。2003 年王瑛瑶采用水酶法从花生中同时提取油与水解蛋白质，对酶制剂的筛选、酶用量、蛋白质水解度、降低乳状液稳定性进行了研究，得到花生水解蛋白的溶解性能不受 pH 影响的结论。2004 年刘志强等采用包含 Asl. 398 中性蛋白酶的复合酶对花生进行水酶法制油。研究表明，酶法有限水解所得花生蛋白溶解度显著提高，尤其是在花生蛋白等电区域，同时具有更好的起泡性和乳化性。李晓刚以花生粕为原料，用内肽酶与端解酶水解制备花生多肽，探索出了酶法水解花生粕的最佳工艺参数，并分析了产品中多肽分子质量分布。

第一节　水相酶法工艺的效果评价

一、水相酶法油脂制备工艺与传统工艺相比有以下优点

（1）工艺条件温和，能够将营养物质尽可能保存，尤其是蛋白质变性小，可利用价值高。

（2）在油脂制备的同时，能将非油组分如可溶性蛋白质和碳水化合物一同得到。采用水酶法油脂制备工艺从油料中制备油脂，油料经酶解离心后得到的酶解液营养丰富，含有大量的蛋白质和可溶性多糖，酶解液经浓缩喷雾干燥得到低脂的蛋白质和碳水化合物，可作饮料和食品的配料。

（3）水相酶法油脂制备工艺与传统的浸出法相比，操作安全，对环境污染小，且投资较小。酶法工艺所产生的废水较传统工艺的废水含有毒物质少，其生物需氧量值（BOD）和化学需氧量值（COD）比传统工艺下降 75% 和 35%~45%。

（4）水相酶法油脂制备工艺可以提高油得率，而且所得植物油质量较高。水酶法以水为媒介，磷脂从油中分离，不需脱胶。

二、水相酶法同步提取冷榨花生饼中蛋白质和花生油的工艺

冷榨花生饼 → 粉碎 → 浸泡 （50℃，两次各3h） → 加热处理 （90℃，15min） →

酶解 → 灭酶 （3mol/L柠檬酸溶液调pH4.2~4.5） → 离心 （4000r/min，20min）

→ 上层油层 → 花生油粗品 → 精制 → 花生油
→ 下层沉淀 → 冷冻干燥 → 花生水解蛋白

花生蛋白溶液加热（90℃，15min）后冷却，调节pH至适当值，加酶进行酶解。酶解时以3mol/L的NaOH滴定，保持反应体系的pH维持恒定。

（一）酶解花生蛋白液的单因素实验

酶的水解能力不仅和酶本身的性质有关，还和其所处的环境有很大的关系，如环境的pH、温度、底物性质、底物浓度等。外部条件对酶解反应的影响的数学研究便涉及反应的动力学。在动力学研究中，一般以底物、反应温度、pH等为因素进行研究，因此应对酶解条件进行单因素试验。

1. 加酶量对水解度的影响

称取冷榨花生饼浸泡制得的花生蛋白液100mL 6份，加热处理（90℃，15min），冷却，加酶（1300u/g底物、2600u/g底物、3900u/g底物、5200u/g底物、6500u/g底物、7800u/g底物），pH 7，45℃，酶解反应2h，测定不同加酶量下的水解度。

2. pH对水解度的影响

称取冷榨花生饼浸泡制得的花生蛋白液100mL 4份，加热处理（90℃，15min），冷却，加酶（5200u/g底物），45℃，酶解反应2h，测定不同pH下的水解度。

3. 酶解温度对水解度的影响

称取冷榨花生饼浸泡制得的花生蛋白液100mL 4份，加热处理（90℃，15min），冷却，加酶（5200u/g底物），pH 7，酶解反应2h，测定不同温度下的水解度。

4. 酶解时间对水解度的影响

称取冷榨花生饼浸泡制得的花生蛋白液100mL 4份，加热处理（90℃，15min），冷却，加酶（5200u/g底物），pH7，45℃，酶解反应2h，测定不同酶解时间下的水解度。

（二）酶解花生蛋白溶液的响应面分析

影响酶水解的各个因素并不是孤立的发生作用，它们之间相互关联。因此酶解必须考虑到温度、加酶量、pH和反应时间各个因素的相互影响。根据Box-behnken中心组合设计原理，以相关性密切的四个因素温度、加酶量、pH和反应时

间为自变量，水解度为响应值设计四因素三水平共 21 个试验点的响应面试验（表 5-1），以研究所选的四个因素对中性蛋白酶水解花生饼的综合影响。

表 5-1   酶解花生饼的响应面实验设计

水平	A 酶解温度/℃	B 酶解/pH	C 加酶量/（u/g 底物）	D 反应时间/h
1	1（40）	1（6.5）	1（3900）	1（2.5）
2	2（45）	2（7.0）	2（5200）	2（3）
3	3（50）	3（7.5）	3（6500）	3（3.5）

（三）冷榨花生饼成分测定

1. 冷榨花生饼水分含量的测定

常压烘箱干燥法，105℃烘箱恒重法。

2. 冷榨花生饼粗蛋白含量的测定

冷榨花生饼经脱脂后，用凯氏定氮法测定其蛋白质含量。

3. 冷榨花生饼蛋白质得率的测定

$$蛋白质得率（\%）=\frac{提取后蛋白质质量}{原料蛋白质质量}\times100$$

4. 冷榨花生饼粗脂肪含量的测定

索氏抽提法。

5. 冷榨花生饼灰分含量的测定

花生饼经脱脂后，550℃灼烧法测定灰分含量。

（四）酶活力测定

采用福林酚法。

（五）水解度（DH）的测定

采用甲醛滴定法。

总氮采用凯氏定氮法测定。

凯氏定氮法是测定化合物或混合物中总氮量的一种方法，即在有催化剂的条件下，用浓硫酸消化样品将有机氮都转变成无机铵盐，然后在碱性条件下将铵盐转化为氨随水蒸气蒸馏出来并为过量的硼酸液吸收，再以标准盐酸滴定，就可计算出样品中的氮含量。由于蛋白质含氮量比较恒定，可由其氮量计算蛋白质含量，故此法是经典的蛋白质定量方法。

取蛋白水解液 5mL 丁小烧杯中，加入 60mL 去 CO_2 的蒸馏水，磁力搅拌并用精密 pH 计指示 pH。先用 0.01mol/L 标准 NaOH 滴定至 pH=8.2 时，加入已中和好的甲醛溶液 20mL，记录将其 pH 滴定至 9.2 时所消耗的 0.1mol/L NaOH 溶液的体积，然后计算出游离氨基酸的含量（g/mL）。

$$游离氨基酸含量(g/mL) = \frac{c \times (V - V_0) \times 0.014}{5} \qquad (5-1)$$

式中　V——样品耗用氢氧化钠标准溶液体积，mL；

　　　　V_0——空白耗用氢氧化钠标准溶液体积，mL；

　　　　c——氢氧化钠标准溶液浓度，mol/L。

$$水解度 = \frac{游离氨基酸}{总氮} \times 100\%$$

三、水相酶法中蛋白质分离产物的理化特性

分别按照碱提和水相酶法提取花生蛋白，冷冻干燥后对其理化特性进行分析和比较。

（一）碱提蛋白的提取工序

冷榨花生饼 → 粉碎 → 浸泡 （50℃，两次各 3h） → 碱溶 （料水比 1∶10，50℃，2h加 3mol/L 氢氧化钠调 pH 8.5 左右） → 离心 （3500r/min，10min） → 上层清液 → 酸沉 （加 3mol/L 柠檬酸，调 pH 4.5） → 离心 → 下层沉淀 → 冷冻干燥 → 花生碱提蛋白

（二）水相酶法中蛋白质分离产物的提取工序

冷榨花生饼 → 粉碎 → 浸泡 （50℃，两次各 3h） → 加热处理 （90℃，15min） → 酶解 （pH 7.0、42℃、4h、加酶量 6500u/g 底物） → 灭酶 （3mol/L 柠檬酸溶液调 pH 4.2~ 4.5） → 离心 （4000r/min，20min） → 沉淀 → 冷冻干燥 → 花生水解蛋白

（三）蛋白质分离产物的理化特性

1. 乳化性与乳化稳定性

乳化性是指蛋白产品能将油水结合在一起，形成乳状液的特性。乳化稳定性是指油水乳状液保持稳定的能力。影响乳化性和乳化稳定性的因素很多，主要与制品的蛋白质含量、氮溶解指数、蛋白质中碳水化合物有关。

（1）乳化性　称取一定量的蛋白产品溶于 50mL 蒸馏水中，调节 pH 到一定值，加入 50mL 大豆色拉油，在高速组织捣碎机中均质（10000 ~ 12000r/min）2min，再离心（1500r/min）5min。按下式计算乳化能力：

$$乳化性(\%) = \frac{离心管中乳化层的高度}{离心管中液体总高度} \times 100\%$$

（2）乳化稳定性　将上述离心管置于 80℃ 水浴中，加热 30min 后，冷却至室温，再离心（1500r/min）5min，测出此时的乳化层高度，则乳化稳定性：

$$乳化稳定性(\%) = \frac{30min 后的乳化层高度}{初始时的乳化层高度} \times 100\%$$

2. 起泡性和泡沫稳定性

将一定量的蛋白产品溶解到100mL蒸馏水中，调节pH到一定值，在DS-1高速组织捣碎机中均质（10000~12000r/min）2min，记下均质停止时泡沫体积，则起泡性：

$$起泡性(\%) = \frac{均质停止时泡沫体积}{100} \times 100\%$$

均质停止30min后，记下此时泡沫体积，则泡沫稳定性：

$$泡沫稳定性(\%) = \frac{30min 后泡沫体积}{均质停止时泡沫体积} \times 100\%$$

3. 吸油性

准确称量0.5g样品于离心管中，加入3mL大豆色拉油，用DS-1高速组织捣碎机混合1min，静止30min，离心沉降（1000r/min）25min，吸取上层未吸附的油，称重。

$$OAC = \frac{m_2 - m_1}{m} \tag{5-2}$$

式中　　m——样品质量，g；

　　　　m_1——吸油前样品和离心管总质量，g；

　　　　m_2——吸油后样品和离心管总质量，g。

4. 持水性

准确称取1g样品于预先称重过的离心管中，加蒸馏水30mL，用磁力搅拌器搅拌使样品溶液分散均匀，测量样液的pH，并调pH至7.0。将装有样液的离心管放在60℃的恒温水浴中加热30min，然后在冷却水中冷却30min。将其2000r/min离心10min，除去上层清液，称重。若没有上清液，则应再加水搅匀再离心，至离心后有少量上清液为止。

$$WHC = \frac{m_2 - m_1}{m} \tag{5-3}$$

式中　　m——样品质量，g；

　　　　m_1——离心管和样品质量，g；

　　　　m_2——离心管和沉淀物质量，g。

第二节　水相酶法同步提取冷榨花生饼中蛋白质和花生油

冷榨花生饼经粉碎后加水溶解，得到花生浆，再调pH，然后用中性蛋白酶酶解，再经浸取后离心分离，得到乳油和蛋白，乳油再经破乳得到花生油。

一、冷榨花生饼的主要成分

由山东德州宏鑫花生蛋白食品有限公司提供的冷榨花生饼经测定分析，得到结果见表5-2。

表 5-2　　　　　　　　　　　冷榨花生饼的主要成分

粗蛋白（$N \times 6.25$）/%	粗脂肪/%	水分/%	灰分/%
50.47	6.83	7.98	4.56

二、酶解条件对水解度的影响

（一）加酶量对水解度的影响

如图 5-1 所示，水解度随着酶用量的增加而增大。在加酶量低于 3900u/g 底物时，水解度增加很快，几乎呈直线上升。但是当加酶量高于 6500u/g 底物时，水解度虽有增加但趋于缓慢。在实际应用中，对酶的用量存在一个经济值，因此，把酶的添加量定在 6500u/g 底物左右。故本实验选择了响应面分析中加酶量的三个水平为 3900u/g 底物、5200u/g 底物和 6500u/g 底物。

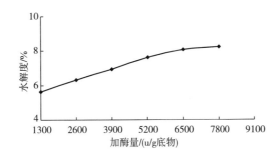

图 5-1　加酶量对水解度的影响

（二）pH 对水解度的影响

pH 对酶反应的影响，主要表现在对酶活力的影响，过酸或过碱都会影响其活性。如图 5-2 所示，pH 从 6 到 7，水解度变化很大。再增大 pH，其水解度反

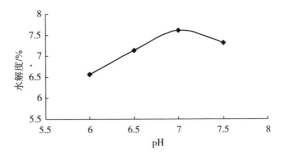

图 5-2　pH 对水解度的影响

而降低。这是因为显著的酶活性只发生在非常窄的范围内。蛋白酶和底物蛋白质都含有解离基团，只有这些解离基团处于特定的解离状态时，酶与底物蛋白才结合最快，生成产物的速度最快。体系的 pH 直接影响着酶和底物蛋白质分子的某些解离基团的解离状态，只有在特定的 pH 条件下，酶和底物蛋白质的解离基团才处于结合和转化为产物的最佳解离状态。因此，本实验确定了响应面分析中 pH 的三个水平为 6.5，7.0 和 7.5。

(三) 酶解温度对水解度的影响

如图 5-3 所示，在 45℃时，酶解的水解度最大。超过 45℃后，随着温度的升高，水解度呈下降趋势。这可能是因为温度升高，使得酶蛋白的结构发生改变，造成酶活性降低。因此，确定响应面分析中温度的三个水平为 40，45 和 50℃。

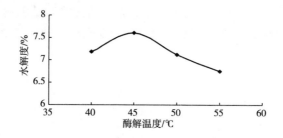

图 5-3　酶解温度对水解度的影响

(四) 酶解时间对水解度的影响

酶解时间对水解度的影响如图 5-4 所示。在酶解的 0~3h，水解度变化很大。这主要是因为酶解开始时酶活力高，产物抑制小。3h 后水解度增加趋势渐缓，酶解曲线接近于平行。这表明随着水解时间的延长，酶的活力逐渐降低，同时游离的肽增多对产物的抑制增加。水解 3h 即可到很好的效果，再延长水解时间将增加生产成本，降低经济效益。因此，确定了响应面分析中酶解时间的三个水平为 2.5，3 和 3.5h。

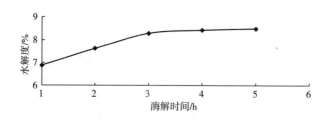

图 5-4　酶解时间对水解度的影响

三、酶解花生蛋白的响应面试验数据分析

根据 Box-behnken 中心组合设计原理，以相关性密切的四个因素温度、加酶量、pH 和反应时间为自变量，水解度为响应值，得到响应面试验数据分析表见表 5-3。

表 5-3　　　　　　　　酶解花生蛋白液的响应面试验数据分析表

实验序号	A 酶解温度/℃	B 酶解 pH	C 加酶量/（u/g 底物）	D 反应时间/h	DH 水解度/%
1	1	3	3	3	7.65
2	3	3	3	1	7.47
3	1	1	3	1	6.00
4	2	2	2	2	8.28
5	1	1	1	1	6.31
6	2	1	2	2	7.83
7	1	3	1	3	6.38
8	3	1	3	3	7.45
9	2	2	2	2	8.28
10	3	1	1	3	8.34
11	2	2	2	2	8.28
12	2	2	1	2	7.90
13	3	3	1	1	6.13
14	2	2	3	2	8.52
15	2	2	2	2	8.28
16	2	3	2	2	7.65
17	2	2	2	2	8.28
18	2	2	2	1	7.64
19	2	2	2	3	7.16
20	3	2	2	2	8.10
21	1	2	2	2	7.81

（一）优化实验结果的计算与分析

通过 Office 统计分析软件进行回归方程分析，确定相关系数 $R = 0.9715$；水

解度的回归方程：

$$Y = -327.8897 + 4.0485X_1 + 61.4385X_2 - 0.006818X_3 + 35.8435X_4 - 0.0067X_1X_1 - 3.4787X_2X_2 +$$
$$2.8476 \times 10^{-7}X_3X_3 - 2.4013X_4X_4 - 0.3404X_1X_2 + 0.0007X_2X_3 - 9.8077 \times 10^{-6}X_1X_3 - 0.3276X_1$$
$$X_4 - 0.945X_2X_4 - 0.00015X_3X_4$$

式中　　X_1——A；

　　　　X_2——B；

　　　　X_3——C；

　　　　X_4——D。

方差分析见表 5-4。

表 5-4　　　　　　　　　　　回归模型方差分析表

差异源	自由度	离差平方和	均方和	F 值	回归显著性水平 F
回归分析	14	11.5655	0.8261	7.1876	0.0116
残差	6	0.6896	0.1149		
总计	20	12.2551			

从方差分析表可以看出，回归显著性水平 F 为 0.0116，其值介于 0.1~0.05，说明水解度与因素（温度、pH、加酶量和酶解时间）之间有显著关系。

由回归方程可以计算得出酶解的最佳工艺条件：温度 50℃、pH 6.7、加酶量 6500u/g 底物、时间 2.5h，该条件下得到最佳水解度为 9.63。

（二）　最佳参数的验证实验

按回归方程计算得出酶解最佳工艺条件：温度 50℃、pH 6.7、加酶量 6500u/g 底物、时间 2.5h，进行验证实验，得到该条件下的水解度为 9.41，通过水相酶法最终产品花生蛋白质水解物纯度为 89.94%，花生蛋白质得率为 48.85%。

（三）　响应面分析

响应面分析方法的图形是特定的响应面 y 对应的因素 A、B、C、D 构成一个三维空间。从实验所得的响应面分析图上可以分析出它们之间的相互作用。

如图 5-5 所示，当温度在 45℃，pH 为 6.7~7.1 时，两因素的交互作用对水解度影响最大。

如图 5-6 所示，随着温度的升高，水解度增大；加酶量达 5700u/g 底物时，水解度趋于平缓。

如图 5-7 所示，随着温度的升高，水解度增大，在温度 45~50℃时，水解度增加不明显。酶解 3h，温度和时间的交互影响达到最大。

如图 5-8 所示，加酶量和 pH 两个因素对水解度影响显著。

如图 5-9 所示，加酶量 5500u/g 底物和时间 2.7~3.0h 时，两因素的交互作用最佳。

如图 5-10 所示，pH6.7~7 和时间 2.7~3.0h 时，两因素的交互作用最佳。

如图 5-5 至图 5-10 所示，实验的四个因素值的选择是合理的，验证了实验的正确性。

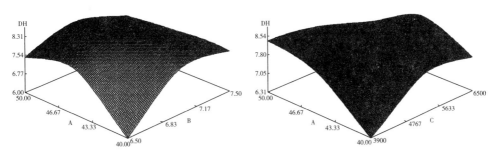

图 5-5　温度和 pH 对酶促水解作用
　　　　影响的响应面分析图

图 5-6　温度和加酶量对酶促水解作用
　　　　影响的响应面分析图

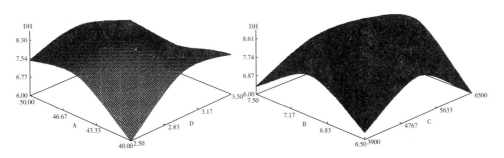

图 5-7　温度和时间对酶促水解作用
　　　　影响的响应面分析图

图 5-8　pH 和加酶量对酶促水解作用
　　　　影响的响应面分析图

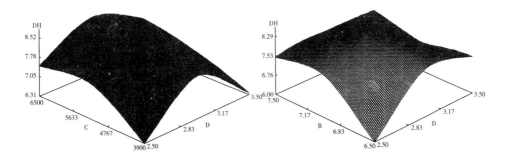

图 5-9　加酶量和时间对酶促水解作用
　　　　影响的响应面分析图

图 5-10　pH 和时间对酶促水解作用
　　　　　影响的响应面分析图

四、水相酶法中蛋白质分离产物的理化特性

（一）乳化性和乳化稳定性

乳化性是衡量蛋白质促进水型乳状液形成能力的指标。稳定性是指维持乳状液稳定存在的能力。蛋白质是一种表面活性剂，一方面它能降低油和水的表面张力，使之易于乳化，另一方面蛋白质分散在非连续相和连续相之间的界面上，阻止非连续相的聚积，起到稳定乳状液的作用。花生碱提蛋白和花生水解蛋白在不同蛋白质浓度和 pH 下的乳化性及乳化稳定性见表 5-5。

表 5-5　　　　　　不同蛋白质浓度、pH 下的乳化性及乳化稳定性　　　　单位：%

条　件		花生碱提蛋白		花生水解蛋白	
		乳化性	乳化稳定性	乳化性	乳化稳定性
蛋白质浓度 1%	pH = 3	7.1	7.4	13.5	15.1
	pH = 5	5.3	8.3	10.3	21.9
	pH = 7	15.7	18.6	22.4	32.3
	pH = 9	19.4	23.5	25.7	35.6
蛋白质浓度 3%	pH = 3	9.7	19.6	15.4	18.6
	pH = 5	6.4	26.7	13.2	29.9
	pH = 7	27.8	33.4	38.9	64.2
	pH = 9	52.3	62.1	49.7	69.3
蛋白质浓度 5%	pH = 3	16.5	37.4	17.8	40.7
	pH = 5	10.7	49.3	13.5	52.1
	pH = 7	36.4	51.4	47.5	88.7
	pH = 9	57.9	80.5	58.9	90.1

如图 5-11 所示，花生蛋白在接近蛋白等电点 pH = 5 时乳化活性最低，偏离这个等电区域，在等电点左边的 pH 区域，乳化性随着 pH 的升高而降低；在其右边的 pH 区域内，乳化性随 pH 的升高而升高，同时两种花生蛋白在等电点区域乳化性没有明显改变；而在其他 pH 区域，花生水解蛋白的乳化性与花生碱提蛋白相比有较大提高。

如图 5-12 所示，花生水解蛋白的乳化稳定性较花生碱提蛋白有一定提高，这是因为蛋白质在乳化体系中的稳定性取决于界面膜的稳定性，蛋白质的溶解性是界面膜形成的一个重要条件。水解蛋白中水解形成的中分子质量的多肽，有助于界面膜流变性质的改善，从而使乳化性能得到改善。

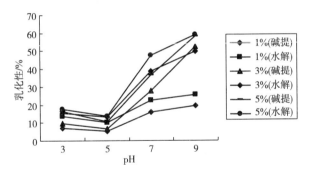

图 5-11　蛋白质浓度、pH 对乳化性的影响

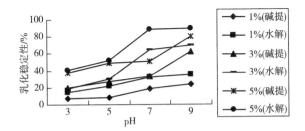

图 5-12　蛋白质浓度、pH 对乳化稳定性的影响

(二) 起泡性和泡沫稳定性

蛋白质的起泡性是指蛋白质能降低气-液界面的表面张力而帮助形成起泡的能力。泡沫稳定性是指蛋白质维持泡沫稳定存在的能力。花生碱提蛋白和花生水解蛋白在不同蛋白质浓度、pH 下的起泡性及泡沫稳定性见表 5-6。

表 5-6　　　　　不同蛋白质浓度、pH 下的起泡性及泡沫稳定性　　　　单位:%

条　件		花生碱提蛋白		花生水解蛋白	
		起泡性	泡沫稳定性	起泡性	泡沫稳定性
蛋白质浓度 1%	pH=3	41.0	70.2	54.0	69.3
	pH=5	30.0	87.7	41.0	83.5
	pH=7	56.0	70.4	66.0	69.2
	pH=9	68.0	73.5	73.0	71.5
蛋白质浓度 3%	pH=3	79.0	83.2	79.0	84.7
	pH=5	72.0	92.3	78.0	90.5
	pH=7	93.0	83.0	112.0	89.0
	pH=9	100.0	81.3	134.0	93.7

续表

条件		花生碱提蛋白		花生水解蛋白	
		起泡性	泡沫稳定性	起泡性	泡沫稳定性
蛋白质浓度5%	pH=3	74.0	89.2	82.0	84.6
	pH=5	51.0	95.8	63.0	93.5
	pH=7	83.0	91.0	94.0	90.4
	pH=9	98.0	89.4	108.0	87.0

如图 5-13 所示，相同条件下花生水解蛋白的起泡性显著高于花生碱提蛋白，这是因为起泡性受表面张力的影响，蛋白质水解后，水解物黏度降低，低表面张力对泡沫的形成比较有利。

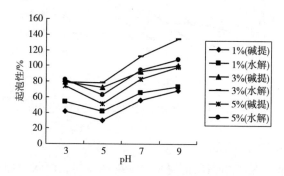

图 5-13　蛋白质浓度、pH 对起泡性的影响

3%花生蛋白溶液起泡性最高，蛋白质浓度小于3%时起泡性随着蛋白质浓度的升高而升高，超过3%时起泡性随着蛋白质浓度的升高而降低。其原因可能是蛋白质浓度过高时，扩散速度快，拉伸形成的新界面能迅速得到蛋白质的覆盖，即"吉布斯·戈兰高内效应"减弱泡沫粗化、稳定性降低。

花生蛋白在 pH=5 时起泡性最差，这是因为 pH 5 接近花生蛋白的等电点。偏离这个等电区域，在等电点左边的 pH 区域，起泡性随着 pH 的升高而降低；在其右边的 pH 区域内，起泡性随 pH 的升高而升高，说明起泡性与蛋白质的溶解性存在着一定的关系。

如图 5-14 所示，花生水解蛋白的泡沫稳定性不如花生碱提蛋白，这是由于决定泡沫稳定性的关键因素在于液膜的强度，而液膜强度主要决定于表面吸附膜的坚固性，液膜黏度大可以增加膜强度，而水解蛋白的黏度较低，液膜强度小，故泡沫稳定性比碱提蛋白差。

等电区域泡沫稳定性好，这是因为在这一 pH 区域泡沫破裂非常缓慢，泡沫

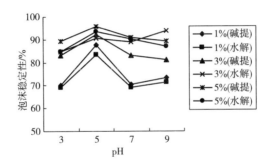

图 5-14　蛋白质浓度、pH 对泡沫稳定性的影响

排液和 pH 有很大关系，在等电点区域，排液速度减慢，因此泡沫稳定。

（三）吸油性

蛋白质的吸油性是指蛋白产品吸附油的能力，它在肉制品、乳制品以及饼干夹心等食品配方及加工中起着非常重要的作用。花生碱提蛋白和花生水解蛋白在不同温度下吸油性见表 5-7。

表 5-7　　　　　　　　　　花生蛋白的吸油性　　　　　　　　　　单位：g/g

条　件	吸油性	
	花生碱提蛋白	花生水解蛋白
30℃	1.256	1.260
50℃	1.219	1.248
70℃	1.226	1.265
90℃	1.238	1.273

如图 5-15 所示，花生水解蛋白的吸油性略高于花生碱提蛋白，可能是因为两者蛋白质含量不同造成的。同时，蛋白产品提取过程中的冷冻干燥使蛋白的组织结构变得疏松也对吸油性的提高有促进作用。除此之外，蛋白质的温度、pH 等都会影响到蛋白产品的吸油性。

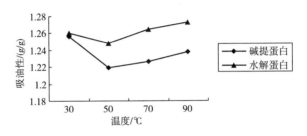

图 5-15　温度对吸油性的影响

（四）持水性

蛋白质持水性是指蛋白产品吸附水的能力，是蛋白质水化作用的直接表现。花生碱提蛋白和花生水解蛋白的持水性见表5-8，持水性与pH和温度的关系如图5-16所示。

表5-8　　　　　　　　　　　　花生蛋白持水性　　　　　　　　　　单位：g/g

条　件		持水性	
		碱提蛋白	水解蛋白
pH=3	30℃	1.258	2.005
	50℃	0.926	2.250
	70℃	1.063	2.281
	90℃	1.256	2.102
pH=6	30℃	1.530	2.076
	50℃	1.623	2.071
	70℃	1.419	1.595
	90℃	1.824	1.963
pH=9	30℃	1.654	1.869
	50℃	1.724	2.170
	70℃	2.224	2.497
	90℃	1.733	1.867

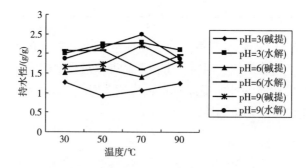

图5-16　温度、pH对持水性的影响

对两种花生蛋白在不同温度、pH条件下的持水性变化规律进行研究，结果表明：水解花生蛋白的持水性明显高于花生碱提蛋白的持水性。

从pH对花生蛋白持水性的影响看，花生水解蛋白在pH4.0~5.5等电点区域持水性最小，在等电点区域前花生蛋白的持水性随pH升高而降低，等电点之后花生蛋白的持水性随 pH 升高而增大。这是因为在等电点蛋白质所带电荷为零，水化能力最小。

从温度对持水性的影响来看，由于温度升高的过程中存在两种可能，一种可能是随温度的升高，氢键减少导致持水性下降或蛋白质变性和聚集作用，减小了蛋白质的表面积导致持水性下降；另外一种可能是由于热的作用，埋藏在球状分子内部的极性侧链由于离解和开链转向蛋白质分子表面，从而提高了产品的持水性，另外由于持水性同时还受到 pH 的影响，所以在不同 pH 条件下，随温度的变化，持水性的变化规律不是统一的模式。

除了蛋白质含量、pH、温度外，离子强度、作用时间及其他共存的一些组分都会影响到蛋白质的持水性。

五、水相酶法提取的花生油品质分析

(一) 花生油的理化指标分析

花生油的理化指标分析见表 5-9。

表 5-9　　　　　　　　　　　花生油的理化指标分析

项目	花生油国家标准（一级）	酶法提取花生油（2005 年）	水代法提取花生油（2005 年）	水代法提取花生油（1984 年）	机榨提取花生油（2005 年）
过氧化值/（mol/kg）	≤6.0	4.6	2.0	0.7	2.5
酸价（KOH）/（mg/g）	≤1.0	1.0	1.0	5.3	1.0
透明度	澄清、透明	澄清、透明	澄清、透明	澄清、透明	澄清、透明
色泽（罗维朋比色槽25.4mm）	黄：15，红≤1.5	黄：15，红：1.4	黄：15，红：1.5	黄：15，红：1.5	黄：15，红：1.5
加热试验（280℃）	无析出物，（罗维朋比色：黄色不变，红色值增加小于0.4）	无析出物，（罗维朋比色：黄色不变，红色值增加小于0.2）	无析出物，（罗维朋比色：黄色不变，红色值增加小于0.3）	无析出物，（罗维朋比色：黄色不变，红色值增加小于0.4）	无析出物，（罗维朋比色：黄色不变，红色值增加小于0.3）
水分及挥发物/%	≤0.10	0.05	0.05	0.05	0.05
不溶性杂质/%	≤0.05	<0.01	<0.01	<0.01	<0.01

(1) 水相酶法提取花生油是符合国家花生油产品标准的；

(2) 1984 年水代法提取的花生油有两项指标没有达到要求（酸价和加热试验），主要原因是花生油存放多年，时间过长，导致酸价过高，同时也影响加热试验；但该花生油的过氧化值较低，这与花生油采用长期避光保存有关；

（3）水相酶法提取与现代的水代法和机榨法生产的花生油相比，它们之间没有多大区别；

（4）按水相酶法提取的花生油，出油率高，产品质量好，按其加工工艺和方法生产的花生油避免了与有机溶剂的接触，不存在花生油中残留溶剂的问题，确保花生油的食用安全性。

（二）花生油的脂肪酸成分分析

如表5-10所示，水代法和水酶法所得到的花生油脂肪酸如棕榈酸、硬脂酸、油酸、亚油酸、花生酸和山嵛酸均符合花生油国家标准 GB/T 1534—2017《花生油》。

表 5-10　　　　　　　　　　　花生油的脂肪酸成分分析

脂肪酸含量/%	指　标	水相酶法提取花生油（2005年）	水代法提取花生油（2005年）	水代法提取花生油（1984年）	机榨提取花生油（2005年）
棕榈酸	8.0~14.0	12.5	11.4	12.1	12.4
硬脂酸	1.0~4.5	2.5	2.9	2.7	2.6
油　酸	35.0~67.0	40.4	50.8	45.2	39.3
亚油酸	13.0~43.0	40.2	30.2	38.5	41.5
花生酸	1.0~2.0	1.4	2.7	1.0	1.5
山嵛酸	1.5~4.5	3.1	2.0	2.8	2.9

第六章 花生饼浸出制油技术

一、浸出法制油的基本过程

浸出法制油是应用萃取的原理，选用某种能够溶解油脂的有机溶剂，经过对油料的接触（浸泡或喷淋），使油料中的油脂被萃取出来的一种制油方法。其基本过程：把油料坯（或预榨饼）浸于选定的溶剂中，使油脂溶解在溶剂内（组成混合油），然后将混合油与固体残渣（粕）分离，混合油再按不同的沸点进行蒸发、汽提，使溶剂汽化变成蒸气与油分离，从而获得油脂（浸出毛油）。溶剂蒸气则经过冷凝、冷却回收后继续使用。粕中也含有一定数量的溶剂，经脱溶烘干处理后即得干粕，脱溶烘干过程中挥发出的溶剂蒸汽仍经冷凝、冷却回收使用。

二、浸出法制油的优点

浸出法制油具有粕中残油率低（出油率高）；劳动强度低，工作环境佳；粕的质量好的优点。

由此可见，较之压榨法，浸出法制油的确是一种先进的制油方法，目前已普遍使用。

第一节 浸出溶剂

一、油脂在不同有机溶剂中的溶解度

浸出法制油的基本原理是油脂能很好地溶解于所用溶剂，众所周知，溶解是相互的，两种液体分子的内聚力（或介电常数）或极性大小越接近，这两种液体的分子越容易互相混合，即彼此间的溶解度越大。

油脂属于非极性物质，所用溶剂的极性也应该很小。一种液体的极性即为构成该液体分子的极性。分子极性的大小，说明分子之间作用力的大小。当油脂分子和某种溶剂分子间作用力相当接近时，油脂和该溶剂就能够互相溶解。二者越相近，互溶的能力就越强。

分子极性的大小以介电常数表示。分子极性大，介电常数就大；反之就小。在常温下，油脂的介电常数一般在 3~3.2（只有蓖麻油例外，因其所含的蓖麻酸带有羟基，所以极性较大，为 4.7），而现在使用的 6 号溶剂油的介电常数在此范围，因此，油脂与之能够互相溶解。

二、对浸出溶剂的要求

从理论上说，用于油脂浸出的溶剂应符合以下条件：

（1）来源充足，浸出法制油既然是油脂工业的先进技术，没有充足的溶剂来源便难以普及。

（2）化学性质稳定，即与油脂和粕不起化学反应，对机械设备腐蚀作用较小。

（3）介电常数与油脂相近，能以任何比例溶解油脂，并能在常温或温度不太高的条件下就能把油脂从油料中萃取出来。

（4）只溶解油料中的油脂，对于油料中的非油物质没有溶解性。

（5）挥发性好，浸出油脂后容易与油脂分离，在较低温度下能从粕中除去。

（6）对设备没有腐蚀性，以延长设备的使用寿命，降低生产成本。

（7）安全，溶剂应不易着火和爆炸。

（8）沸点范围小，沸点范围也称沸程、馏程，即在此沸点范围内能把溶剂蒸馏干净。我国油脂工业所用的溶剂是混合物，没有一个准确（固定）的沸点，而只有一沸点范围。浸出油厂所用溶剂的沸点范围很重要，希望越窄越好，以便在较小的温度范围内可以从油脂和粕中除去溶剂，便于操作和减少损耗。

（9）在水中的溶解度要小。回收粕和油脂中的溶剂，是利用水蒸气对粕进行"干燥"，对油脂进行"汽提"，使溶剂蒸气和水蒸气一起逸出，经冷凝后得到溶剂和水的混合液。

（10）无毒性，以保证操作人员的身体健康和得到油脂、饼粕的正常品质。

三、我国使用的溶剂

目前，我国使用的油脂浸出溶剂是 6 号溶剂油。6 号溶剂油外观为无色透明液体，是各种低级烷烃的混合物。产品馏分范围较工业己烷宽，具有工业己烷类似的性质。能与除蓖麻油以外的多数液态油脂混溶，可溶解低级脂肪酸。6 号溶剂油大部分为烷烃化合物，馏程不同，成分也有差别。其中主要成分如下（根据 6 号溶剂油的色谱分析得出）：

正己烷含量约为 30%；

2，4-二甲基戊烷约为 18%；

2，3-二甲基丁烷约为 18%；

环戊烷约为 10%；

环己烷约为 8%；

苯约为4%；

正戊烷约为2%。

其他成分还包括3-甲基戊烷，2，2，3-三甲基丁烷等成分，含量都比较少，成分也比较复杂。

6号溶剂油的质量标准：遵循国家标准GB 16629—2018《植物油抽提溶剂》，如表6-1所示。

表6-1　　　　　　　　　　　　　　6号溶剂油的质量标准

项　目	质量指标	试验方法
馏程：初馏点/℃	≥60	GB/T 6536
馏程：98%馏出温度/℃	≤90	
芳烃含量/%	≤1.0	SH/T 0166
密度（20℃）/（kg/m³）	655~686	GB/T 1884 和 GB/T 1885
溴指数	≤1000	GB/T 11136
色度/号	≥+25	GB/T 3555
硫含量/%（质量分数）	≥0.012	SH/T 0253
水溶性酸或碱	无	GB/T 259
油渍试验	合格	

（1）将油样注入100mL的量筒中，透明且无悬浮或沉降的机械杂质、水分，则称"无"，反之则称"有"。

（2）油渍试验方法。将溶剂油蒸馏试验的残留物，用小滤纸入干净的试管或量筒中，用吸管取其滤液往干净的滤纸上滴3滴，在室温下（20℃±30℃）放置30min，如滤纸上没有油渍存在，即认为合格。

包装与贮运：按SH 0164进行，当作为植油脂抽提溶剂时，应做到专罐、专线、专车，不得与其他油品混装。存放于阴凉通风处，注意防火、防爆、防静电。燃烧爆炸危险性及毒性：易挥发、易燃、易爆。大量吸入有麻醉性，其中所含少量芳烃及硫化物杂质有较大毒性。主要侵入途径为吸入或皮肤接触。

第二节　花生饼浸出工艺

油脂浸出也称"萃取"，是用有机溶剂提取油料中油脂的工艺过程。

油料的浸出，可视为固-液萃取，它是利用溶剂对不同物质具有不同溶解度的性质，将固体物料中有关组分加以分离的过程。在浸出时，油料用溶剂处理，其中易溶解的组分（主要是油脂）就溶解于溶剂。当油料浸出在静止的情况下进行时，油脂以分子的形式进行转移，属于"分子扩散"。但浸出过程中大多是在溶剂与料粒之间有相对运动的情况下进行的，因此，它除了有分子扩散外，还有取决于溶剂流动情况的"对流扩散"过程。

一、油脂浸出基本原理

（一）分子扩散

分子扩散是以分子移动形式进行的，当油料与溶剂接触后，油脂分子以不规则的热运动方式从油料中渗透出来并扩散到溶剂中，同时，溶剂分子也不断地渗透到油料中与油脂分子混合，使油料内部及溶剂都形成溶液（称混合油），这两部分溶液中油脂的浓度相差较大，油脂分子从浓度大的区域向浓度小的区域扩散，直到达到平衡为止。

影响分子扩散的主要因素是温度，随着温度的升高，分子的动能也增加，而且油脂的黏度随之降低，减小了分子扩散的运动阻力，从而加速了分子扩散的速率。但是，因受到溶剂沸点及其他工艺条件的限制，不能无限制地提高浸出温度。

（二）对流扩散

分子扩散以单个分子为转移单位，而对流扩散是溶液以小体积进行的转移。它是一部分溶液在流动的情况下以一定的速度移向另一处，在流动中带走被溶解的物质，即以流动方式进行的物质扩散过程。

在浸出过程中，如果对流的体积越大，而且单位时间里通过单位面积的这种体积越多，物质转移的数量也就越多。这与分子扩散只取决于扩散时的温度不同，影响对流扩散的因素不仅有液体流动的速度和状态，还有液体的黏度和被浸出物质的表面性质及各区域的浓度差等。

实际上，浸出过程是分子扩散和对流扩散的结合过程，在原料与溶剂接触的表面层是分子扩散；而在远离原料表面的液体为对流扩散。对流扩散所传递的原料数量大大超过分子扩散。为了加快浸出速度，就得不断地改变溶液的浓度差和加快流动速度，使溶剂（或混合油）与油料处在相对移动的情况下进行浸出。惯用做法是利用液位差或泵的动力对混合油施加压力，以强化对流扩散作用。

二、影响花生饼浸出效果的因素

（一）料坯性质的影响

1. 对料坯内部结构的要求

在浸出之前，料坯的细胞组织应最大限度地被破坏。因为油脂从完整细胞中扩散出来的过程较为缓慢，细胞组织破坏得越厉害，扩散阻力越小，浸出效率越高。

2. 对料坯外部结构的要求

（1）尽量缩小被浸出原料的坯径，以使粒子内油脂的扩散路程最短。同时增加料坯单位质量的表面积，有利于提高浸出效率。

（2）料坯必须具有足够和均匀的渗透性，以便浸出时溶剂能顺利地通过，均匀地冲洗全部粒子。

（3）料坯（料层）对溶剂和混合油的吸附能力越小越好。

（4）浸出料坯的可塑性要适当。

（二）料坯厚度的影响

经轧坯所得料坯的厚度越厚，则所需浸出的时间越长；反之，料坯越薄，则浸出的时间越短。研究和实践证明，粉碎成 12mm 左右的粒子即可。若有条件，能将其粉碎成 0.5~0.8mm 的饼粒，其浸出效果更好。

（三）浸出温度的影响

浸出过程中，根据溶剂馏程和生产工艺确定的原料温度称为"浸出温度"。尽管原则上是浸出温度越高，粕中残油越少，但是浸出温度不能超过所用溶剂的沸点。对于 6 号溶剂油，浸出温度以 50~55℃为宜。一般而言，浸出温度以低于溶剂沸点 8~10℃为好。

（四）溶剂（或混合油）渗透量的影响

连续式油料浸出是将溶剂（或混合油）迅速与料坯接触，而后溶剂又立刻离开与另一批新的料坯接触，如此连续不断地进行，使料坯中的油脂尽快地溶解到溶剂中，从而使溶剂中的含油量迅速提高，因此在单位时间内，加快溶剂（或混合油）渗透料坯的数量，对提高浸出效果有很大作用。

溶剂（或混合油）渗透量以每 1h 内每 $1m^2$ 的金属网或料坯面流过多少千克溶剂（或混合油）来计算。根据实际经验，渗透量在 10000kg/（h·m^2）以上时才有意义，如低于此量，浸出时间便要无谓地延长，从而降低浸出器的生产能力。

（五）料层高（厚）度的影响

如果料坯或预榨饼的结构强度较高（不易被压碎），料层厚一些较好。因为料层越厚，越能提高产量，浸出设备可以得到充分的利用，同时，在同一溶剂比时，料层越厚，则料层的表面可与越多的溶剂接触，从而提高浸出效率。从目前生产情况看，料层厚度宜控制在 800~1500mm。

（六）混合油浓度的影响

实际生产中均以逆流的方式进行油料浸出，即新原料与浓混合油接触，浸出器即将出粕的原料与稀混合油或新鲜溶剂接触，这样既可得到较浓的混合油，又可使粕中残油率降到理想的范围，目前一般浸出工厂所得混合油浓度在 10%~27%。可以"料坯含油量（%）+5%"来确定混合油的最佳浓度。

（七） 浸出时间的影响

浸出时间是指料坯入浸至出粕所需的时间。浸出时间的长短由浸出器的类型而定，太长太短均不合适。平转式浸出器中料坯的浸出时间为 100min（其中包括进料、浸出、沥干等过程）。

（八） 溶剂比的影响

所谓溶剂比，即单位时间内被浸出料坯与所用溶剂的质量比。欲保证粕中残油率为 0.8%~1.0%，浸泡或浸出时所采用的溶剂比为 1：（1.6~2），对于大豆坯浸出，溶剂比最大值为 1：1.35，最小值为 1：0.85，一般情况为 1：1，喷淋式浸出所采用的溶剂比为 1：（0.5~1）。

（九） 溶剂 （或混合油） 喷淋与滴 （沥） 干方式的影响

料坯+喷淋浸出+滴干+喷淋浸出+滴干+出粕。如此只需进行 4~5 次，即能使粕中残油率达到要求，浸出时间也可大大缩短。

溶剂

花生饼 → 存料箱 → 封闭绞龙 → 浸出器 → 混合油

湿粕

综上所述，油料浸出能否顺利进行和实现预期的效果，取决于许多因素，而这些因素又是错综复杂，相互影响的。所以在生产过程中如能辩证地掌握这些因素，就能大大提高生产效率，缩短浸出时间，减少粕中残油。

三、花生饼浸出工艺

（一） 工艺流程

预处理车间的花生饼经平刮板输送机输送到浸出车间的存料箱，再经密封绞龙进入浸出器，得到混合油和湿粕。

按工作压力不同，工艺流程一般有常压（或微负压）浸出和负压浸出两种。以下介绍常压（或微负压）浸出工艺流程

平转式浸出器的常压（或微负压）浸出工艺流程，浸出法制油工艺可以分为五个系统：油脂浸出、湿粕脱溶烘干、混合油蒸发和汽提、溶剂蒸气的冷凝和冷却、自由气体中的溶剂回收等。

（1）浸出系统　预榨饼由水平埋刮输送机送至浸出车间，经除铁装置除去铁杂质后落入存料箱内，再用埋刮板输送机送至绞龙，然后进入平转式浸出器进行浸出，浸出器一般有 18 个浸出格，采用"喷淋–沥干–喷淋"的间歇大喷淋方式，并有帐篷式过滤器进行混合油过滤。

（2）湿粕脱溶（烘干）系统　浸出后花生饼转变为湿粕，经沥干后由浸出器落粕口落到湿粕斗，湿粕斗的湿粕由埋刮板输送机输送到蒸脱机上部的密封绞龙，再进入蒸脱机。蒸脱机夹层通入间接蒸汽加热，湿粕在蒸脱机内依次进行预热脱溶，喷入经蒸汽加热器加热的干直接蒸汽进行蒸脱，经烘干，粕最后用埋刮板输送机及出粕绞龙输送至粕库，冷却后打包。

（3）混合油蒸发和汽提系统　浸出器内经帐篷式过滤器过滤后的混合油，自流到混合油罐，再由混合油泵打入经热交换器设备到另一个混合油罐，经如此预处理后的混合油送至混合油预热蒸发器，浓度达到要求的混合油进入第一、二长管蒸发器蒸发后，进入层碟式汽提塔进行汽提，浸出毛油自塔底流入毛油箱，再泵至精炼车间。

（4）溶剂回收系统　混合油预热蒸发器蒸发的溶剂蒸气进预热器冷凝器冷凝，冷凝后流至循环溶剂罐，第一长管蒸发器蒸发，出来的溶剂蒸气进入一长管冷凝器冷凝后流入循环溶剂罐，第二长管蒸发器蒸发出的溶剂蒸气进入溶剂预热器，用来加热泵入浸出器间歇大喷淋装置的新鲜溶剂，溶剂蒸气的部分冷凝液流至循环溶剂罐，未凝结的溶剂蒸气再经过二长管冷凝器冷凝后流向循环溶剂罐，蒸烘机的二次蒸汽经过混合油预热蒸发器后，一部分冷凝下来，经混合液冷却器进一步冷却，然后进入分水箱，分离水后溢流入循环溶剂罐。另一部分来凝结的二次蒸汽则进入蒸烘机冷凝器冷凝后流至分水箱分离，溶剂仍溢流回循环溶剂罐。层碟式汽提塔的混合气体进入汽提塔冷凝器冷凝后，再进入分水箱分离出的溶剂溢流至循环溶剂罐，废水则通过水封池排出。

混合油贮罐定期放出的油脚，送至蒸煮罐进行蒸煮，蒸出的溶剂蒸气进入汽提塔冷凝器冷凝回收。

（5）自由气体中的溶剂回收系统。

（二）负压浸出工艺流程

该工艺流程的特点是二次蒸汽的热能利用较好，但应注意到蒸脱机二次蒸汽中所夹带的粕屑对换热设备使用效果及寿命的影响。

油脂浸出负压生产工艺是制油工业的一项新技术，是节约能源的有效措施，同时也是保证安全生产的重要手段。负压生产主要是利用真空设备，将混合蒸发冷凝系统形成一定的负压，以降低蒸发温度，可利用二次蒸汽以达到降低消耗和生产成本，提高经济效益的目的。

（1）工艺流程　平转浸出器直接浸出负压生产的工艺流程图如图6-1所示。

利用蒸脱机混合蒸汽（又称二次蒸气）作为第一蒸发器的热源，与混合油进行热交换，二次蒸汽冷凝液流入分水器，未被凝结的二次蒸汽进入蒸脱机冷凝器，此冷凝器在1号蒸汽喷射泵的作用下形成负压，冷凝液进分水箱，不凝结气体进热水罐。

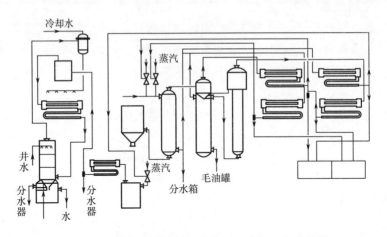

图 6-1　平转浸出器直接浸出负压生产的工艺流程图

在 2 号蒸汽喷射泵的作用下，与其连通第一蒸发器管程和第一蒸冷凝器，则形成负压（47988±1333）Pa，将 50~58℃；浓度为 23%~25%的混合油吸入，混合油与二次蒸汽和 2 号、3 号喷射泵的蒸汽进行热交换，混合油中溶剂蒸发，浓度为 65%的混合油经闪发箱进第二蒸发器，溶剂气体经第一冷凝器冷凝，冷凝溶剂进周转罐，未被冷凝与不冷凝气体管路接 2 号喷射泵，再经蒸脱机冷凝器去热水罐。

第二蒸发器蒸发的溶剂气体经闪发箱进入第二冷凝器冷凝，未被冷凝和不凝气体的管路并入第一冷凝器的未被冷凝和不冷凝气体管路，因此，第二蒸发器同样获得（47988±1333）Pa 的负压，混合油出口浓度为 95%，温度为 102℃，此混合油经闪发箱流入汽提塔，汽提塔喷入表压为 0.05~0.08MPa 的直接蒸汽，经汽提后毛油出口温度达 105~110℃，毛油送去精炼。微量的溶剂气体进入第三冷凝器，冷凝液流入分水器，不冷凝气体与 3 号蒸汽喷射泵连通，同蒸汽一起进入第一蒸发器的壳程，再去蒸脱机冷凝器入热水罐，因此汽提塔也可形成（47988±1333）Pa 的负压。

可以看出，第一、二蒸发器和汽提塔及相应的冷凝器和蒸脱机冷凝器的不冷凝气体和微量溶剂气体，皆经 1 号喷射泵汇集到热水罐，此混合气体再经热水罐冷凝器冷凝后，自由气体经平衡罐与来自其他设备的自由气体均到最后冷凝器，进入自由汽提塔。自由汽提塔在水喷射泵的作用下，塔内形成负压，连通的最后冷凝器、平衡罐和热水罐冷凝器也为负压状态，在实际生产中只控制平衡罐的负压在 98Pa 即可。

吸收塔内喷淋地下水水温（冬夏皆不超过 10℃），以保证最大限度的回收溶剂，控制喷淋水量每小时在 200~300kg，吸收塔下部的落水管应插入液面下

50mm，以保证系统内不泄压。

此负压系统可保证浸出器形成 2.67kPa 的微负压。

（2）负压工艺的效果 以生产能力为 100t/d 为例说明。

①冷凝面积减小：在负压下，因混合油蒸发温度降低，在保证冷凝效果的前提下，冷凝面积数为日处理原料量的 4~6 倍，计 385.6m²，冷凝面积分别为第一蒸发冷凝器 119m²，第二蒸发冷凝器 51m²，汽提塔冷凝器 30m²，蒸脱冷凝器 70m²，浸出器冷凝器 38m²，热水器冷凝器 34m²，最后冷凝器 43m²。较同生产能力的厂冷凝面积减少了很多。

②节能效果显著：溶剂、煤、电、水等的消耗指标，较常压生产工艺有显著降低，各项能源消耗指标均低于国家二级企业标准。年均达到每吨料消耗：溶剂 3.4kg，电 26kW·h，水 5t，煤 63kg。

③提高毛油质量：混合油在蒸发过程中，因减压蒸发，使油脂减少了与空气接触，缓解了油脂氧化，过氧化值低，毛油色泽较浅，提高了毛油质量。

④增强安全性：采用负压操作，因能减少设备的渗漏，保证了浸出车间的安全生产和操作工的身体健康，增强了安全性。

（3）操作、安装的注意事项 油脂浸出负压生产工艺的关键，在于工艺设计的合理性；冷凝设备的选用和冷凝效果；选用节能、高效蒸汽喷射泵；以及管理水平和操作人员的素质等，都将影响负压工艺的实施和生产的稳定性。其注意事项为：

①锅炉供汽必须保证压力的稳定：锅炉供给的蒸汽压力稳定与否，直接影响蒸汽喷射泵内的蒸汽流速，进而影响浸出工艺中蒸发冷凝系统负压的稳定。锅炉蒸汽蒸发量为 4t/h，操作压力为 0.6MPa，要保证气压 0.45MPa 才能满足生产要求。

②蒸汽喷射泵的选用及安装：蒸汽喷射泵体积小，效率高，结构简单，维修方便。颈部直径为 7mm，总长度 440mm，可满足工艺负压（47988±1333）Pa 的需要。蒸汽喷射泵安装在利用喷射后蒸汽的设备处，以防管路热量损失。并经常检查喷嘴是否堵塞、磨损，以便及时更换。

③保证最佳冷凝效果：冷凝效果是关系到负压工艺成功的关键。冷凝效果不佳，系统内溶剂气体量大，蒸汽喷射泵消耗蒸汽量也大，就不能形成要求的负压。因此，冷凝效果如能保持系统内的压力和大气压力持平或近似持平的最佳状态，用喷射泵喷射最小量的蒸汽即可形成较好的负压。

选用喷淋式冷凝器比列管式冷凝器好。因喷淋式冷凝器造价低，冷凝效果好，列管间隙大，容易维修，结构简单，装卸灵活，管内外清理方便，适用水质差、硬度高的地下水，更可充分利用寒冷的自然条件来降低水温，达到节水之目的，无须再设置晾水塔。

④冷凝器的安装：冷凝器采取高安装。为了减少占地面积，安装上、下两组，另外要求冷凝液出口距溶剂罐、分水箱保持一定高度，以便克服系统内负压，使冷凝液顺畅流下，并要求冷凝液流下管应插入分水箱、溶剂罐的液面下，以防止系统泄压，否则难以实现负压。

(三) 油脂浸出负压生产实践

混合油负压蒸发、二次蒸汽利用工艺流程如图 6-2 所示。

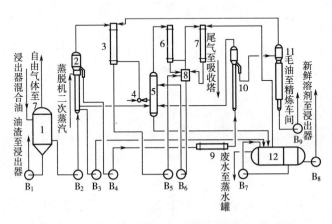

图 6-2　混合油负压蒸发、二次蒸汽利用工艺流程

1—混合油　2—第一蒸发器　3—真空冷凝器　4—真空喷射泵　5—节能器　6—节能冷凝器
7—最后冷凝器　8—冷凝液集合罐　9—混合油加热器　10—第二蒸发器　11—汽提塔　12—综合溶剂库

(1) 工艺特点

①混合油用泵送入蒸发器，在负压下进行强制蒸发。

②第一蒸发器的加热介质为蒸脱机的二次蒸汽。一蒸和汽提在同一真空条件下工作。

③除一蒸壳程的冷凝液自流入分水器外，系统中所有冷凝器的冷凝液汇集到集液罐，用泵送入节能器，与进入节能器内的溶剂蒸气进行热交换。

④分水量大，在较高的温度（55~58℃）下进行分水。

(2) 影响负压蒸发、二次蒸汽利用的因素

①二次蒸汽量和温度：蒸脱机出来的二次蒸汽温度一般控制在 30~85℃，用它作为一蒸混合油在残压 0.043MPa 下蒸发的加热介质是完全合适的。因为在此压力下蒸发温度为 62℃ 左右，混合油浓度可提高到 63% 左右。在实际生产中发现，当二次蒸汽温度升高（>90℃）、气量增大时，一蒸壳程内的二次蒸汽冷凝液温度由原来的 58℃ 上升到 65℃，过量的二次蒸汽不能及时冷凝下来，造成蒸脱机由负压运行变为正压运行，也使节能器气相温度由正常情况下的 50℃ 上升到 70℃，增加冷凝系统负荷，破坏冷凝系统的平衡，导致溶耗升高。

②真空度：利用蒸脱机的二次蒸汽作为一蒸的加热介质进行混合油负压蒸发，对选定蒸发器的工作压强（真空度）是很重要的。当蒸发时如真空度变化，所需的二次蒸汽量也随之变化。真空度升高时，混合油蒸发温度下降，需要的蒸发热量也减少，多余的二次蒸汽量增加，冷凝系统负荷加大；真空度下降时，混合油蒸发温度升高，造成加热温差太小，热交换推动力下降，大量二次蒸汽在一蒸壳程不能冷凝下来，而进入冷凝系统，同样使冷凝系统负荷加大。且一蒸后的混合油浓度低，增加二蒸负荷，也会影响汽提毛油质量。实际操作中选取一蒸的蒸发操作残压在 0.043MPa 为好。

③蒸发流量：由于混合油采用负压、强制蒸发工艺，保持混合油连续均匀地送到蒸发器内进行蒸发，对保证稳定的蒸发和冷凝系统有着非常重要的意义，不允许有时多时少甚至断流现象出现，否则将影响混合油的蒸发、汽提效果和溶剂冷凝回收。如果出现这种现象，节能器的气相和液相温度会很明显发生变化，当泵抽空发生断流时，温度很快上升，甚至会使浸出器和蒸脱机由负压下运行变成正压运行。

④分水处理：在负压蒸发、二次蒸汽利用工艺中，所有的冷凝液都经过分水器来回收溶剂，又由于使用了节能器，冷凝液的温度较高，量也比较多。我们测得废水在 55℃ 时含溶 850mg/kg，经蒸煮罐在 35℃ 下蒸煮后降为 65mg/kg。所以，废水排放前一定要经蒸煮罐蒸煮。

由于分水器在较高的温度（55~58℃）下运行，停车之前，应把分水器的水温和溶剂温度降到室温，避免停车后因停水停电造成不应有的溶剂损耗。

⑤尾气排放：从尾气中回收溶剂，国内有三种情况：有的小厂不搞回收，有的用冷冻回收或液体石蜡回收。负压蒸发、二次蒸汽利用工艺都有尾气回收装置，不管是冷冻回收还是石蜡回收，最后，尾气排出都靠风机或喷射泵抽出。一般用风机的比较多，选择合适的风机是至关重要的。太大了，会将溶剂抽跑，太小了，会使冷凝回收系统变成正压状态，都会造成溶耗增加。

⑥系统的平衡：系统中不凝气体进到最后冷凝器之前，应使各管路汇集平衡，如果配用的空气平衡罐小了，起不到平衡作用，将影响整个系统的正常操作。

（3）操作要求

①原料预处理必须严格把关，达到浸出要求，并保持进料均匀。这样在浸出过程中一般不会发生什么问题，为蒸脱机的正常操作也创造了极为有利的条件，能够稳定地将蒸脱机的二次蒸汽调节在 800~85℃，保持正常运行。

②保持蒸汽压力的稳定非常重要。湿粕脱溶、混合油蒸发、蒸汽喷射泵的工作都与蒸汽压力能否稳定有直接关系，管理不好的厂，蒸汽压力有时达 1.0MPa，低时才有 0.2MPa，无法正常生产。

③本工艺用泵较多，必须根据设计要求的流量、扬程和工作介质来正确选择

所需的泵，以满足工艺要求，保证生产正常运行。

④负压蒸发、二次蒸汽利用技术对工艺操作和管理要求比较严，一些关键的工艺参数必须保持稳定才能正常地运行。例如流量、温度、压力最好有自控仪器仪表进行控制，有条件的最好实行微机控制。

四、浸出设备

浸出系统的重要设备为浸出器，其形式很多。

间歇式浸出器有浸出罐。

连续式浸出器有平转式浸出器、环形浸出器、卫星式浸出器、履带式浸出器等。

对浸出器的选用，环形浸出器设备运转平稳、产量大，但对原料粉末度有较高要求；固定筛板平转浸出器，设备制作要求高，但一般没有易损件，从机械角度考虑属最佳选择，但对原料粉末度也有一定要求；活络筛板平转浸出器，设备制作要求高，易损件多，但一定程度上能适应于粉末度高或容易产生较大粉末度原料。前两者在茶饼浸出过程中，会出现较大粉末度，易在浸出器和管道中造成堵塞，在实际生产应用中，选用较多的是活络假底平转浸出器。

（一）活络假底平转浸出器

1. 活络假底平转浸出器结构，如图6-3所示。

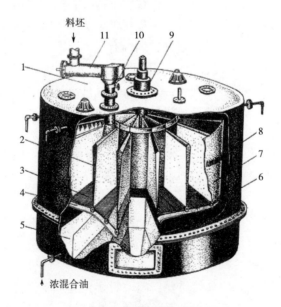

图6-3　活络假底平转浸出器

1—顶盖　2—隔板　3—活动假底　4—轨道　5—混合油收集格　6—轮子
7—转动体　8—套筒滚子链　9—转动轴　10—溶剂预喷管　11—料封绞龙

平转式浸出器的浸出格和混合油油斗的展开图如图6-4所示。由图中可以看到，新鲜溶剂由溶剂泵进入喷管，喷淋料层渗透后滴入Ⅶ号油斗，再由6号泵抽出进入喷管 e。喷淋料层渗透后滴入Ⅵ号油斗，经5号泵抽出喷淋滴入Ⅴ号油斗，4号泵抽出喷淋滴入Ⅳ号油斗，3号泵抽出喷淋滴入Ⅲ号油斗。1号泵抽出的1混合油喷入进料管，由进料管直立段与进入的料坯混合滴入Ⅰ号油斗。由于开始段混合油中含粕粉多，因而由2号泵抽出经过料层进行自滤喷淋下滴，通过与水平面呈30°角的帐篷过滤器筛网的过滤进入 n 号油斗。这样的浓混合油含粕粉少，然后再由 n 号油斗抽出送往蒸发系统。

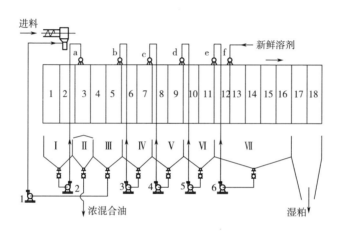

图6-4　浸出格和混合油集油格展开图

1~18—料格　Ⅰ～Ⅶ—油斗

这里所采用的喷管（或喷液器），国内的形式多种多样。有的是钢管上开有许多不同大小的圆孔；有的在钢管上开成一条梯形的长孔；有的则将液体喷入一个槽内，经溢流沿锯齿形的缺口向下流出等。总之，无论什么样的结构形式，总的要求为喷出的混合油或新鲜溶剂的液流，在浸出格上面的径向呈一直线，使所有的料面都能被混合油所喷淋，且流量应该是靠近转子外圈的量大，向内圈方向逐渐减少，以使原料得到充分和均匀的浸出，保证粕中残油率的下降。

混合油循环喷管的位置分布与它们和油斗之间的相对位置，是由料格格数和各种料坯的渗透速度决定的，喷管与喷管之间的间距应等于2倍的料格宽度，而喷管与油斗之间的相对位置是与混合油渗透时间有关的。这样，才能使得各级混合油不互相掺混，保持各自的浓度，形成一定的浓度梯度，进而才能保证最后高浓度的混合油。

为了保证浸出器内混合油的正常循环，各油斗之间液位高度差一般为12mm，它是通过油斗之间隔板的高度来调整的。其液位高度之差是从Ⅶ号油斗逐级向Ⅱ

号油斗方向下降，以保证混合油的逆向流动。同时，为防止混合油中的粕粉堵塞油泵，目前大都采用半开式混合油循环泵。其次，在混合油循环过程中，应保持料层上有 30～50mm 的溶剂或混合油层。整个浸出是在喷淋浸泡——滴干——喷淋浸泡——滴干的过程中完成的。

各部分的时间按每 60min 或 90min，浸出格转动一圈进行分配见表 6-2。

表 6-2	浸出器各部分时间分配表	单位：min
浸出器转一圈所需时间	90min	60min
浸出段	60	40
最后沥干段	20	13.3
出粕、空格	10	6.7

对上述喷淋系统进行改进，采用本格二次循环，实现喷淋与浸泡混合，浸出效率高，提高了混合油浓度，混合油浓度由原来的15%提高到20%，降低了蒸发能源的消耗，同时保证粕中残油率指标符合要求。喷淋系统改进后的浸出格和混合油集油格展开图如图 6-5 所示。

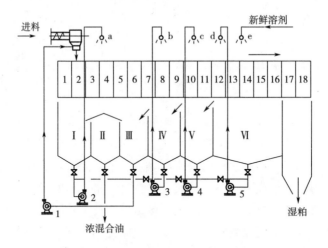

图 6-5　喷淋系统改进后的浸出格和混合油集油格展开图
1~18—料格　Ⅰ～Ⅶ—油斗

新鲜溶剂由溶剂泵泵入喷淋管 e，喷淋料层后滴入Ⅵ号集油格，再由 5 号泵抽出泵入喷淋管 d，喷淋料层渗透后滴回原格，即Ⅵ号集油格。这样一直进行本格自循环，直至Ⅵ号集油格油满后溢入Ⅴ号格，隔板从Ⅵ号格逐步向Ⅰ号集油格方向递减，待Ⅴ号格有油后再开 4 号泵抽出泵入喷淋管 c，喷淋料层渗透后滴入Ⅴ号原集油路，依此类推。直至Ⅲ号集油格进油，开Ⅰ号泵抽出混合油喷入进料管，滴入 I 号集油格，再由 2 号泵抽出经喷淋滴入 II 号格，最后由 II 号格送往蒸发系统。为了保证在停机时将各油格存留的混合油排完，在各油格底部增加一根联通管，此管正常工作时关闭。清理油格时将它全部打开，这样油格内的所存混合油可用 2 号泵泵入 II 号集油格，最后由 II 号集油格抽出，送往蒸发系统。

2. 平转浸出 2S 的操作

（1）操作顺序　开车前必须对浸出器及其附属设备进行严格检查，检查设备及管道是否密闭，各管路是否畅通，转动部分是否灵活等，当一切就绪后方可开车。

开车时，首先从室外大溶剂库将溶剂用泵打入室内循环溶剂库，要对溶剂进行检查，如发现溶剂中有油脂或水分，要预先处理后才能作为新鲜溶剂使用。然后将此新鲜溶剂泵入浸出器上的新鲜溶剂喷管，溶剂喷淋在室内的浸出格上并流入第 VI 个混合油收集格，由于溶剂不断泵入，使 VI 格充满溶剂，再从溢流口进入第 V 个收集格内，依此类推，最后使所有收集格内都充满溶剂，开启 1 号泵将溶剂抽出打入绞龙，同时开启进料部分，使料坯（或预榨饼）进入料封绞龙，向浸出器进料。同时，可开启转动体，浸出格则开始缓慢运转，当装满料的浸出格运转到第二个喷管位置时，开始出现混合油，并将所有的循环泵打开。同时调节各喷淋管的喷淋量，待第一个有料的浸出格运转到出粕段之前，开动出粕绞龙或刮板输送机，当湿粕落入出粕斗时，就将粕排出浸出器，送入烘干机内。

（2）对操作技术的要求

①存料箱：保存一定的原料，起到料封的作用，其容量不小于浸出格的 1.5 倍，存料高度不小于 1.4m。

②封闭绞龙（料封绞龙）：要求绞龙内充满原料，起到有效的封闭作用，以防止浸出器内溶剂气体从进料口逸出。

③浸出器：

a. 装料量为料格的 80%～85%。

b. 溶剂温度为 50～55℃。

c. 料坯温度为 50～55℃，浸出器温度保持 50℃左右。

d. 喷淋的液面以高出料坯面 30～50mm 为宜，这就要求较大喷淋，但喷新鲜溶剂时，不得溢入沥干段。

e. 出器运转周期一般为 90～120min.

f. 对溶剂比的要求是料坯与溶剂之比为 1:（0.8～1）。

对混合油浓度的要求：

入浸料含油 18% 左右，混合油浓度 18%～27%。

入浸料含油 15% 左右，混合油浓度 15%～23%。

入浸料含油 12% 左右，混合油浓度 12%～19%。

入浸料含油 8%左右，混合油浓度 8%～13%。

g. 粕残油（干基）：大豆、油菜籽、棉仁、葵花籽仁和花生仁的粕（含油高的油料都是预榨浸出）中残油率 1%以下，米糠粕为 1.5%以下。

入浸水分一般为 3%～7%。

（3）浸出器的操作注意点

①按照工艺技术要求控制浸出器的正常运转、原料高度、浸出温度和混合油的浓度等。

②存料箱要保持应有的料层高度，料层低于 500mm 时，应及时停止向浸出器送料。

③经常注意料层渗透是否正常，如发生料面混合油有溢流现象，应及时找出原因，设法排除，保证生产正常进行。

④发生喷口堵塞要拆卸清理，若属制造或安装不妥要改制或重装。

⑤定时检查粕中残油和混合油浓度，以指导生产。

⑥在动转中对设备要勤看、勤听、勤换，发现异常或管道堵塞要及时排除，恢复正常。

⑦严禁泵体空转，注意调节流量，保持流量均衡。

⑧注意出粕情况，如发生搭桥现象，要设法排除搭桥因素。

以上工艺技术要求和操作，原则上也适用于其他类型的浸出器。

3. 浸出器自由气体的回收

浸出器自由气体的回收装置如图 6-6 所示，在浸出器自由气体出口处加一冷凝器，使自由气体直接进入冷凝器后再进入自由气体平衡系统。

设置此冷凝器的好处：①能确保系统平衡；②由此冷凝器得到的溶剂可以直接回流至浸出器的第九格，节省了这部分溶剂气体进入冷凝、回收、循环系统所产生的能耗及设备负荷；③避免浸出器内温度过高造成的溶剂蒸气正压外逸。

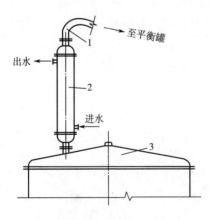

图 6-6　浸出器自由气体的回收装置
1—冷凝液管　2—冷凝器　3—平转浸出器

该冷凝器的冷凝面积在数值上等于平转浸出器日处理量的 1/10，即一台 100t/24h 的浸出器配备一台冷凝面积为 10m² 的冷凝器即可。

4. 浸出器出粕系统

一般浸出器的出料口为扇形柱体，连接湿粕刮板机，实际生产中常会出现湿粕搭桥现象而影响浸出器的正常运转。浸出器出粕装置的改进如图 6-7 所示，如果实施如图 6-7 所示的改进，便可解决这一问题。浸出过程结束的粕下至出粕圆形筒，在搅拌叶的作用下，从下料口排至湿粕刮板，从而防止湿粕搭桥。它能使粉末较大、水分高的原料投入正常生产。

（二）固定栅底平转浸出器

目前国内通用活动假底浸出器，它是间断出料的。在实际使用中经常出现卡底、篷料搭桥等故障。并且活动假底构件经常受到冲击作用，也容易造成变形而出现故障，缩短使用寿命。它采用链条传动也会经常掉链。这些故障严重影响着油厂的正常生产，造成溶剂大量消耗，加大了生产成本。浸出器改用固定栅底刮板连续出料的方式，传动上改用伞齿轮传动方式，从根本上克服了浸出器的上述缺点。

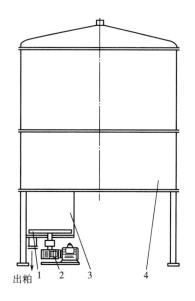

图 6-7　浸出器粕装置的改进
1—搅拌叶　2—减速器
3—出粕圆形筒　4—浸出器

1. 设备结构

固定栅底平转浸出器如图 6-8 所示。主要由支承腿、壳体、转格、集油格、固定栅底、混合油循环管路、除渣机构、传动机构、视镜系统及检修机构等部件组成。

2. 固定栅底的结构

（1）固定栅底结构特点　在离浸出格下底边 2~4mm 处有一环形的固定栅板，它主要由若干根栅条以同心圆的排列形式构成。栅条材料用 1Crl8Ni9Ti 型材，通过专用模具抽压而成，具有表面光滑、制作方便、耐腐蚀等特点。栅条的截面为近似梯形，上大下小，结构如图 6-9 所示，栅条与栅条之间保证 0.8~1mm 缝隙，以便溶剂和混合油的渗漏，栅条用专用工具装定位在 Φ8mm~Φ10mm 的圆钢上，以点焊固定，再与扇形框架焊接成若干块扇形栅板。扇形栅板之间用螺栓连接。整个栅板拼装后一般为 320°~340°，有一缺口，以供湿粕下落。需特别强调的是扇形框架要有足够的强度。应视规格不同在其中部增添不同数量的加强筋，以满足料粕和混合溶剂的负载。

（2）栅底的制作、安装　栅底制作必须保证其工作面平整，栅条不能倾斜固定，0.8mm 的间隙应均匀，端部栅条不能变形，单块工作面的平面度应小于 0.5mm，整个栅底的平面度不大于 2mm，栅底的平面度在制作和安装过程中要给

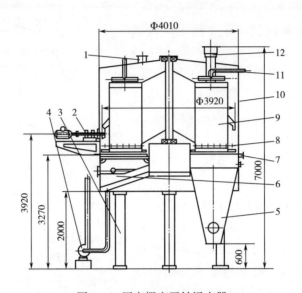

图 6-8　固定栅底平转浸出器

1—传动装置　2—固定栅底　3—转动格　4—外壳体　5—喷淋管　6—视镜
7—进料口　8—除渣口　9—出粕口　10—集油格　11—支承腿　12—循环油泵

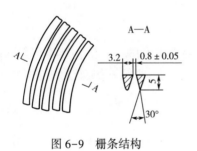

图 6-9　栅条结构

予十分的重视。因为它是降低传动功率、降低粕残油、减少事故率的关键因素。

（3）浸出格与栅底的配合　浸出格与栅底在直径上的确定原则为栅底内直径小于浸出格内圈直径 200~300mm，栅底外径大于浸出格外圈直径 300~400mm。设置这些非工作面的目的，在于防止浸出格内原料从其底边与栅底之间隙泄溢出来落入油斗，造成循环泵堵塞。这些泄溢出来的微量料粕靠浸出格内外圈下周边上的刮刀将其带至栅底缺口卸下。在安装时，整个栅底的上表面与浸出格的底边需保证其间隙在 2~4mm。缺口处应在下料斗侧板之内，防止混合油顺栅条流入下料斗内，使粕残油上升。

固定栅底由于它的结构特性，决定了其渗透面积远比活络假底大，约占总面积的 25%。其运行时形成了粉末的循环再分配流动状态，故而有利于降低粕残油和减少蒸脱溶剂量。

3. 工作原理

减速机通过伞齿轮带动转格作缓慢旋转；混合油经循环管路对转格内的粕喷淋、浸泡；粕通过转格和刮板在固定栅底上运动，经喷淋、浸泡、沥干后由出料口排出。新鲜溶剂油通过溶剂泵对沥干前的粕作喷淋、浸泡，混合油经固定栅底板，通过循环油泵再对含油高的粕作喷淋、浸泡处理，依次循环，最后进入蒸脱机。转格在传动机构的作用下，以 8~90min 每转的速度作缓慢旋转，带动刮板使粕从固定栅底的出粕口处连续出料。

4. 操作要求

（1）开车顺序

①开车前，要对浸出器及其附属设备严格检查，检查设备及管道是否密封，各管路是否畅通，转动部分是否灵活等。

②开车前，先从室外溶剂库将溶剂泵入室内循环溶剂罐，然后将此新鲜溶剂泵入浸出器上的最后段新鲜溶剂喷管。

③待所有收集格内部都充满溶剂后，开启 1 号泵将溶剂抽出打入混合绞龙，并同时开启进料部分，使原料或预榨饼进入混合绞龙，向浸出格进料。此时，可开启转动体，浸出格则开始缓慢运转。

④打开循环泵，同时调节各喷淋管的喷淋量。

（2）操作工艺技术要求

①要求进料绞龙内充满原料，有效地起到封闭作用，以防止浸出器内溶剂气体从进料口溢出。

②按工艺要求控制浸出器的正常运转、原料高度、浸出温度和混合油浓度等。

一般要求，装料量为料格的 80%~85%；

溶剂温度为 50~55℃；

喷淋段的液面应高出料面 30~50mm。

③经常注意料层渗透是否正常，如发生料面混合油有溢流现象，应及时找出原因，设法排除，保证生产正常进行。

④定时操作除渣机构，保持设备正常运转。

⑤定时检查粕中残油和混合油的浓度，指导生产。

⑥在动转中要勤看、勤听、勤换设备，发现异常或管道堵塞要及时排除，恢复正常。

⑦严禁泵体空转，注意调节流量，保持流量均衡。

（三）环形浸出器

1. 环形浸出器的结构

环形浸出器的结构如图 6-10 所示。它主要由进料斗、壳体、拖链、喷淋装置、出粕口和传动机构等部分组成。

2. 环形浸出器的操作

（1）开车时先用泵打新鲜溶剂，进新鲜溶剂喷淋后，待上、下两个喷淋段

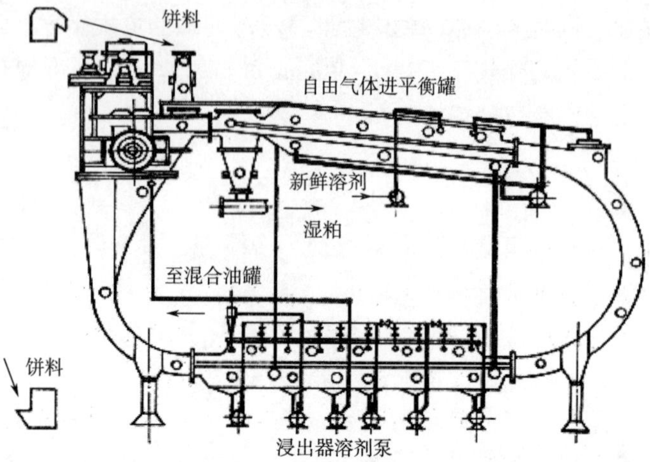

图 6-10 环形浸出器的结构

的收集斗内的溶剂可供循环用量后，开启各循环泵，调节好喷管流量，开始进料，并启动浸出器运转，同时开动混合油泵。

（2）待料拖到水平段一半时，开启旋液分离器排出阀门，调节好回流比，以稳定混合油液体。

（3）停车时，先要将料粕卸完，再停浸出器和溶剂泵，将混合油收集斗逐个抽至旋液分离器送出，停止循环泵和混合油泵。

（4）为了安全，最后开动进料绞龙，使进料斗内装满料，保持料封。

3. 环形浸出器的特点

（1）结构紧凑、简单，占地面积小，可以分段制造后到现场安装。装拆、运输方便，适合于机械厂成批制造和系列化生产。

（2）拖链的速度可因处理量的多少而改变，如 200t/d 的工厂，可在 50～300t/d 之间调节。

（3）操作方便，维修简单，工艺参数容易变更。

（4）在工艺性能上，具有料层薄、渗透性好、浸出时间短等优点。

（四）虹吸式间歇大喷淋装置

采用虹吸原理控制的间歇大喷淋代替目前使用的机械顶杆式阀门控制的间歇大喷淋，具有喷淋量稳定、操作方便、维修简单和不易损坏等优点。虹吸式间歇大喷淋装置如图 6-11 所示。

浸出车间新鲜溶剂泵工作时，不停地将新鲜溶剂打入虹吸式间歇大喷淋装置罐内。当罐内的溶剂上升到一定高度时，会发生虹吸现象，使溶剂通过虹吸管、喷淋座、喷淋管倾泻到浸出器的料格内。当罐内的液位低于虹吸管的上口时，虹吸终止，喷淋暂停。由于新鲜溶剂泵不停地向罐注入新鲜溶剂，当液位达到一定高度时，又重复上述过程。这样周而复始，达到间歇大喷淋的效果。

油厂中平转浸出器上配置的间歇大喷淋装置，大都是靠机械作用使顶杆式阀门开启或关闭以达到间歇喷淋的目的。此装置因顶杆阀门受溶剂腐蚀失效，加之磨损等其他机械故障等多种原因，很多未起到间歇大喷淋的作用。而虹吸式间歇大喷淋装置，工作效果极佳，且调节简单，间歇时间可以根据工艺要求用阀门调节新鲜溶剂泵的溶剂供给量。因此，确定喷淋罐容积的大小便非常重要。通常，喷淋罐容积约等于平转浸出器一个格子容积的 1.5 倍。浸出格的结构图如图 6-12 所示。

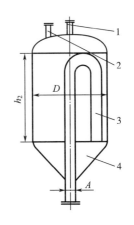

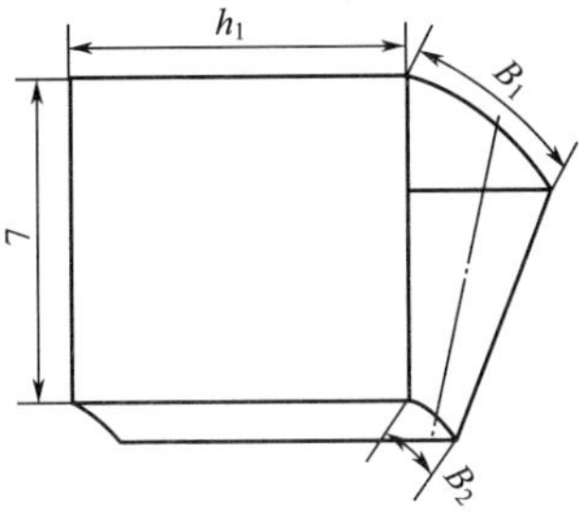

图 6-11　虹吸式间歇大喷淋装置
1—自由气体管　2—新鲜溶剂管
3—虹吸管　4—喷淋罐

虹吸式间歇大喷淋装置计算公式：

$$D \approx \sqrt[3]{0.4(B_1 + B_2)(D' - d)h_1} \quad (6-1)$$

式中　D——浸出器转动体外直径，m；

　　　d——浸出器转动体内直径，m；

　　　h_1——浸出格高度，m；

　　　B_1——浸出格外弧长度，m；

　　　B_2——浸出格内弧长度，m。

$$h_1 = 1.2D$$

式中　h_1——虹吸式喷淋罐高度，m；

　　　D——虹吸式喷淋罐直径，m。

图 6-12　浸出格的结构图

（五）卫星式浸出器

卫星式油脂浸出器（图 6-13）是原武汉食品工业学院胡健华教授等研制出的制取油脂的一种新型、高效、节能设备。该浸出器以浸泡为主，并将浸泡式与喷淋渗滤式两种浸出方式有机地结合在一起，因而浸出更迅速、更充分、效果更好。该浸出器主要由中心绞龙和旋转筒体组成。

旋转筒体使入浸原料在溶剂（混合油）中浸泡、渗滤，进而沥干，倒入中心绞龙，中心绞龙使入浸原料向前推进。该浸出器配有湿粕挤压装置，可降低湿粕残溶，与目前国内传统的浸出器相比，它结构简单，运转平稳，节省钢材，混合油浓度高、质量好，节省水电气。该机适合各种油料的浸出，尤其对粉末度较大的原料，其综合指标比传统浸出器要高 40%。

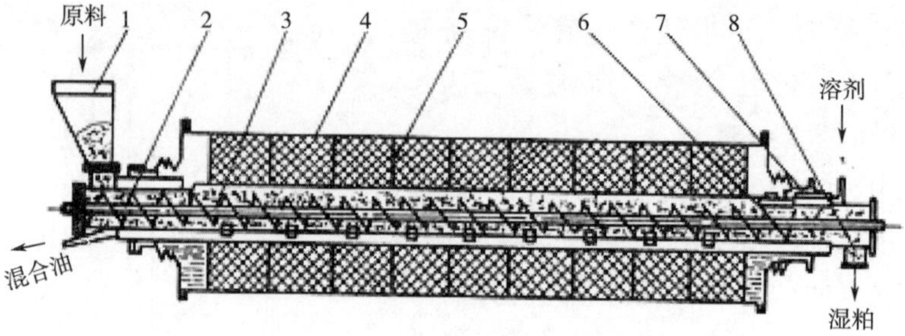

图 6-13　卫星式浸出器的结构
1—进料口　2—进料段　3—绞龙　4—外壳体
5—挡板　6—挤压段　7—密封装置　8—出粕口

五、平转浸出工段安全操作规程

（1）开车从后开起，停车从前到后。开车前先检查各个阀门是否正确，然后启动电机。

（2）执行"六查六看"操作法，保证料温、混合油浓度、周转量达到要求，努力降低干饼残油，注意平转吞吐情况及刮板进料情况，确保安全运转。

（3）严禁水及油类杂物进入平转，暂存缸过滤器每班抽屑一次，时间约 10~20min，以保证管道畅通。

（4）严禁混合油溢入料斗，下料斗不畅通，筛子带料，油斗屑子堵塞油管现象发生。

（5）做好本工段设备的加油检查卫生。

（6）搞好本工段工作场地和设备的清洁卫生。

第三节　湿粕的脱溶烘干

一、工艺流程

$$
\begin{array}{c}
\text{捕粕器} \to \text{混合蒸汽} \\
\text{湿粕} \to \boxed{\text{刮板输送机}} \to \boxed{\text{蒸烘机}} \to \text{干粕} \to \text{仓库}
\end{array}
$$

从浸出器卸出的粕中含有 25%~35% 的溶剂，为了使这些溶剂得以回收和获得质量较好的粕，可采用加热以蒸脱溶剂，所得干粕应无溶剂味、引爆试验合格、含水量在 12% 以下、粕熟化、不焦不煳。

二、脱溶烘干设备

对一般油料浸出湿粕的脱溶烘干，大多采用高料层蒸烘机和 D. T. 蒸脱机。

（一） D. T. 蒸脱机

D. T. 蒸脱机结构如图 6-14 所示，一共有 8 层。第一到第三层为脱溶区，第四到第八层为烤粕区。这里的 D 表示蒸脱溶剂，T 表示烘烤料粕。

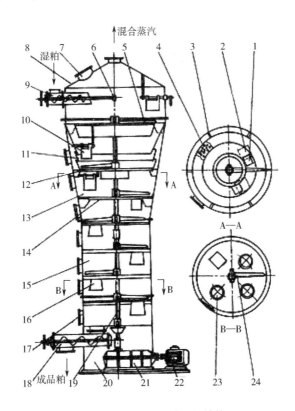

图 6-14　D. T. 蒸脱机的结构

1—下料口　2—插料板　3—托板　4—筛板　5—上层下料盘　6—轴瓦　7、17—人孔

8—上部机体　9—湿粕绞龙　10—料位指示器　11—百叶窗　12—中层下料盘　13—中部机体

14—喷汽盘　15—下中部机体　16—喇叭　18—出粕绞龙　19—中心轴　20—底部机体

21—减速机　22—电机　23—透气孔板　24—刮刀

含溶剂的湿粕经螺旋输送机送到第一层，第一层系有一蒸汽夹层的加热板，上有刮刀和轴相连。D. T. 蒸脱机有一根中心轴，当中心轴转动时，转动刮刀将第一层已被加热的和部分溶剂汽化的湿粕刮送到第二层。第二层也有夹层蒸汽加热，它的周围系由不锈钢制成的百叶窗，下层的溶剂气体和水蒸气通过百叶窗与粕逆流充分接触，把粕中溶剂蒸出，粕经刮刀刮至盘中心，落到第三层。第三层

是直接蒸汽喷入层，它由喷汽盘和四周环状的筛板所构成。在喷汽盘的边缘有两个带插板的落料口。喷汽盘上分布有直径 2mm 的小孔约 2000 个，压力为 294～343kPa 的过热蒸汽由孔喷入粕中（温度约 220℃），经长期使用小孔没有堵塞情况。这样的结构保证了在第三层上有一适宜有料层，这对湿粕脱溶是十分有力的，上面的三层形成一个蒸脱溶剂区。

D. T. 脱溶区的上部机体上有一个扩大的拱顶盖，因此，蒸汽到达拱顶部分时速度降低，从而降低了蒸汽带出的粕粉含量。

大约 90% 的热量是从第三层喷出的直接蒸汽加入的。由于粕中的每一颗粒均有溶剂，因此当直接蒸汽喷时，溶剂突然很快受热膨胀，爆破式地使颗粒中的细胞组织得到破裂，所以每一颗粒均受热而使颗粒内的溶剂蒸发。这里直接蒸汽不仅带来热量，而且部分直接蒸汽得到冷凝。另一方面，其余未冷凝的蒸汽又进一步将残余的溶剂蒸脱。为此，粕中每一颗粒的细胞组织均受到彻底破裂，同时也增加了粕中的水分和蛋白质的凝聚。这种细胞组织完全被破坏，且含水较高的粕，再经下面 5 层烘烤后，就成为营养价值很高的粕。经实际测定数据指出，这种粕中的尿素酶活性和胰蛋白酶抑制素均已被彻底破坏，完全满足饲料的要求。

蒸脱掉溶剂而含水分 16%～24% 的粕，由第三层的刮刀通过带插板的落料口进入第四层。第四、五、六、七层情况基本相同，均有底夹层间接蒸汽加热豆粕。夹底上均开有三个栅格状通气孔，孔径为 500mm。每一条栅格间距离都是下大上小。每层除有三个通气孔外，还有一个落料口。落料口向下为一个喇叭口，由它来控制料层的高度。一般喇叭口的高度控制下一层料层厚度，料层低于喇叭口时，上一层的料粕则不断流下，如果料粕高度达到喇叭口高度，则下料暂停，使用中没有发现堵塞现象。

在第三层装有带插板的落料口，开车时粕是一批一批地往下放，下面几层粕装好后则把控制门打开，进行自动调整。第八层无底夹层，底板上装有一个出料门，对出粕加以调节，粕经过脱溶区和烤粕区就完成了溶剂的脱除和粕的烘烤。

D. T. 蒸脱机的烤粕时间为 10～15min，考虑到各种因素，应在 25min 左右较为合适。卸出粕中水分达 14%～15%，粕温为 100～105℃，需要进一步用卧式烘干机或热空气干燥将水分降到 13% 以下，并用冷空气进行冷却。或者在成品粕风运过程中，将温度冷却到 40℃ 以下才能储藏和运出。

D. T. 蒸脱机的技术特征，见表 6-3。

D. T. 蒸脱机的特点：能较彻底地脱除湿粕中所含的溶剂，达到国家规定的要求，及破坏粕中的有害毒素。尤其对我国北方的大豆制油，在提取豆油的同时，能够获得高质量的豆粕饲料。但该设备结构较复杂，制造条件也要求较高，动力消耗大。为此，一般预榨浸出油厂都不宜采用。

表 6-3   **D. T. 蒸脱机的技术特征**

项目	参数
处理能力/（t/d）	300~400
转轴转速/（r/min）	25.4
设备动力/kW	55~77
第三层直接过热蒸汽压力/kPa	294~343
其余各层间接饱和蒸汽压力/kPa	294~43
机内工作温度/℃	105~110
外形尺寸/min	上部 φ3400，下部 φ2200×10250

D. T. 蒸脱机还有一个很大的缺点，就是蒸汽耗用量大。因此，必须很好地考虑二次蒸汽的利用。

（二）D. T. 蒸脱机的改进

经过对 D. T. 型蒸脱机、高料层蒸脱机的实际应用发现，这两种脱溶机在脱溶过程中，喷盘上 800~1500mm 厚料层，分三个区域进行工作。距料层表面 250mm 料厚为冷热体热交换，蒸汽冷凝放热，使含溶 30% 的原料内溶剂迅速挥发，含溶量降至 2%~5%，料温上升到 80~90℃。距喷盘 250mm 料层内，含 2%~5% 的溶剂被汽提除去，降至 700mm。上、下二层之间为过渡区，原料中的含溶量和温度均无多大的变化。

改进后的 D. T. 蒸脱机结构如图 6-15所示。

1. D. T. 蒸脱机的结构

蒸脱机蒸脱段的结构，从传热到汽提可以分为两个阶段，两个区域。这两个区域分别是预脱换热区和汽提区，使排出的二次蒸汽温度低、数量少、脱溶效率高。

2. 蒸脱段结构

（1）预脱区结构 高料层蒸脱机的冷热交换区在喷盘原料上层 250mm 厚区内。

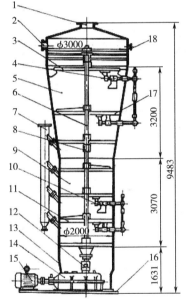

图 6-15 改进后的 D. T. 蒸脱机结构
1—排汽口 2—入料板 3—分料盘
4—蒸脱段自控料门 5—蒸脱段机体
6—搅拌轴系统 7—二次排汽口 8—联轴器
9—干燥段机体 10—干燥段自控料门
11—干燥加热盘 12—联轴器 13—裙体
14—减速机 15—电动机 16—底部单板
17—蒸脱盘 18—手孔

国外为百叶窗式结构，百叶窗为冷热交换区。在喷盘上设一层作为冷料，热气换热区是能实现的。这一层的工作任务应如下：

①将进料绞龙原料散发到整个圆盘上；

②在板上开直径14~16mm的孔，下部上来的90~120℃二次蒸汽可以在搅拌运行时，穿过孔进入料层内与55℃原料接触，冷凝时放出大量潜热迅速加热原料，使原料温度上升到80~90℃，由于料温超过共沸点73℃，大量挥发出溶剂；

③把预热到80~90℃的原料均分洒到喷盘料层上方，落料方式可以是四周洒落或是中央集落。为了让喷盘上的二次高温气体大部分从孔中穿越，分料盘四周环状下料的宽度在150~180mm为好。

（2）喷盘汽提区结构

①国外喷盘料高500~600mm，在我国难以使粕含溶达到700mg/kg的质量标准。这里有蒸汽质量、工人操作水平和溶剂特性等因素的影响。经实际测定：D.T.蒸脱机料层高在800~1100mm为好。对于蒸汽质量差、溶剂质量得不到保证的工厂，我们建议料层高以1100mm左右为好。

②加工量600t/d，直径为2500mm的D.T.型蒸脱机，原料在蒸脱段停留时间为7min，如果在分料盘预停留2.5min，在喷盘上应停留4.5min，推测料层高度应为960mm。

③料层控制机构，即摆轴支架的总高度为468mm。

④喷盘上高应为1100mm+468mm=1568mm为好。

⑤经测试，D.T.型蒸脱机，喷盘上料层高度：对350t/d的工厂在1000~1100mm为好。不管高度多少，原料在蒸脱段总停留时间在7~8min是比较可靠的。停留时间确定后，直径、高度就可准确选择了。

（3）料层控制机构

①料层控制机构工作的可靠性，是决定蒸脱段脱溶效果的关键。目前使用的有本层控制本层、上层控制下层和下层控制上层。生产的五层炒锅、榨机辅助炒锅均属于下层控制上层的结构。采用如图6-16所示的本层控制本层的结构形式可靠。

②摆的结构分两种为一是曲板，二是封闭葫芦，如图6-17和图6-18所示。目前国内定型设备有几个问题应加以克服。一是轴与套的连接应用链取代顶丝，解决顶丝的强度不够、工作不可靠的问题。二是摆应加立筋，防止料层上升后，搅拌料推力使摆板弯曲变形。三是摆长度不够，摆上升带动拉杆开门，摆与门之间应利用杠杆原理，组合成力的放大器结构，摆和摆臂越长，拉摆门开启的力亦越大。一般摆的摆臂越长，拉摆门开启的力也越大。摆臂长度之比以3∶2为好，摆下端离与摆门上端到轴的距离的比例也以3∶2为好。

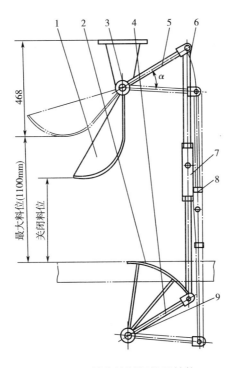

图 6-16　料位控制机构的结构

1—料位感应板　2—弧形门　3—上部横轴　4—底部曲柄摆杆

5—上部曲柄横杆　6—连杆　7—调节手柄　8—锁紧螺母　9—底部横轴

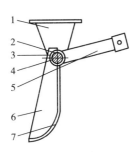

图 6-17　料摆机构（板式）

1—摆轴支架　2—键　3—轴套　4—轴

5—摆臂　6—加强立筋　7—摆板

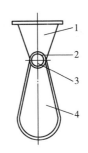

图 6-18　葫芦摆机构

1—摆轴支架　2—键

3—轴套　4—葫芦摆

③摆与搅拌组合，喷盘上原料高 800~1100mm。应设上下两个搅拌；下搅拌为出料工作，上搅拌推动原料，产生料峰，摆攀料峰上下起伏变化推动摆的上下运动，搅拌翅距摆的下端 80~100mm 安装，摆工作灵敏度高，超过 200mm，料峰起伏小，摆上下运动距离小、门开口不大、关门无力，推动摆工作的搅拌翅倾

角应大于 26°，最好 45°，为减小阻力，在推动摆工作的部分，可在搅拌翅点焊一块 150mm×150mm，8mm 厚的板，与水平成 45°角。利用加的料峰板推动摆，这样力量大，工作可靠。

④摆门为夹层上开的下料口，一般 300mm×250mm，夹层高度 80~100mm，摆门板应做成弧形的，封闭端应与夹层上板子齐。如果低于上层板，在搅拌作用下，刮刀将夹层与弧板的间隙内挤压成硬度很大的死料，使门无法开闭活动。

（4）二次蒸汽汇集室结构 喷盘上喷出的水蒸气，经过在 250mm 高度的无水汽提作用，穿越过渡层，又经过距表面 250mm 高的部分冷凝，已由 220℃降到 100~120℃。喷盘上料厚安排 800~1100mm，远大于 500mm 的理论高度，其作用是弥补分料盘冷热体换热的不充足。从喷盘料层表面逸出的二次蒸汽，已经是溶剂蒸气和水蒸气的二元气体混合物。这个气体穿越分料盘上的直径 16mm 孔与 55℃含溶 30%的原料接触，部分水蒸气冷凝，放出潜热的热原料，使溶剂挥发。这个过程被人们俗称为预热蒸脱。经预热蒸脱后，当二次蒸汽的气流上升的速度 ≤0.2m/s 时，直径 10~20μm 的粕末不会随气流排出机外。所以，生产蒸脱机定型设备的厂家，要根据二次蒸汽的气流速度，考虑蒸脱机顶部气室的大小，不能为降低成本，少用钢材，未经计算随意把 D.T. 蒸脱机的大帽子头取消了，这是不利于实际生产的。出气孔的直径根据气流速度选定，建议排气线速度在 8m/s 为好。

（5）蒸脱段测定记录，见表 6-4。

表 6-4　　　　　　　　　　　蒸脱段料高与吸水脱溶测定

	入浸原料	上层	中层	下层
料高/mm		700	325	80
总挥发物		30.14	20.36	19.56
水分/%	9.17	16.1	17.36	18.55
含溶/%		14.1	3	0.75
温度/℃	50	89	90	92
含油/%	11.2	1.2	1.2	1.2

3. 烘干段

（1）工艺任务 一是破坏尿素酶，二是把在蒸脱段原料吸收的水分烘蒸出去，使排料含水量达到产品安全含水指标。D.T. 型蒸脱机在北方受油厂青睐的主要优越性是它设有 4~5 层烘干段担任去水任务，可不用另设烘干脱水设备，便于生产管理。

（2）烘干段的排气结构 原料在烘干去水中挥发出的水蒸气要排出机外。由于它带有大量热量，还应汇集利用。目前国内购置的成型设备排气分三种形式：一是侧排气；二是中央排气；三是栅篦排气。建议采用栅篦内排气与侧排气相结合的结构，各层的气体用一侧斜管引入汇气管，汇气管的气通向冷凝器。

栅篦排气与侧排气相结合的结构：各层气体既可从侧斜管排出，又可从夹层上设的栅篦孔由下层排到上层，最后经汇气管排走。汇气管气体进入冷凝器。栅篦有两种形式：一种是层设田 400mm 的栅篦 2~3 个，下层气体穿过篦孔和原料而上流；另一种是将夹层拉筋由 $\phi57mm\times3.5mm$ 管改为 $\phi75mm\times3.5mm$ 管，在管内钻 $\phi12mm$ 孔 7 个。这样，夹层拉筋内钻孔更节约，分布均匀。干烘段最高一层排气口可设 1 个，最好设 2~3 个。汇集气可以通入分料盘下方，让热气去加热冷料。要注意的是，各层都有侧斜管排气的结构，不要直接引到分料盘下去加热原料。

（3）烘干段的层间高 目前国产蒸脱机烘干段料层控制结构大部分工作失常，其原因是层间高小，设计不合理。一般层间高选 500~600mm。本层控制本层的结构，要求层间高 800~900mm。在开车初，工人怕粕含溶高，都要憋一段时间料，料位上升，甚至超过料摆板允许高度，在搅拌强大的动力推动下，摆板变形而失常，等放料后，摆结构已经损坏。选择层间高，一是要为操作中的憋料留有充分余地；二是要防止料摆结构损坏。建议小厂采用 750~800mm 的层间高，大厂采用 800~900mm 的层间高，较为经久耐用。

（4）排料 提倡侧排料，忌用底排料。底排料易堵塞，事故率高。

总之，D. T. 型蒸脱机是一种热效率高，结构完善的设备。为运用好脱溶分三区工作的规律，应千方百计地设计好预脱溶区，利用热气与冷料接触产生的水蒸气凝结释放潜热的特点，合理设计预蒸区结构，使热量最大限度地得到利用，减少排出气体量与含量，节约用水，减少冷凝面积。

（三）立式脱溶机

立式脱溶机的结构如图 6-19 所示。

145

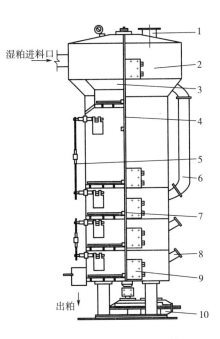

图 6-19 立式脱溶机的结构

1—溶剂蒸汽出口 2—外壳体 3—预脱层
4—转动轴 5—自动下料器 6、8—排气管
7—搅拌叶 9—检修人孔 10—减速器

（湿粕进料口、出粕）

立式脱溶机分为五层，第一层为预脱层，湿粕进入此层，因空间大和热量足而使部分溶剂首先被除去。此层加有直接蒸汽（底盘开有直径 2mm 的喷汽孔），料层高度为 300~400mm。第二层为蒸脱溶剂层，料层高度为 1000mm，并喷入直接蒸汽，蒸脱时间为 25~30min。第三、四层为烘干除水层，通入的是间接蒸汽，烘干时间为 15~24min。该设备所用间接蒸汽压力为 0.5MPa，直接蒸汽压力为 0.05~0.1MPa，主轴转速为 16r/min，粕在立式烘干机内的总停留时间为 55~65min，脱溶粕的温度为 100~105℃，含水量 8.5%~10%，溶剂含量不大于 500mg/kg。每层侧边开孔，溶剂蒸气经过此通道由排气口排出，再通过粕末分离设备进入冷凝器冷凝回收溶剂。

（四）蒸脱机轴密封装置

蒸脱机轴密封装置的改进下部，底层锅底与传动轴的密封均采用填料式。填料式密封作为一种传统的密封结构有一定的优越性，它结构简单、更换方便，但由于受到加工精度、安装手段及使用时间等因素的影响，往往使用效果不好。采用这种密封结构的蒸脱机或多或少都存在漏料现象，即原料沿着主轴与填料间隙落下来。由于漏料，给工人增加了不必要的劳动强度，影响环境卫生，同时对减速机也构成威胁（一些碎末有时会漏入减速机内，损坏轴承和齿轮，降低减速机用寿命），增加维修费用。为克服这一缺陷，在保留原填料密封结构的同时，底层锅底上部增加一套机械密封装置——迷宫密封，蒸脱机轴密封改进后加动静环的结构如图 6-20 所示。

迷宫密封由一动环和一静环组成，静环固定在锅底上部，动环固定在主轴上，随同轴运转。动环和静环均由多个环型凹凸槽组成。安装时将动环和静环镶嵌在一起，留有一定间隙即可。运转时，由于镶嵌在一起的动环和静环凹凸槽的阻力，原料被封挡在锅体内。动环和静环均制成二开式，不用动锅本体和轴即可安装。

（五）粕末分离装置

来自蒸烘机的溶剂蒸气和水蒸气组成的混合蒸气中带有一定数量的粕末，若让这种混合蒸气进入冷凝器，就会导致管道堵塞，影响冷凝效果。若粕末被冷凝液带到分水箱中，使溶剂-水分的混合液发生乳化，则溶剂和水难以分层，产生水中带溶剂、溶剂中带水的现象。因此，蒸烘机蒸出的混合蒸气在进入冷凝器之前进行粕

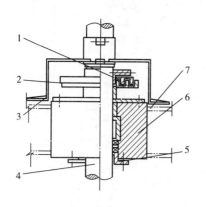

图 6-20　蒸脱机轴密封改进后
加动静环的结构

1—动环　2—静环　3—搅拌翅　4—主轴
5—压盖　6—填料　7—锅底

末分离很有必要。

在高料层蒸烘机顶部的混合蒸气出口管上装一个湿式捕粕器（又称帽子头），"帽子头"的结构如图6-21所示。与混合气体同温的热水从上部喷水管进入圆锥形分配盘，均匀地呈水帘流进挡盘溢流而下，混合蒸气经进口管须通过二个水帘状态才能从湿式捕粕器的顶部排出，在与水接触时，混合蒸气中携带的一部分粕末即被捕集于热水中，并从湿式捕粕器的底部流至分水罐。维修时，打开检修手孔进行清理。

旋风式捕粕器的外形图如图6-22所示。在旋风分离器上盖安装4~6个热水进口管，热水由这些管子的下部喷头喷洒，混合蒸气沿捕粕器的进口管切线方向进入，在旋转流动进程中，混合蒸气夹带的粕末受潮后因质量增加而沉降，随热水从捕粕器下部的出口管排至分水箱或废水蒸煮罐。净化后的溶剂蒸气则由中央出气管排出。

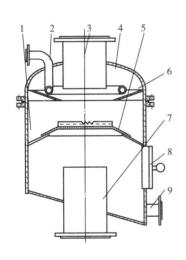

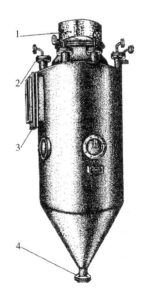

图6-21　"帽子头"的结构

1—筒体　2—喷水管　3—溶剂蒸气出口管
4—封头　5—挡盘　6—分配盘
7—溶剂蒸气进口管　8—检修手孔　9—排水管

图6-22　旋风式捕粕器

1—出气管　2—喷水管
3—进口管　4—出口管

通常，在蒸烘机上安装的帽子头，其捕粕效果不太理想，有的油厂甚至弃之不用，因而导致了预蒸发器、冷凝器结垢严重，影响溶剂的回收及正常生产。如果实施如图6-23的改进，即采用箱式湿式捕粕器，经实际生产证明，该设备结构简单，操作容易，捕粕效果好，间歇喷淋循环热水少，能减轻废水处理负荷和降低溶剂消耗。

因花生粕有遇水结团的特性，用常规的湿式捕集器易造成捕集器堵塞，使热水罐中的循环水倒流入蒸脱机，造成蒸脱机负荷过重，无法正常运转，建议采用干式捕粕器。

干式旋风粕粉捕集器类似于一般的旋风分离器，如图6-24所示。在干式捕集器中，粕粉主要在离心力和本身质量的作用下与混合气体分离实现粗净化。粕粉在干式捕集器中沉降程度取决于粕末的质量和颗粒大小，在这样的粕粉捕集器中，只有大于$100\mu m$的粗粒才得到沉降。在干式捕粕器中混合气体的净化效率为$30\%\sim40\%$，在干式旋风粕粉捕集器中沉降下来的粕粒再回到蒸脱机内。

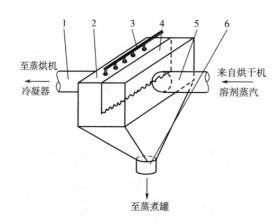

图6-23　箱式湿式捕粕器的结构
1—出气管　2—喷淋箱　3—喷淋管
4—进气箱　5—进气管　6—捕粕出口

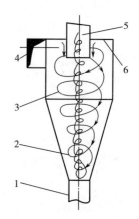

图6-24　旋风分离器的结构
1—排灰管　2—内旋气流　3—外旋气流
4—进气管　5—排气管　6—旋风顶板

（六）湿式捕粕器的改进

改进前的湿式捕粕器结构如图6-25所示，其工作情况如下：溶剂蒸气自下而上地从进气管进入，而热水则从进水管进入，圆锥形挡板使热水均匀分布形成水帘连续流下。当混合蒸气与此热水接触后，其内粕末就进入热水中，经洗涤后的混合蒸气由出气管进入冷凝器，带有粕末的热水由出水管排出。

然而，在生产中发现，湿式捕粕器的使用效果不甚理想。仍有大量粕末进入列管冷凝器，形成污垢、影响传热。管道时常因粕末堵塞而被迫停产。溶剂与水在粕末作介质的情况下，发生乳化，形成乳化物，溶剂与水分离困难，分水器废水排放不合格，溶耗偏高。

改进后的湿式捕粕器结构如图6-26所示，其工作情况如下：热水从进水管进入，经进水管，较均匀地流在淌水板上，淌水板边沿有布水口，热水在布水口的作用下，较易形成水帘。在水帘刚要收缩为束状留下空当时，又有一块淌板，热水再次经过淌水板和布水口的分布后，又形成水帘。整个湿式捕粕器里共安装有三块淌水板，热水由此共形成三个水帘。混合蒸气从进气管进入后，会受到

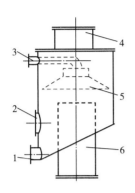

图 6-25 改进前湿式捕粕器的结构
1—进气管 2—圆锥形挡板 3—出气管
4—乙进水管 5—手孔 6—出水管

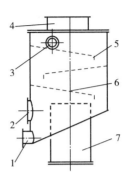

图 6-26 改进后的湿式捕粕器的结构
1—进气管 2—淌水板 3—布水口 4—出气管
5—进水管 6—检修孔 7—出水管

三次热水的洗涤。由于水帘分布均匀，没有洗涤空当，所以每次洗涤都比较彻底。在生产中，尽管混合蒸气对水帘有破坏作用，但采用三次洗涤过程，也保证了湿式捕粕器的捕粕效果。

三、蒸脱工段安全操作规程

（1）要保证料层料位高度、气相温度（90℃），经常检查电机负荷情况，要密切注意饼中含溶情况和直接喷汽情况，当气压低于 0.45kPa 时，及时与锅炉间联系和采取措施。

（2）热水循环器箱每班排污不少于 2 次，要保证热水箱液位。

（3）负责把毛油送往计量中心，打完后要及时停泵。

（4）做好本工段设备的加油、检查工作，要密切注意高料层及传动箱运行情况，发现异常，及时报告。

（5）本工段兼任记录员，要求按时如实填报，不留空格，不开天窗，字迹清楚，表面整洁，并负责总库的交接班工作。

（6）搞好本工段场地、设备的清洁工作。

第四节　混合油的蒸发和汽提

一、工艺过程

混合油过滤 → 混合油贮罐 → 第一蒸发器 → 第二蒸发器 → 汽提塔 →浸出毛油

从浸出器泵出的混合油（油脂与溶剂组成的溶液），须经处理使油脂与溶剂分离。分离方法是利用油脂与溶剂的沸点不同，首先将混合油加热蒸发，使绝大部分溶剂汽化而与油脂分离。然后，再利用油脂与溶剂挥发性的不同，将浓混合油进行水蒸气蒸馏（即汽提），把毛油中残留溶剂蒸馏出去，从而获得含溶剂量很低的浸出茶籽毛油，但是在进行蒸发、汽提之前，须将混合油进行预处理，以除去其中的固体粕末及胶状物质，为混合油的成分分离创造条件。

二、混合油的预处理

（一）过滤

让混合油通过过滤介质（筛网），其中所含的固体粕末即被截留，得到较为洁净的混合油。处理量较大的平转型浸出器内，在第 I 集油格上装有帐篷式过滤器，滤网规格为 100 目，浓混合油经过滤后再泵出。

连续式过滤器的结构如图 6-27 所示。它可以直接安装在浸出器或料封绞龙上，以便使截留的粕末能够落入浸出器内而不必另行处理。

（二）离心沉降

油厂现多已采用旋液分离器来分离混合油中的粕末，使用效果尚好。旋液分离器是利用混合油各组分的重度不同，采用离心旋转产生离心力大小的差别，使粕末下沉而液体上升，达到清洁混合油的目的，此方法也称为"离心沉降"。该设备由圆筒部分和锥形筒底组成，其结构如图 6-28 所示。混合油经入口管切向进入圆筒部分，形成螺旋状向下旋流，粕末等固体粒子受离心力作用移向器壁，并随旋流下降到锥形筒底部的出口。由底部出口排出的含粕末等固体粒子较多的浓稠混合油重新落入浸出器内。这种浓稠悬浮液称为"底流"。清洁的或含有较细较轻微粒的混合油，则形成螺旋上升的内层旋流，由上部中心溢流管溢出，溢出的混合油称为"溢流"，最后由出口管流至混合油贮罐。旋液分离器在制作时，要求内部一定要光、洁、滑，以减少液体流动阻力，避免容器内形成死角，影响分离效果。同时要保证旋液分离器的进口操作压力保持在 0.2~0.5MPa。

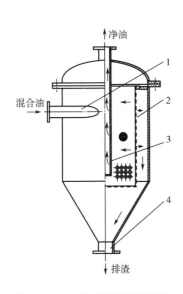

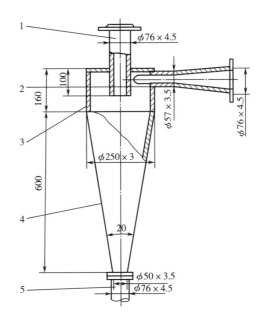

图 6-27 连续式过滤器的结构
1—进口管 2—滤筒
3—出口管 4—排渣管

图 6-28 旋液分离器的结构
1—溢流口管 2—进口管 3—圆筒体
4—锥形筒底 5—混合油出口管

(三) 重力沉降

这种方法是利用混合油和粕屑等杂质的密度不同，并借助粕屑本身的重力作用从混合油中沉降而得以分离。混合油的重力沉降在混合油贮罐内进行。来自浸出器的混合油经过过滤及离心沉降后，在进行蒸发之前需有一定的贮量，因此，在混合油贮罐内进行沉降是合理的。此外，混合油贮罐还将作为长管蒸发器的恒位罐，以控制蒸发器内混合油液面高度。混合油泵入混合油贮罐内让它自然沉降，使粕屑等杂质沉于罐底，然后定期将沉降粕屑（油脚）等放出，转入蒸煮罐回收其中含有的溶剂。

也有一些油厂在混合油贮罐内装入浓度为 5% 左右的食盐水，罐内盐水层的高度约为 400~500mm，混合油进口管插入盐水层内，经过盐水层，混合油中的粕屑及胶粘杂质因食盐（电解质）的离析作用便会较快地沉降下来。已净化的混合油浮于盐水层上并流入作为蒸发器恒位罐的第二个混合油贮罐，然后进行蒸发。为了使盐水不至于流到第二个混合油贮罐，混合油出口管的位置应高于盐水层液面。沉降于盐水层内的粕屑等杂质应定期排出，盐水要经常更换。

(四) 混合油中粕屑的分离

由于混合油中粕屑的大量存在，如果分离效果差，容易使设备结垢、管道堵

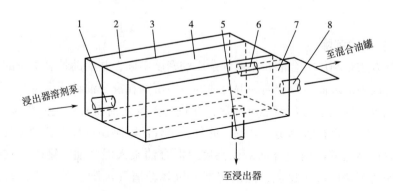

图6-29 卧式过滤混合油暂存罐的结构

1—壳体 2、4 —混合油进口管

3—人孔 5—检修孔 6、10—出渣口

7、9—滤筛网 8—混合油出口管

塞，给生产操作带来不便（甚至造成"翻罐"），使毛细残溶过高。通常的方法是向混合油暂存罐定期适量喷入盐水，以使入粕屑吸入膨胀而沉降。但当粕屑颗粒很小和沉降时间不充分时，此法有一定的局限性，因而引起蒸发设备、层碟式汽提塔、冷凝器等设备结垢，降低了传热效率，有时甚至发生堵塞和蒸发器混合油"翻罐"。在进行如下工艺改进之后，就可有效地避免这类问题的发生。如图6-29所示，在卧式混合油暂存罐内加两个过滤网（80~100目），固定在5~6mm厚的网板上。混合油自浸出器经进口管自动流入，再经滤网过滤，清洁的混合油通过出口管由混合油泵打入立式混合油罐，开启排渣口球阀将粕屑送到蒸煮罐。每隔半年打开人孔和检修孔进行清理。此法的最大缺点是要经常清理。

而采用如图6-30所示的设备可以克服此缺点。

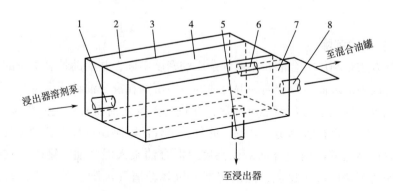

图6-30 箱式过滤混合油暂存罐的结构

1—混合油进口管 2、7—净油箱 3—过滤网 4—混合油箱 5—排渣口 6、8—澄清的混合油出口管

箱式过滤混合油暂存罐的结构如图6-30所示，其设备的工作过程：来自浸出器的混合油经浸出器溶剂管口泵入箱式过滤混合油暂存罐，排渣口处阀门关闭，开澄清的混合油出口管阀门，使混合油经两个滤网后进入两个净油箱，通过澄清的混合油出口管阀门进入立式混合油罐，此为正常工作状态。清理粕屑时，只要澄清的混合油出口管阀门关闭，开启排渣口阀门进入浸出器即可。因此，使用该设备应注意：

（1）设备应安装在浸出器的上方。

（2）四个口中应有三个口安装球阀。

（3）排渣口的管口直径应为 80~150mm。

（4）该设备要有一定的安装倾斜度，以 10~15℃为宜。

以上设备一经选用，可以节省一个立式混合油储藏。

三、混合油的蒸发

蒸发是借加热作用使溶液中一部分溶剂汽化，从而提高溶液中溶质的浓度，即是挥发性溶剂与不挥发性溶质分离的操作过程。混合油的蒸发是利用油脂几乎不挥发，而溶剂沸点低、易于挥发的特性，用加热使溶剂大部分汽化蒸出，从而使混合油中油脂的浓度大大提高的过程。

在蒸发设备的选用上，油厂多选用长管蒸发器（也称为"升膜式蒸发器"）。其特点是加热管道长，混合油经预热后由下部进入加热管内，迅速沸腾，产生大量蒸气泡并迅速上升。混合油也被上升的蒸气泡带动并拉曳为一层液膜沿管壁上升，溶剂在此过程中继续蒸发。由于在薄膜状态下进行传热，故蒸发效率较高。

长管蒸发器的结构如图 6-31 所示，它由蒸发器及安装在其顶部的分离器组成一个整体。在蒸发器的圆形外壳内装有长度为 4~4.5m 的加热列管，由外壳两端的管板固定，加热列管与管板的连接多用焊接法。圆筒形外壳的上、下部分分别接有加热蒸汽进口管及蒸汽出口管，经预处理的混合油从蒸发器下部封头侧壁的混合油进口管进入蒸发器，在列管内受到间接蒸汽加热后，即进行升

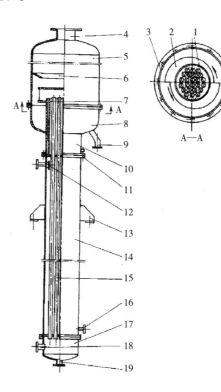

图 6-31　长管蒸发器的结构

1、14—蒸发器外壳　2—旋液壳体　3、10、11—法兰
4—溶剂蒸气出口管　5—分离器上筒体　6—隔板　7—填料
8—分离器下壳体　9—混合油出口管　12—蒸汽进口管
13—支承座　15—加热管　16—冷凝液排出管
17—下盖　18—混合油出口管　19—排渣管

膜式蒸发、溶剂蒸气及所夹带的混合油一并沿着列管呈膜状上升。在分离器内，由于双旋形出口的作用，使混合油及溶剂蒸气沿分离器的内壁旋转而进行离心分离。溶剂蒸气继续上升，由分离器顶部出口管排至冷凝器。而浓度提高了的混合油则沉降于分离器的底部，由浓混合油出口管排出。在蒸发器下部封头的底部设有排渣管，用于清洗时排出列管内的污垢。

（一）蒸发系统操作步骤

为了保证蒸发效果，目前许多油厂都将两个长管蒸发器串联使用。其操作步骤如下：

（1）当混合油罐内贮量达20%时，即将蒸发器壳体内的冷凝水放空，并开启间接蒸汽使蒸发器预热5~10min。

（2）当混合油在贮罐内容量达50%时，即可向混合油预热器进油。

（3）经预热后温度为60~65℃的混合油进入第一长管蒸发器，用压力0.2~0.3MPa的间接蒸汽加热，混合油的出口温度控制在80~85℃，其结果是混合油的浓度提高到60%~65%（也可以用高料层蒸烘机和层碟式汽提塔的二次蒸汽对混合油预热及加热）。

（4）在第二长管蒸发器内，用压力为0.3~0.5MPa的间接蒸汽加热混合油，混合油出口温度控制在100℃左右，经蒸发后的混合油浓度达90%~95%以上。

（5）蒸发完毕，依次关闭第一、二长管蒸发器的进油阀。再关闭加热蒸汽进口管阀，打开疏水器旁阀，放出壳体内的积气和积水。

混合油蒸发分离设备，通常由长管蒸发器及安装在其顶部的分离器组成一个整体。该设备对混合油的质量要求高，加热蒸汽要稳定，操作要得当，否则容易造成生产事故，如液泛（在工厂通常称为"翻罐"），为从根本上克服这种现象，在实际生产中将蒸发器与分离器分开设置，长管蒸发器的分离如图6-32所示。这种连接方式使原料沿切线方向进入，同时在分离室内有2~3块挡板，能有效地防止类似事故的发生。

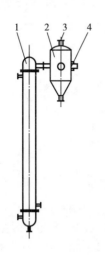

图6-32 长管蒸发器的分离

1—加热器 2—分离室

3—试镜 4—灯罩

（二）液泛现象产生的原因及防止方法

在从浸出器出来的混合油处理过程中，因操作不当等因素，会引起液泛现象产生，致使脱溶效率降低，毛油残溶量过高，增大溶耗，混合油还会进入分水器，产生不安全因素，生产难以正常进行。鉴于此，有必要探讨液泛现象产生的原因，并在生产中有针对性地加以解决。

1. 液泛现象产生的原因

（1）蒸发工序液泛现象产生的原因　①混合油预处理不合格，油中粕末等杂质过多，大量泡沫产生，引起液泛现象。②混合油在蒸发器内的液位高度过高，超过蒸发器内列管高度的1/4，引起液泛现象。③操作中间接蒸汽阀门和混合油阀门开得过大，引起液泛现象。

（2）汽提工序液泛现象产生的原因　①混合油预处理不合格，悬浮于混合油中的粕粒除去不净，产生大量泡沫，引起液泛现象。②直接蒸汽流速过高，引起液泛现象。③混合油进口温度过低，导致直接蒸汽冷凝而大量进入油中，油中磷脂吸水膨胀，引起液泛现象。④直接蒸汽质量不好，含水多，引起液泛现象。⑤直接蒸汽压力过高，引起液泛现象。

2. 防止液泛现象产生的方法

（1）混合油进入蒸发器前，应进行过滤、沉降等预处理可能除去油中悬浮杂质（杂质含量<0.02%）。

（2）混合油在蒸发器内的液面高度，控制在列管长度的1/4处为宜。

（3）蒸发器、汽提设备发生液泛现象时，应立即关小间接蒸汽和混合油进口阀门。

（4）汽提操作应注意控制好直接蒸汽的流速。

（5）汽提设备应保持适宜的混合油进口温度，一般为90~100℃，以免温度太低，致使直接蒸汽冷凝。

（6）汽提操作直接蒸汽压力控制在0.05MPa左右，不能太高。

（7）直接蒸汽要求含水量少。

在生产中应注意观察分水器液位计和溶剂出口管道视镜，看有无混合油进入。一旦出现液泛现象，应根据上述具体情况，检查液泛设备，采取相应措施进行消除，保证生产正常进行。

四、混合油的汽提

通过蒸发，混合油的浓度大大提高。然而，溶剂的沸点也随之升高。无论继续进行常压蒸发或改成减压蒸发，欲使混合油中剩余的溶剂基本除去都是相当困难的。只有采用汽提，才能将混合油内残余的溶剂基本除去。

汽提即水蒸气蒸馏，其原理是：混合油与水不相溶，向沸点很高的浓混合油内通入一定压力的直接蒸汽，同时在设备的夹套内通入间接蒸汽加热，使通入混合油的直接蒸汽不致冷凝，直接蒸汽与溶剂蒸气压之和与外压平衡，溶剂即沸腾，从而降低了高沸点溶剂的沸点。未凝结的直接蒸汽夹带蒸馏出的溶剂一起进入冷凝器进行冷凝回收。

156

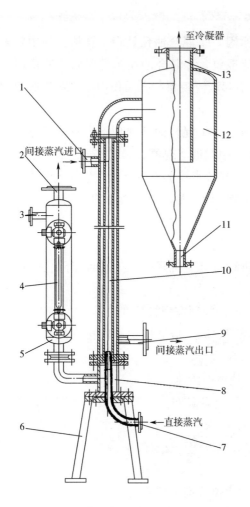

图 6-33　管式汽提塔的结构
1—间接蒸汽管　2—自由气体管　3—混合油进口管
4—液面指示计　5—液位罐　6—支架　7—蒸汽喷射管
8—塔座　9—冷凝水排出管　10—塔体
11—毛油出管　12—分离器　13—溶剂蒸气出口管

（一）管式汽提塔

管式汽提塔的结构如图 6-33 所示，主要由预热器、蒸汽喷射管、塔体和分离室等几部分组成。预热器是一个套管换热器，夹套内通入间接蒸汽以加热内管中的混合油。直接蒸汽喷射管端的喷嘴，其喷孔直径为 4.5mm。塔体由两根长度为 4m，直径分别为 $D_g 20$ 和 $D_g 50$ 的无缝钢管套合，管端焊有法兰。塔体的外管上分别有间接蒸汽进口管和乏气出口管。分离室为一般的旋风分离器，为了防止蒸出的溶剂蒸气冷凝液回流至油中，在分离室的圆柱体部分可装蒸汽保温夹套，在上部安装挡板以防油脂泛罐流出。

管式汽提塔的工作过程：来自第二长管蒸发器的浓混合油通过预热器预热后进入塔底，即遇到蒸汽喷嘴喷出的直接蒸汽，浓混合油和水蒸气一起沿 $D_g 20$ 的无缝钢管内壁上升，同时受到管外夹层内间接蒸汽的加热，使溶剂不断被汽提出来。自切线方向进入分离室后，溶剂蒸气和水蒸气的混合气体由顶部出口管引至冷凝器，而油则从底部出口管流

至毛油贮罐，然后用泵送往精炼车间。

操作中直接蒸汽压力为 0.5MPa，间接蒸汽压力为 0.5Pa，出口油温为 105～115℃。经汽提后的毛油中总挥发物含量可降至 0.3 以下。控制浓混合油的流量对汽提的效果影响很大，一般每根管径为 20mm 的汽提管中混合油的流量控制在 60kg/h 为宜，这可以通过控制汽提管内混合油的液位进行调节，一般液位控制在 600mm 以下。

管式汽提塔虽然结构简单，易于制造，便于安装，耗用钢材少，操作维修方

便，但由于处理量小，仅适合于中小型浸出油厂使用。

（二）层碟式汽提塔

层碟式汽提塔也是根据水蒸气蒸馏的原理而设计的，是一种降膜式蒸馏设备，结构如图6-34所示。其塔体可分成上、下两段，每段塔体内部都装有数组锥形分配碟组，每个锥形分配碟组由溢流盘、锥形分配碟和球形分配盘组成，混合油从塔顶进油管进入，首先充满第一个锥形分配碟盘的溢流盘，自溢流盘流出的混合油在锥形分配碟的表面上形成很薄的混合油膜向下流动，由环形分配盘承接后流至第二个锥形分配碟组的溢流盘，在溢流分配成薄膜状向下流动，直接蒸汽由每段塔体下部的喷嘴喷入，与混合油接触后产生喷雾状态，直接蒸汽继续上升，在锥形分配碟组的表面与溢流的混合油逆向接触，由于气液两项接触面积大，因此气提的效果很好。塔体的外壁还设有保温夹套，通入间接蒸汽加热塔体，使塔内溶剂蒸气及水蒸气的混合气体不致冷凝回流，混合蒸汽从塔顶出口管引至冷凝器。塔顶处的球形捕沫器的作用是防油沫随蒸气飞逸。经过上、下两段塔体汽提后的浸出毛油则从塔底的出油管排至毛油贮罐。

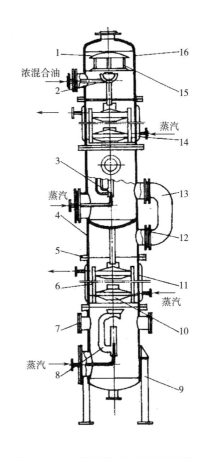

图6-34　双段层碟式汽提塔的结构

1—捕沫器　2—进油管　3—蒸汽喷油装置
4—中间塔体　5—垫片　6—碟盘组合体
7—视镜　8—蒸汽喷油装置　9—支脚
10—下碟盘　11—碟盘夹层塔体　12—法兰
13—通气管　14—保温夹层外壳
15—支架　16—上塔体

157

碟式汽提塔的操作方法：

（1）进混合油之前，先开间接蒸汽的乏汽出口阀及蒸汽进口阀，将气压调至0.2~0.25MPa；同时开启直接蒸汽，气压调至0.05MPa，使塔顶预热10min后塔内温度升至100℃。

（2）与此同时，汽提塔的冷凝器进冷却水。

（3）打开塔底的凝结水排放管，放空凝结水后关闭排放管。开始进入混合油，其温度为105℃。控制出塔毛油温度为115~120℃。

（4）停车时，待塔内毛油全部流完后，先关直接蒸汽，再关间接蒸汽。

（三）斜板式汽提塔的结构

层碟式汽提塔的汽提效果较好，但结构复杂，耗用钢材多，价格贵，清洗较麻烦由于气液接触时间太短，直接蒸汽稍有波动，浸出毛油中的残溶指标就达不到要求。为克服上述缺点，斜板式汽提塔已经面世。

斜板式汽提塔如图 6-35 所示，主要由管式汽提段和斜板汽提段、顶部分离室和底部分离室等组成。斜板式汽提段基本上与管式汽提塔差不多，但高度比较短。斜板汽提段主要将层碟式汽提塔中的碟盘全部改为斜板，且分两组。

来自第二长管蒸发器的浓度为 95% 的混合油，首先与直接蒸汽进入管式汽提段，利用蒸汽的压力一起向上，并沿着切线方向进入顶部分离室，分离出的溶剂蒸气和水蒸气由顶部出气管排出，而分离后的混合油，沿着斜板弯弯曲曲地逐层自上而下进行流动。当油流至下层集油盘之后，混合油第二次与从侧面喷嘴喷入的直接蒸汽相接触，且沿着切线方向进入底部分离室。分离出的溶剂蒸气和水蒸气自下而上与流下的混合油进行汽提后，也从顶部出气管排出，而分离后的浸出毛油则从底部出口管流入毛油箱中。

斜板式汽提塔具有如下特点：

（1）由于采用了管式汽提段和斜板汽提段，延长了气液接触的时间，使浓混合油与直接蒸汽有足够的时间进行混合、汽提。即使蒸汽压力稍有波动，汽提效果仍能保证，因此适应性较强，使毛油中残溶低于 0.03%。

（2）采用层碟式汽提塔时，在设备布置上为满足二蒸分离器出来的混合油进入汽提塔，不得不提高二蒸的安装高度，这给建筑和操作都带来不便。而有的油厂在二蒸与层碟式汽提塔之间增加一个中间贮罐，此后用一个混合油泵将混合油再打入汽提塔。而斜板式汽提塔利用管式汽提段就比较好地解决了这一问题。

（3）斜板汽提塔中的斜板是个平

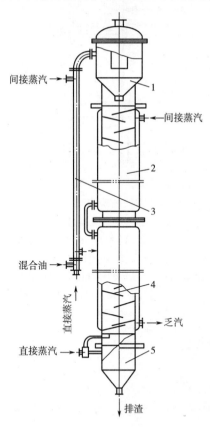

图 6-35 斜板式汽提塔的结构

1—顶部分离室 2—斜板汽提段 3—管式汽提段

4—斜板 5—底部分离室

面，而碟盘是个圆锥面，在制造和检修清理污垢时，斜板要比碟盘方便得多。

五、混合油蒸发工艺流程的改进

改进前混合油蒸发系统工艺流程如图 6-36 所示。

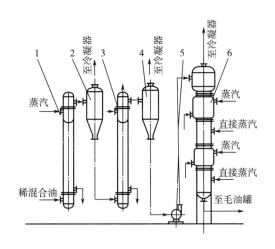

图 6-36　改进前蒸发、汽提工艺流程

1—第一长管蒸发器　2—气液分离器　3—第二长管蒸发器

4—气液分离器　5—混合油泵　6—层碟式汽提塔

改进后混合油蒸发系统工艺流程如图 6-37 所示。

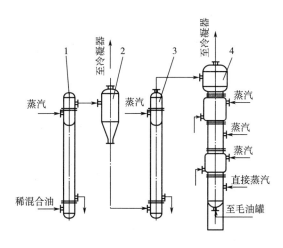

图 6-37　改进后蒸发、汽提工艺流程

1—第一长管蒸发器　2—气液分离器　3—第二长管蒸发器　4—层碟式汽提塔

改进措施：

（1）在原来的基础上，加大了第一长管蒸发器的容积和气相及液相出口的管径。

（2）取消了原来的第二长管蒸发器气液分离器和输送的混合油泵，并且第二长管蒸发器混合油出口改在上管箱顶部。

（3）增大层碟式汽提塔气箱的直径和混合油气相出口的管径，并且使第二长管蒸发器混合油出口管成切线方向进入汽提塔的气箱体。

（4）将原有的第二长管蒸发冷凝器与汽提冷凝器合并，并相应增加汽凝器凝面积。

改进设计后的特点：

经过上述的工艺改进设计和调整以后，该蒸发系统有以下特点。

（1）第一长管蒸发器的气液分离器气相管径增大后，使气相流至冷凝器的阻力明显变小，形成微负压蒸发，对溶剂的蒸发有利。

（2）第二长管蒸发器和汽提塔之间取消了气液分离器和混合油泵后，大大缩短了两者之间的管路，不仅节省了材料，降低了车间的动力消耗，减少了由于管路长而引起的热量损失，而且使整个蒸发系统布置更加美观。

（3）第二蒸发冷凝器和汽提冷凝器合并后，缩小了冷凝系统的占地面积，使之结构紧凑，布置更加合理。

（4）由于第二长管蒸发器混合油沿切线方向直接进入汽提塔气箱体，进入气箱体的混合油立即沿碟盘形成降膜，这样就杜绝了原有设备二蒸气液分离器与汽提塔之间在运行中出现的液泛现象，保证了冷凝器不受混合油的污染，稳定了分水器的水质，降低了分水器排水含溶量，从而对成套设备的粕中残油和溶剂消耗两项指标非常有利。

六、蒸发工段安全操作规程

（1）第一长管气压掌握在 0.1~0.3MPa，出口温度控制在 80~85℃。第二长管蒸发器气压掌握在 0.3~0.4MPa，出口温度控制在 120℃左右。

（2）要均匀蒸脱，盐水分层，做好出渣工作，经常注意空气平衡罐压力情况，合理调整风机尾气流量，检查冷冻机的冷冻箱情况。

（3）汽提塔气压掌握在 0.4MPa 左右。直接蒸汽 0.05~0.1MPa，毛油温度105℃以上，毛油中挥发物控制在 0.5%以下，毛油含溶控制在 0.07%以下。

（4）经常检查分水箱的工作情况，发现水进入周转库，应立即与班长联系，及时找出原因并加以解决。

（5）做好本工段设备的加油、检查工作，杜绝跑、冒、滴、漏。

（6）做好本工段工作场地和设备的清卫工作。

第五节　溶剂蒸气的冷凝和冷却

一、工艺流程

溶剂蒸气的冷凝和冷却工艺流程图如图 6-38 所示。

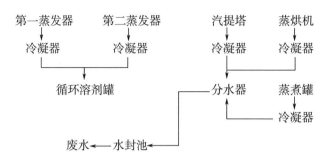

图 6-38　溶剂蒸气的冷凝和冷却工艺流程图

由第一、第二蒸发器出来的溶剂蒸气因其中不含水，经冷凝器冷却后直接流入循环溶剂罐；由汽提塔、蒸烘机出来的混合蒸气进入冷凝器，经冷凝后的溶剂、水合液流入分水器进行分水，分离出的溶剂流入循环溶剂罐，而水进入水封池，再排入下水道。若分水器排出的水中含有溶剂，则进入蒸煮罐，蒸去水中微量溶剂后，经冷凝器出来冷凝液进入分水器，废水进入水封池。

由此可见，溶剂的回收包括溶剂蒸气的冷凝和冷却，溶剂与水的分离，废水中溶剂的回收等几种情况。

二、溶剂蒸气的冷凝和冷却

所谓冷凝，即在一定的温度下，气体放出热量转变成液体的过程。而冷却是指热流体放出热量后温度降低但不发生物相变化的过程。单一的溶剂蒸气在固定在冷凝温度下放出其本身的蒸发潜热而由气态变成液态。当蒸气刚刚冷凝完毕，就开始了冷凝液的冷却过程。因此，在冷凝器中进行的是冷凝和冷却两个过程。事实上这两个过程也不可能截然分开。两种互不相溶的蒸汽混合物——水蒸气和溶剂蒸气，由于它们各自的冷凝点不同，因而在冷凝过程中，随温度的下降所得冷凝液的组成也不同。但在冷凝器中它们仍然经历冷凝、冷却两个过程。

目前常用的冷凝器有列管式冷凝器和喷淋式冷凝器。

（一）列管式冷凝器

列管式冷凝的形式很多，从安置情况可分为立式和卧式；从参与热交换的冷

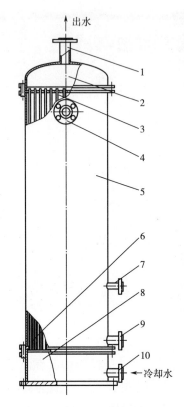

↑出水

1
2
3
4
5
6
7
8
9
10
←冷却水

图 6-39 列管式冷凝器结构
1—出水管口 2—上封头 3—管极
4—溶剂蒸气出口管 5—外壳体
6—螺栓 7—自由气体管 8—底箱
9—溶剂出口管 10—进水管口

热流体在列管中流过的次数可分为单管程及多管程；按结构可以分为固定管式和浮头式。目前浸出油厂使用较多的是立式列管冷凝器，其结构如图 6-39 所示。

它由椭圆形封头固定在管板上，这样就形成了管内和管间两个空间，冷凝器的上下封头由法兰螺栓与简体连接，以便检修时拆开清洗管束。图示为溶剂蒸气走管间的冷凝器。溶剂蒸气由壳体上部的溶剂蒸气进口管进入冷凝器，向下经过列管间受到列管中冷水的作用而冷凝和冷却，冷凝液由壳体下部的冷凝液出口管排出。而不凝结气体则由少许的不凝结气体由出口管排至自由气体系统。

列管式冷凝器的列管一般采用 $\phi25mm \times 2.5mm$ 或 $\phi32mm \times 2.5mm$ 的无缝钢管，管长 3m，列管在管板上一般按正三角形排列。列管式冷凝器的实际冷凝面积可按下式进行核算：

$$F = \pi \cdot d \cdot L \cdot n \qquad (6-2)$$

式中　F——冷凝器的冷凝面积，m^2；

　　　d——列管的平均直径，即管外径与内径的平均值，m；

　　　L——列管的长度，m；

　　　n——列管的根数。

在长期生产中冷凝器内部结垢积渣在所难免，而在大修工作中，常令人感到头痛的是无法对固定管板式冷凝器进口清洗。为便于清洗，可对冷凝器作一改进，即将进气、出气管口扩大，不仅可缓解气体对列管的冲击，在维修时可将高压水由上口喷入，冲掉的渣由下口排出如图 6-40 所示。

（二）喷淋式冷凝器

喷淋式冷凝器的结构如图 6-41 所示。将一定长度的管子安装成排管状，各排直管之间用 U 形管连接，在排管上方喷淋水槽，每排管子的下面还装有齿形檐板。溶剂蒸气或混合蒸气由冷凝器上层排管的一端引入，流经排管时，冷水从喷淋水槽溢流下来，从排管外壁吸收管内溶剂蒸气放出的热量，落到下部水池经冷却后循环使用。管内溶剂蒸气的冷凝液则从最下层排管的末端排出。

这种冷凝器的特点是结构简单，检修和清理方便，适宜于冷却水质较差的状况下使用。由于冷水与管壁接触，大量吸热，有剧烈的汽化现象发生，因此，喷淋式冷凝器多安装于室外空气流通处。该冷凝器的缺点是管内流体流动的阻力较大。喷淋式冷凝器的排管一般采用外径为 60~80mm，壁厚 3~3.5mm 的无缝钢管，直管长度可取 3~6m。由于溶剂蒸气的体积较大，为了减小阻力，上层排管的管径较大；蒸气冷凝后的液体体积较小，所以中、下层排管的管径可逐渐缩小。

上述两种冷凝器所用的冷水温度最好能维持在 25℃ 以下，换热后的水温不超过 35℃（夏季 40℃），自冷凝器流出的冷凝液温度不超过 40℃（夏季 45℃）。根据蒸发及汽提等设备蒸出溶剂蒸气或混合蒸气的数量确定冷凝器的有效冷凝面积。

据经验，浸出车间的冷凝面积一般按 4~6m²/t 料配备。

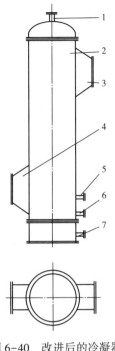

图 6-40　改进后的冷凝器

1—出水口　2—壳体　3—混合溶剂出口
4—清洗排渣口　5—自由气体管
6—溶剂出口　7—进水管

163

（三）板式冷凝器

板式冷凝器是目前较为理想的冷凝设备。它的传热方式为间壁式，两种介质通过不锈钢平行列板进行热交换，克服了喷淋冷凝器、列管冷凝器各自的缺点。

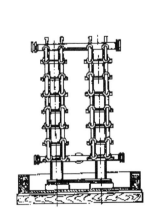
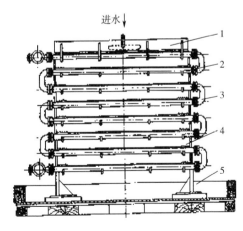

图 6-41　喷淋式冷凝器的结构

1—喷淋水槽　2—排管　3—U 形管　4—檐板　5—底座

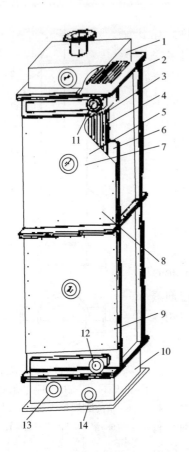

图 6-42　板式冷凝器的结构图

1—上封头　2—栅板　3—换热列板　4—侧板
5—装板　6—框板　7—视镜　8—上换热体
9—下热体　10—下封口　11—出水口
12—进水口　13—自由气体　14—溶剂出口

1. 设备结构

板式冷凝器结构图，如图 6-42 所示。

2. 产品特点

（1）传热效率高　由于其特殊的结构，决定了它具有较大的传热系数，一般高达 1200~3000W/（m²·K）。

（2）易清理　无论是板程、壳程都能很方便地打开进行清理，可保持稳定的传热效果。

（3）结构设计紧凑，体积小，便于运输、安装和检修。

（4）寿命长　该设备的列板采用不锈钢薄板冲压成型，具有抗腐蚀，不结垢，经久耐用的特点。

（5）操作方便　该设备安装有视镜，可随时观察冷、热介质的相变化及流动情况，沉渣情况，可及时进行清理。

3. 主要性能参数

该设备应用于浸出生产表现出的优越性，主要由于该设备有较好的工艺性能，其性能参数见表 6-5。

4. 操作与维修

（1）生产前，检查各连接管连接是否正确。

表 6-5　　　　　　　　　　不同冷凝器的性能参数

项目	喷淋式	列管式		板式	列板式
传热系数/［W/（m²·K）］	200~250	300~500		900~3000	800~2500
造价/万元	1.5~2	1	6~8	5~7	1.5~2
（以碳钢列管式为1）	碳钢	碳钢	不锈钢	不锈钢	不锈钢
寿命/年	3	4	15	10	10
体积	庞大	大		最小	小

续表

项目	喷淋式	列管式	板式	列板式
封闭性	好	好	差	好
维修难易	较易	难	较易	容易
维修费用	一般	较高	较高	低
受压情况/MPa	0.1~0.2	0.1~1.0	0.1~0.3	0.1~0.3
冷凝面积配比率 （以列管式为1）	1.2~1.5	1	0.6~0.8	0.5~0.8

（2）在正式生产前，先缓慢打开进水管，待该设备充满水后，将进水量调至正常产量。

（3）观察冷凝器的冷凝效果，各出液的温度，发现不正常情况时及时调整。

（4）经常观察结垢情况，结垢沉渣严重时，停机清理。

（5）停机时，应将设备内的残液排放干净。

三、溶剂和水分离

来自蒸烘机或汽提塔的混合蒸气冷凝后，其中含有较多的水。利用溶剂不易溶于水且比水轻的特性，使溶剂和水分离，以回收溶剂。这种分离设备就称之为"溶剂-水分离器"，目前使用得较多的是分水箱，其结构如图6-43所示。

箱式分水器实际上由三只小分水器组成。每只分水器都有进液管、溶剂出口管和排水管。另外，也都有废渣排出管、冷水进口管和液位计等，而自由气体管是公用的。它们的工作原理：待分离的冷凝混合液首先进入中间的分水器，分离出的溶剂进入右边的分水器，再进行第二次分水，这样出来的溶剂就比较纯净。由中间的分水器分离出的水，进入左边的分水器，也进行第二次分水，这样分离出来的水中含溶剂就很少。

因为右边的分水器进入绝大部分的溶剂，而左边的分水器进入绝大部分的水，所以右边分水器的溶剂出口管与水排出管的距离要比左边分水器的大，才更有利于溶剂与水的分离。

分水器具有结构简单、紧凑，运行可靠，不消耗动力和分离效果好等特点，因而在许多浸出油厂得到了广泛的应用。但为了保证分水器的正常运行，必须做到：分水器液面上的压力要平稳，进入分水器的混合液要缓和，要保持一定的分水时间，以免影响分水效果。另外，分水的温度不宜太高。

分水箱的体积以冷凝液在分水箱内停留半小时计算。或根据经验数据确定，有效分水容积一般配备 0.04m²/t 料。分水箱溶剂排出管与水排出管之间的垂直

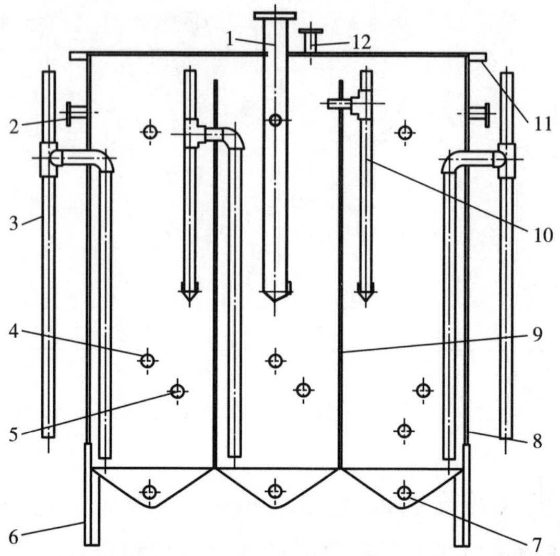

图 6-43　箱式分水器的结构

1—混合液管　2—溶剂出口管　3—出水管　4—液位计接管　5—进水管　6—支架
7—废液管　8—外壳　9—隔板　10—二次分水的进液管　11—顶盖　12—自由气体管

距离 S 可按下式计算：

$$S = \frac{Xh(r_水 - r_溶) + hr_溶}{r_水 - X(r_水 - r_溶)} \tag{6-3}$$

式中　S——溶剂排出管与废水排出管的中心距，m；

　　　X——溶剂在分水箱中的高度比例（一般取为 1/4~1/3）；

　　　h——废水排出管垂直高度，m（一般大于 1m）；

　　　$r_溶$——溶剂重度（取 672.4kg/m^2）；

　　　$r_水$——水的重度（取 1000kg/m^2）。

　　在分水箱操作中，应经常注意观察液面指示计中液面上是否有混合油，若发现有混合油，立即检查是否有液泛现象，并检查冷凝器的工作是否正常。及时处理分水箱中的沉淀物和混合油。除沉淀物过多、出水管堵塞等情况外，禁止从底部排渣管放水，以防放出溶剂。

四、废水中溶剂的回收

　　分水箱排出的废水要经水封池处理。水封池要靠近浸出车间，水封池为三室水泥结构，其保护高度不应小于 0.4m，封闭水柱高度大于保护高度 2.4 倍，容量不小于车间分水箱容积的 1.5 倍，水流的入口和出口的管道均为水封闭式。

　　在正常情况下，分水器排出的废水经水封池处理，但当水中夹杂有大量粕屑时，由于蛋白质或磷脂等易于乳化的物质存在，可能使溶剂呈乳化状态使废水中含有较多的溶剂。因此，对呈乳化状态的一部分废水，应送入废水蒸煮罐，用蒸汽加热到92℃以上，但不超过98℃，使其中所含的溶剂蒸发，再经冷凝器回收。

第六节　自由气体中溶剂的回收

一、工艺流程

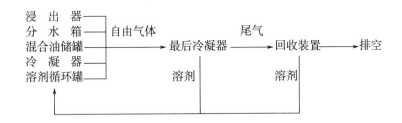

空气可以随着投料进入浸出器，并进入整个浸出设备系统与溶剂蒸气混合，这部分空气因不能冷凝成液体，故称之为"自由气体"。自由气体长期积聚会增大系统内的压力而影响生产的顺利进行。因此，要从系统中及时排出自由气体。但这部分空气中含有大量溶剂蒸气，在排出前需将其中所含溶剂回收。来自浸出器、分水箱、混合油贮罐、冷凝器、溶剂循环罐的自由气体全部汇集于空气平衡罐，再进入最后冷凝器。某些油厂把空气平衡罐与最后冷凝器合二为一。自由气体中所含的溶剂被部分冷凝回收后，尚有未凝结的气体（尾气），仍含有少量溶剂，应尽量予以回收后再将废气排空。

二、回收方法

尾气中溶剂的回收方法有多种，从经济效益和实际效果看，比较好的是石蜡油吸收法和低温冷冻法。

（一）石蜡油吸收法

石蜡油尾气回收工艺如图6-44所示。

该工艺主要是由吸收塔、富油泵、热交换器、加热器、解析塔、贫油泵、冷却器、抽风机、分水箱等主要设备组成。把未冷凝的溶剂蒸气溶解在与蒸汽不发生化学作用的液体矿物油中，通过吸附和再次分解达到溶剂回收的目的。

其工作过程：由平衡冷凝器抽出的自由气体进入吸收塔底部，通过塔内的填料层（填料为瓷环，共3层，每层2m）。气体中的溶剂蒸气被由塔顶喷淋下来的液体石蜡（简称"贫油"）所吸收。而未被吸收的空气由吸收塔顶部的风机抽

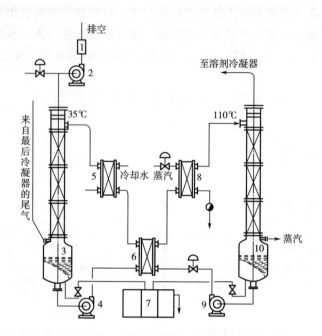

图 6-44 石蜡油尾气回收工艺流程

1—阻火器 2—尾气风机 3—吸收塔 4—富油泵 5—降温换热器
6—热交换器 7—分水箱 8—加热器 9—贫油泵 10—解析塔

出排入大气中。吸收溶剂后的石蜡油混合液（简称"富油"）通过填料层淋入塔的底部储油罐中，经富油泵泵出，通过热交换器加热到80℃左右，再经过富油加热器，加热到110~120℃进入解析塔。解析塔的结构类似于吸收塔，但解析塔的外部用间接蒸汽加热，从其富油喷淋口处喷入直接蒸汽，将富油中的溶剂进行汽提，则水蒸气与溶剂蒸气的混合气体由解析塔塔顶排出，进入冷凝器，冷凝液通过分水器将溶剂回收。未被汽化的贫油淋入塔体下部的贫油储罐中，温度为110~120℃的贫油在储罐中由贫油泵泵入热交换器，进入冷却器冷却至35~40℃进入吸收塔上部，如此循环工作。

石蜡油尾气回收工艺技术改进的措施：

（1）喷淋装置结构的改进 吸收塔改用环状直管喷淋，变一管为四管喷淋，增大了喷淋面积，减轻了泵内压力，且喷淋均匀，提高于石蜡油的吸收能力。

（2）增加石蜡分水装置 在工艺上增加分水装置，通过水箱二次分水，石蜡油基本可达到全部回收。

（3）直接蒸汽喷管位置的改进 采用直接蒸汽顶部喷入，与富油在同一管内喷入，解析塔内蒸汽与富油瞬间接触，富油快速升温，提高了溶剂油的汽提效果，从根本上杜绝了液泛现象，降低了石蜡油的消耗。

（4）设备选用　贫、富油泵选用 FA215MM-0204R-B，加热器选用 BR0.1。

（二）低温冷冻法

自由气体中所含溶剂蒸气也可以通过低温处理，使其冷凝回收。采用盐水混合冷凝器的冷冻吸收系统效果较好，且设备比较简单。所谓盐水混合冷凝器，就是水喷射泵借低温（−15～−10℃）盐水的喷射动能，将浸出车间的自由气体吸出，在混合冷凝器内盐水与自由气体充分混合，使其中的溶剂蒸气冷凝。液体溶剂在盐水分水器中分离并流入车间循环溶剂罐。在盐水分水器中装有氟利昂 12（F12）蒸发蛇管，吸收热量使盐水保持低温，供循环使用。压缩的氟利昂由冷冻机提供，由热膨胀阀自动调节压缩氟利昂的流量，使它适应于盐水的温度。

所用盐水一般为氯化钙溶液，如温度要求保持在−15～−10℃，则其浓度应配制为 25%左右（15℃时相对密度为 1.23）。盐水在使用中吸收自由气体中的水分后，逐渐被稀释，故需定期检查。

如分水器盐水液位升高，相对密度已降到 1.17 以下，则应暂停循环泵，放出部分盐水，加入准备好的浓氯化钙溶液，使浓度恢复到 25%左右。

冷冻液可用 20%乙醇＋80%自来水混合组成，优点在于无腐蚀性、安全和易得。

169

1. 新型防爆冷冻尾气回收溶剂装置

在原有冷冻尾气回收装置的基础上，根据浸出车间的防爆等级，研制出 Y×SL-10 型防爆型冷冻尾气回收溶剂装置。

防爆标准和防爆电器的选用：确定冷冻尾气回收溶剂装置的电气防爆等级和温度组别分别为ⅡA、Ts，选用隔爆型电机的防爆等级为ⅡB、Ts，电磁阀的防爆等级为ⅡA、Ts，均不低于ⅡA、Ts 的防爆要求。

Y×SL-10 型装置的结构特点：防爆型冷冻尾气回收溶剂装置主要由回收塔、制冷系统、锈钢耐蚀管道泵和电器控制系统等部分组成。

（1）回收塔为圆柱形立塔，其外壳和上下管板采用 Q235 钢板制作，其内壁和管板外侧涂涮环氧树脂，以增强防腐性能。尾气从塔顶进入，均匀地流入热交换管。尾气中的溶剂经冷凝液态后，从底部回收。废气从设在下封头中间的排放管排出。冷冻盐水从壳体下端进入，至上端的另一侧流出。由于管体细长，盐水流动较均匀，故冷却效果较好。

（2）制冷系统的下部为蒸发器箱，箱盖上装冷冻压缩机组。箱壳采用 Q235 钢板制成，中间分格导流，内壁涂涮环氧树脂。箱内蒸发器采用铜管均匀分布、箱壳下端设盐水出口管。

（3）蒸发箱和回收塔体内的冷冻盐水通过不锈钢防爆耐腐管道泵的输送，使二者循环，进行热交换。

（4）采用电接点双金属温度计和电气执行机构来自动控制制冷机的运行。

原理是根据冷冻盐水的工作温度在双金属温度计上设定上、下二次温度，以控制电机的启动和停止，使冷冻机能间歇工作。

（5）装置设有制冷压缩机超压保护、制冷机冷却水保护和电机过载保护等运行保护系统。

（6）装置设有第二功能，即制冷机组需维修保养时，可采用深井水和自来水进行冷却回收部分溶剂，而不影响整个生产过程的正常进行。

（7）冷冻压缩机组选用与压缩机相匹配的电机。电动机和压缩机采用联轴器直联，以避免皮带打滑或负载过大而产生火花的危险。

尾气冷冻回收装置的改进如图 6-45 所示。

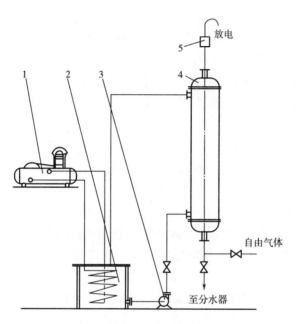

图 6-45　尾气冷冻回收装置的改进

1—2F6.3 氟利昂冷冻机　2—冷冻盐水罐　3—钛泵　4—不锈钢冷凝器　5—阻火器

采用 Y×SL-10 型防爆冷冻尾气回收溶剂装置，具有工艺合理，但收率高，设备简单，操作方便，使用安全，残留尾气排放浓度符合国家有关要求等优点。经测定，对 50t/d 平转浸出设备，尾气排出管溶剂气体浓度为 11.3g/m^3，实际每小时回收溶剂 2.5kg，回收效率为 99.6%，夏季高温时回收溶剂可达每 1h 3.5kg以上。

2. 简易冷冻回收装置

采用冷冻回收的设备常常因制冷量过大造成自由气体进口处或混合溶剂出口处管路结冰堵塞，影响溶剂回收的效果。因此，可采取用冷冻机将冷冻盐水罐制冷（1m^3），通过钛泵泵入不锈钢冷凝器（15～25m^2），然后回到冷冻盐水罐的工艺步骤。可以将其温度保持在5℃左右。

第七节　降低溶剂损耗的措施

在浸出法制油生产中，溶剂损耗是一个重要问题。因为它不仅在加工成本中占有较大比重，更重要的是关系着工厂的安全及操作人员的健康，所以在油脂浸出生产中，千方百计减少溶剂损耗具有重要意义。

一、溶剂损耗的原因

在油脂浸出生产中，溶剂损耗可归纳为五个主要原因：

（1）设备、管道及阀门等不够严密，造成溶剂渗漏。

（2）吸收不完全，溶剂随废气排空。

（3）溶剂和水分离不清，溶剂随废水排走。

（4）烘干机加热面积不够，或操作不当，致使溶剂蒸气在粕出口处逃逸，或溶剂被粕粒包裹而随粕带走。

（5）混合油蒸发或汽提不完全，溶剂被毛油带走。

在这些损耗原因中以设备的渗漏为最严重，其次是在废气中的损失。

①设备渗漏：一般在系统正压操作时，设备的垫片间都有渗漏，但操作者不易察觉，渗漏出溶剂蒸气的密度允许值为 $1.38g/cm^3$，松的垫片或间隙中，假如内外压力差为 2.54kPa，则渗漏出溶剂蒸气约为 $42.48m^3/min$，假如缺口是 $0.65cm^3$，那就相当于漏出 150kg/d 的液态溶剂。又如一台浸出器有 20 个视镜，其中间的摇手（擦去视镜内表面冷凝液使用）套若磨出了 0.00254cm 的间隙。当压差为 2.54kPa 时，则漏去的溶剂等于 510kg/d。

②废气损失：通常中小型工厂每 1h 的废气排出量为 $10\sim12m^3$，较大的工厂则为 $20m^3$。在 25℃ 时，废气中的溶剂含量约为 $0.7kg/m^3$，如果吸收不好，或没有吸收设备，则中小型油厂每天将损失溶剂 $220\sim250kg$，而较大的油厂将损失 $330\sim800kg$。

二、降低溶剂损耗的具体措施

针对上述溶剂损耗的各种原因，应采取相应的措施以降低溶剂损耗为主。

1. 设备渗漏方面

严防设备、管道、阀门的渗漏，在浸出器和烘干机的进出料口均应装置封闭阀，以免溶剂的逃逸和空气混入。阀门管道的接头应该严密，若发现渗漏应立即检修。在试车前必须对管道、阀件等进行水压试验，或通蒸汽以检查漏气情况。

2. 废气排出方面

加强吸收系统的操作管理，有些浸出油厂往往因吸收系统的操作不当而增加了溶剂损耗。因此，必须注意加强管理，一般应做好以下工作：

（1）经常检查吸收设备排出废气中的溶剂含量，发现问题及时解决。

（2）采用油吸收法者，应保持吸收用油的清洁，并根据使用情况规定调换周期，以保证具有良好的吸收效果。

（3）采用活性炭吸附法者，要注意活性炭的吸附效果，如发现活性减退，吸附效果降低，可将其隔绝空气加热，使活性再生。如活性炭使用时间较长，吸收效果已不显著，则应调换。

（4）采用冷冻法者，应保持冷冻机的正常运转，使盐水能维持足够的低温，并保证盐水与尾气有良好接触，使尾气中的溶剂蒸气能尽量冷凝回收。

3. 废水排走方面

浸出车间每天从分水器排出的废水量较大，生产正常时，废水中也会有微量溶剂。一旦操作不当，水中溶剂的含量便会增多，损耗加大。为避免这种情况产生，可以采取以下措施：

（1）降低冷凝液温度　常用的 6 号溶剂油在水中有一定的溶解度，当温度稍高时，溶解度加大，所以必须降低冷凝液的温度。特别是来自烘干机（或浸出器）及汽提塔的溶剂蒸气经冷凝器冷凝的液体中带有较多水分，更应注意降低温度。其方法通常是在冷凝器下面接冷却器，使冷凝液降至 30℃ 左右。

（2）防止冷凝液乳化　冷凝液中混有油或粕末时容易发生乳化，使溶剂与水分离不清而损失溶剂。一般可采用下列三种措施防止乳化或破坏乳化液。

①在粕烘干（或蒸粕）时，尽量防止粕末随蒸汽进入冷凝器，混入冷凝液。因此，在蒸粕操作时，开气不能太急，应逐渐增大，直接蒸汽喷入量也应适当控制。同时要做好粕末分离工作，尽量减少粕末进入冷凝液。

②混合油蒸发和汽提时，防止液泛，避免油脂混入冷凝液。

③一旦形成了乳化液量，可立即加入部分盐水，破坏乳化，以降低废水中的液剂含量。

（3）经常检查废水情况。对分水器分出的废水需通过水封池方能排入下水道。

4. 粕带走方面

尽量防止粕带走溶剂，其措施如下：

（1）浸出车间应该经常检查烘干机出粕口气体的溶剂含量，发现问题及时调整操作。

（2）有条件时，应经常检查溶剂蒸气出口压力，如压力升高，必然导致出粕口逃逸溶剂蒸气。

5. 毛油带走方面

应降低毛油中的溶剂含量，其措施：

（1）混合油蒸发时，应进料均匀、温度稳定，尽可能提高混合油浓度，为汽提创造条件。

（2）汽提时使用的直接蒸气最好能过热，既有利于保持油温，又可避免造成乳化。

（3）汽提设备最好进行减压操作，以尽量降低出油中的溶剂含量。

第八节　浸出车间消溶

浸出车间经过一段时间的生产或因故障等原因需动火时，必须对车间内的所有设备和管道及车间内部进行彻底的消溶处理，使设备、管道及车间内的溶剂含量降到 $350mg/m^3$ 的安全浓度以下：

一、消溶的基本原理

消溶的基本原理：根据水蒸气蒸馏的原理，通过水蒸气使设备、容器、管道里的液态溶剂受热、汽化、蒸出。挥发的溶剂气体随水蒸气导入冷凝系统，进行冷凝回收。

消溶操作可分为两步进行。第一阶段为密闭消溶阶段，任务是将设备、管道系统内的溶剂进行水蒸气蒸馏挥发回收。第二阶段为敞口消溶阶段，任务是把设备内在消溶过程中冷凝液化的积水排入水封池，防止它吸收大量的热量，进而避免因设备温度提不高、溶剂挥发不尽而达不到消溶的安全浓度。由于原料、铁锈、润滑油和油氧化膜的影响，在设备、阀门、管道容器内，往往还有部分结合状态的溶剂存在。这些溶剂还需经多次反复放液和高温汽提，才能使其充分挥发逸出。因此，敞口消溶操作，实质上是消除溶剂和水的乳化液以及少量结合状态溶剂。

二、消溶操作

消溶操作可分为四个步骤进行。

（一）消溶准备

消溶时间的长短，消溶耗汽量、耗水量和溶剂消耗量的大小，取决于准备工作的好坏程度。

1. 清除残料残液

（1）将进料、排粕的输送设备，浸出器、蒸脱机、料斗等设备里的固体原料要求排除干净。

（2）把混合油罐、浸出器油格及管道，一、二长管蒸发器、汽提塔内的混合油全部放净。

（3）将室内循环库内的溶剂全部送回总溶剂库。

（4）将各泵及管道内的残液清理干净。

2. 将经受不了高温的仪表、流量计等拆卸下来，妥善保管，并把管口封闭好。把浸出器传动链箱的有机玻璃板换成钢板，以免消溶时损坏。

3. 汽路准备

把临时通汽的橡胶蒸气管接上各有关消溶设备接口。原则上，混合油管路、各容器、设备、每台设备应设一至几条直接汽管路。

4. 组织准备

（1）成立消溶领导小组，负责供汽、供水、验收、供料等工作的组织和指挥。

（2）组成现场操作小组，负责具体操作。

（3）安排工人上岗，并准备消溶时的操作记录和验收记录。

消溶操作一般为三班连续作业，不论是密闭消溶、敞口消溶或是验收，都应一气呵成，中间不可间断。消溶和验收操作的班长，应安排有消溶经验的车间主任或老工人担任。领导小组组长一般由主管生产的副厂长或总工程师担任，参加人员应由安全科、生产科、技术科、浸出车间等部门的人员组成，人员落实后，应制定消溶计划，学习消溶安全操作规程。

5. 验收

各项准备工作就绪后，由领导小组根据有关要求和规定，进行消溶的验收检查，以防准备工作不符合要求。经验收人员签字合格后，方可进行消溶的第二阶段。准备工作一般在36~48h。

（二）密闭消溶

准备工作就绪后，先进行密闭消溶。

（1）冷凝回收和尾气回收系统，同正常生产一样。

（2）除冷凝回收和尾气回收系统外（冷凝器、分水器、蒸煮罐、冷冻装置、回溶管道等），浸出车间其余设备、管道（新溶剂管道、混合油管道）和原料系统输送设备及浸出器、蒸脱机、混合油罐、暂存罐、新鲜溶剂预热器、加热器，还有一、二长管蒸发器、汽提塔、毛油罐、毛油管线系统等近30条管路同时向它们的内部通入直接蒸汽。

（3）通汽压力为0.3~0.4MPa，通汽时间为24~30h，蒸气压力应稳定，始终保持系统内的温度。

（4）经冷凝器回收下来的溶剂一并流入室内循环罐，待汇集至一定数量后，再送回总溶剂罐。

（5）密闭消溶通气4~8h后，检查放水。如果设备水量达到一定量后，可打开排水阀放水，一般每隔4h进行一次，放水要谨慎，防止水中带有大量溶剂流至下水道（水应导入水封池处理）。混合油罐、浸出器、蒸发器内的水，可以用废水泵抽出，送蒸煮罐至98℃后，气体经冷凝器冷凝至分水器回收溶剂，废水放入水封池排走。

密闭消溶对50~200t/d规模的油厂，一般可回收1~3t溶剂。

密闭消溶，实际可分二期回收溶剂。12h之内为大量回收期，12h后为少量回收期。在少量回收期最后阶段，应将循环罐、分水器内的溶剂尽可能全部送回总罐，为敞口消溶做好准备。

（三）敞口消溶

1. 敞开消溶准备

（1）返回分水器、循环罐内的全部溶剂行通气消溶。

（2）为冷凝器、回收系统管道、循环罐连接直接气管。

（3）冷凝器断水，尾气装置停止运行。

（4）把设备和容器内的积水放尽。

（5）设备与管道解体。

①混合油、溶剂、毛油、循环油回收系统等管道与设备连接的法兰断开，使管道与设备内的气体可以自由向外排放。

②取下设备上的视镜，让气体可以排出。

③打开泵底部的放液阀，使泵内的积液可以排出泵体。

④设备的手孔、人孔，尤其是下部的排渣孔、阀门全部打开，以便排出内部的残液和气体。

2. 敞口消溶

设备和管道解体后，第二次向各系统通入直接蒸汽进行消溶。

（1）通气时间为24~30h，蒸气压力为0.2~0.3MPa。

（2）每隔一段时间（1~2h）检查放水。

（3）检查死角，对一些死角阀门，应定期打开和关闭，防止阀芯间隙留存溶剂。应将管道过滤器内部的芯子抽出，将过滤网内的粗渣清除干净。刮板输送机应将弯曲段手孔打开，清除积液和原料。

（四）验收

1. 初验

消溶人员在检查死角和放水的时候，可以用嗅觉对排出气体和水进行感观初验。

2. 验收准备

（1）切断气路与设备的连接，并放尽内部积渣、积水。

（2）打开人孔、尾气风机，进行自然或强制冷却降温。防止设备中少量溶剂气体液化后，又集中到设备的底部或死角，致使设备局部浓度超标。

175

（3）冷却 4~8h，设备温度降至室温后方可进行验收。

3. 验收

安全验收员应逐个系统、逐台设备进行严格的安全浓度的测定。测定仪器可用 QL-6 型气敏层析仪和 HRB-IS 混合可燃气防爆测量仪。在测试中，对死角部位尤其应认真测定。测定合格后，消溶操作方可结束。测试不合格者，则必须重新加热消溶，直到合格为止。

对 200t/d 规模的浸出设备，往往要用蒸发量 10t/h 的锅炉来供汽，并要连续供汽 3~4d，供汽总量达 500t 蒸汽。

在油厂，用于消溶给汽管路大都是临时安装的。管路一般是高压耐热橡胶蒸气管，每次消溶时，这部分费用在 6000~8000 元，为减少消溶操作的耗费，建议油脂浸出厂在工艺和设备设计、管网安装中，应当把消溶的管网、管件和喷汽装置同时考虑。这样做，虽然一次性投资大一些，但却给消溶操作带来了很大的方便，并节约了消溶器材的费用。同时，又提高了消溶喷入蒸汽的利用率，节约了用汽量，节省了大量人力和溶剂。

第九节　浸出车间工艺技术参数

一、工艺参数

（1）进浸出器料坯质量　直接浸出工艺，料坯厚度为 0.3mm 以下，水分 10% 以下；预榨浸出工艺，饼块最大对角线不超过 15mm，粉末度（30 目以下）5% 以下，水分 5% 以下。

（2）料坯在平转浸出器中浸出，其转速不大于 100r/min；在环型浸出器中浸出，其链速不小于 0.3r/min。

（3）浸出温度 50~55℃。

（4）混合油浓度　入浸料坯含油 18% 以上者，混合油浓度不小于 20%；入浸料坯含油大于 10% 者，混合油浓度不小于 15%；入浸料坯含油在大于 5%、小于 10% 者，混合油浓度不小于 10%。

（5）粕在蒸脱层的停留时间，高温粕不小于 30min；蒸脱机气相温度为 74~80℃。蒸脱机粕出口温度，高温粕不小于 105℃，低温粕不大于 80℃。带冷却层的蒸脱机（DTDC）粕出口温度不超过环境温度 10℃。

（6）混合油蒸发系统　汽提塔出口毛油含总挥发物 0.2% 以下，温度 105℃。

（7）溶剂回收系统　冷凝器冷却水进口水温 30℃ 以下，出口温度 45℃ 以下。凝结液温度在 40℃ 以下。

二、产品质量

（1）毛油总挥发物 0.2% 以下。

（2）粕残油率 1% 以下（粉状料 2% 以下），水分 12% 以下，引爆试验合格。

（3）一般要求毛油达到如下标准：

①色泽、气味、滋味：正常；

②水分及挥发物（%）：0.5；

③杂质（%）：0.5；

④酸价：参看原料质量标准，不高于规定要求。

（4）预榨饼质量，在预榨机出口处检验，要求：

①饼厚度：12mm；

②水分：≤8%；

③残油：13%，但根据浸出工艺需要，可提高到 18%。

三、有关设备计算采用的参数

料坯容重（r）：400~450kg/m³。

饼块容重（r）：560~620kg/m³。

层式蒸炒锅总传热系数：$K=628kJ/（m^2·h·℃）$。

入浸出器料坯的容重，大豆粕按 360kg/m³，预榨饼按 600kg/m³，浸出时间 60min。

有关列管式传热设备的总传热系数，常压蒸发应不低于下列数据：

第一蒸发器总传热系数：1170kJ/（m²·h·℃）；

第二蒸发器总传热系数：420kJ/（m²·h·℃）；

溶剂冷凝器的总传热系数：754kJ/（m²·h·℃）；

溶剂加热器的总传热系数：420kJ/（m²·h·℃）。

设备布置应紧凑，在充分考虑操作维修的空间后，可考虑车间主要通道为 1.2m，两设备突出部分间距如需操作人员通过则为 0.8m，如不考虑操作人员通过可为 0.4m。靠墙壁无人通过的贮槽与墙距离为 0.2m。如有管路经过，上述尺寸尚需考虑管子及保温层所占空间。

车间内不准设地坑、管沟以免溶剂蒸气积聚。

四、消耗指标

蒸汽消耗量：500（350）kg/t 料；

电消耗量：15kW·h/t 料；

冷却水量：20（30）t/t 料；

溶剂消耗量：<5kg/t料。

注意：蒸汽消耗量中，括号内数字为负压蒸发工艺消耗数。

五、管路系统设计

对每条管线进行管径计算，同时按输送的原料选择所需管的型号材质。每条管线应进行编号，并编制管路、阀门、疏水器、仪表明细表。浸出车间管径计算，可选用流速数据如下：主蒸汽管 25m/s，支蒸汽管 20m/s，水管 1.5m/s，混合油溶剂管 1.0m/s。

第十节　浸出车间生产安全管理

一、浸出工段开车顺序

（1）首先检查各设备是否齐全，包括防护设施是否齐全，传动部分是否卡阻，设备内有无异物，各阀门开关是否正常，按规定检查溶剂油库。

（2）开启供冷却用水泵，使冷却水正常。

（3）进溶剂打满周转库和平转浸出器底仓，注意正确开阀门，检查和排除周转库积水，防止水进平转浸出器产生堵塞筛网事故。平转浸出器进溶前要检查进料，要料封。做复浸饼时，溶剂加热到 55℃。

（4）启动风机和冷冻机，检查风机排放量和冷冻机的结霜。

（5）进料时，先开封闭绞龙、混合油泵和溶剂油泵，再开启刮板，以后再进一格料开一格喷淋，并做好高料层预热工作，热水箱加热至 85℃。

（6）在平转浸出器下料至一至二格时，开启料刮板和封闭绞龙，以防阻塞，高料层无级变速待高料存料至一定位置后开启。

（7）高料层进粕前 15min 开启高料层电机，进粕后开启直接蒸汽和捕集回水阀门（直接蒸汽压力为 0.04MPa），高料层间接蒸汽压力为 0.4MPa 以下。

（8）开车前水箱中的水必须加到一定位置，长管蒸发器及层碟式汽提塔，必须提早半小时预热。

（9）各机械运转正常后，必须加油一次并详细检查各设备有无漏汽、漏油、逃溶剂现象，以便及时采取措施。

（10）高料层出饼取样一次，检查粕中有无溶剂，以便调节直接蒸汽，并根据情况在粕中适当加水。

（11）溶剂回收检查冷凝器的冷凝水，温度调节到最佳温度。

二、浸出工段停车顺序

（1）存料箱必须保持一定存料。

（2）新鲜溶剂泵在断料后逐步关小，饼粕剩余回格后可停机。

（3）单泵停后，平转浸出器内混合油抽光，全部抽光后，放光单泵内混合油，随即关闭混合油阀门，待走完后停平转浸出器和出料刮板。

（4）高料层饼粕走完后，停车关汽，放尽存水，关闭捕集回水阀门。

（5）混合油罐内混合油必须加水抬高液位，处理干净。

（6）设备停止运转和混合油处理完毕后，停止供冷凝器用水水泵。

（7）所有溶剂泵入溶剂总库，并把分水箱溶剂入总库后，班长要严格检查库存情况。

（8）最后检查全部阀门关闭正确情况，放水汽是否妥善，在确认无遗漏问题时，经班长同意后，方可关窗锁门。

（9）浸出工段停车后，须留两人值班（即早班停车，中、夜班要值班；中夜班要停车，就要值到天明），值班人员要经常进行检查，杜绝设备渗漏和加热设备发热自燃等。

三、浸出车间交接班制度

（1）接班人员应提前15min进入岗位，岗位人员要对设备进行检查，发现问题应及时向上级提出。上一班的设备故障处理情况，生产中遇到的问题在交接班时应如实讲清，接班要接得明确。

（2）交接时间由交班班长准点拉铃，在接班后发现的问题由接班组负责。

（3）接班后，要对所有设备加注一次润滑油，确保设备安全运行。

（4）由于迟到等其他原因，交接班铃已响，接班人未到，上一班人员应征得班长同意后方能离岗下班。

（5）严禁路上交班，严禁休息室交班，严禁"你来我走"式的"哑巴"交班。

（6）上一班发生设备等故障，抢修至交班仍未结束，为了减少损失，尽快开车生产，交接班双方都应竭尽全力进行抢修，在征得班长同意后，才能交班。

（7）关于存料、回料的交接，存料箱浅满，烘缸存料，在交接时由双方共同确认，同时填上报表，在交接时未曾提出即是默认。回料原则上由当班负责处理，但由于时间关系或其他原因来不及处理的，在交接时应讲明原因，由班长共同协商，下一班应协助进行处理，以防患于未然。

（8）浸出总表的交接由高料层工段交接双方一起抄写，在开停车时由班长和记录员两人一起抄写。

（9）因为是流水作业，各车间应本着全车间一盘棋的精神，上一班要努力为下一班创造条件，提供方便，各班组要通力协作，把交接班作为经验交流的好机会。

（10）清卫工作的交班。在交班前，各岗位负责搞好本工段及工作场地、设备的清洁工作，接班人员发现上一班未经打扫应当场提出，上一班人员应虚心接受，进行补课，接班后由当班负责。

四、溶剂油库安全操作规程

（1）溶剂油库门锁钥匙一把由车间安全组长保管，另一把钥匙由保卫科干部保管。

（2）溶剂油库门钥匙，生产时钥匙实行交接制，停车期由停班安全人员交给车间主任（安全组长）保管。

（3）溶剂油槽车、专用桶和周转库、进库的操作顺序如下：

①操作人员首先应检查溶剂油库存数量，关液位旋塞放空阀门，而后开启进溶剂阀门。

②用专用软管接通槽车（或桶）和溶剂泵，才能开启电机进溶。

③进溶结束后，关闭进溶阀门，关放空阀门，检查库溶后关液位旋塞。此液位旋塞应处于"闭"状态。

④空溶剂桶应贮放室内，不得在日光下曝晒，不得移作他用。

⑤必须有人在现场操作此项作业，并不得同时进入库内。

⑥在槽车（或桶）进溶剂库时，车间班长、浸出安全员应事先检查周围环境安全，并有消防器材保管员或护厂队一起在现场做好安全工作。

（4）车间需抽用溶剂油时，必须将放空阀门先行打开，抽用结束后将放空阀门关闭。

（5）平时进出溶剂，由浸出工段负责，并严格执行各项安全操作规定，每班交接由记录员负责检查抄表。

（6）凡遇开班、收班，浸出值班长负责检查抄表。

（7）发现总库内地面积水应及时排水，不得有积水现象。

（8）总库内旋塞、阀门、管道法兰等严禁有跑、冒、滴、漏现象，应经常注意检查，发现问题后必须及时处理和向车间主任汇报。

五、浸出车间防火工作的十项规定

（1）严禁未经培训和操作不熟练的工人进入车间操作。

（2）严禁违章指挥、违章操作。

（3）严禁在车间、禁区内吸烟或堆放易燃易爆易中毒等物品。

（4）严禁操作工人在生产时间内看书报、做私活、串岗位、开玩笑和打瞌睡。

（5）严禁溶剂跑、冒、滴、漏，或将溶剂未蒸发回收的饼粕送入仓库。

（6）严禁溶剂油车（或船）交接、储存入库时马虎从事，或将溶剂油桶露天存放。

（7）严禁外来人员及职工家属子女进入浸出车间和禁区。

（8）严禁使用铁制工具、穿铁钉鞋、携带火种进入车间。

（9）严禁配电间，电机设备、电器线路、电器材通电或失效摩擦引火。

（10）严禁灭火器材、设备集中堆放或锁在消防室内，应分散放在浸出车间四周。

六、浸出工段安全事项

（一）一般安全事项

（1）非有关人员严禁入内，对外单位参观人员由厂部指定人员陪同并履行登记手续，方能进入车间。参观前先介绍注意事项。在刚开车、设备发生故障及停车检修时不得进入车间参观。

（2）严禁夹带火种入内，车间内和附近严禁吸烟和使用烟火，车间内一切人员不得穿有铁钉的鞋子，以防摩擦起火。车间操作人员，必须穿不是纯化学纤维制的衣服和鞋进入车间操作。

（3）新工人必须掌握安全常识后，方能进车间操作；实习人员在熟练工人指导下工作。

（4）车间内应经常保持空气流通，整个车间范围应有避雷装置，雷击时关闭门窗，防止雷击。

（5）浸出车间用过的油抹布、棉纱头等，以及设备抢修后的铁器及垃圾不得乱放乱倒，更不准放在电机或蒸汽管道上，必须在指定的地点内或密封容器内存放，然后妥善处理。

（6）在距浸出车间和溶剂库 20m 以内的区域，严禁有明火设备操作。当浸出车间或溶剂库由于发生事故使溶剂大量泄漏时，其周围 50m 以内区域的明火操作必须立即停止。

（7）发生事故苗头或事故时，必须立即报告，及时采取措施，大事故要保留现场。

（二）安全操作注意事项

（1）操作人员必须熟悉和严格执行操作规程、安全防火规定和各项规章制度，要懂得各种设备的性能及故障排除方法，熟悉消防知识和学会使用消防器材。

（2）开车前所有设备都必须先空车运转，待抢修完毕确认无误，并征得车间、班组领导同意后方能投料生产。

（3）每日早班要把车间全日生产所需的溶剂进足，避免中途进溶剂，定时排出周转库内的积水，以免打入浸出器。发生积水要查明原因，及时处理。

（4）操作人员要集中精力，不做其他工作，不冒险作业，不擅离工作岗位，如必须离开时必须有人接替，并将操作要点交代清楚后方能离开。平时应经常检查电器设备和生产设备的运行情况，发现异常情况及时汇报，及时处理。经常检查设备、泵和管道的密封情况，及时处理跑、冒、滴、漏，如果发现溶剂消耗不正常或升高时，要立即查出原因，及时处理。

（5）经常检查各个传动设备的润滑状态。

（6）每班至少检查2~3次，分水器和冷凝器排出的废水和冷凝用水，发现水中或水封池中的溶剂，要及时找出原因并采取措施。

（7）要经常检查分水器视管两端阀门是否畅通，发现杂质或堵塞要及时疏通。分水器内应保持一定水位，以防溶剂随水外流或水随溶剂入溶剂库。

（8）经常检查浸出饼粕中是否带溶剂，如粕中嗅出溶剂气味时，必须重新处理后方能出厂，以免在储藏和运输过程中引起火灾。

（9）操作人员要注意正确开关阀门，非操作人员不准开关阀门及设备。在处理溶剂渗漏时，须带上防护罩，严禁一人单独进入设备中检修，以免发生事故。

（10）执行"六看六查"操作方法。

六看：

①看存料箱浅满，经常和预榨工段联系；

②看平转浸出器料仓浅满；

③看平转饼料溶剂含量；

④看喷淋是否适宜；

⑤看平转出粕是否畅通；

⑥看混合油浓度是否符合要求。

六查：

①查溶剂周转库内是否有积水；

②查各轴封部分和设备是否有逃溶剂现象；

③查传动部件、轴承是否发热；

④查电机负荷是否正常；

⑤查冷却水是否畅通；

⑥查设备运转中发生异声。

（11）浸出车间遇到下列情况应立即停车，并按安全操作规程中规定的停车顺序进行。

①晚间照明中断时；

②车间电器及运转设备发生短路时；

③浸出器、烘干机、高料层的刮板、绞龙、输送泵等设备发生噪音冲击时；

④冷却水供应中断时；

⑤车间内溶剂或混合油外溢或充满溶剂气体时；

⑥蒸汽供应压力不足 0.4MPa 以下时。

（12）浸出工段必须经常保持清洁，设备上不得有灰尘积存，不准烘任何东西。

（13）浸出内检修出来的饼粕，原则上由当班负责处理（即负责晒干，溶剂散发后，收回到饼粕仓间），由于夜班等特殊原因的，由车间协助解决。

（14）设备安全注意事项

①车间内不得使用铁器工具和铁轮车，不得在车间内滚油桶。

②车间应设有工具箱，玻璃器具不要放在朝阳处以免聚焦起火。浸出车间应采取防爆电机、电器，应保证空气畅通，接线盒密封好，转机设备必须有安全防爆装置，溶剂泵要保持机件完整不得有渗漏。

③浸出设备在全部停车检修时，应将所有的溶剂粕全部处理干净，所有的设备和管道都必须彻底清理，并用蒸汽将其中的溶剂和气体排净，还要将溶剂库的管路和其他有关管道都用金属板隔绝，使其断开，在动用明火时，须经领导批准。在对混合油罐、浸出器、溶剂库等设备检修时，要先将垃圾除尽，然后用热风吹 1~2d。在浸出车间动火前会同领导及有关部门检查确认无气味，做好防火准备再进行点火试验，待没有火花后才能动用明火，同时要做好消防准备工作。浸出车间检修工作完毕后，一定要及时清点工具，打扫现场，不得将杂物、铁器甚至工具掉入或遗留在设备中。

④浸出车间的设备、管路经检修后，仍须按规定要求进行水压或渗漏试验等，如无问题才能使用。

（15）电器设备安全注意事项。电器设备的电火花是引起溶剂蒸气着火爆炸的一个主要炸源。如电路开启或切断时，电器保险丝熔断时，电线发生短路时都可能产生电火花，负荷过大的电器线路亦会发生起火，必须严加注意，并做到以下几点：

①严禁在工作状态下打开浸出车间内防爆电器设备的罩盖、更换灯泡等。

②浸出车间配电室的墙上不得开孔，门要随开随关，通向浸出车间的配线管必须进行隔离密封。

③浸出车间、溶剂库和粕库内不准装普通的电铃、电钟等电器设备。

④浸出车间的电器设备保险丝必须与额定的容量相适应，当工作结束时，电

器设备的电源应该切断。

⑤对一切电器设备要经常进行检查，以防患于未然。

⑥浸出结束后，浸出人员必须值班 4h 以上，待设备逐步冷却后，方能离开车间。

第七章　花生油精炼技术

毛油（也称原油），一般指从浸出或压榨工序由植物油料中提取的含有不宜食用（或工业用）的某些杂质的油脂。

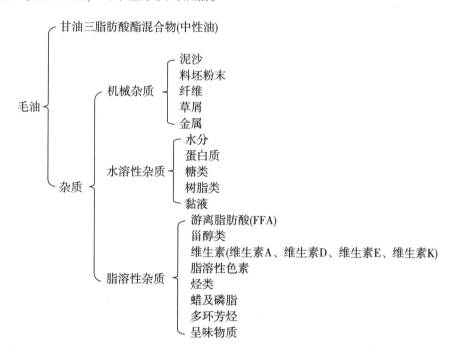

毛油的主要成分是甘油三脂肪酸酯的混合物（俗称中性油）。除中性油外，毛油中还含有非甘油酯物质（统称杂质），其种类、性质、状态，大致可分为机械杂质、脂溶性杂质和水溶性杂质等三大类，尽管其中有多种成分对人体健康有益，但对"中性油"而言，我们仍然认同将其称为"杂质"。

第一节　油脂精炼的目的和方法

一、油脂精炼的目的

油脂精炼，通常是指对毛油进行精制。毛油中杂质的存在，不仅影响油脂的食用价值和安全储藏，而且给深加工带来困难，但精炼的目的，又非将油中所有的杂质都除去，而是将其中对食用、储藏、工业生产等有害无益的杂质除去，如棉酚、蛋白质、磷脂、黏液、水分等都除去，而有益的"杂质"，如甾醇及维生素等又希望保留。因此，根据不同的要求和用途，将不需要的和有害的杂质从油脂中除去，得到符合一定质量标准的成品油，这就是油脂精炼的目的。

二、油脂精炼的方法

根据操作特点和所选用的原料，油脂精炼的方法可分为机械法、化学法和物理化学法三种。

三种精炼方法往往不能截然分开。有时采用一种方法，同时会产生另一种精炼作用。例如碱炼（中和游离脂肪酸）是典型的化学法，然而，中和反应生产的皂脚能吸附部分色素、黏液和蛋白质等，并一起从油中分离出来，由此可见，碱炼时伴有物理化学过程。

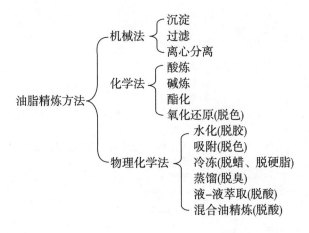

油脂精炼是比较复杂而有灵活性的工作，应根据油脂精炼的目的，兼顾技术条件和经济效益，选择合适的精炼方法。

第二节 机械法去除机械杂质

一、沉淀法

（一）沉淀原理

沉淀是利用油和杂质的不同密度，借助重力的作用，达到自然分离二者的一种方法。

（二）沉淀设备

沉淀设备有油池、油槽、油罐、油箱和油桶等容器。

（三）沉淀方法

沉淀时，将毛油置于沉淀设备内，一般在 20~30℃温度下静置，使之自然沉淀。由于很多杂质的颗粒较小，与油的密度差别不大，因此，杂质的自然沉淀速度很慢。另外，因油脂的黏度随着温度升高而降低，所以提高油的温度，可加快某些杂质的沉淀速度。但是，提高温度也会使磷脂等杂质在油中的溶解度增大而造成分离不完全，故应适可而止。

在经过足够的时间后，不仅能分离悬浮的机械杂质，还能进一步除去油中的水溶性杂质。这是因为随着时间的延长，油温下降，胶体物质溶解度降低，质点运动间距缩小而相互吸引凝聚，粒度加大而沉淀分离。然后将油移入油库，即得到粗制的"精炼油"。因沉淀的油脚中含有不少油脂，所以需再将油脚放入油脚池继续长时间沉淀或用食盐进行盐析，分多次撇出浮油加入毛油沉淀罐中或作为工业用油。

沉淀法的特点是设备简单，操作方便，但其所需的时间很长（有时要 10d 以上），又因水和磷脂等胶体杂质不能完全除去，油脂易产生氧化、水解而增大酸价，影响油脂质量。不仅如此，它还不能满足大规模生产的要求。所以，这种纯粹的沉淀法，只适用于小微型企业。

187

二、过滤法

（一）过滤原理

过滤是将毛油在一定压力（或负压）和温度下，通过带有毛细孔的介质（滤布或滤纸），使杂质截留在介质上，让净油通过而达到分离油和杂质的一种方法。

过滤时，滤油的速度和滤后净油中杂质的含量，与介质毛细孔的大小、油脂的种类、毛油所含杂质的数量和性质、过滤温度、毛油经过压滤机所施加压力的大小等，都有密切的关系。一般而言，过滤时的油温低（油的黏度大）、含杂多和所施压力小时，过滤的速度缓慢；反之，过滤速度较快。

（二）过滤设备

过滤设备有间歇式和连续式两种类型。连续式为自动排渣；间歇式为人工排渣，劳动强度较连续式为大。但由于连续式处理量大，不适于小型油厂使用。常用的设备有箱式和板框式压滤机。

1. 箱式压滤机

其结构如图 7-1 所示。

这种设备主要由一组装有过滤布的滤板和借助滤板两边的耳千（把手）垂直搁置在机座的两个平行梁上。滤板可在横梁上来回移动，以便清理滤渣和更换滤布。机座上有固定端板和可移动端板，一块块滤板通过压紧装置被压紧在固定

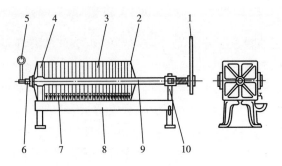

图 7-1　箱式压滤机结构图

1—压紧装置　2—可移动端板　3—滤板　4—固定端板　5—压力表
6—进油管　7—出油旋塞　8—集油槽　9—横梁　10—机座

端板和可移动端板之间而构成若干个小滤室。

2. 板框式过滤机

其外观如图 7-2 所示。板框式过滤机的结构与箱式压滤机基本相同。所不同的是，除滤板外，还有许多和滤板大小相同而中间空的滤框，组合后能形成较大的滤室。其主要结构有头和尾两个端板、滤板、滤框及放置（框）的横梁及其机座和压紧装置等板和框交替排列。压紧后，滤板与两侧的滤板所形成的空间构成若干个过滤室。

图 7-2　板框式过滤机影像图

（三）过滤操作

压滤机的操作（间歇式）由装合、过滤、清理铲渣三个步骤构成一个循环周期。

（1）装合　压滤机在工作前，在滤板之间要装上滤布。装滤布时，要安放平服，避免有折痕。再用压紧装置（有人工压紧或泵压压紧两种形式）把一块块装好滤布的滤板压紧。同时检查各输油设备（三缸油泵或齿轮泵等）是否完好，运转是否正常；管路、旋塞有无泄漏现象。经检查确认正常后，方可进油过滤。

（2）过滤　毛油开始过滤时，一般开始时的滤液稍有浑浊，必须回到毛油池。当滤渣达到一定厚度后，滤出的油澄清透明，这时即可集于净油池内。在滤油过程中，要经常检查每块滤板旋塞出油是否澄清，若某板的滤布破裂，则由该板旋塞流出的油将是浑浊的，此时必须立即关闭其旋塞，让这块滤板停止工作，以免影响压滤机的正常操作。为了保证油的质量，在过滤时油温最好不要超过70℃。

当过滤小室积满滤渣时，滤渣层阻力增大，可以从安装在管路上的压力表看出。当阻力达到一定数值（一般是0.35MPa）时，压滤机就应该停机清理。在拆开滤板前，需用空气压缩机通入压缩空气，把滤渣中所含油脂压出，这样可以大大减少滤渣中的残留油脂。

（3）清理铲渣　用人工或液压装置旋开压紧机构，松开滤板，用小铲刀把滤渣从滤布上刮下。铲滤渣时，要注意铲刀平直，以免损伤滤布。铲下的滤渣，如残油很少，可以均匀地掺入饼内，送入饼库；如残油较多，可均匀地掺入料坯，回到蒸炒锅经处理后再进行制油。

（四）滤布洗涤

绝大部分植物油厂，对用过的滤布的清洗方法都是用碱水蒸煮，人工洗刷。这种方法的缺点是劳动强度大，滤布经常用碱水煮刷，易腐蚀损坏，滤布吸附的油脂与碱反应而皂化，放入下水道不仅造成浪费，而且对环境会造成污染。为免其害可以选用无须滤布的振动或离心过滤等设备。

三、振动过滤法

板框过滤机虽然结构简单，过滤面积较大，动力消耗低，且适应性较强，但因其需要周期性人工清理滤渣，劳动强度大，滤布易吸油，油脂损失较大。而振动排渣过滤机，以其结构紧凑，环境卫生好，油品损失少，降低劳动强度等优点，已为许多油厂所选用。

本书着重介绍立式叶片过滤机。

1. 基本结构及工作过程

振动排渣过滤机即叶片过滤机，其结构如图7-3所示。它是由振动机构、罐体、滤叶片、滤液汇集管和蝶阀组成。其工作过程分为过滤层的形成、过滤、滤饼吹干、滤饼卸除四个步骤。

（1）过滤层的形成　毛油泵入罐体，在滤网和罐体之间循环，过滤的滤饼在滤网上逐渐形成过滤层。滤网上形成过滤层后，即可进行毛油的过滤。形成过

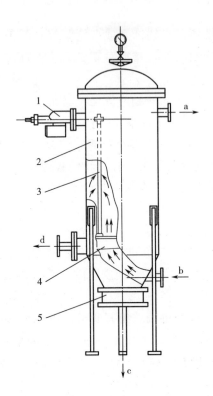

图7-3 振动排渣过滤机的结构图
1—振动机构 2—罐体 3—滤叶片
4—净油汇集管 5—蝶阀 a—溢流口
b—毛油进口 c—滤饼出口 d—净油出口

滤层的时间为 2~4min。

（2）过滤 毛油通过滤网上的过滤层，滤渣沉积在过滤层上使滤饼厚度增加。净油通过叶片四周框架的通道而流入净油汇集管。随着滤网上滤饼层厚度的增加，滤饼对净油穿过滤网的阻力增大，罐内毛油的压力也随之增大。过滤时间为 1~3h，当工作压力达到 0.45MPa 时，滤饼层厚度可达 10~25mm，此时过滤结束。通常，过滤后的毛油含杂 0.15%，脱色油过滤后含杂 0.1%左右。

（3）滤饼吹干 过滤结束后，把罐内存留的毛油排回池中，利用压缩空气吹过滤饼，以排除其中残留的油脂。对于脱色白土滤饼或其他黏性较大，或易燃易爆的滤饼，可采用蒸汽吹干。吹干时间为 10~20min，吹干时罐内压力不大于 0.3MPa。

（4）滤饼卸除 滤饼吹干后，开启振动器，滤叶片上的滤饼从过滤机底部蝶阀处自动脱落，卸饼时间不超过 5min。可在蝶阀下面安装绞龙（或用小车）输送滤饼。

2. 过滤毛油的工艺流程

从榨油机流出的毛油，首先经澄油箱初次除渣，然后自流入毛油池，再用泵打入过滤机进行过滤。其工艺流程如图7-4所示。全部过程可分四个阶段：

（1）泵油 打开毛油池出液管上的阀门、溢流管阀门，开泵，并慢慢打开阀门，其余阀门均关闭，使毛油泵入过滤机罐体内。当从溢流管视镜中看到有油时，则表明罐体内已充满。这时可关闭阀门⑩打开阀门⑨进入下一个阶段（循环阶段）。泵油时间的长短，取决于所选泵的流量，以及阀门⑦的开启程度。如选用 2DS-4/0.3 型电动往复泵，其流量为 4m³/h，过滤机罐体容积 1m³，泵油时间为 15~20min。

（2）循环阶段 循环阶段的目的，是为了在滤网上形成稳定的滤层，时间为 10min 左右。关闭阀门⑩，打开阀门⑨之后，滤出液经滤网由出液管流出。开始时，因为尚未形成滤饼，油中杂质还较多，所以该部分油不能作为成品油，必

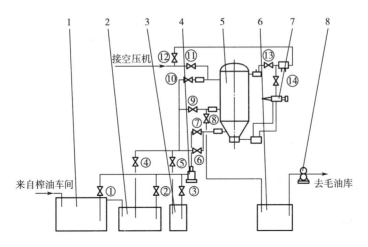

图7-4 过滤毛油的工艺流程

1—澄油箱 2—毛油池 3—贮罐 4—电动往复泵 5—过滤机 6—毛清油池 7—换向阀 8—齿轮泵

须重新回毛油池中。直到从清液管上的视镜中看到油色清亮为止。

（3）过滤过程 慢慢打开阀门⑧，关闭阀门⑨，再调节阀门⑦的开启度，使之正常过滤。这一阶段可持续2~4h。过滤时间的长短，首先与毛油中的含杂量有关，含杂量大，滤饼厚度增加快，压力上升也快，过滤时间就短；其次与泵的选择有关，泵的扬程较小时，达不到过滤机工作压力就必须卸渣，过滤时间也比较短。所以，毛油的粗除渣很有必要。而且过滤泵的选择也要适当，这样可增加过滤时间，延长过滤机使用寿命。这一阶段中，必须注意观察毛油池中的储油量。如果油位太低，泵吸不上油，则必须打开阀门⑨，关闭阀门⑧，使之进行循环，直到毛油池中油量上升到工作液位时，方可继续进行过滤。

（4）卸渣阶段 过滤阶段结束后，启动空压机、停泵、关闭阀门⑦，打开阀门⑪、⑨、⑤和⑥，关闭阀门⑧，使罐内毛油压入贮罐内。由于滤饼中还含有部分油脂，为减少油脂损失，顺利卸渣，必须吹干滤饼。放空毛油后，关闭阀门⑥，继续吹入压缩空气15~20min。吹气时，保持罐内压力为0.2MPa。吹干之后，关闭阀门⑩，使罐内压力降为零，然后打开阀门⑪，通过手动换向阀打开蝶阀，再打开阀门⑩，启动振动器，使滤片振动，滤饼即被排出罐体。之后关闭蝶阀，停空压机，整个过程结束。滤饼厚度大约为10mm，其中含油量20%左右。过滤后的毛清油油色清亮，基本无颗粒性杂质。

脱色油过滤过程和毛油基本相同，只是在吹干滤饼时，必须使用蒸汽。

3. 使用过滤机应注意的问题

（1）过滤过程必须连续进行 过滤过程中不能停泵。因为振动过滤机的滤网是垂直安装于罐体内的，中途停泵，会使滤网上某些部位的滤饼掉落罐底，再进行过滤时，不能形成均匀滤层。需要卸渣时，使压缩空气短路，给卸渣带来困难。如果造成这种情况，必须清理滤网，否则无法再次进行过滤。

（2）滤饼不能太厚　原因之一是只有当相邻滤饼不接触时，才容易吹干并顺利卸渣。如果滤饼相互接触而又继续泵入液体，容易造成滤片弯曲变形。原因之二是滤饼太厚，过滤速度太慢，不利于生产。

（3）不能回流或倒吹滤片　回流或倒吹滤片，会造成滤网胀暴甚至掉落。而倒吹只能局部吹落滤饼，造成空气短路，无法做到真正清理。

（4）振动器的使用时间不能太长，一般每次使用时间为1min左右。

四、离心分离法

离心分离是利用离心力分离悬浮杂质的一种方法。以下为卧式螺旋卸料沉降式离心机工艺原理及流程介绍。

1. 基本结构及工作过程

卧式螺旋卸料沉降式离心机是轻化工业应用已久的一类机械产品，近年来在部分油厂用以分离机榨毛油中的悬浮杂质，取得较好的工艺效果。卧式螺旋卸料沉降式离心机的结构如图7-5所示，主要由转鼓、螺旋推料器、传动装置和进出料装置等部分组成。转鼓通过轴安装在机壳内，转鼓小端锥形筒上，均匀分布有四个排渣卸料孔，转鼓大端螺旋轴承座溢流板上，均匀分布有四个长弧形净油溢流孔。螺旋推料器上的螺旋叶为双头左螺旋叶，推料器的锥形筒上开有四个不同在一圆周上的圆孔，供排送悬浮液，螺旋外缘与转鼓内壁仅留有小间隙。转鼓小端装有传动装置，不仅使转鼓和螺旋推料器同轴转动，而且使两者维持约1%的速差，转轴为中空，供进料。

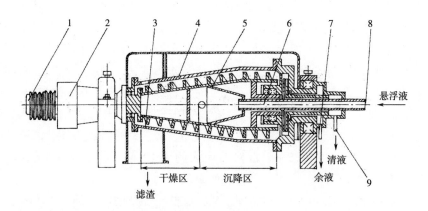

图7-5　卧式螺旋卸料沉降式离心机的结构图

1—离心离合器　2—线针轮减速器　3—转鼓　4—螺旋推料器　5—进出料装置

6—转鼓支承　7—余液出口　8—悬浮液进口　9—净油出口

工作时，毛油自进料管连续进入螺旋推料器内部的进料斗内，并穿过推料器锥形筒上的四个小孔进入转鼓内。在离心力的作用下，毛油中的悬浮杂质逐渐均匀分布在鼓内壁上，由于螺旋推料器转速比转鼓稍快，两者间隙又很小，离心沉降在鼓壁内的滤渣便由推料器送往转鼓小端，滤渣在移动过程中，由于空间逐渐缩小而受到挤压，挤压出来的油沿转鼓锥流向大端，饼渣则由转鼓小端四个卸料孔排出。当机内净油达到一定高度时，由转鼓大端四个长弧形孔溢流，由此连续地完成渣和油的分离。

2. 分离毛油杂质的工艺流程

应用卧式型离心机分离毛油中悬浮杂质的工艺如图 7-6 所示。该流程中的液下泵输液量，其中有一部分回流入毛油池起循环搅拌作用，其目的是使毛油杂质浓度相对稳定，以免杂质沉积不均而影响转动平衡。该离心机加工精良，转速较高，要加强操作责任心和设备维护，才能取得满意效果，否则会造成一定损失。WL 型离心机的操作要点如下：

（1）进油流量要稳定地控制在一定范围，最好采用回流装置，使分离操作达到最好效果。

（2）停机前要用净油冲洗，为下次启动创造条件。

193

（3）定期维护设备　对各润滑点经常加注润滑油，特别是进料端螺旋上的两套推力轴承，若缺润滑油就要出故障，且此处油孔较细，油路较长，时间长了加不进润滑油。

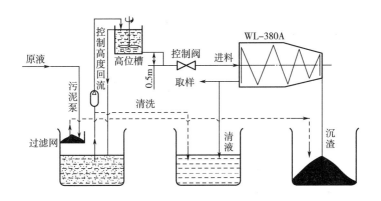

图 7-6　卧式型离心机分离毛油杂质工艺流程图

（4）在预榨浸出工厂，料坯蒸炒时要切实符合预榨所要求的条件，以减少饼渣，提高卧式螺旋离心机的使用效果。

该装备分离因素较高，去杂效果较好。过滤净油的含渣可降至 0.3% 以下，渣中含油一般在 30% 左右。生产连续，出渣自动并可均匀回蒸炒锅，处理量大，结构紧凑，适应范围广（对颗粒0.005~2mm，浓度2%~30%，温度0~90℃，相对密度1.2左右的悬浮液较合适），但设备制造要求高、售价贵、螺旋叶易磨损，操作时调节较困难。目前国内油厂用于毛油除杂的卧式离心机的技术性能见表7-1。

表7-1 卧式离心机技术性能

技术参数	机　　型	
	WL-350	WL-380
转鼓大端直径/mm	350	380
转鼓工作长度/mm	650	618
转鼓转速/（r/min）	3500/3100	3500
分离转速/（r/min）	2400/1800	2560
螺旋速差/（r/min）	45/28	22
生产能力/（t/h）	1~2	2.5
电机功率/kW	7.5	7.5~11
工作温度/℃	0~90	0~90
净油含渣率/%	≤0.2	≤0.2
渣中含油率/%	≤40	≤40
外形尺寸/mm	1660×900×540	1800×900×530
整机质量/kg	670	800

第三节　水化法去除胶质

一、水化原理

所谓水化，是指用一定数量的热水或稀碱、盐及其他电解质溶液，加入毛油中，使水溶性杂质凝聚沉淀而与油脂分离的一种去杂方法。

水化时，凝聚沉淀的水溶性杂质以磷脂为主。磷脂的分子结构中，既含有憎水基团，又含有亲水基团。当毛油中不含水分或含水分极少时，它能溶解于油中；当磷脂吸水湿润时，水与磷脂的亲水基结合后，就带有更强的亲水性，吸水能力更加增强，随着吸水量的增加，磷脂质点体积逐渐膨胀，并且相互凝结成胶粒。胶粒又相互吸引，形成胶体，其密度大于油脂，因而从油中析出并形成沉淀。

二、水化设备

目前广泛使用的水化设备是间歇式的水化锅。一般油厂往往配备两只或三只水化锅，轮流使用。也可作为碱炼（中和）锅使用，其结构如图7-7所示。

水化锅的主体是一个带有锥形底的圆筒罐体，内装有桨式搅拌器，搅拌轴上装2～4对搅拌翅，锅底部分的搅拌翅的形状与锥形底相适应，以便搅出沉淀于锅底的油脚。搅拌翅桨叶的倾斜度一般为30°～45°，角度大会使桨叶阻力增大，而且不利于油脚上下翻动。搅拌翅的长度一般为锅底直径的1/2左右。搅拌器由电动机通过减速器传动。电动机可选用可变级电动机，通过减速后使搅拌器具有快、慢两种转速，以适应不同阶段的需要。在锅内还装置有垂直排列的间接蒸汽加热管（或装置蛇形加热管）。锅体上部装有毛油进口管，在锅口还有一圈加水管（水化时加水，碱炼时加碱液），加水管上开有许多小孔，它们交错地斜向油面，使加入的水（或碱液）能够均匀地加注到整个油面上。在锅内还装有一个可以上下摇动的摇头管，

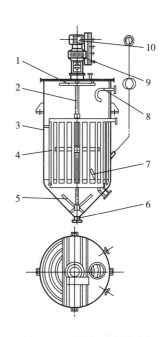

图7-7 水化锅的结构图
1—加水管 2—搅拌轴 3—锅体
4—间接蒸汽管 5—搅拌翅 6—油脚排放管
7—摇头管 8—进油管 9—减速器 10—电动机

195

它可以根据需要放出不同深度的存油，锥形底尖端装有排放磷脂（油脚）的出口管，出口管的管径一般应为田"3"以上，以利油脚通畅排出。为了便于观察锅内情况并防止锅内原料飞溅出来，在锅面上设有圆缺形盖板。

三、水化方法及操作

（一）高温水化脱胶法

（1）预热 将过滤并经称量的毛油泵入水化锅。开动搅拌器，以间接蒸汽加热。根据磷脂等胶体杂质的含量，确定预热温度。如胶体杂质含量约为3%时，温度预热为80℃左右；杂质含量约为2.5%时，预热温度为85℃左右；杂质含量在2%以下时，预热到85～90℃后开始加水。

（2）加水 这是一个重要的操作过程。要根据胶体沉淀和胶粒的变化状态，

决定加水速度、确定加水量及水化温度。加水有两种方式：一种是加普通的热水（用直接蒸汽加热至微沸状态），另一种是加热的食盐水溶液（浓度0.7%），水化油茶籽油时以此为佳。

开始加水时，缓慢打开放水阀，使水均匀地洒在油面上。这时油面上浮的胶体杂质逐渐减少。待7~8min后，加注热水（或食盐水）的流量要稍大，根据胶质吸水情况而定。胶质吸水快，加水也快；吸水慢，加水也要慢。胶质吸水的快慢表现在小样检测中胶质胶粒聚合、沉淀的情况（如果胶粒能持久地呈悬浮状态，不易成絮状沉淀，这时加水要快些；反之加水要慢些），油温也要缓缓升高。

加水量要根据毛油内胶质含量而定，一般为胶质含量的3~5倍。但也必须在加水过程中，经常用勺子扦取小样检验，以确定是否已达到需要的水量。在小样检验时的观察：若开始时，胶质凝结成紧密的块状，随着加水量的增加，逐渐变小，最后沉淀在勺底的胶质块几乎没有（或很稀薄），倾去上层油脂后，剩在勺底的仅有一薄层白色的胶体微粒，这表明已达到所需水量。

加水时，水温和油温原则上不能与所规定的相差很多。相差太多，易产生白色胶体（不透明）。用水要保持微沸状态，而油温可以变动。例如胶质含量高，在加入一定数量的热水后，平均吸水速度较快，这时可以把油温升温速度相应提高，同时加水速度稍快；如果胶质含量低，加入一定数量的热水后，平均吸水速度较慢，应把油温升温速度相应减慢，同时稍慢加水。水化时，如果胶粒愈变愈大，或在小样检验时发现勺底的胶体呈粗粒松散的块状沉淀，即表明油温太高，胶质吸水过快，这时应把油温、加水速度略微降低，以免胶质吸水过快。一般加水时间为40~60min，最终油温为96~98℃。加水完毕继续搅拌3~5min后关闭搅拌器，以便胶质沉淀。

（3）静置沉淀　这是油脂与胶体（油脚）分离的过程。为了促使胶体充分沉淀和析出油脂（减少胶体中的含油量），需要保温。特别是在冬季，要在沉淀过程中使水化锅内油温保持在80℃左右。如油温降得过快，要开间接蒸汽保温。沉淀时间一般为8~12h，然后排放油脚。

（4）排放油脚　排放油脚前，先用摇头管吸出水化净油。理想的油脚层分为三层：底层大部分是呈透明红棕色的凝胶，含油极少；中间为一层薄薄的水乳状物，含油较多；上层与净油有一个模糊的界面。排放油脚时，要慢慢打开管路阀门，将最底层的透明红棕色凝胶泵入磷脚车间（或油脚库）进行加工。放完油脚后，小心地将中间水层放入下水道，上层含油较多则需回收油脂。有的厂将这部分乳状物泵入另一只水化锅与下一批毛油一起水化；有的厂则另行单独处理。

另行单独处理油脚时，先将这部分乳状物泵入油脚处理罐，用间接蒸汽加热至80~90℃。然后洒入80~90℃的食盐水（浓度3%~5%），并进行搅拌，加食盐水至整个凝胶已很稀薄（似豆腐花）时，停止加水，但继续加热和搅拌。当油脚呈黏稠状时停止加热和搅拌。静置2h后，撇取上浮油，放掉水分，然后把油脚装入敞口油桶，静置数日，继续撇取上浮油。

高温水化法用于油茶籽毛油的脱胶，也可用于花生油的脱胶工艺。其油脚中含油量较少，而且所需设备和操作都比较简单。其工艺流程如下：

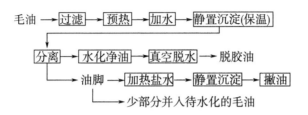

（二）中温水化脱胶法

中温水化法是指水化温度为50~60℃的一种脱胶方法。其操作方法如下：

（1）把过滤后的毛油泵入水化锅内，用间接蒸汽加热，并同时搅拌（40r/min），使油温升至50~60℃，均匀喷洒同温的水（水量为油中胶质含量的2~3倍）。水化过程中，保持温度不变。喷水时间为30~40min。当胶质质点凝聚并呈明显分离状态时，取小样，用滤布滤出净油，做280℃加热试验。如达到要求，即停止搅拌。否则，应继续搅拌或采取措施，使水化完全。

（2）静置沉淀不得少于8h。沉淀后，上层的水化净油，再经真空脱水、过滤，即得到脱胶油。下层油脚经加热盐析回收油脂。

（三）低温水化脱胶法

低温水化法是指水化温度为40~50℃的一种脱胶方法。

1. 工艺流程

2. 操作要点

（1）水化　将过滤、计量后的毛油泵入毛油罐中，在搅拌情况下将油冷却到40~50℃后泵入水化罐中，在搅拌情况下加入同温稀碱液进行水化，加入量控制在油重的6%~10%，在7~15min内加完，之后继续搅拌20~30min，停止搅拌，保温70~75℃，沉降4~6h，分离油脚。

（2）真空干燥　将脱胶油吸入真空干燥器内，加热至 120~130℃，残压不超过 8kPa，并喷入直接蒸汽。

（四）连续水化脱胶法（喷射水化连续脱胶）

本工艺的流程如图 7-8 所示。

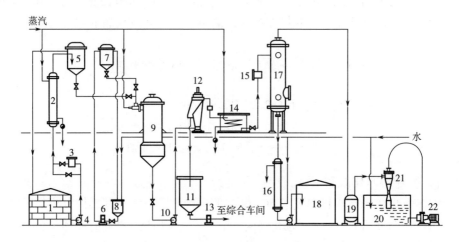

图 7-8　连续水化脱胶工艺流程图

1—毛油储罐　2—加热器　3—管道过滤器　4—油泵　5—高位油罐　6—齿轮油泵
7—高位盐水罐　8—溶盐罐　9—喷射式水化器　10—油泵　11—油脚罐　12—管式脱胶机
13—齿轮油泵　14—中间油槽　15—管道过滤器　16—冷却器　17—真空干燥器
18—脱胶油储罐　19—平衡罐　20—循环水池　21—低位水喷射泵　22—水泵

毛油温度 40~50℃，盐水浓度为 2.5%~3%，添加量视毛油品质和分离效果通过流量计控制。当喷射器通入 450~600kPa 饱和蒸汽时，油、盐水即被引入、混合、进入水化罐完成水化作用。水化温度控制在 85~90℃，随后连续泵送管式或碟式脱皂机进行油与油脚的分离。分离油经真空干燥器脱水后即成脱胶油。分离出来的油脚含油较少，可直接送至副产品车间进行处理。

（五）柠檬酸水化脱胶法

新上市的油茶籽中，往往含有一定数量的未成熟籽粒。这类籽粒含油量低，酸价和含水量较高。未成熟籽粒在加工过程中易使轧坯机结块堵塞，影响正常运转。为解决这一问题，油厂通常采用以下两种方法：一是新油茶籽延时保管储存法。对购进新油菜籽储存 20 多天，也有 1 个月后再进行加工的。二是新陈油茶籽搭配法。新油茶籽占 30%~40%，陈油茶籽占 60%~70%。这两种方法在实际操作中虽有一定的作用，但均不太理想。采用柠檬酸水化法，可以解决这类油茶籽的加工问题。柠檬酸水化法操作如下：

（1）毛油预热　将过滤毛油泵入水化锅进行预热，加热温度为 50~60℃，边加热边搅拌，搅拌速度为 60~70r/min。

（2）加柠檬酸　取毛油重 0.4%~0.6% 的柠檬酸（固体）加水为油重 5% 配制成柠檬酸溶液，将溶液慢慢地洒在油面上，并不停地搅拌，搅拌速度为 60~70r/min，搅拌 15~20min，然后加热升温。

（3）水化脱胶　当油温升至 60℃ 时，开始加入热水。加水量为毛油重的 3%~4%，其热水温度为 90℃，边加热水边搅拌，待油温升到 85℃ 时停止加热，终温不超过 90℃。因温度过高，油色变深，影响质量。清除在油面上的浮渣，然后慢速搅拌 30~40min，搅拌速度为 20~30r/min。

（4）静置沉淀　搅拌停止后，利用重力沉降，沉淀时间为 8~10h。待清油与油脚充分分离后，进行脱水处理。

（5）真空脱水　将上层澄清的净油泵入脱水锅内，边加热边搅拌，速度为 40r/min 左右。加温不超过 95℃，真空度不低于 97.3kPa，时间为 0.5h。如果是浸出油，则再进行脱色或脱臭处理。

（6）清油处理。脱水后的清油，泵入室内油池中冷却至室温后，再通过压滤机过滤，经计量后泵入脱胶油库。

（六）水化净油质量的检验

无论用哪种水化方法，最后都要求符合成品油的质量标准。为了及时掌握情况和指导生产，炼油车间应掌握某些检验方法。对于水化油要掌握下列两项质量指标：

（1）水化净油中胶质含量的检验　水化后的净油中应基本不含胶质，车间内应配备电炉、烧杯、玻璃棒和温度计。水化净油盛至 50mL 烧杯容积的 1/3~1/2，置电炉上加热并用玻璃棒搅拌，待温度升至 280℃ 时，停止加热，观察油的情况。此时虽然油色加深，但无黑色微粒沉淀，即说明符合标准。如有黑色微粒沉淀，说明油中仍含有少量胶体杂质，不符合标准，需再行处理。

（2）水化净油中水分含量的检验　取油样 10mL 于试管内，并浸入冷水中冷却，如油色清亮透明，说明符合标准；如果油色浑浊，说明水分含量过多，需再进行干燥处理。

四、回收水化油脚中的中性油

把油茶籽油的水化脱胶油脚泵至浸出罐，利用溶剂浸出，使中性油溶于溶剂而得到回收。由于油脚中的磷脂及其他胶质与水组成了较大的胶团，此胶团亲水，而且比较牢固，不能被溶剂溶解，只能破坏磷脂和油脂之间的亲和力而溶解中性油。回收中性油的工艺流程如图 7-9 所示。

来自炼油锅的油脚经皂脚泵至油脚浸出罐，加入新鲜溶剂进行浸出，其温度在 40℃ 以下，搅拌速度在 40r/min 以内，溶剂比为 1:（2~2.5）。待 15~30min

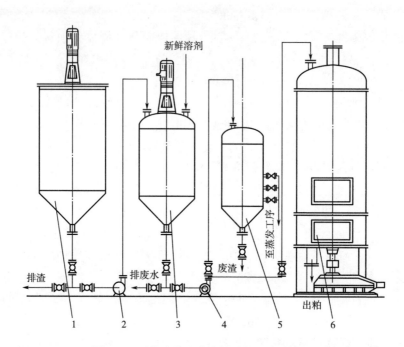

图 7-9　回收水化油脚中性油的工艺流程图

1—炼油锅　2—皂脚泵　3—浸出罐　4—浓浆泵　5—混合油罐　6—蒸烘机

后，静置沉淀 3~4h。先排出废水，然后将下层沉淀物（即磷脂水化胶团）通过浓浆泵泵入蒸烘机回收溶剂，并将上层混合油通过浓浆泵泵入混合油罐。采用此方法回收中性油的投资少，操作方便，处理费用低，还能减轻回收油脚中性油的劳动强度和改善卫生环境。可使油料的出油率增加 0.2%~0.3%，出粕率可增加 0.5%~0.8%，并能提高粕的营养价值。此方法也存在一些不足：回收油色较深，与浸出毛油混在一起，会增加毛油的色泽，精炼炼耗大，成本高；磷脂油脚泵入蒸烘机，对蒸烘机的操作会产生一些不良影响。

五、水化脱胶工艺参数

（1）毛油的质量要求　水分及挥发物≤0.3%；杂质≤0.4%。

（2）水的质量要求　总硬度（以 CaO 计）<250mg/L；其他指标应符合生活饮用水卫生标准。

（3）间歇式脱胶加水量可采用胶质含量的 3~5 倍；连续式脱磷加水量可为油量的 1%~3%。

（4）水化温度　通常采用 70~85℃，水化的搅拌速度，应能变动，间歇式的应至少有两种速度选择。

（5）水化脱胶工艺中如添加酸类等情况时，添加量可考虑为油量的 0.05%~

0.10%。连续式脱磷设备因胶质分离时带有少量杂质，大型厂宜采用排渣式离心机，以节省清洗碟片的时间。

（6）水化脱胶设备的选用 处理量小于20t/d的宜采用间歇式设备，处理量大于50t/d的应采用连续式设备。

（7）水化脱胶设备布置宜在二层楼房车间，主要设备及操作的仪表开关应放在楼上，中间储罐及辅助设施放在楼下。

（8）一般新设计车间中，间歇式水化锅之间的净空距离可为0.6~0.8m，两两成组，组之间净空距离可为1.2~1.5m，连续式水化离心机之间距离可为1.5~1.8m。

（9）成品质量

含磷脂量：<0.15%~0.45%（据不同油品和要求）；

含磷量：<50~150mg/kg；

含杂量：≤0.15%；

含水量：<0.2%。

（10）消耗指标（连续式）

蒸汽（0.2MPa）：60~80kg/t油；

水（20℃）：0.2~0.4m³/t油；

电：3~5kW·h/t油。

（11）磷脂含油（干基）<50%。

六、水化工段安全操作规程

（一）水化工段安全操作规程

（1）自觉遵守厂部和车间各项安全制度。

（2）经常监视好毛油数量，达安全线即可进行水化操作。不准超过油面安全线，不准在锅盖上乱放杂物，严禁溢油。

（3）做到毛油不积压，确保生产顺利，锅库周转畅通。

（4）在水化过程中监视好电机传动设备运行情况、汽压表和温度表的工作状况，发现问题及时汇报，并积极抢修。在水化全过程中，不得离岗。水化结束，关闭蒸汽阀门，并作一次全面检查。

（5）水化油沉淀2h后，放油脚之前必须与磷脂工段、脱水工段取得联系，互相配合，严防溢油。

（6）认真填写原始记录、交接班记录。在交接班时，如遇有疑难问题，两个班会同检查并予以解决。

（二）脱水工段安全操作规程

（1）自觉遵守厂部和车间各项规章制度。

（2）每锅脱水前先检查清油库储存情况和阀门开关情况，严防溢油。

（3）脱水前先检查加热系统、冷却系统和真空系统，要求蒸汽压力不超过0.4MPa，真空度不低于6.7kPa。

（4）检验油样必须同水化工段联系，由水化工段负责带看脱水，280℃加热检验时严禁操作人员离开电炉。

（5）对于本工段的设备经常检查，喷射泵每班加油一次，发现异常及时汇报，并积极抢修。

（6）认真填写原始记录和周转库的库存、阀门的开关等交接记录。在交接班时，若遇疑难问题，则由两个班会同检查并予以解决。

第四节　碱炼法脱除游离脂肪酸

碱炼，是用碱中和游离脂肪酸（FFA），并同时除去部分其他杂质的一种精炼方法。所用的碱有多种，例如石灰、有机碱、纯碱和烧碱等，应用最广泛的是烧碱（NaOH）。

一、碱炼的基本原理

碱炼的原理是碱与毛油中存在的 FFA 发生中和反应。反应式如下：

$$RCOOH+NaOH \longrightarrow RCOONa+H_2O$$

除了中和反应外。还有某些物理化学反应：

（1）碱能中和毛油中游离脂肪酸，使之生成钠皂（通称为皂脚），它在油中成为不易溶解的胶状物而沉淀。

（2）皂脚具有很强的吸附能力，因此，相当数量的其他杂质（如蛋白质、黏液、色素等）被其吸附而沉淀，甚至机械杂质也不例外。

碱炼所生成的皂脚内含有相当数量的中性油，其原因主要在于：①钠皂与中性油之间的胶溶性；②中性油被钠皂包裹；③皂脚凝聚成絮状时对中性油的吸附。

在中和游离脂肪酸的同时，中性油也可能被皂化而增加损耗，因此，必须选择最佳条件，主要是碱的加入量以提高精油率。

二、碱炼方法

按设备分，有间歇式和连续式两种碱炼法，而前者又可分为低温和高温两种方法。对于小微型花生油制取工厂，一般采用间歇低温碱炼法。

（一） 间歇式碱炼工艺流程

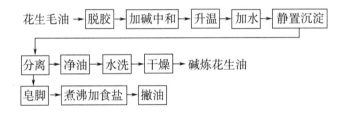

1. 低温碱炼法

低温碱炼法，是毛油在较低初温（20~30℃）时与碱中和，然后升温加水（或食盐水）。

（1）水化脱胶　毛油中若含有胶质，能使油脂和碱液形成乳化液。加碱中和之前先进行脱胶，则有利于油皂分层以减少中性油的损失，提高精炼效率。其方法见本章第三节。

（2）加碱中和　毛油泵入中和锅、搅拌后取样测定酸价（应在脱胶前测定），计算理论碱及超量碱，一般脱胶毛油初温略高。将全部碱液均匀地在5~10min内洒入油内。加碱时应掌握喷淋盘管以喷淋状加入，不宜直接以水柱状进入锅内，否则油碱接触不均匀。加碱时搅拌速度要快（60~70r/min），其目的是使油与碱液充分接触，避免局部过量，否则碱液会皂化中性油。加碱后会逐渐形成皂粒，取样检查，待油、皂粒呈分离状态后方可升温。自加碱完毕到皂粒分离和准备升温所需要的时间，根据皂粒大小、分离状况而定，一般在40~60min之间。

（3）升温　皂粒呈分离状态后，加大间接蒸汽以提高油温，升温速度以每1min 1℃为宜。升温的目的是使皂粒与油层分离，此时碱液已与游离脂肪酸反应完毕，升温对中性油的皂化影响较小，升至60~80℃即停止加热。升温的同时，为防止皂粒散盘（皂粒被打散），搅拌速度要降低到30~40r/min。就油皂分离而言，温度稍高较为合适；从油色考虑，温度则不宜过高，在操作过程中视具体情况而定。有的时候升温至终温之前，发现皂粒散盘或皂粒发黏，应立即降低搅拌速度（至18~20r/min），终温可略低。反之，如果发现皂粒过大，皂脚含中性油增多，在升温过程中则不能降低搅拌速度。根据经验，皂脚下沉时，以其似绿豆大小为佳。

（4）加水（压水）　加热至终温时，为了利于油皂分离，特别是当皂脚发黏时，应加入与油同温（或略低）的清水（或盐水），加入量为油重的5%~7%。皂粒吸水后变硬，排挤出所含的中性油，比重增大迅速下沉。加水后搅拌速度降至25r/min。

（5）静置沉淀　当加水完毕、皂粒迅速下沉时，停止搅拌，静置沉淀6~8h。

（6）水洗 将净油转入水洗锅，缓缓加入约油重的10%且与油同温（或比油温高5~10℃）的水进行水洗，以除去油中残存的碱液与肥皂，同时进行搅拌，以使水洗完全。停止搅拌后静置2h，水洗1~3次，至废水呈中性。

（7）干燥（脱水） 水洗后的油中含有少量水分，不经干燥会影响油的透明度，且难以长期贮存。如在常压下进行干燥，需开大间接蒸汽，使油温升至110℃左右，并进行搅拌。如在真空条件下进行干燥，则油温升至95℃左右即可。检验油中水分是否除尽，可用试管取样置于冷水中冷却，油色透明即表示合格，油色浑浊表示尚存少量水分。

（8）过滤 干燥后的脱酸油经自然沉淀和冷却，再进行过滤即得碱炼脱酸油。

（9）油脚处理 碱炼油脚中除肥皂外，还含有约20%的中性油。为回收这些中性油，可将油脚转入油锅，以间接蒸汽加热，以直接蒸汽翻动（搅拌），同时加入细末食盐，其加入量为油脚质量的4%~5%，升温至60℃左右，停止加热。静置2h后撇油。油温再升至75℃，静置后再撇油，剩余物即为皂脚。

2. 高温淡碱法

高温淡碱法适用于酸价低、颜色浅的油茶籽毛油。也是采取先脱胶后碱炼的方法。其具体操作为——将过滤毛油（含杂在0.2%以下）泵入中和锅，搅匀后取样检测酸价。根据酸价计算加水量和加碱量。加水量一般的比例：酸价在5以下时，1个酸价每吨油的总加水量（包括盐水和碱液中的水量）为23kg；酸价在5以上时，总水量不能超过油重的12%。

加碱量按酸价计算确定，超量碱一般采用油重0.005%~0.02%。为了控制总加水量不超过12%，酸价高时，可借提高碱液浓度来调整，在高温淡碱法中，根据酸价高低所用碱液的浓度见表7-2。

表7-2　　　　　　　　　　　　　　高温淡碱法碱液浓度的选择

毛油酸价/（mg/g）	碱液浓度/Bé	毛油酸价/（mg/g）	碱液浓度/Bé
3以下	10	3~5	11
5~7	12	7~10	14
10以上	16		

按上述方法计算出加水量或加碱量后，用间接蒸汽加热，同时搅拌（60r/min），待油温升至75℃以后，将70~75℃的热盐水（水中加盐量根据油量而定，一般为油重的0.1%）按计量均匀地加入油中，继续搅拌，直至生成微粒并与油稍有分离为止。将计量碱液继续在快速搅拌下，均匀地加入油中，使油碱

充分混合。而后改为慢速（30r/min）搅拌 90min 左右，同时逐渐升温至 60~95℃，油与皂粒呈明显分离易于沉淀时，停止搅拌，使皂粒下沉。静置 2~3h，将皂脚放出。如果皂脚上浮而放不出时，则需用压缩空气吹风，减少水分，使分散的细小皂粒积聚沉淀。将净油从中和锅转出，过滤后水洗，然后入真空脱水锅脱水，即得碱炼油。皂脚中所含的中性油，可通过加热盐析的方法进行回收。

3. 间歇式碱炼设备

（1）中和锅　中和锅的结构和水化锅的结构基本相同，水化锅的结构如图 7-7 所示。

（2）水洗锅　一般都以中和锅作为水洗锅使用。

（3）脱水锅　脱水锅的结构与中和锅的结构相同，有时需用空气压缩机吹风脱水（干性或半干性油不宜采用此法，而用真空脱水）。一般油厂都将中和锅用作脱水锅。

（4）空气压缩机　油厂里常用的空气压缩机的排气量为 $0.2m^3/min$，压缩空气最高压力为 0.8MPa，电机功率为 1.5kW。

（5）配碱箱　配碱箱是将浓碱液稀释成所需浓度时使用的容器。一般为钢制圆柱形（或方形）箱体。将其制成底面积为 $1m^3$ 的方形，计量较方便。配碱箱的上部有浓碱液进口管和加水管，下部有放碱液管。配碱箱的一侧还装有液位指示器，可从其刻度计算出碱液数量。

（6）水箱　水箱是钢板制成的圆形（或方形）箱体。上有进水管，下有出水管，箱内装有直接蒸汽管，一侧也安装有液位指示器。

（7）皂脚锅　皂脚池是处理皂脚的设备，一般也是圆柱形，但带有锥形底。池内装有间接蒸汽管和直接蒸汽管，还有摇头管，有的还装有搅拌器，其结构与中和锅相似，有些油厂则直接以中和锅代替。

（8）翻水池　由水洗锅排放的废水中，一般都会有皂脚和游离碱，还可能带有油脂。为回收油脂，用砖及水泥砌成长方形的三个池子，相邻者的底部连通。当废水依次通过三个池子时，油脂即上浮，便于撇取。

（二）连续式碱炼

连续式碱炼即生产过程连续化。操作简单、生产效率高，此法所用的主要设备是高速离心机，常用的有管式和碟式高速离心机。

1. 管式离心机连续碱炼工艺流程

管式离心机连续碱炼工艺流程如图 7-10 所示。过滤毛油在储油罐 1 预热后（也可由预热器 8 预热），通过管道粗、细过滤器 5、6 进一步除杂，由泵 2 输入析气器 4，将输油时带进的空气解析逸出，以一定的压力进入油、碱比配机 11 中，与来自碱液平衡罐 12 的碱液进行自动比配后，同时进入桨式混合机 13，在充分混合下完成中和反应。再经加热器 15 加热促进皂粒凝聚后，进入管式脱皂机 17 进行油—皂连续分离。皂脚通过汇集槽流入皂脚储罐 16，碱炼油则经去沫池 19 分离皂沫后，流入水洗池 21，由热水罐 26、热水泵 28 添加热水，洗涤油中残留皂粒。然后由泵 20 将油–水混合物泵入高位罐 22，其中一部分借静压力输入管式脱水机 25 分离油和洗涤废水。一部分经溢流管返回洗涤池，进行冲击搅拌，循环洗涤。脱水机 18 分离出的洗涤废水，经捕油池 23 捕集浮油后排入下水道，洗涤油则流入干燥供油罐 27，经加热调温后，借真空吸力转入真空干燥器 30 连续干燥。干燥油由泵 32 经冷却器 31 冷却到 70℃后输入碱炼脱酸油储罐 33。

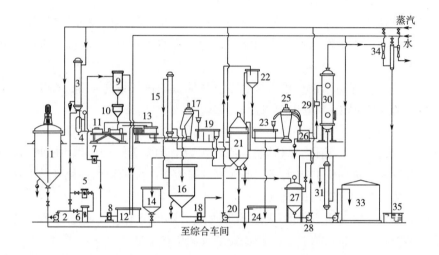

图 7-10　管式离心机连续碱炼工艺流程图

1—毛油储罐　2、20、32—油泵　3—预热器　4—析气器　5、6、7、29—管道过滤器
8—碱液泵　9—碱液罐　10—平衡罐　11—比配机　12—溶碱罐　13—混合机　14—污油罐
15—加热器　16—皂脚罐　17—脱皂机　18—皂脚泵　19—去沫池　21—水洗池
22—高位罐　23—捕油池　24—废水池　25—脱水机　26—热水罐　27—供油罐
28—热水泵　30—干燥器　31—冷却器　33—碱炼油储罐　34—真空装置　35—水封池

2. 碟式离心机连续碱炼工艺流程

碟式离心机连续碱炼工艺流程如图 7-11 所示。

脱胶油（或过滤毛油）从毛油储罐 1 由泵 4 经管道过滤器 2 除杂，在板式换热器 8 预热后，由泵 5 将油通过流量计使其定量地送入酸处理混合器 7 内，另有部分毛油回流，流量由薄膜阀控制。毛油在脱胶混合器内与由磷酸泵 35 送入的磷酸反应后进入盘式混合器 11。碱液由泵 10 送入预热器 9 加热后也进入盘式混合器 11，与毛油充分混合发生中和反应。碱液也有一回流口，回流量由薄膜阀控制，使油和碱按一定比例混合。完成反应的油皂混合物进入碟式离

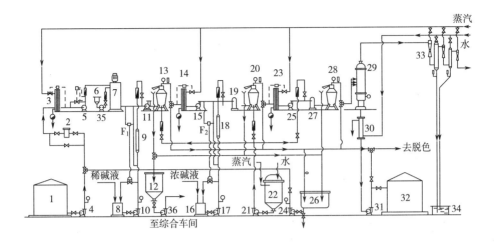

图 7-11　碟式离心机连续碱炼工艺流程图

1—粗油储罐　2—管道过滤器　6—磷酸储罐　7—混合器　8—碱液罐　3、14、23—板式换热器
4、5、15、24、25、31、36—油泵　9、18—加热器　10、17—耐碱泵　11—盘式混合器
12—皂脚罐刀式混合器　13、20、28—碟式离心机真空干燥器　16—稀碱罐
19、27—刀式混合器　21—热水泵　22—热水罐　26—捕油池　29、32—碱炼油储罐
30—冷却器　33—真空装置　34—水封池　35—磷酸泵

心机 13 分离。分离出的油经板式换热器 14 加热后由泵 15 送入刀式混合器 19，与 17 将稀碱液送入预热器 18 加热后进入刀式混合器 19 进行中和反应。混合后的油皂混合物进入碟式离心机 20 分离。分离的油经板式换热器 23 加热后由泵 25 送入刀式混合器 27，与泵 21 送入的热水进行充分洗涤，然后一起送入碟式离心机 28 分离。分离出的油经真空干燥器 29 干燥后，由冷却器 30 冷却后送往脱色工序。若碱炼油作为成品油或需贮存，则需事先冷却到 70℃ 以下方保平安。

3. 连续式碱炼操作

连续式碱炼在成套设备内进行连续化作业，因此要保证各设备的正常运转和协调，经常检查和调整操作条件。现以油茶籽油的连续碱炼为例，说明操作中应注意的问题。

（1）碱炼前，首先取样检验，了解毛油质量，配制适当浓度的碱液，按酸价估算用碱量，查对照表，选择用碱指数。

（2）按操作规程，顺序检查各设备，并将其调整正常，加注润滑油，做好开车前的准备工作，而后按照顺序开动设备。

（3）将毛油预热到 38~40℃ 进油，保持进油压力在 0.07MPa 以上。如压力降低，可能是粗滤器或细滤器发生堵塞，应立即清理。一般情况下至少每隔 8h

要检查清理一次。

（4）根据毛油质量，调整进入离心（脱皂）机的油温，一般应掌握在 70~82℃。根据经验，机榨毛油在 79~82℃。油温可借调节加热器的热水温度和进水量控制。

（5）在运转时，经常检查分离出的皂脚和油脂的质量，如不合要求（油色过深或过浅），应立即调整配碱指数（改变用碱量）。

此外，要根据皂脚和油脂的质量选用合适的旋筒颈圈（控制旋筒出皂口大小的零件），脱皂机的旋筒一般采用 31 号颈圈；皂脚中带有明油时，换较小的颈圈或改用较浓的碱液。检查皂脚明油的方法，是将少许皂脚放在热水中，观察有无油珠上浮。脱皂机分出的油中不应带有片状或块状皂脚，如果有，可能是颈圈太小或用碱太多，也可能是进油温度过高等原因所致，应及时调整。

（6）皂脚的颜色，一般越深越好，如有较重的碱味，即表示用碱过多，要适当减少。

（7）视油皂分离情况，调整脱皂机进油阀开启的大小。一般情况下，进油不宜过快，进油过快往往使皂内中性油含量增加。根据经验，出皂率在 15% 以下时，油杯内的出油位置应高于挡板；如在 15% 以下时，则应与挡板持平。

（8）如果发现脱皂机出油不畅或终止，可能是进油喷头堵塞，应停止进油，拆下检查。如发现脱皂机下端漏油，可能是旋筒被皂脚或杂质堵塞，应停车清理。

（9）洗涤池的出水温度保持在 93~95℃。

（10）在正常情况下，脱水机的进油阀开启大小应以保持洗涤池正常油位为准。洗涤池用水量根据脱水机分出废水量来掌握，一般废水量掌握在 8kg/min 为宜。

（11）脱水机分出的废水，应保持一定颜色，若其色泽过浅，一般表示用碱过多，应立即调整用碱量。

（12）真空干燥器的进油温度保持在 85~90℃，真空度保持在 6.86kPa 以上，油位高低至少维持在油位管 305mm 的高度。

（13）真空干燥器油位达到警戒线时，关闭蒸汽喷射泵片刻，待油位降低后再开。

（14）注意保证碱炼油的色泽和降低炼耗。经常检查碱炼油质量，至少每隔 2h 取一次样，若不符合要求，应立即调整用碱量。

（15）拆装和清洗离心机旋筒时，动作要轻，以防止损伤旋筒。

三、影响碱炼效果的因素

碱炼的过程比较复杂，为获得良好的碱炼效果，必须选择最佳碱炼条件。

1. 碱液的计量

碱液计量的正确与否，对精油率影响很大。碱液计量取决于以下两个因素：

（1）碱液的质量 一般油厂中多用液位指示器量度碱液的体积，再换算成质量，其准确性受温度的影响较大。忽略了这个因素，将产生较大的误差。所以事先对配碱箱做出检查，定出准确的对照表。

（2）配制碱液的浓度 由于碱液浓度受碱的纯度、水的质量和波美比重计的正确性及测量误差等影响，所以配制碱液时，必须考虑这些因素，一般情况下烧碱浓度是偏高的。另外，烧碱对玻璃比重计有腐蚀作用，应经常用标准比重计进行校正，测量时要仔细。一般市售液体烧碱含量稍低，使用前最好加以校正。

2. 碱液浓度的选择

适当选择碱液浓度是碱炼过程中的一个重要环节。碱炼前，在实验室进行小样试验时，应对各种浓度的碱液作比较试验，选择最佳者。选择碱液浓度时，应考虑下列因素：

（1）毛油的酸价 脱胶油的酸价是决定所用碱液浓度的主要因素。工厂中碱液浓度习惯用波美度表示，如碱炼油茶籽脱胶油通常用 12～18°Bé 的碱液。酸价高的用浓碱，酸价低的用淡碱。用间歇式碱炼动力螺旋榨油机榨取的毛油时，不同酸价的油脂宜选择的碱液浓度可参考表 7-3。

表 7-3 不同酸价的油茶籽脱胶油所用碱液浓度

油脂酸价/（mg/g）	碱液浓度/°Bé	油脂酸价/（mg/g）	碱液浓度/°Bé
1～3	10～14	6～8	18～20
3～4	14～16	8～10	20～22
4～6	16～18	10～14	22～24

（2）制油的方法 由于制油方法不同，对毛油色泽影响很大，因此，碱炼时应根据其制取方法选择碱液浓度，颜色深的用较浓的碱液；颜色浅的用较淡的碱液。例如在酸价相同的情况下，预榨油茶籽油用 18°Bé 的碱液，而一次压榨的则用 20°Bé 的碱液，碱炼浸出油茶籽油则要用 22°Bé 的碱液。

（3）皂脚的性质 欲使皂脚变硬，则用碱浓度较高；反之，用碱浓度较低。

（4）被皂化中性油的数量 此数量随所用碱液浓度的增加而增加，所以，利用浓碱的炼耗往往比淡碱高。

（5）皂脚内含中性油的数量 碱液对中性油的乳化作用，随其水溶液的稀释程度而增加。如用淡碱处理酸价较高的油脂时，往往会产生持久性的乳化现象，使油、皂难以分离，采用较高浓度的碱液，可以减少这种现象的发生。但浓度过高，也会产生乳化现象。

（6）皂脚和中性油分离的速度　选择适当的碱液浓度和碱炼温度，能使皂粒结成块状，静置时，较易沉淀和分离。

（7）对油脂的脱色能力　一般而言，浓度大的碱液脱色能力比较强。但浓度过大时，因体积小，油与碱混合又不均匀，反而使油色不佳。

3. 碱的耗用量

（1）油脂中游离脂肪酸（FFA）的含量与碱量的关系　炼油时，主要根据毛油中 FFA 的含量计算用碱量，油中游离脂肪酸的多少用酸价（AV）（或百分率）表示 FFA% ≈ AV÷2（以油酸计时），再根据酸价计算用碱量（理论固体碱）。所谓"酸价"，即中和 1g 油脂中 FFA 所需氢氧化钾的毫克数，也即精炼 1g 毛油；如果酸价为 1，就需要 1mg 氢氧化钾。但在生产中，所用的碱是氢氧化钠而不是氢氧化钾（氢氧化钾成本高，皂脚软）根据化学平衡得出如下反应式：

$$RCOOH + KOH \longrightarrow RCOOK + H_2O$$

$$RCOOH + NaOH \longrightarrow RCOONa + H_2O$$

因为氢氧化钾物质的量＝氢氧化钠物质的量，物质的量×摩尔质量＝质量

所以，KOH 质量/KOH 摩尔质量＝NaOH 质量/NaOH 摩尔质量

式中，氢氧化钾摩尔质量在数值上与其相对分子质量相等，即 $M_{KOH} = 56.11$；氢氧化钠克分子质量在数值上与其相对分子质量相同，即 $M_{NaOH} = 40$。现设氢氧化钾质量为 1，则 NaOH 质量 $= M_{NaOH}/M_{KOH} × 1 = 40/56.11 = 0.713$

由此可见，在碱炼 1t 油脂时，如果酸价为 1，则所需烧碱量（理论值）为 0.713kg（KOH 为 1kg）。

如果令 m 为油脂质量（t），AV 为油脂酸价（mg KOH/g 油），G 为烧碱质量（kg），则有 $G = 0.713 × AV × m$。

例如，现有油茶籽油 3t，其酸价为 10mg/g，则所需理论固体烧碱量 $G = 0.713 × 10 × 3 = 21.39$（kg）。

必须注意的是，上述只是理论碱量。根据需要还要增加少量的超量碱，实际用碱量应为理论碱和超量碱之和。其次，所计算出的总碱量都是纯度 100% 的固体碱，而实际上用的是碱的水溶液，因此还必须将固体碱转换成碱溶液。

$$碱液量 = 固体碱量/NaOH 质量分数$$

在炼油时，碱液的浓度习惯上用°Bé 表示，它与质量分数的换算关系见表 7-4。

表中°Bé 与相对密度 d 的关系还可以用下列分式表示：

$$°Bé = 145 \sim 145/d$$

根据碱液的相对密度，便可算出碱液的体积。

表 7-4			碱液°Bé 与质量分数及相对密度的关系			
°Bé （15℃）	质量分数/ （g/100g）	相对密度/ （15℃）		°Bé （15℃）	质量分数/ （g/100g）	相对密度/ （15℃）
10	6.91	1.07		18	12.68	1.14
12	8.00	1.09		20	14.36	1.16
14	9.50	1.11		22	16.09	1.18
16	11.06	1.12		24	17.63	1.20

例1：设油茶籽油酸价为 4mg/g，求碱炼这种油脂化所需的理论固体碱量及配成 16°Bé 的液碱量为多少千克？

$$G_{固} = 0.713 \times AV \times m = 0.713 \times 4 \times 1 = 2.85 \text{（kg）}$$

查表 7-4，16°Bé 时碱液对应的质量分数为 11.06%。则：

$$碱液量 = 2.85/11.06\% = 25.8 \text{（kg）}$$

为了计算方便，现将每 1t 油脂按酸价所需的不同碱液量列于表 7-5。

表 7-5   **每 1t 油脂所需的碱液量**   单位：kg

酸价	°Bé							
	10	12	14	16	18	20	22	24
0.5	5.2	4.4	3.7	3.2	2.8	2.5	2.2	2.1
1.0	10.4	8.9	7.5	6.4	5.5	5.0	4.4	4.1
1.5	15.6	13.3	11.2	9.7	8.3	7.5	6.6	6.2
2.0	20.8	17.8	15.0	12.9	11.1	10.0	8.8	8.2
2.5	27.0	22.2	18.7	16.1	13.9	12.5	11.0	10.3
3.0	31.2	26.6	22.5	19.3	16.7	15.0	13.2	12.3
3.5	36.4	31.2	26.2	22.5	19.5	17.5	15.4	14.4
4.0	41.6	35.5	29.9	25.7	22.3	20.0	17.6	16.4
4.5	46.8	39.9	33.6	28.9	25.1	22.5	19.8	18.5
5.0	52.0	44.4	37.4	32.1	28.0	25.0	22.0	20.5
5.5	57.2	48.8	41.2	35.3	30.8	27.5	24.2	22.6
6.0	62.4	53.3	44.9	38.5	33.6	30.0	26.4	24.5
6.5	67.6	57.6	48.6	41.6	36.4	32.5	28.6	26.7
7.0	72.8	62.1	52.4	44.9	39.2	35.0	30.8	28.7
7.5	78.0	66.5	56.1	48.1	42.0	37.5	33.6	30.8

续表

酸价	°Bé							
	10	12	14	16	18	20	22	24
8.0	83.2	71.0	59.8	51.2	44.7	40.0	35.2	32.8
8.5	88.4	75.4	63.5	54.4	47.5	42.5	37.4	34.9
9.0	93.6	79.9	67.3	57.6	50.3	45.0	39.6	36.9
9.5	98.8	84.3	71.0	60.9	53.2	47.5	41.8	39.0
10.0	104.0	88.8	74.7	64.2	56.0	50.0	44.0	41.0
10.5	109.2	93.2	78.4	67.4	58.8	52.5	46.2	43.1
11.0	114.4	97.7	82.2	70.6	61.5	55.0	48.4	45.1
11.5	119.6	102.1	85.9	73.9	64.3	57.5	50.6	47.2
12.0	124.8	106.6	89.7	77.1	67.1	60.0	52.8	49.2
12.5	130.0	111.0	93.4	80.3	69.9	62.5	55.0	51.3
13.0	135.2	115.4	97.2	83.5	72.7	65.0	57.2	53.3
13.5	140.4	119.8	100.9	86.7	75.7	67.5	59.4	55.4
14.0	145.6	124.3	104.6	89.9	78.3	70.0	61.6	57.4
14.5	150.8	128.7	108.3	93.1	81.1	72.5	63.8	59.5
15.0	156.0	133.2	112.2	96.3	84.0	75.0	66.0	61.5
15.5	161.2	137.6	115.9	99.5	86.8	77.5	68.2	63.6
16.0	166.4	142.0	119.9	102.7	89.6	80.0	70.0	65.6
16.5	171.6	143.0	123.3	105.8	92.4	82.5	72.6	67.7
17.0	176.8	150.8	127.1	109.1	95.2	85.0	74.8	69.7
17.5	182.0	155.3	130.8	112.3	98.0	87.5	77.0	71.3
18.0	187.2	159.8	134.5	115.4	100.7	90.0	79.2	73.8
18.5	192.4	164.3	138.2	118.6	103.5	92.5	81.4	75.9
19.0	197.6	168.7	142.0	121.8	106.3	95.0	83.6	77.9
19.5	202.8	173.1	145.7	125.1	109.2	97.5	85.8	80.0
20.0	208.0	177.6	149.4	128.2	112.0	100.0	88.0	82.0

（2）油脂色泽、杂质与用碱量的关系　碱炼颜色深、杂质多的毛油时，所需超量碱较多；同一油样用同一浓度、不同碱量碱炼时，所得碱炼油的颜色随碱

量增加而变淡，但炼耗也增加。因此，根据油量、对碱炼油质量的要求，选择适当的超量碱是很重要的。超量碱通常以固体碱占油重的百分数表示（并换算成不同浓度的碱液）。一般品质较好的油脂加 0.1%~0.25% 的超量碱。

例2：在例1中，若加 0.25% 的超量碱，问需要 16°Bé 的碱液总量为多少千克？

超量碱：$0.25\% \times 1000 = 2.5$（kg）

换算成 16°Bé 的碱液量：

$$(2.5/11.06) \times 100 = 22.6 \text{（kg）}$$

因此，需要 16°Bé 的碱液总质量：

$$25.8 + 22.6 = 48.4 \text{（kg）}$$

由例1和例2可见，超量碱的数量相当大，炼油时，应尽量少用超量碱。

（3）制油方法与用碱量的关系　如前所述，制油方法的不同直接影响着油脂的质量，尤其影响油脂的色泽。也就是说，制油方法和操作条件的不同，也影响着加碱数量。例如，用高水分蒸坯制取的油茶籽油，不用或只需用很少的超量碱，即可获得高质量的碱炼油。

4. 碱炼温度

（1）初温、终温和加温速度　所谓初温是指碱和 FFA 中和时的温度，而终温是碱炼过程中，为促进油皂分离所达到的最高加热温度。

中和反应开始时，油和碱液处于较低温度，这样可使碱与游离脂肪酸反应比较完全，同时可尽量减小碱液对中性油的皂化作用。

在中和过程中，为了防止产生乳浊液，以致形成油皂难以分离的状态，温度必须保持不变。

初温高低和使用碱液浓度有密切关系，即浓碱用低温，淡碱用高温，油茶籽油在间歇式碱炼时，碱液浓度与操作温度的关系见表7-6。

表 7-6　　　　　　　　　　碱液浓度与操作温度的关系

碱液浓度/°Bé	初温/℃	终温/℃
13~15（95~115g/L，相对密度1.100~1.116）	25~30	60~65
16（120g/L，相对密度1.125）	20~25	45~50

中和后加热的目的，是使乳油液受热分裂，加热到终温的速度越快越好，这样，可促进分裂而使油皂分离。加温速度一般以每分钟升高 1℃ 为宜。

（2）温度与油皂分离速度的关系　在较高温度下，皂脚的沉降较为容易。温度适当，可使油皂分离快而且比较完全；添加食盐也可以加速油皂分离；加入与油同温的少许热水也可加速油皂分离。

5. 搅拌速度

由于碱液的比重比油脂的密度大，如果搅拌不充分，容易发生分层现象。搅拌的目的主要是使碱液与油充分混合，使中和反应完全。在间歇碱炼过程中，中和时的搅拌速度以 50～70r/min 为宜。升温时，搅拌速度要放慢，一般为 30r/min，使极细的皂粒和凝聚的杂质（蛋白质和黏液等）逐渐集聚而成较大颗粒，直到油皂呈显著的分裂状态为止。

6. 其他因素的影响

（1）加入碱液速度的影响　加碱中和时，全部碱液应尽快均匀地加入油脂中。若加碱速度过慢，又不均匀，则易引起油脂水解而产生游离脂肪酸，这将使用碱量增加，并增加炼耗。

（2）水洗时水温及搅拌速度的影响　中和、脱皂后水洗油脂时，水温要与油温大致相同。若相差悬殊，则易产生乳化。当水洒入油面时，搅拌必须缓慢，加水完毕立即搅拌，否则，也容易产生乳化。

（3）废水的影响　水洗后的废水必须放尽，不要怕有油脂被废水带走，因为带出的油脂，可在翻水池中回收。若废水没有放尽，仍有少量留在油中，干燥脱水时由于在真空下，温度上升较快，水汽化时体积迅速膨胀，容易引起翻罐事故。

四、碱炼脱酸工艺参数

（1）对原料油（脱胶油）的质量要求　水分<0.2%；杂质<0.15%；磷脂含量<0.05%（超过此值应考虑加磷酸处理）。

（2）对水的质量要求　总硬度（以 CaO 计）<50mg/L；其他指标应符合生活饮用水卫生标准。

（3）对烧碱的质量要求　杂质≤5%的固体碱，或相同质量的液体碱。

（4）从处理量来考虑，小于每天处理 20t 的油厂可以采用间歇式碱炼，大于 30t 者建议采用连续式碱炼。

（5）碱炼中碱液的浓度和用量必须正确选择，应根据油的酸价（加入其他酸时亦包括在内）、色泽、杂质等和加工方式，通过计算和经验来确定，碱液浓度一般为 10～30°Bé，碱炼时的超碱量一般为理论值的 20%～40%。

（6）间歇式碱炼应采用较低的温度　设备应有不少于二挡的搅拌速度。

（7）连续式碱炼可采用较高的温度和较短的混合时间　在采用较高温度的同时，必须避免油脂与空气的接触，以防止油脂的氧化。

（8）水洗作业可采用二次水洗或一次复炼和一次水洗，复炼宜用淡碱，水洗水应用软水，水洗水量一般为油重的 10%～20%，水洗温度可为 80～95℃。

（9）水洗脱水后的油脂干燥最好采用真空干燥，温度一般为 85～100℃，真空残压为 4~7kPa（30~50mmHg），干燥后的油脂应冷却至 70℃ 以下才能进入下面的作业或贮存。

（10）油茶籽脱酸油质量

酸价：间歇式≤0.4mg/g；连续式≤0.15 或按要求执行；

油中含皂：间歇式<150~300mg/kg；连续式<80mg/kg，不再脱色者可取<150mg/kg；

油中含水<0.1%；

油中含杂<0.1%。

（11）消耗指标

蒸汽（0.2MPa）：200~250kg/t 油；

软水：0.4~0.6m³/t 油；

冷却水（20℃，循环使用的补充水量）：1~1.5m³/t 油；

电：5~20kW·h/t 油；

烧碱（固体碱，质量分数95%）：FFA 含量的 1.5~2 倍；

碱炼损耗：（1.2~1.6）×韦森损耗。

五、碱炼、水洗工段安全操作规程

（1）自觉遵守厂部和车间的各项规章制度。

（2）油脂进罐不准超过安全线。配碱计量使用浓碱时，谨防灼伤皮肤和眼睛，当溅着后立即用清水冲洗。

（3）水洗后的废水必须由本工段操作人员负责处理，不能委托他人代放。放水过程中不得离岗。因失职而造成的一切后果由水洗工段负责。

（4）在操作过程中，对机械和温度表要经常监视，发现异常及时汇报并积极抢修。工作结束后做一次全面检查。

（5）认真填写原始记录和交接班记录。

第五节　塔式炼油法

塔式炼油法又称"泽尼斯炼油法"。该法已用于多种油脂的碱炼，同时也适用于棉子油的第二道碱炼。

一般的碱炼法是碱液分散在油相中和 FFA，即形成油包水滴（W/O）型溶液体系。塔式炼油法与一般的碱炼方法有明显区别，它是使油分散通过碱液层，碱与 FFA 在碱液中进行中和，即形成的是水包油滴（O/W）型溶液体系。

一、塔式炼油法的三合一工艺过程

塔式炼油法由三个工艺过程组成：第一过程是毛油脱胶，第二是脱酸，第三是脱色。其工艺过程如图7-12所示。

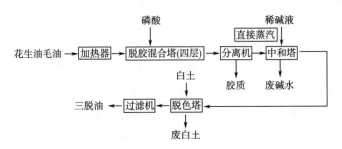

图7-12 塔式炼油法的三合一工艺过程图

过滤毛油预热到80~90℃，进入脱胶混合塔第一层，在绝对压强13.3kPa以下除去空气（析气）后，进入第二层，加入油重0.05%~0.06%的磷酸液，其浓度为85%。第二层、第三层为脱胶层，第四层为暂存层。毛油在脱胶混合器内停留的时间控制在24min左右，然后泵入离心分离机。所得脱胶油用0.15MPa的直接蒸汽喷入中和塔，蒸汽喷入量是脱胶油的0.1%。为使脱胶混合塔暂存层维持一定油位，使用液位控制器与中和塔进油管阀门连接。油脂自中和塔底部的油分配器喷入稀碱液中（碱液浓度为1.4%），中和塔中碱液浓度下降到0.4%时更换碱液。两塔交替使用，可使生产连续化。脱色塔第一层为脱水层，第二层加入脱色剂。第二、三层为脱色层，脱色时间为20min，然后进入第四层暂存，再泵入过滤机除去肥白土后即得到三脱油。废碱水通常用硫酸分解（肥皂）后回收其中所含的脂肪酸。

二、塔式炼油法的二合一工艺过程

塔式炼油法的二合一工艺流程如图7-13所示。毛油经过滤、计量后，送入脱胶锅脱除胶质，然后送入高位槽，经套管换热器加热到90℃，利用高位槽的位能，把油脂送入中和塔底部，经分配小孔将油脂分散成直径1.5mm的小油滴，小油滴靠浮力井然有序地通过碱液层，漂浮到碱液上方聚集成油层，约经100s就完成中和反应。油层达到1m多高溢流出中和塔。从油滴离开碱液面到溢出塔外，约需1h左右。出塔的油不经水洗（含量150mg/kg左右）就可真空脱水、过滤而得碱炼油。中和塔内的碱液预先放入，浓度为0.25~0.35mol/kg，预热到90℃备用。

中和塔6是该工艺的主要设备，它呈圆柱形，下部的油滴分配器为其关键部

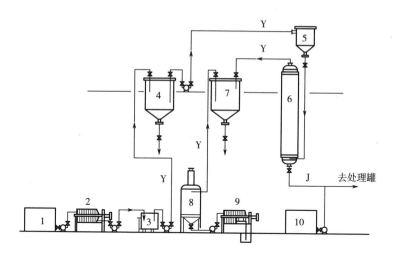

图 7-13 塔式炼油法工艺流程

1—毛油箱 2、9—过滤机 3—计量秤 4—脱胶锅 5—高位槽 6—中和塔
7—水洗锅 8—脱水罐 10—配碱箱 Y—油 J—碱液

件。分配器上开有很多小孔，孔径大小决定了分散油滴的大小，通常孔径为
1.0~1.5mm。

塔式炼油法的优点是设备简单，不用离心机便能实现连续操作，投资和维修
费用低，精炼率高，成品油质量好，油脂脱酸后不用水洗，加工成本低。缺点是
废水量大（处理困难），而且只适用于处理低酸价（2~3mg/g）的原料油脂。

第六节 物理精炼去除游离脂肪酸

油脂的所谓"物理精炼"即蒸馏脱酸，系根据甘油三酸酯（TG，中性油）
与 FFA（在真空条件下）挥发度差异显著的原理，在较高真空度（残压 0.6kPa
以下）和较高温度下（240~260℃）进行水蒸气蒸馏，达到脱除油脂所含的 FFA
和其他挥发性物质的目的。在蒸馏脱酸的同时，也伴随有脱溶（对浸出油而
言）、脱臭、脱毒（米糠油中的有机氯及一些环状碳氢化合物等有害物质）和部
分脱色的综合效果。

物理精炼适合于处理高酸价油脂，例如米糠油、油茶籽油和棕榈油等。

为什么要采用物理精炼呢？传统的化学精炼法，虽是成熟的工艺并有其自身
的特点，但对高酸价（10mg/g 以上）油脂而言，加碱脱酸不仅炼耗大，而且用
皂脚制取混合脂肪酸的过程中，需用烧碱或浓硫酸，这不仅消耗了大量辅助原
料，而且还会产生大量废水和酸性气体，对环境造成严重的污染和影响操作工人

的身体健康。这些不利因素的存在，大大影响了油脂精炼的经济效益。物理精炼则是解决这一问题的、有效的油脂精炼的方法。

油脂的物理精炼工艺包括两个部分，即毛油的预处理和蒸馏脱酸。预处理包括毛油的除杂（指机械杂质，如饼渣、泥沙和草屑等）、脱胶（包括磷脂和其他胶黏物质等）、脱色三个工序。通过预处理，使毛油成为符合蒸馏脱酸工艺条件的预处理油，这是进行物理精炼的前提，如果预处理不好，会使蒸馏脱酸无法进行或得不到合格的脱酸油。蒸馏脱酸主要包括油的加热、冷却、蒸馏和脂肪酸回收等工序。物理精炼的工艺流程如图 7-14 所示。

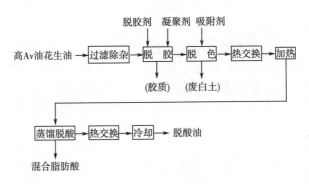

图 7-14　物理精炼的流程图

物理精炼使用的主要设备有过滤机、脱胶罐、脱色罐、油热交换器、油加热器、蒸馏脱酸器、脂肪酸冷凝回收器和真空装置等。

蒸馏脱酸加热方法有三：一是导热油加热，二是远红外线电加热，三是高压蒸汽加热。

物理精炼与化学精炼（碱炼）比较，有几个明显的特点：

（1）简化了工艺路线和其他设备，方便了操作，省去了复杂的加碱+除皂+水洗+脱水（干燥）等工序和生产混合脂肪酸时的皂脚补充皂化（或加压水解）+酸解+水洗+分水+干燥+蒸馏等诸多工序。

（2）大幅度地提高了油脂的精炼率，降低了酸价炼耗比。以酸价 20mg/g 左右的油茶籽油为例，总精炼率可比化学精炼提高 6% 左右，而其中脱酸部分的酸价炼耗比基本上达到理论值水平。

（3）由于物理精炼不需使用大量烧碱，不产生皂脚，无须（皂脚）制取混合脂肪酸时使用的大量硫酸，因而节省原料，不产生酸气和大量废酸水，防止了对环境的污染。

（4）在获得优质脱酸油的同时，还可以直接获得高纯度（90% 以上）的优质混合脂肪酸。

（5）与当前一般油厂采用的中温（17℃左右）脱臭工艺比较，物理精炼获得的油脂，气味良好，且更加安全卫生。

（6）物理精炼获得的油脂，其抗氧化性和贮存性仍比一般油脂好。这是因为化学碱炼时，由于强碱的作用，使油脂中的天然抗氧化成分（如生育酚）大部分被破坏，而本方法可保留其大部分。

第七节 浸出油脱除溶剂

一、脱溶原理

由于6号溶剂油的沸程宽（60~90℃），其组成又比较复杂，虽经蒸发和汽提回收混合油中的溶剂，但残留在油中的高沸点组分仍难除尽，致使浸出毛油中残溶较高。脱除浸出油中残留溶剂的操作即为"脱溶"。脱溶后油中的溶剂残留量应不超过50mg/kg。目前，国内外采用最多的是水蒸气蒸馏脱溶法，其原理在于水蒸气通过浸出毛油时，汽-液表面接触，水蒸气被挥发出的溶剂所饱和，并按其分压比率逸出，从而脱除浸出油中的溶剂。因为溶剂和油脂的挥发性差别极大，水蒸气蒸馏可使易挥发的溶剂从几乎不挥发的油脂中除去。脱溶在较高温度下进行，同时配有较高的真空条件，其目的：提高溶剂的挥发性；保护油脂在高温下不被氧化；降低蒸汽的耗用量。

二、脱溶工艺

（一）间歇式脱溶

1. 工艺流程

```
                              真空系统
                                 ↓
水化或碱炼后的浸出油 →  脱溶  →  冷却  →  过滤  → 成品油
                                 ↑
                               蒸汽
```

2. 操作方法

（1）开动真空泵，使脱溶系统真空度稳定在7kPa左右，将浸出油吸入脱溶锅，装油量约为锅容量的60%。

（2）开间接蒸汽，将油温升至100℃。通入蒸汽压为0.1MPa左右的直接蒸汽，使锅内油脂充分翻动，继续用间接蒸汽使油温升至140℃，同时计时，脱溶开始。

（3）视浸出油的质量，脱溶时间一般为 4h 左右，其间保持油温 140℃、真空度 8kPa 左右。

（4）脱溶结束前 0.5h，关闭间接蒸汽，达到规定时间才能关闭直接蒸汽。

（5）将脱溶油脂通过冷却器，或在锅内冷却至 70℃ 后，再破真空，过滤后即得成品油。

3. 脱溶设备

脱臭塔，又可作为脱溶塔。其壳体为一立式圆筒，顶、底为一碟形封头；顶盖上有汽包以保持一定的汽化空间，照明灯和窥视灯成 180° 布置，以利观察塔内情况；顶部装有泡沫挡板，以减少油脂的飞溅损失；塔内设有两排蛇管，可通入间接蒸汽加热油脂或通水冷却油脂；塔底部装有直接蒸汽分散盘，其上开有很多小孔，以使直接蒸汽喷入油内；在脱溶塔的中心还装有循环管，并借喷嘴射出直接蒸汽，使循环管内油脂和蒸汽呈乳浊液柱强烈地沿循环管上升，让油脂喷溅在充满蒸汽的脱溶塔上部，使溶剂更易挥发除去，同时，这个装置也加强了塔内油脂的循环翻动。此外，脱溶塔外壳上还有入孔和各种接管。

其他辅助设备，有 W 型机械真空泵、大气冷凝器、空气平衡罐和液滴捕集器等。

（二）连续式脱溶

1. 工艺流程

真空系统

水化或碱炼后的浸出油 → 加热 → 脱溶 → 冷却 → 过滤 → 成品油

蒸汽

2. 操作方法

首先检查脱溶塔排空阀、分离器、直接蒸汽和残油排放阀是否关严，检查油封池液面。然后将水化或碱炼后的浸出油泵入贮罐，并保持油温 80~85℃ 备用。开启真空泵，使脱溶塔内真空度达 8kPa。缓缓开启加热器和脱溶塔的间接蒸汽阀，使蒸汽压力升至 0.5MPa，进行预热。开启进油阀门，利用真空将存贮罐内的油吸入加热器，其流量由阀门控制。油温达 135~140℃ 后吸入脱溶塔。当油面超过直接喷嘴 30cm 后，即开放直接蒸汽（压力为 0.1MPa）。脱溶后的油自塔内流至冷却器，使油温冷至 70℃，过滤即得成品油，其中残溶 10mg/kg 左右。连续脱溶塔内分若干小室，油脂在其内依次流动，因而可不断流入和排出，实现连续作业。

三、影响脱溶效果的因素

（1）作业温度　提高作业温度，可提高油中溶剂的蒸汽压（即提高挥发性），使溶剂容易脱除。因此，要求作业温度高于140℃。

（2）作业压力　降低作业压力，即提高系统真空度，也能使油中溶剂易于挥发脱除，且能保护高温油不被空气氧化。因此，要求作业真空度保持在8kPa以上。

（3）直接蒸汽用量　加大直接蒸汽的喷入量，可减少成品油中的残留溶剂含量。当保持一定操作温度时，作业压力与直接蒸汽用量之比为一常数。降低操作压力，直接蒸汽压力会随之下降，这便是脱溶工艺中要尽可能提高真空度的道理。

第八节　吸附法去除色素

一、脱色的目的

各种油脂都带有不同的颜色，这是因为其中含有不同的色素所致。例如，叶绿素使油脂呈墨绿色；胡萝卜素使油脂呈黄色；在储藏中，糖类及蛋白质分解而使油脂呈棕褐色；皂苷衍生物使油茶籽油呈深褐色。

在前面所述的精炼方法中，虽可同时除去油脂中的部分色素，但不能达到令人满意的地步。因此，对于生产高档油脂——色拉油、化妆品用油、浅色油漆、浅色肥皂及人造奶油用油脂，颜色要浅，只用前面所讲的精炼方法，还不能达到要求，必须经过脱色处理方能如愿。

二、脱色的方法

油脂脱色的方法有日光脱色法（也称氧化法）、化学药剂脱色法、加热法和吸附法等。目前应用最广的是吸附法，即将某些具有强吸附能力的物质（酸性白土、漂土和活性炭等）加入油脂，在加热情况下吸附除去油中的色素及其他杂质（蛋白质、黏液、树脂类及肥皂等）。

1. 吸附剂的性质

酸性白土对于色素及胶类物质的吸附力很强。同时，对盐基性的原子团或极性原子团也有很强的吸附能力。但在水溶液和酒精溶液中，酸性白土则不能吸附色素及其他杂质。这是因为水和酒精的羟基首先被白土吸附，使白土失去了吸附色素的活性。相反，在油脂分子中不含羟基，所以能保持白土的活性。酸性白土是硅酸铝与胶状硅酸的混合物，它们以特殊形式混合（或结合）而成，呈酸性反应。如果先用无机酸处理，再经水洗并干燥，其吸附性增加。用人工制成的活性白土，是以酸处理天然白土所得的产品。在油脂脱色时，白土与油接触的时间不能太长，否则将使油的酸价升高，在使用酸性白土时，这一情况更为重要。不论用酸性白土或活性白土，所得脱色油都有泥土气味，用于食用尚需进行脱臭处理。

活性炭具有细密多孔的结构，吸附能力很强，但售价不菲通常不单独用来脱色，而是与白土等配合使用。当植物油被矿物油污染时，可用活性炭除去矿物油；对于碱炼油中的肥皂，活性炭的吸附作用也很强。与白土不同的是，单独用活性炭脱色后所得油脂没有异味。

2. 工艺流程

间歇式脱色，即油脂与吸附剂在间歇状态下通过一次吸附平衡而完成脱色过程的工艺。其工艺流程如图7-15所示。

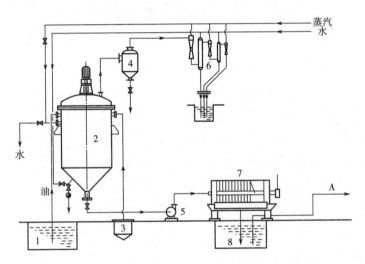

图7-15　间歇式脱色工艺流程图

1—待脱色油储槽　2—脱色罐　3—吸附剂罐　4—捕集器
5—油泵　6—真空装置　7—压滤机　8—脱色油储槽

待脱色油经储槽转入脱色罐，在真空下加热干燥后，与由吸附剂罐吸入的吸附剂在搅拌下充分接触，完成吸附平衡，然后经冷却由油泵泵入压滤机分离吸附剂。滤后脱色油汇入储槽，借真空吸力或输油泵转入脱臭工序，压滤机中的吸附剂滤饼经压缩空气吹干后清除。

3. 脱色操作

为了避免脱色油与空气接触而发生氧化和因脱色时间过长造成的泥土味，脱色过程要在真空条件下进行。真空脱色锅除有盖密封，能抽真空外，其他结构和一般碱炼用的中和锅相同。其油茶籽油的脱色操作如下：

（1）预脱色　将水洗后的碱炼油以真空吸入脱色锅后，开动搅拌器，并升温至90℃，脱水0.5h，再加入活性白土，搅拌20min（保持90℃），然后冷却至70℃，泵入压滤机进行过滤，即得预脱色油。

（2）脱色　将预脱色油吸入脱色锅后，开动搅拌器，并升温至90℃，吸入活性白土（质量为油重的3%~5%），继续搅拌10min后，通入冷水，快速冷却至70℃，泵入压滤机进行过滤，即得脱色油。

为了保证脱色效果，并避免油脂在脱色过程中过多地损耗，在操作中应注意以下问题：

①先将活性白土加热到120~150℃，除去其中的水分。因其吸水性很强，经加热去水可提高其吸附能力，加热干燥后应立即使用，若放置过久，吸收空气中的水分后仍会降低脱色效果，或使白土用量加大且使炼耗增加。

②预脱色时要进行真空脱水（俗称烘油），使油中水分降至0.1%以下，否则也会影响脱色效果。

③必须先碱炼后脱色，才能获得理想的效果。

④单独使用活性白土，会使脱色油酸价上升，烟点下降，而活性炭能选择性地吸附低烟点物质，这些物质是活性白土所不能吸附的。当用油重2%的活性白土和0.3%的活性炭混合进行脱色时，脱色油酸价不会上升，烟点也不会下降，还能提高脱色效果。

综上所述，油脂脱色时所用脱色剂的数量和种类，应该根据油脂种类、色素及其他杂质的含量和类型以及对精炼油的质量要求等决定。一般单用白土时，其用量为油重的2%~5%；单用活性炭时，其用量为油重的1%左右；两者混合使用时，白土量为油重的1%~3%，活性炭为油重的0.25%~0.5%。最佳用量应由事先的几次小样试验决定。

三、油脂色泽的回复

食用油脂经过长期贮存，其色泽会由浅变深，这种现象称为色泽的"回复"（也称"回色"）。大豆油色的回复最为明显，其次是米糠油、油茶籽油；菜籽油和向日葵油的色泽较为稳定；棕榈油色泽越放越浅，可能是所含的类胡萝卜素色素被氧化分解所致。

引起油色回复的原因很多，例如油中残留的微量磷脂，微量铜和铁等金属，抗氧化剂（生育酚）的减少以及亚麻酸氧化物的存在等，都能引起油脂色泽的回复。此外，制油方法的不同也会引起不同程度的色泽回复，例如脱酸油的色泽比较稳定；脱色油的色泽不太稳定；脱臭油的色泽回复则较为显著。

防止油脂色泽回复的研究已经时日，但成效甚微。良好的加工技术和保存条件是延缓油脂色泽回复的希望所在。

四、吸附脱色工艺参数

（1）碱炼脱酸油质量，如表 7-7 所示。

表 7-7　　　　　　　　　　碱炼脱酸油质量要求

项目	生产二级油时	生产一级油时
水分及挥发物/%	≤0.2	≤0.2
杂质/%	≤0.2	≤0.2
含皂量/（mg/kg）	≤100	≤100
酸价/（mg KOH/g）	≤0.4	≤0.2

（2）消耗指标

冷却水量（20℃，0.3MPa）：3.5m³/t 油；

电（380V，3P.50Hz）：7kW/t 油；

汽（1MPa）：120kg/t 油；

废白土含油率：>20%。

（3）卫生防护

车间卫生：白土投料间粉尘最高允许浓度为 10mg/m³。

五、脱色工段安全操作规程

（1）自觉遵守厂部和车间的各项规章制度。

（2）脱色锅进油充满度要求 20%~80%，过少时会导致白土吸入真空泵。

（3）正确使用真空泵，启动前必须检查真空系统阀门和冷却系统阀门功能是否正常，运行中途严禁断水、断油。若发现异常情况，及时汇报并积极检修。

（4）正确使用白土压缩泵，经常检查存气桶的安全装置，压力不超过 0.3kPa。

（5）每班密切监视脱色工段有关周转库的储藏量，严禁溢油。

（6）认真填写原始记录和交接班记录。

第九节　蒸馏法去除臭味

一、脱臭的目的

纯净的甘油三酯（TG、中性油）无色、无气味。但天然油脂都具有自己特殊的气味（除美好的香味外都称臭味）。臭味是氧化产物，分解成醛、酮而使油脂呈令人不愉快的味。此外，在制油过程中也会产生异味，例如溶剂味、肥皂味和泥土味等。除去油脂特有气味（呈味物质）的工艺过程称为油脂的"脱臭"。

浸出油的脱臭（工艺参数达不到脱臭要求时称为"脱溶"）十分重要，在脱臭之前，油脂必须先行水化、碱炼和脱色以创造良好的脱臭条件，有利于油脂中残留溶剂及其他气味的除去。

二、脱臭的方法及工艺流程

脱臭的方法很多，有真空蒸汽脱臭法、气体吹入法、加氢法和聚合法等。目前国内外应用最广、效果最好的是真空蒸汽脱臭法。

真空蒸汽脱臭法是在脱臭锅内用过热蒸汽（真空条件下）将油内呈味物质除去的工艺过程。真空蒸汽脱臭的原理是水蒸气通过含有呈味组分的油脂，汽-液接触，水蒸气被挥发出来的臭味组分所饱和，并按其分压比率逸出而除去。

1. 间歇式脱臭工艺

如图 7-16 所示为油脂间歇式脱臭工艺的流程图。操作时，首先开启蒸汽喷射泵的蒸汽阀门和冷却水阀，将脱臭锅抽真空，当真空度达一定要求时，开启进油阀，利用真空将脱色过滤后的油脂吸入真空脱臭锅，开启导热油进、出口阀门，将油脂加热到 200~240℃，当油温达 100℃时，开启直接蒸汽使锅内

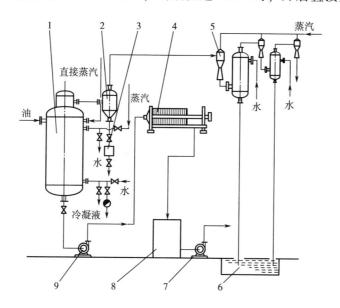

图 7-16　间歇式脱臭工艺流程图

1—脱臭锅　2—捕集器　3—油脂收集罐　4—板框压滤机
5—蒸汽喷射泵　6—水封池　7、9—泵　8—脱臭油暂贮池

225

油充分翻动。喷射直接蒸汽的时间为 6~8h，整个脱臭过程的真空度必须保持在 0.67~1.3kPa，直接蒸汽的喷射量为油量的 5%~15%。脱臭停止前 0.5h，关闭间接蒸汽。脱臭毕关闭直接蒸汽，并开启冷却水阀门，通过盘管将油冷至 70℃以下，最后关闭蒸汽喷射泵，破真空。所得脱臭油烟点可达 200℃以上，基本无异味。

脱臭的操作条件：

真空度 ≥ 1.3~2.7kPa；

油温 ≥ 200~240℃；

脱臭时间：6~8h（以油温达到200℃开始计算）；

直接蒸汽压力：0.1MPa 左右（油温180℃开始加蒸汽）。

2. 半连续式脱臭工艺

半连续式脱臭工艺是指油脂进入脱臭器后，分段汽提（相当于若干个间歇脱臭罐串联），逐段加深脱臭深度，并由连锁自控系统组成连续或间断的进、出料的脱臭工艺。如图 7-17 所示为半连续式脱臭工艺流程图。待脱臭油由泵 P_1 送入计量罐，进入半连续脱臭塔，逐层停留，加大脱臭深度，冷却后，由泵 P_2 抽出进入过滤器过滤，得到脱臭油。蒸馏出的气体若在脱臭器内冷凝，则冷凝液汇集到接收罐。未凝气体进入脂肪酸捕集器，由较冷的脂肪酸（及其他挥发物）的

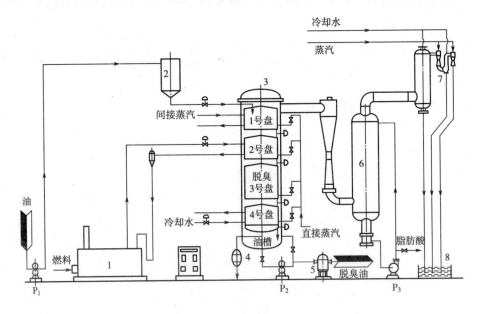

图 7-17 半连续式脱臭工艺流程图

1—导热油炉 2—计量罐 3—脱臭塔 4—接收罐 5—过滤机

6—脂肪酸捕集器 7—蒸汽喷射泵 8—水封池 P_1、P_2—油泵 P_3—脂肪酸输送泵

冷凝液循环喷淋捕集，不凝气体进入蒸汽喷射泵抽走。其工艺条件如下：

　　绝对压强：0.13~0.8kPa；

　　温度：210~270℃；

　　脱臭时间：200~240min；

　　直接蒸汽量：3%~5%（油重）。

比较先进的脱臭经济指标通常为脱臭油损耗0.25%，间接蒸汽耗用155kg/t油，直接蒸汽耗用量45kg/t油，抽真空耗用蒸汽量148kg/t油，真空冷凝系统用水18m³/t油，冷却油用水9m³/t油。

为防止油脂发生氧化，在油中加入抗氧化剂丁基羟基茴香醚（BHA）、丁基羟基甲苯（BHT）、PG等。

三、脱臭工艺参数

（1）间歇脱臭油温为200~240℃，残压为0.8kPa，时间为4~6h，直接蒸汽喷入量为油重的10%~15%。

（2）连续脱臭油温为240~260℃，时间为60~120min，残压在0.8kPa以下，直接蒸汽喷入量为油重的2%~4%。

（3）导热油温度应控制在270~290℃范围内。

（4）设备选择

①脱臭设备有单壳体塔式、双壳体塔式和罐式、卧式等多种形式，设计时可按具体情况选用。

②真空装置可采用三级或四级蒸汽喷射泵，选用的蒸汽压要适应配备的锅炉公称压力；但不宜采用低于0.6MPa，以节约用汽量。

③脱臭油经精密过滤器，以进一步除去油中微量杂质。

④回收热能的油-油热交换器有列管式和螺旋板式，设计时优先使用螺旋板式热交换器。

⑤脂肪酸捕集器采用直接喷淋冷凝式。

⑥脱臭油抽出泵选用密封性好、耐高温的离心泵，优先采用高温屏蔽泵。

⑦导热油加热系统要配置温度计、压力表、压差计、止回阀、过滤器、警报器等仪表仪器，对运行情况进行监督、测量、指示、报警，以确保安全生产。为防止突然停电而造成事故，导热油加热系统应设置手摇泵，以便停电后导热油能继续循环降温。

（5）脱臭油及导热油质量

①脱臭油的质量标准：按相应油品的国家标准和国家专业标准执行。

②导热油质量：导热油选用无毒无味、热稳定性好、抗氧化性强、对设备无腐蚀的品种，其主要组成是长碳直链饱和烃。

YD-133 型导热油质量参数如下：

相对密度：0.85~0.87；

酸价≤0.05mg KOH/g；

凝固点≤10℃；

闪燃点>215℃；

含水：痕量；

残炭>0.01%；

运动黏度（50℃）：23~30CP；

起馏点>370℃；

使用温度：200~330℃。

（6）消耗指标

冷却水：17m³/t 油；

电（380V，3P，50Hz）≥25kW·h/t 油；

蒸汽（1MPa）≥240kg/t 油；

煤（发热量 21MJ/kg）≥15kg/t 油；

炼耗≥1%。

（7）卫生防护

①废气排放：导热炉烟道气最高排放浓度为 200mg/m³。

②废水排放：水封池排放的废水要求符合国家《污水综合排放标准》。

③废水排放量：≤13m³/t 油。

四、脱臭工艺的操作规程

（1）开车前全面检查本工段所有管道、阀门及进出口油库所有泵、电器、仪表等，应符合开车条件和处于完好状态。

车间主任通知导热油炉点火升温、锅炉准备供汽、水泵房准备供水；检查预热器、脱臭塔等设备内有无存油；将原料（油）用泵打入车间内周转库。

（2）在导热油升温至 200℃时，开启油泵向预热器、脱臭塔供油，并通知锅炉车间供汽，开启蒸汽喷射泵抽真空，塔内真空应达到 0.13~0.8kPa。

（3）脱臭塔进入直接蒸汽，冷却器开通冷却水。

（4）正常生产时，真空应保持在规定值内，油温应保持预热器内 230℃以上，如出现真空度下跌，或油温下降，转子流量计内油不清澈时，切换油管阀门至车间周转库，在真空、温度恢复正常后再转入正常运行。

（5）生产中，应经常注意原料油库、周转油库、成品油库情况和各设备仪表运行情况，特别要防止阀门错误或不及时开闭，避免事故发生。

（6）停车，在接到停车通知后，提前 1h 通知导热油炉停炉。待脱臭塔第三层油温低于规定温度后切换阀门，让油在周转库和工段内循环冷却。停止进原料油，关闭与原料油库有关的所有阀门。在导热油炉液相温度在沸点以下，或在脱臭塔第三层油温低于110℃时，关闭直接蒸汽。在油温低于70℃时可破真空、停泵，并检查关闭所有阀门（包括所有原料、成品油库）。

（7）长期停车，应将本工段所有设备内的油脂放入周转库内。

（8）泵的外露转动件应加上防护罩，经常检查轴承并加油（屏蔽泵除外）。

（9）凡是碳钢设备、管道应涂油漆保养，油漆颜色按规定色标。

（10）保持各设备、管道外部清洁。

（11）其他未规定事项，按易燃、防火安全规程执行。

第十节　油脂精炼的安全操作规程

一、开车前的准备

（1）检查原料油库、成品油库情况，检查进出管道、泵是否完好，以及阀门的开闭情况。

（2）检查水、碱、磷酸等辅助材料是否充足，清理热水箱，检查浮球水阀，应使之活动灵活，工作可靠。

（3）按离心机安全使用规程检查离心机。

（4）检查工段内各种设备完好情况。凡转动设备、手试盘应能转动，无卡阻现象。所有减速器中的润滑油量应充足，品质良好；各泵轴承挡应保持有润滑脂。

（5）检查所有电器装置、电机；仪表装置、照明设备场，应达到完好无损。

（6）做好生产操作规程所要求的其他各项开车前的准备工作。注意在搬运和输送磷酸、碱时，应小心防止灼伤皮肤、眼睛等。当有磷酸或碱溅着皮肤时，立即用大量清水冲洗皮肤和衣服等；当溅着眼睛时，立即先用干净自来水冲洗眼睛，冲洗时尽量翻开眼皮，然后到医务室用眼睛冲洗液继续清洗、治疗。

（7）蒸汽供到车间汽缸后，调节降压阀，使低压分汽缸表压稳定在0.55MPa左右。

二、开车

（1）准备工作全部就绪后，即可开车。应严格按照生产操作规程规定的步骤开车。

（2）启动热水泵后，应检查各离心机进口管进水球阀，不得发生泄漏。热水箱应保持规定水位，水温90℃以上。

（3）按离心机安全使用规程启动离心机，检查离心机有无振动，异声等情况发生。

（4）调节各加热器蒸汽压力，保持生产操作规程要求的油温。板式加热器蒸汽压不得大于0.2MPa；列管加热器蒸汽压力不得大于0.4MPa。冷却器出油温度在70℃以下。

（5）检查各转子流量计是否正常工作，各压力表、温度计指示是否正确。

（6）油进入真空干燥器后，开精炼油泵，油回入原料油缸，同时取样化验。有关指标合格后，切换阀门，使油入成品库。

三、正常运行

（1）经常巡回检查各设备运行情况，特别是离心机的工作情况。出现故障时，离心机部分按离心机安全使用规程处理，其他设备在不停车不能排除故障时，即停车处理。

（2）真空度下降，影响油品质量时，油回原料油缸；待恢复正常后才能入成品库。

（3）水化脱磷生产时，及时做280℃加热试验，碱炼生产时，每班送检酸价及其他指标2次以上，指标不合格，油不得入成品库。并立即检查原因，排除故障，待油样合格后才能入库。

（4）认真做好生产记录、故障和排除故障记录，做好清卫工作和交接班记录。

四、停车

（1）在接到停车通知或发生设备故障，例如离心机需清理、机械密封泄漏、冷却水中断等，不能正常生产时，应停车。停车应严格按照正常停车操作规定步骤进行。并立即关闭原料油缸出口阀门，停车时应注意观察离心机和其他设备的情况，保证离心机供水系统运转。在离心机完全停止运转后，方可停热水泵。同时查看原料油库、成品油库及关闭有关阀门。

（2）发生突然停电时，立即关闭原料油缸出口阀和磷酸、浓酸、碱液出口阀、离心机进油阀，打开离心机进水阀，尽量维持离心机进水，冷却水转鼓清洗水，根据停车要求关闭阀门和破真空。立即通知电工排除故障，迅速供电。来电后应先开热水泵，向离心机进水，待离心机降速至400r/min以下，方可重新启动离心机。重新检查设备阀门和水、电、汽等确定具备开车条件后，再按正常开车顺序开车。

（3）发生突然停水时，如热水箱断水，立即向热水箱充水，如果主水泵断水，迅速启用辅助水源，一时来不及供水时，首先停离心机，然后按正常停车顺序停车。

（4）发生突然停汽时，首先切换精炼油泵出口阀门至原料油缸，停泵及关闭有关阀门，如短期内不能供汽，按正常停车顺序停车。

第八章　花生蛋白制备技术

花生是世界上研究较为广泛的油料作物。花生中含有大量的功能活性成分，除富含油脂、蛋白质、膳食纤维外，还含有微量营养素，如维生素 E、叶酸、核黄素等物质。我国所产花生中，约有 50% 榨油，27% 食用，8% 出口，留种及其他占 15%，其中用来进行深加工的只占 10% 左右。每年花生加工会产生大量的副产物，如花生壳、花生粕、花生茎叶等，中国花生加工业存在的一个主要问题是对花生副产品的研究利用重视不够，长期以来存在重视花生仁的利用，而忽视花生壳、花生种衣、花生蔓的利用；重视花生油的利用，而忽视花生饼粕等花生榨油副产物的利用现象。因此，对花生加工副产物的综合利用，可增加原料附加值、提高原料利用率和经济效益。

第一节　花生蛋白制备技术

一、花生蛋白的组成及功能

（一）花生蛋白的氨基酸组成

花生中含 22%~26% 的蛋白质，其中有大约 10% 的蛋白质是水溶性蛋白质，称之为乳清蛋白质，其余的 90% 为花生球蛋白和伴花生球蛋白，分别各占 63% 和 33%。其氨基酸组成见表 8-1。

表 8-1　　　　　　　　花生蛋白质的氨基酸组成

氨基酸	花生球蛋白	伴花生球蛋白	氨基酸	花生球蛋白	伴花生球蛋白
天冬氨酸	5.3		脯氨酸	1.4	
丝氨酸	2.26	1.78	酪氨酸	5.68	2.86
谷氨酸	16.7		缬氨酸	4.85	
甘氨酸	1.8		甲硫氨酸	0.65	2.09
组氨酸	2.16	2.05	赖氨酸	2.72	4.69
精氨酸	13.58	16.53	异亮氨酸	4.46	4.00
苏氨酸	2.89	2.02	亮氨酸	7.61	6.61
丙氨酸	4.11	2.03	苯丙氨酸	6.96	4.32
胱氨酸	1.5		色氨酸	0.68	0.91
缬氨酸	4.85	3.68			

另外，不同的加工方法和产品种类的不同，并没有显著改变花生蛋白质的氨基酸组成。花生、花生分离蛋白和花生浓缩蛋白的氨基酸组成见表8-2。

表8-2　　　　　　花生、花生分离蛋白和花生浓缩蛋白的氨基酸组成

氨基酸	花生[1]	花生分离蛋白	花生浓缩蛋白	FAO/WHO
天冬氨酸	14.1	12.3	12.5	4.0[2]
丝氨酸	4.9	5.1	5.2	—
谷氨酸	19.9	21.4	20.7	—
甘氨酸	5.6	4.1	4.2	—
组氨酸	2.3	2.4	2.4	—
精氨酸	11.3	12.8	12.6	—
苏氨酸	2.5	2.5	2.5	—
丙氨酸	4.2	3.9	4.0	—
胱氨酸	1.3	1.4	1.4	—
脯氨酸	4.4	4.8	4.6	—
酪氨酸	4.1	4.3	4.4	—
缬氨酸	4.5	4.4	4.5	5.0[2]
甲硫氨酸	0.9	1.0	1.0	3.5[2]
赖氨酸	3.0	3.0	3.0	5.5[2]
异亮氨酸	4.1	3.6	3.4	4.0[2]
亮氨酸	6.7	6.6	6.7	7.0[2]
苯丙氨酸	5.2	5.6	5.6	6.0[2]
色氨酸	1.0	1.0	1.0	1.0[2]
化学评分	55	55	55	—

注：①用己烷在低温下脱脂的花生。

　　②必需氨基酸。

（二）花生蛋白的功能性质

花生中含25%~36%蛋白质，其中水溶性蛋白与盐溶性蛋白质量比为1∶9，而盐溶性蛋白决定蛋白质的性质。

1. 花生蛋白的持水性和持油性

花生蛋白的持水性受温度、时间和pH的影响，持水性随pH的上升略有上升。花生蛋白的肽链骨架使其蛋白质呈现海绵状结构，为水分子提供了大量的存

留空间，这种结构越疏松，固定的水分就越多。其次，沿着它的肽链骨架，有很多极性基团，有些极性基团能够离子化，与原料中各种离子之间相互吸收和排斥，形成松散结构，从而增加保水效果。

2. 花生蛋白的胶凝性

形成凝胶是蛋白质的重要功能之一。花生凝胶的形成受蛋白质浓度、湿度、加热时间、pH 和盐的浓度等因素的影响。金属离子的浓度、种类对花生蛋白凝胶的形成时间、透明度、硬度以及持水性影响很大，为了得到胶粒细致、硬度较大的蛋白质凝胶，可以用 Mg^{2+} 做凝固剂。

3. 花生蛋白的成膜性

花生蛋白分子中存在大量的氢键、疏水键、范德华力、离子键以及配位键等作用力，同时具有很多重要的功能性质，使得花生分离蛋白具有较好的成膜性能。

（三）花生蛋白的分类

花生蛋白是优良的食用植物蛋白，含有人体必需的 8 种氨基酸，构成比例适中。花生蛋白食品主要有浓缩蛋白、分离蛋白、花生组织蛋白、花生蛋白多肽等。

1. 花生浓缩蛋白

花生浓缩蛋白是以脱脂花生粉为原料，通过热水萃取、等电点沉淀、乙醇洗涤等方法制备而得。它具有良好的吸水性、保水性、吸油性、乳化性等性质，可以添加到火腿、香肠等畜禽肉制品中，可保持肉汁水分不流失，风味物质不损失，促进脂肪吸收，减少制品的"走油"现象。将花生浓缩蛋白粉加热到冰激凌中，可增加制品的乳化性，提高膨胀率，改进产品品质，改善营养结构。

2. 花生分离蛋白

花生分离蛋白是通过碱提酸沉法和超滤膜法来制取，其蛋白质含量为 85% ~ 90%，或更高。在面包、蛋糕、馒头中添加花生分离蛋白粉，不仅可以改善谷物的营养价值，还能使产品结构蓬松、柔软、富有弹性，添加量：面包 4% ~ 8%，蛋糕 15% ~ 20%，馒头 1.5% ~ 3.5%。在面条中加入花生分离蛋白粉，可增加面团的韧性，不易断条，制品滑爽。

3. 花生组织蛋白

花生组织蛋白也成为花生蛋白肉，主要是以脱脂花生蛋白粉为原料，用均匀挤压膨化法改变花生蛋白的组织形式，其蛋白质含量约为 55%。食用时，用热水浸 3~5min 就可泡软，酷似瘦肉片。花生组织蛋白直接可用于炒菜。

4. 花生多肽

花生多肽是以花生浓缩蛋白或花生分离蛋白为原料，经过酶水解之后而得到多肽混合物，再经过分离提纯之后，就得到花生多肽。花生多肽能够清除体内自由基，达到抗氧化和延长细胞寿命的作用。同时它的消化吸收性好，食品安全性高，故可作为营养强化剂应用于婴儿和儿童配方食品、减肥食品、运动食品和医疗食品中，被视为"新兴的营养保健源"。

二、花生蛋白的提取工艺

（一）工艺原理

花生中不仅含有丰富的蛋白质，而且脂肪含量高达45%以上。因此，在生产蛋白粉时，必须先将油脂分离出去。水剂法制油制蛋白技术可在制油的过程中保证蛋白质的质量。浓缩蛋白和分离蛋白都可用水剂法制得。

水剂法提取油脂和蛋白的原理，就是借助机械的剪切力和压延力将花生的细胞壁破坏，使蛋白质和油脂暴露出来，利用蛋白质的亲水力和油脂的疏水作用，使蛋白质分散在水中，同时把油脂从破碎的细胞裂缝中排挤出来。由于机械的搅拌作用，一部分油脂与蛋白质和水形成乳化油，而悬浮在浆液中；另一部分未乳化的油脂直接上浮于液面上。无论是乳化油还是清油都必须采用离心分离，将悬浮液中的浮油和粗纤维、淀粉残渣分离出去，才能得到蛋白液。乳油经过加工可得到优质花生油，蛋白液按生产要求可加工成浓缩和分离蛋白。

（二）工艺流程

水剂法生产工艺主要分为预处理、碾磨与浸取、分离、乳油精制、蛋白液前处理和干燥六个工序，其流程如图8-1所示。

（三）工艺操作要点

分离蛋白生产过程与浓缩蛋白生产过程具有许多相同的地方。不同的是酸沉操作工序，要控制好溶液的pH，使蛋白质尽可能在等电点附近沉淀。过高或过低的pH都会使大量蛋白流失，所以准确测定蛋白质的等电点是至关重要的。

1. 预处理工序

预处理包括清选、烘干、脱红衣工段。

（1）清选　清选的目的是除去原料花生中的各种杂质，如铁块、石块、植物茎叶等，清选后的花生原料杂质含量不得超过0.1%。

（2）烘干　烘干是为了降低花生仁水分，以便将红衣脱去，红衣的存在对蛋白质产品的颜色和风味有重大的影响。烘干后要求花生仁水分降低到4%以下。为了减少蛋白质变性，必须采用低温烘干工艺，要求在干燥过程中原料温度不得高于60℃。

（3）脱红衣　把干燥后冷却到40℃的花生仁进行脱红衣。要求原料脱皮率>98%。

2. 碾磨与浸取工序

（1）碾磨　碾磨即是破坏原料组织细胞。碾磨料酱温度不大于80℃，碾磨

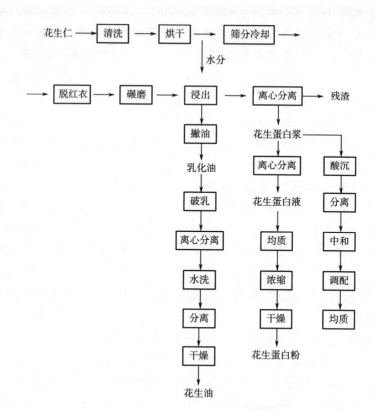

图 8-1　花生蛋白粉生产工艺流程图

的粒度控制在 10μm 左右。

（2）浸取　浸取就是从破碎后的细胞组织中提取蛋白质的过程经干碾磨物料浸取时加水量为物料的 6~7 倍，浸取的原则为"少量多次"，以求用最少量的水，尽可能地将油和蛋白分散在水中，用食用纯碱调整溶液的 pH 为 7.5~8.0 料温保持 60℃左右。在浸取时罐内搅拌转速控制在 40r/min，使颗粒在溶液中呈悬浮状态，后期搅拌可适当降低速度防止形成稳定的乳状液，搅拌时间为 30min。

3. 分离

分离是将蛋白浸出液中的固体物质分离出去的过程。浸取操作完成后，大部分花生油上浮分层，蛋白液中只含有少量的油脂和大量的固体残渣（主要是纤维和淀粉等高分子碳水化合物），先采用卧式螺旋离心机将固体残渣分出，控制残渣中含油量低于 7%，蛋白质含量低于 10% 左右，从卧式离心机出来的浆液，再用蝶式离心机分离出含水分 30% 左右的乳化油和蛋白液。

4. 乳油处理工序

从蝶式离心机出来的乳化油和浸取罐中自行上浮的大部分液体油及乳化油合

并起来共同处理。它们含有 24% ~ 30% 的水分和 1% 的蛋白质及其他具有乳化作用的物质，其中乳化油中含有 70% 左右的花生油，乳化油处理有以下两种方法。

（1）直接熬炼法 把乳化油打入化糖锅，用 0.05MPa 的间接蒸汽把乳化油加热到 100℃，煮沸蒸发掉大部分水分，然后把蒸汽压力增加到 0.2MPa，继续炼到乳化油中蛋白质变性沉淀，油逐渐析出，最后即可撇出油脂。

（2）机械破乳法 把乳化油先用间接蒸汽加热到 95 ~ 100℃，不断搅拌蒸煮 0.5h 左右，利用机械的高速剪切作用，高温变性作用和酸凝作用，使蛋白质从乳化油中沉淀析出，经离心分离即可得到纯净花生油。

5. 蛋白前处理工艺

由离心机分离出来的蛋白液，虽然除去了不溶性糖类物质，但仍然含有数量可观的可溶性糖类物质，如蔗糖、葡萄糖、水苏糖和棉子糖等低聚糖，这些物质会影响蛋白产品的质量和风味。

（1）灭菌 花生经过前面几个工序的加工处理后，蛋白液中已含有大量微生物，这些生物在蛋白液中非常活跃，因此，灭菌操作必须在花生仁变成蛋白液 2 ~ 4h 之内完成，否则，蛋白液会发生自然酸沉。浸取和分离整个过程冬季控制在 4h 之内，夏季控制在 2h 之内。灭菌温度为 85 ~ 90℃，时间为 15 ~ 20s。

（2）均质 为把蛋白液中的油脂和蛋白颗粒微粒化的一个调质处理，不仅可以打碎脂肪油滴，还可以打碎蛋白颗粒，使油脂和蛋白质均匀分散于溶液中，这对于提高产品质量是非常有利的。均质压力控制在 15 ~ 35MPa 范围内。

（3）浓缩 为除去浸出液中溶剂的过程。从蝶式离心机出来的蛋白液中含有 8% ~ 10% 的固形物，其余 90% 左右都是水。这些水必须在干燥前除去，以减少干燥设备的负荷，提高产品粒度和质量。浓缩温度为 50 ~ 60℃，残压保持在 8 ~ 19kPa，蛋白液浓缩到 12 ~ 13°Bé，即可出锅。否则浓度太高，对后面干燥不利。

（4）酸沉 为除去糖类物质的过程。如果要是蛋白质含量更高、风味更好的蛋白粉，必须将蛋白液中的可溶性糖类物质分离出来。酸沉就是利用蛋白质在等电点附近溶解度最低这一特点。调节溶液的 pH 至花生蛋白的等电点，这时蛋白由于失去稳定的双电层结构，分子相互碰撞，并凝聚起来，形成更大的蛋白颗粒而从溶液中沉淀出来。经自然沉降静置，分离出去可溶性糖类，或经离心机加速沉降除去糖类物质，经酸沉处理后蛋白质纯度可提高到 85% 以上。

6. 干燥

干燥是为了减少浓缩物中的水分，便于产品的储存和长途运输，同时可防止微生物的繁殖。干燥过程中，还必须尽量保持蛋白质的天然性质，功能特性和尽量减少干燥费用。目前常用的干燥方法有喷雾干燥、沸腾干燥、真空干燥和冷冻升华干燥。

喷雾干燥技术目前在国内外食品工业中广泛采用。干燥时，通过机械的作用将需干燥的物料分散成很细的像雾一样的颗粒，与热空气接触后，在瞬间将大部分水分除去，而使物料中的固体干燥成粉末。通常喷雾干燥法热风进口温度为130~150℃，出风口温度为70~85℃。

（四）花生组织蛋白生产工艺

制取花生组织蛋白的原料，有低变性预榨浸出粕、脱脂花生粉以及冷榨花生饼等。花生组织蛋白工艺流程图如图8-2所示。

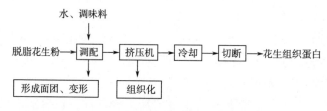

图8-2　花生组织蛋白生产工艺

花生组织蛋白具有特有的花生风味，色泽浅而细腻。利用普通浸出粕生产的花生组织蛋白，主要性能参数见表8-3。

表8-3　　　　　　　　　　　花生组织蛋白性能参数

项目	性能参数
色泽	棕黄色
口味	有花生特有的香味
吸水性	每100g干品吸水约为134~170g，吸水后呈海绵状，有弹性
容重/（g/L）	133~169
水分/%	9
脂肪/%	2.76（干基）
总蛋白质/%	56.89
灰分/%	5.83
浸出溶剂油残留/（mg/kg）	<50
黄曲霉素	不得检出

第二节　醇法生产花生浓缩蛋白的工艺技术

花生不仅是重要的油料资源，也是重要的植物蛋白资源。利用榨油后剩余的花生粕作为原料进一步加工成具有营养和功能特性的高蛋白质含量产品是花生蛋白利用的重要途径。目前国际上花生蛋白产品根据蛋白质的含量，主要分为花生蛋白粉（含量<65%）、花生浓缩蛋白（含量65%~70%）和花生分离蛋白（含量85%~96%）。花生浓缩蛋白的蛋白质含量较高，含有人体所需要的8种必需氨基酸，且极易被人体消化吸收，消化系数可达90%以上，是一种营养价值较高的植物蛋白产品，广泛应用于多种食品及食品配料中。

制取花生浓缩蛋白的方法主要有乙醇浸提法和碱溶酸沉法。碱溶酸沉法能制得氮溶解指数较高的产品，但其风味和色泽不如乙醇浸提法制备的产品好，且有大量废水排放；乙醇浸提法是较好的浓缩蛋白制备方法，该方法的缺点是溶解性偏低。所以，如何制备蛋白质含量高，并且溶解性好的花生浓缩蛋白是需要解决的问题。本文以脱脂花生蛋白粉为原料，通过单因素实验和正交实验优化了乙醇浸提法生产花生浓缩蛋白的工艺条件，并通过放大实验验证了工艺稳定性，为花生浓缩蛋白的工业化生产奠定了基础。

一、材料与方法

（一）实验材料

1. 原料与试剂

脱脂花生蛋白粉，阜新黑土地油脂有限公司；甲醇、氢氧化钠、硼酸、盐酸、硫酸、苯酚、石油醚、三氯乙酸等均为分析纯；甲基红、亚甲基蓝。

2. 仪器与设备

LGJ-10型冷冻干燥机；HH-8型数显恒温水浴锅；FE20型实验室pH计，梅特勒-托利多仪器有限公司；LXJ-IIB型低速大容量多管离心机；725N型紫外可见分光光度计；2300型自动定氮仪、Soxtec Avanti2050型自动索氏总脂肪分析系统，瑞典Foss公司。

（二）实验方法

1. 原料和产品主要成分的测定

蛋白质含量测定：凯氏定氮法，参照GB/T 5009.5—2016；脂肪含量的测定：索氏抽提法，参照GB/T 5009.6—2016；水分含量的测定：直接干燥法，参照GB/T 5009.3—2016；灰分含量的测定：参照GB/T 5009.4—2016；总糖含量的测定：苯酚硫酸法。

2. 氮溶解指数的测定

半微量凯氏定氮法，参照GB/T 5511—2008。氮溶解指数=（水溶液中蛋白质总质量/测量前样品中蛋白质质量）×100%。

3. 花生浓缩蛋白的制备

将脱脂花生蛋白粉过40目标准筛，然后准确称取2g装入三角瓶中。将配制成一定体积分数的乙醇溶液置于水浴锅中加热，当达到所需温度时按一定料液比将乙醇溶液加入三角瓶中，在一定温度下保持一定时间，然后离心分离（3000r/min，20min），所得沉淀再次浸洗，浸洗物离心分离（3000r/min，20min），浸洗一定次数，最后将沉淀冷冻干燥，即得到花生浓缩蛋白产品。

二、结果与分析

（一）原料的主要成分

脱脂花生蛋白粉主要成分含量见表8-4。

表8-4　　　　　　　　脱脂花生蛋白粉主要成分含量　　　　单位：%

蛋白质含量	脂肪含量	水分含量	灰分含量	总糖含量
37.23	0.85	8.18	15.09	21.21

（二）单因素实验

1. 浸洗时间对蛋白质含量的影响

在乙醇体积分数70%、浸洗温度50℃、料液比1：7、浸洗次数3次的条件下，考察不同浸洗时间对产品中蛋白质含量的影响，结果如图8-3所示。由图8-3可知，随浸洗时间的延长，产品中蛋白质含量呈现先上升后下降的趋势。浸洗时间为40min时，蛋白质含量达到最大。因此，适合的浸洗时间为40min。

2. 料液比对蛋白质含量的影响

在乙醇体积分数70%、浸洗温度50℃、浸洗次数3次、浸洗时间40min的条件下，考察不同料液比对产品中蛋白质含量的影响，结果如图8-4所示。由图8-4可知，在料液比1：6时蛋白质含量达到最大值68.43%，进一步提高乙醇在体系中的比例，蛋白质含量呈平缓下降趋势。因此，最佳料液比为1：6。

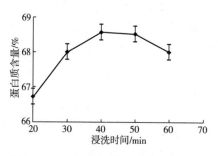

图8-3　浸洗时间对蛋白质含量的影响

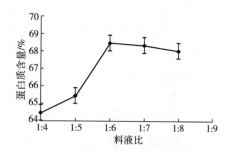

图8-4　料液比对蛋白质含量的影响

3. 浸洗次数对蛋白质含量的影响

在乙醇体积分数70%、浸洗温度50℃、料液比1：6、浸洗时间40min的条件下，考察不同浸洗次数对产品中蛋白质含量的影响，结果如图 8-5 所示。由图 8-5 可知，浸洗次数从 2 次增加至 4 次时，产品中的蛋白质含量升至最高，浸洗次数进一步增加，产品中的蛋白质含量下降。因此，较适合的浸洗次数为 4 次。

4. 乙醇体积分数对蛋白质含量的影响

在浸洗温度 50℃、料液比 1∶6、浸洗次数 4 次、浸洗时间 40min 的条件下，考察不同体积分数的乙醇溶液对产品中蛋白质含量的影响，结果如图 8-6 所示。由图 8-6 可知，乙醇体积分数为 70% 时，产品的蛋白质含量最高，达到 70.17%。理论上分析，在乙醇溶液浸洗的过程中蛋白质结构发生变化，由原来的紧凑的球形变成松散的结构，使得原来与蛋白质相结合的一些可溶性物质被乙醇溶液萃取出来，从而提高了产品中蛋白质的含量。当乙醇体积分数继续增加时，一些可溶性物质不再溶解，也在溶液中沉淀下来，从而降低了产品中蛋白质的含量。因此，最佳乙醇体积分数为 70%。

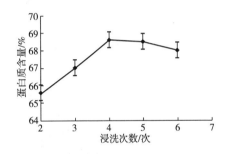

图 8-5　浸洗次数对蛋白质含量的影响

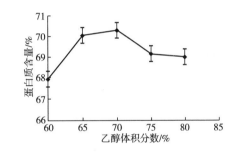

图 8-6　乙醇体积分数对蛋白质含量的影响

5. 浸洗温度对蛋白质含量的影响

在乙醇体积分数 70%、料液比 1∶6、浸洗次数 4 次、浸洗时间 40min 的条件下，考察不同浸洗温度对产品中蛋白质含量的影响，结果如图 8-7 所示。由图 8-7 可知，在 55℃ 时产品中的蛋白质含量达到最大值 71.10%，浸洗温度上升到 60℃ 时，蛋白质含量下降为 70.53%。因此，最佳浸洗温度为 55℃。

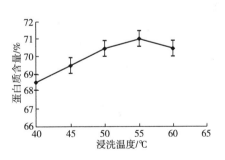

图 8-7　浸洗温度对蛋白质含量的影响

（三）正交实验

根据上述单因素实验分析可以看出，5 个因素都对产品中蛋白质的含量有一定的影响。单因素实验获得的最佳工艺条件：乙醇体积分数70%，料液比1:6，浸洗温度55℃，浸洗时间40min，浸洗次数4次。在单因素实验的最佳条件下，产品中的蛋白质含量最高，达到71.10%。为了进一步优化工艺条件，在单因素实验的基础上，以浸洗温度（A）、浸洗次数（B）、料液比（C）、乙醇体积分数（D）和浸洗时间（E）为影响因素，以产品中蛋白质含量为考察指标，设计了L_{16}（4^5）正交实验，以正交助手软件进行结果分析。因素水平见表8-5，正交实验设计与结果见表8-6。

表8-5　　　　　　　　　　　　　　　因素水平表

水平	A/℃	B/次	C	D/%	E/min
1	45	3	1:5	65	30
2	50	4	1:6	70	40
3	55	5	1:7	75	50
4	60	6	1:8	80	60

表8-6　　　　　　　　　　　　　　正交实验设计与结果

试验号	A	B	C	D	E	蛋白质含量/%
1	1	1	1	1	1	67.61
2	1	2	2	2	2	62.72
3	1	3	3	3	3	74.17
4	1	4	4	4	4	70.22
5	2	1	2	3	4	73.38
6	2	2	1	4	3	71.48
7	2	3	4	1	2	71.56
8	2	4	3	2	1	68.32
9	3	1	3	4	2	59.32
10	3	2	4	1	1	62.64
11	3	3	1	2	4	57.58
12	3	4	2	1	3	57.42
13	4	1	4	2	3	60.50
14	4	2	3	1	1	60.58
15	4	3	2	4	1	74.01
16	4	4	1	3	2	69.75

续表

试验号	A	B	C	D	E	蛋白质含量/%
k_1	68.68	65.20	66.61	64.29	68.15	
k_2	71.19	64.36	66.88	62.28	65.84	
k_3	59.24	69.33	65.60	69.99	65.89	
k_4	66.21	66.43	66.23	68.76	65.44	
R	11.95	4.98	1.29	7.71	2.71	

如表 8-6 所示正交实验设计与结果可知，影响花生浓缩蛋白产品中蛋白质含量的因素主次顺序 $A>D>B>E>C$，即浸洗温度>乙醇体积分数>浸洗次数>浸洗时间>料液比，最佳工艺组合为 $A_2B_3C_2D_3E_1$。即浸洗温度 50℃，浸洗次数 5 次，料液比 1:6，乙醇体积分数 75%，浸洗时间 30min。分析该组合发现：正交实验优化结果中只有料液比的参数与单因素实验吻合，其他 4 个参数均与单因素实验结果不同，而料液比对产品中蛋白质含量的影响最小，是最次要的影响因素；正交实验优化结果中主要影响因素乙醇体积分数为 75%，而由单因素实验结果可知，65%~70% 为最佳，在乙醇体积分数 75% 的条件下，产品中的蛋白质含量显著下降。综合分析正交实验和单因素实验结果，最终选择组合 $A_4B_1C_4D_1E_2$ 作为花生浓缩蛋白制备的工艺条件，即浸洗温度 60℃，浸洗次数 3 次，料液比 1:8，乙醇体积分数 65%，浸洗时间 40min。

在该组合条件下进行验证实验，3 组平行实验得到的花生浓缩蛋白产品中平均蛋白质含量为 72%，氮溶解指数为 42%，脂肪含量为 0.59%，水分含量为 6.06%，灰分含量为 5.21%，总糖含量为 8.73%。分析这些数据可知，在该工艺参数下得到的花生浓缩蛋白产品的总糖含量和灰分含量与原料相比显著下降，蛋白质含量显著提高；所得产品的蛋白质含量高于单因素实验结果，同时高于许多文献中的实验结果 J，并且产品氮溶解指数较高。这些结果表明，该工艺条件能够制备出高蛋白质含量且具有良好功能性的蛋白质产品，有很好的工业应用前景。

（四）扩大实验

为了进一步验证上述工艺条件的稳定性，为中试生产提供数据，本文在上述工艺条件下分别取 30，100g 原料进行扩大实验。结果表明，所得产品的蛋白质含量分别为 72% 和 70%，氮溶解指数分别为 42% 和 40%，数据经 t 检验 $P>0.05$，无显著差异，证明该工艺稳定可行。因此，本研究确定浸洗温度 60℃、浸洗次数 3 次、料液比 1:8、乙醇体积分数 65%、浸洗时间 40min 为最佳生产工艺条件。在最佳工艺条件下用 100g 原料制备的花生浓缩蛋白产品的其他性能指标：

243

脂肪含量 0.55%，水分含量 5.72%，灰分含量 6.34%，总糖含量 10.41%。

三、结论

通过单因素实验和正交实验，得出乙醇浸提法生产花生浓缩蛋白的最佳工艺条件为：浸洗温度 60℃，浸洗次数 3 次，料液比 1∶8，乙醇体积分数 65%，浸洗时间 40min。在最佳工艺条件下 100g 原料制得的花生浓缩蛋白产品的各项性能指标：蛋白质含量 70%，氮溶解指数 40%，脂肪含量 0.55%，水分含量 5.72%，灰分含量 6.34%，总糖含量 10.41%。本研究为花生浓缩蛋白的工业化生产奠定了基础。

第三节　花生多肽的制备及纯化

以冷榨花生饼为原料，用水相酶法提取花生蛋白，再用中性蛋白酶 AS1.398 进一步水解得到花生肽粗品。运用超滤装置中 5ku 中空纤维膜组件截取分子质量范围 5ku 以下的组分、用葡聚糖凝胶层析分离得到 2 个活性峰，经含尿素的 SDS-PAGE 凝胶电泳显示为单一的谱带，分子质量范围在 6.5ku 和 2ku 左右。再通过 3ku 中空纤维膜组件截取样品分子质量范围 3ku 以下的组分，经过用葡聚糖凝胶层析和 SDS-PAGE 凝胶电泳分析得到 1 个活性峰，分子质量在 2ku 左右。运用柱前衍生、反相柱分离技术对多肽进行氨基酸组成分析，借以了解多肽的一级结构，为下一步分析其结构和功能的关系打下基础。

一、材料与方法

（一）实验材料

冷榨花生饼：山东德州宏鑫花生蛋白食品有限公司提供。

（二）主要化学试剂

中性蛋白酶 AS1.398	16 万 u/g	广西南宁庞博生物工程有限公司；
氢氧化钠	AR	天津市风船化学试剂科技有限公司；
柠檬酸	AR	武汉华飞试剂厂；
正己烷	AR	天津市津宇精细化工厂；
亚硫酸钠	AR	天津市科密欧化学试剂开发中心；
G-25 凝胶	AR	上海东风生化技术有限公司；
无水乙醇	AR	天津市广成化学试剂有限公司；
甘氨酸	AR	上海化学试剂有限公司；
甲醇	AR	浙江黄岩化工实验厂；
冰醋酸	AR	上海化学试剂有限公司；

丙烯酰胺	AR	华美生物工程公司；
N-N'-亚甲双丙烯酰胺	AR	华美生物工程公司；
TEMED	AR	Sigma 公司；
过硫酸铵	AR	西安化学试剂厂；
SDS	AR	西安化学试剂厂；
甘油	AR	西安化学试剂厂；
Tris	AR	成都试剂厂；
脲	AR	西安化学试剂厂；
低范围蛋白质分子质量标准（66~4.1ku）	生化试剂	重庆科润生物医药研发有限公司；
纯氮气	AR	南京特种气体厂有限公司；
二甲基甲酰胺（DMF）	CP	石家庄诚和信物资贸易有限公司；
乙腈	HPLC 级	上海德正化工有限公司。

（三）实验仪器与设备

恒温水浴锅	JY-501 型	江苏南通县实验电器厂；
恒温水浴锅	HHS 型	上海博迅实业有限公司医疗设备厂；
强力电动搅拌机	JB90-D 型	上海标本模型厂；
数显鼓风干燥箱	GZX-9070 ME	上海博迅实业有限公司医疗设备厂；
离心机	LD5-10 型	北京医用离心机厂；
旋转蒸发器	RES2CS 型	上海亚荣生化仪器厂；
循环水真空泵	SHZ-Ⅲ 型	上海亚荣生化仪器厂；
微量凯式定氮仪		上海亚荣生化仪器厂；
数显恒温气浴振荡器		荣华公司；
pH 计	pH-1 型	江苏姜堰市可达仪器厂；
循环水式真空泵	SHZ-D	河南省巩义黄峪仪器一厂；
电子天平		北京六一仪器厂；
层析柱（1.6cm×60cm）		北京六一仪器厂；
记录仪	LM17 型	上海自动化仪表厂；
核酸蛋白质检测仪	WXJ-9388	康特高科生物仪器有限公司；
自动部分收集器厂	ZBS-1	中国科学院上海科学仪器厂；
超滤试验装置	LM-125	北京旭邦膜设备有限责任公司；
5ku 中空纤维膜组件		北京旭邦膜设备有限责任公司；
3ku 中空纤维膜组件		北京旭邦膜设备有限责任公司；
蠕动泵	CL 型	北京旭邦膜设备有限责任公司；
双垂直电泳槽	DYCZ-24D	北京六一仪器厂；

电泳仪	DYY-2C 型	北京六一仪器厂；
台式高速离心机	TGL-16C	上海安亭科学仪器厂；
冷冻干燥机	Freezone 6	日本 HITACHI 公司；
氨基酸水解试剂盒		贝克曼公司；
DABS 试剂盒		美国 Beckman 公司。

（四）实验方法

1. 酶活力的测定

Folin-酚法。

2. 蛋白质水解度的测定

蛋白质水解度的测定公式

$$W(\%) = (N_2 - N_1)/(N_0 - N_1) \times 100 \qquad (8-1)$$

式中　N_0——花生蛋白中的总氮量；

$\qquad$ N_1——酶解前花生蛋白溶液在 10% TCA 中的可溶性氮量；

$\qquad$ N_2——酶解后酶解液在 10% TCA 中的可溶性氮。

注：式中的氮是由微量凯氏定氮法测定。

3. 三氯乙酸（TCA）可溶性氮测定

量取蛋白水解液 10mL，加入 10% 三氯乙酸 10mL 与之混合，放置 20min 后，在 4000r/min 下离心 15min，用凯式定氮法测定上清液的可溶性氮浓度。

4. 花生肽的制备工艺流程

冷榨花生饼制备花生多肽粗品的工艺流程如下：

冷榨花生饼 → 粉碎 → 浸泡 （50℃，两次各 3h） → 加热处理 （90℃，15min） → 酶解 （pH7.0、42℃、4h，加酶量：6500u/g 底物） → 灭酶 （3mol/L 柠檬酸溶液调 pH4.2~4.5） → 离心 （4000r/min，20min） → 沉淀 → 1:10 溶于水 → 煮沸 （30min） → 酶解 （蛋白酶 6500u/g 原料，42℃，8h） → 灭酶 （加柠檬酸，pH4.2~4.5） → 离心 → 脱色 （加入占溶液重 3%~5% 的活性炭，30℃ 搅拌 30min） → 抽滤 → 冷冻干燥 → 花生多肽粗品

5. 多肽粗品的预处理

上述得到的花生多肽的粗品，为防止堵塞超滤装置及凝胶柱，在超滤和上凝胶柱之前，需经以下处理。

（1）离心　将得到的花生多肽粗品溶解于适量蒸馏水中，在 4000r/min 下离心 8min，取上清液。冰箱保存，备用。

（2）粗滤　上述上清液在超滤前用孔径为 1μm 的圆盘过滤器进行粗滤过滤，除去大分子物质或杂质等以免堵塞超滤膜组件。

（3）超滤（Ultrafiltration，UF）

①膜材料的选择：一般认为，蛋白质的水解度越大，水解产物的活性越好，

2~3 个氨基酸组成的小肽的生物活性最大。因此对于本试验的目标产物花生肽来说，酶解液中的杂质主要是大分子物质。超滤法由于可以按膜的截留分子质量对物料进行分离，所以在本试验中选用截留分子质量为 5ku 和 3ku 的中空纤维膜组件进行超滤（图 8-8）。

②超滤纯化花生多肽：5ku 和 3ku 的中空纤维膜组件及连接管先用 0.3% 的 NaOH 溶液处理去热原，然后将经过粗滤的多肽粗品用 5ku 膜组件以全回流的方式进行超滤，压力由 CL 型与蠕动泵提供，在 0.1MPa 以下，收集超滤液，再用 3ku 的过滤器进行超滤，收集超滤液。

6. 冷冻干燥

将超滤液转入冷冻干燥专用盘中，预冷后接到 Freezone 6 冷冻干燥机上进行冷冻干燥，样品备用。

图 8-8　LM-125 型超滤实验装置

7. 凝胶层析分离花生多肽

（1）凝胶的处理　Sephadex G-25 干粉经蒸馏水室温充分溶胀 24h，溶胀过程中注意不要过分搅拌，以防颗粒破碎。凝胶颗粒大小均匀，可使流速稳定。凝胶充分溶胀后用倾泻法将不容易沉下去的较细颗粒除去。将溶胀后的凝胶抽干，用 10 倍体积的洗胶液处理 1h，搅拌后继续用倾泻法除去悬浮的较细颗粒。

（2）装柱　将层析柱垂直装好，关闭出口，加入洗脱液约 1cm 高。将处理好的凝胶用等体积洗脱液搅成浆状，自柱顶部沿玻璃管壁缓慢加入柱中，待底部凝胶沉积约 1cm 高时，再打开出口，继续加入凝胶浆，至凝胶沉积到一定高度即可。装柱要求连续、均匀、无气泡、无"纹路"。

（3）平衡　将洗脱液与恒流泵相连，恒流泵出口端与层析柱入口连接，用 2~3 倍体积的洗脱液平衡，流速为 20mL/h（平衡后在凝胶表面放一片滤纸，可防加样时凝胶被样品或洗脱液冲起）。

（4）加样与洗脱　Sephadex G-25 凝胶层析上样前将柱中多余的液体吸出，使液面刚好盖过凝胶，关闭层析柱的下端出口，将经过截留分子质量为 5ku 超滤后的花生多肽冻干品 15mg 加入 10mL 乙醇（10%）溶液中溶解，取 0.75mL 上 SephadexG-25 柱，10% 的乙醇液作洗脱剂，控制流速为 10mL/h，加完后打开下端出口，使液面降至与凝胶面相平时关闭出口，用少量洗脱液洗柱内壁 2 次，加洗脱液至液层 4cm，接上恒流泵，调好流速 10mL/h，开始洗脱。

（5）收集与测定　在 280nm 处比色，以 3mL/管收集洗脱液。

8. 多肽 SDS-聚丙烯酰胺凝胶电泳

本试验采用的是石继红等改进的一种多肽含尿素的 SDS-PAGE，实验方法参见《现代分子生物学实验技术（第二版）》。

（1）电泳贮存液的配制 阳极缓冲液中 Tris 为 0.2mol/L 用 HCl 调 pH 至 8.9。阴极缓冲液为 0.1mol/L 的 Tris，0.1mol/L 的 Tricine 和 0.01g/L 的 SDS 溶液，其 pH 约为 8.25。胶缓冲液为 3.0mol/L 的 Tris 和 0.03g/L 的 SDS，用 HCl 调 pH 至 8.4。

称取 48g 丙烯酰胺和 1.5g N,N'-甲叉双丙烯酰胺溶于 100mL 纯水中，溶解混匀后经 4 号滤纸过滤即得到 495g/L T，30g/kg C 的贮存液；称取 46.5g 丙烯酰胺和 3.0g N,N'-甲叉双丙烯酰胺溶于 100mL 纯水中，同样得到 495g/L T，60g/kg C 的贮存液（T 代表丙烯酰胺的总浓度，C 代表交联度）。

（2）胶的制备 按 Laemmti 法制备分离胶（$T=15\%$，$C=3\%$）、浓缩胶（$T=5\%$，$C=3\%$），依次灌胶。

（3）样品缓冲液的制备及样品的处理 蛋白质样品与上样缓冲液（4g/L SDS，120g/L 甘油，50mol/L Tris，20mL/L 巯基乙醇含 0.1g/L 溴酚蓝，pH 6.8）按 1：1 体积比混合均匀，煮沸 5min 处理。

（4）电泳 以低范围蛋白质分子质量标准（4.1~66ku）作为标准蛋白，以 200V 恒电压进行电泳。电泳结束后用 12% 三氯醋酸于 37℃ 固定 1h，再用 0.05% 的考马斯亮蓝 R250 的染色液（甲醇：水：冰乙酸=9：9：2）染色过夜，最后用含 7.5% 甲醇和 5% 冰乙酸的水溶液脱色至背景清晰。

（五）花生多肽的氨基酸分析

多肽的氨基酸组成分析除适用氨基酸自动分析外，用 HPLC 法测定氨基酸的研究日渐活跃，用 HPLC 测定氨基酸的方法可分为柱前衍生法和柱后反应法两大类，本试验采用柱前衍生、反相柱分离的方法，即蛋白质或多肽水解后的游离氨基酸先同衍生试剂作用生成衍生物，然后经色谱柱分离、通过相应的检测器检测的方法。这种试验方法广泛用于各种游离氨基酸的分析，其测定灵敏度可达到纳克（ng）的水平。试验方法参照《现代分子生物学实验技术（第二版）》。

1. 多肽的水解

根据盐酸蒸汽水解法。配制 0.01~0.02g/L 的多肽溶液，然后取 1mL 待测样品溶液置于试管中，真空干燥。将待测样品、空白和标准品的试管分别放在水解架上，将水解管架放入水解瓶中，在水解瓶中加入 1mg 固体苯酚（防止酪氨酸在水解中降解），向水解瓶中通氮气 1min，赶走其中的氧气。放入水解试剂（6mol/L 的 HCl）1mL，倒入瓶中，旋转以便溶解苯酚。充分通氮气 1~2min。抽真空，调节抽气速率，直至水解瓶中的 HCL 轻轻起泡（抽真空的时间不要超过

2min，防止 HCl 损失过量）。将水解瓶放入 110℃烘箱中，水解 24h 后即可，取出备用。

2. 氨基酸的测定

根据 DABS 法。DABS 法所用的衍生剂是 4-二甲基胺基偶氮苯-4-磺酰氯（DABS）。衍生后生成 DABS-AA。

（1）洗脱液配制

A 液：110mL 100mmol/L 的柠檬酸溶液，加 40mL 二甲基甲酰胺（DMF）溶液，用纯水定容至 1000mL。

B 液：30% 的 A 液，70% 的乙腈（含 40% DMF）。

DABS 试剂盒：3#　　样品稀释液；

　　　　　　4#　　衍生试剂；

　　　　　　5#　　稀释缓冲液。

（2）DABS-AA 的衍生制备　　将水解的标准品或游离氨基酸冷冻干燥，取 20μL 3# 溶液放入标有样品的小管中。向小管中加入 40μL 4# 衍生试剂，盖上塞后，混合振荡均匀。放入 70℃恒温水浴，12min 衍生完成。冷却至室温后打开管塞，加入 440μL 5# 溶液，取 20μL 样品进行 HPLC 分析。

（3）HPLC 分离分析　　色谱柱：Beckman DABS C_{18}（250mm×4.6）流动相：乙腈-1.0%冰醋酸溶液梯度洗脱：（$0\sim17.2$mm，25% B，$17.2\sim23.20$min，25% B-56% B，$23.20\sim27.00$min，56% B→86% B），在流速 1.4mL/min，波长：436nm 下检测。

二、结果与分析

（一）Sephadex G-25 凝胶层析分析结果

如图 8-9 所示，层析图说明经过 5ku 超滤后的花生多肽经 10% 的乙醇洗脱后，在洗脱曲线 50min 和 170min 位置附近出现 2 个峰。出现在 50min 左右的峰强度大，出峰时间较早，推测此处的多肽相对分子质量较大；出现在 170min 左右的峰强度相对较弱，出峰时间晚，因此此处的多肽的相对分子质量较小，2 个峰分离较好。如图 8-10 所示层析图表明经过 3ku 超滤后的花生多肽中主要含有一个组分，出现时间在 170min 左右，与如图 8-9 所示的Ⅱ号峰出现的时间基本相同，且峰形相似，可以推测为同一物质。

（二）SDS-PDGE 凝胶电泳分析

如图 8-11 所示，1 为低分子质量标准蛋白，从上到下分别为牛血清白蛋白（66ku），卵清蛋白（45ku），猪胃蛋白酶（35ku），磷酸丙糖异构酶（27ku），甲状旁腺激素（1-84）（9.5ku），抑肽酶（6.5ku），甲状旁腺激素（1-34）（4.1ku）；2、4、5 为 5ku 超滤液柱层析Ⅰ号峰；3 为酶解液；6、7 为 5ku 超滤液；8 为 5ku 超滤液柱层析Ⅱ号峰；9 为 3ku 超滤液浓缩后柱层析。

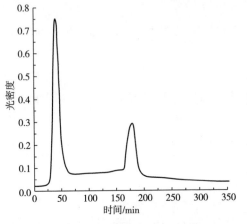

图 8-9　5ku 的超滤液的蛋白质洗脱曲线　　图 8-10　3ku 的超滤液的蛋白质洗脱曲线

　　如图 8-11 所示，未经过超滤的酶解液的分子质量分布较广，其中含有超过 66ku 的大分子物质，并且分子质量在 4.1~6.5ku 的多肽的含量很高。经过 5ku 超滤后的花生多肽电泳显示出 2 条带，分子质量在 6.5ku 和 2ku 左右。经过 3ku 超滤后的花生多肽电泳显示出 1 条带，分子质量 2ku 左右。这也验证了经过 5ku 超滤后的花生多肽层析图中的二个峰形和经过 3ku 超滤后的花生多肽层析图中的一个峰形。

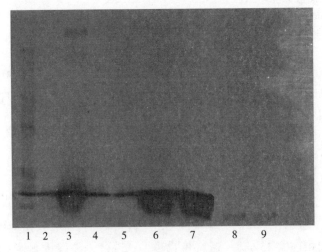

图 8-11　花生多肽的 SDS-聚丙烯酰胺凝胶电泳谱图

如图 8-12 所示，是以标准蛋白质的 9 个分子质量的对数为纵坐标，电泳迁移率为横坐标，绘制 lgMr 迁移率如图 8-12 所示为以标准蛋白质的 9 个分子质量的对数为纵坐标，电泳迁移率为横坐标，绘制 $\lg M_r$ -迁移率图，即分子质量标准曲线。线性回归方程：$y = 1.85231 - 1.47502x$，相关系数 r 为 0.99933。Ⅰ 号峰的 R_{f_I} 测量计算为 0.7，Ⅱ 号峰的 $R_{f_{II}}$ 测量计算为 0.88，按回归方程计算，Ⅰ 号峰的 M_{r_I} 为 6.6ku，Ⅱ 号峰的 $M_{r_{II}}$ 为 2ku。

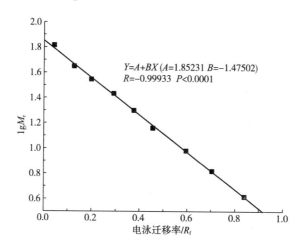

$Y = A + BX$ $(A = 1.85231$ $B = -1.47502)$
$R = -0.99933$ $P < 0.0001$

图 8-12　分子质量标准曲线

（三）花生多肽的氨基酸分析

花生蛋白中含有人体必需的八种氨基酸，除甲硫氨酸含量较低外，赖氨酸、色氨酸、苏氨酸含量均接近联合国粮农组织所规定的标准，而其他四种氨基酸含量也接近或超过了此标准，赖氨酸含量比大米、小麦、玉米高 3~8 倍，其有效利用率达 98.94%，而大豆中的赖氨酸有效利用率仅为 78%。

蛋白质样品中的氨基酸分析结果见表 8-7。

表 8-7　　　　　　　　花生饼和花生多肽的氨基酸组成　　　　　　　单位：%

名　称	英文名称	花 生 饼	花 生 肽
苏氨酸	Thr	1.19	1.87
缬氨酸	Val	2.02	2.82
甲硫氨酸	Met	0.41	0.86
异亮氨酸	Ile	1.62	1.97
亮氨酸	Leu	3.27	2.48
苯丙氨酸	Phe	2.94	2.74

续表

名　称	英文名称	花 生 饼	花 生 肽
赖氨酸	Lys	1.75	1.95
天冬氨酸	Asp	6.21	7.11
丝氨酸	Ser	1.98	2.57
甘氨酸	Gly	2.17	3.27
谷氨酸	Glu	10.38	11.85
组氨酸	His	1.06	2.04
精氨酸	Arg	6.15	6.57
丙氨酸	Ala	1.96	2.48
脯氨酸	Pro	1.83	2.07
酪氨酸	Tyr	1.48	1.68
半胱氨酸	Cys	0.61	0.78
总　和		47.03	55.11

如表 8-7 所示，中性蛋白酶 AS1.398 水解的花生肽中各种氨基酸含量较原料花生饼的氨基酸含量高。其中花生饼和花生多肽中谷氨酸和天门冬氨酸含量分别高达 22% 和 13%，这两种氨基酸对脑细胞发育和增强记忆力有良好的作用。

三、小结

（1）利用超滤去除花生多肽酶解液中的大分子物质可以降低多肽分离的难度。并且与 Sephadex G-25 凝胶过滤相结合可以分离出谱带单一的分子质量小于 2ku 的多肽。

（2）花生多肽的氨基酸含量明显高于花生饼中含量。这说明水解的花生肽具有更高的营养价值。

第四节　花生超细粉技术

一般的花生粉粒度小于 100 目，由于粒度大，糊化性能差，影响了食品加工性能，从而限制了花生的消费。冷榨花生饼经超细粉碎，过 140 目筛，收集得到的花生蛋白粉，称为花生超细粉。花生超细粉由于粒度小，性质发生了很大的变化，尤其是糊化性质发生了很大的变化，花生超细粉改善了面制食品的口感与工艺性质。将花生超细粉用于焙烤制品生产中，不仅能改善花生食品的品质和适口性。而且小麦面粉与花生粉的合理搭配，能使氨基酸获得更好的平衡，蛋白质质量得到显著提高，增强了制品的营养价值；同时花生蛋白能缓解小麦面粉的筋力，因而提高了制品的酥松性能。目前市场上的煎饼品种主要是面粉煎饼，如旺旺煎饼、徐福记小丸煎饼等。以花生超细粉为原料，可以开发酥脆可口的花生超细粉煎饼，这样不仅拓宽了花生的用途，也丰富了煎饼品种，弥补了焙烤食品原料单一，品种不足的缺陷，对于花生资源丰富的我国，具有重要的意义。

一、材料与方法

（一）实验材料

冷榨花生饼：山东德州宏鑫花生蛋白食品有限公司提供；

小麦粉、乳粉、白砂糖、起酥油、泡打粉购于常青农贸市场。

（二）实验仪器和设备

清理筛	YQC100×2	安陆市天隆机电设备有限公司；
电子天平	AL-204	梅特勒-托利多仪器（上海）有限公司；
数显鼓风干燥箱	GZX-9070 ME	上海博迅实业有限公司医疗设备厂；
实验粉碎机	FS100	山东青州精诚机械公司；
药物粉碎机	FE-130	河南中州重工集团机械公司；
粉尘粒度检测筛	JJSF-Ⅱ	济南微纳仪器有限公司；
智能白度仪	WSB-Ⅳ	新恩粮仪公司；
动态流变仪	AR50	美国 TA 公司；
脆皮机	PB-1	沈阳基石东方机械；
搅拌机	KM800	上海升立混合机厂；
物性测试仪	QTS25	上海职能科学仪器。

（三）实验方法

1. 花生超细粉生产工艺流程

花生 → 清理 → 脱皮 → 冷榨 → 冷榨花生饼 → 粗粉碎 → 微粉碎

将纯冷榨花生饼预粉碎为花生粗粉，再采用微粉碎机将花生粗粉粉碎为超细粉（图8-13）。

2. 品质分析

（1）粒度测定　采用筛分分析法采用直径200mm的标准套筛，用万分之一天平称取50g或100g，放入套筛中筛分15~20min。筛分完成后，用天平称量各相应及底盘中的各种粒级的花生颗粒。各

图8-13 花生超细粉

种粒级的颗粒的总质量与原样量相差不应超过 2%，并按下式计算每种粒级花生粉的质量百分比。

$$(\Delta R_i / \Sigma \Delta R)100$$

式中　ΔR_i——筛上颗粒质量，g；

　　　$\Sigma \Delta R$——各种粒级颗粒的总质量，g。

取两次平行测定结果的算术平均值作为测定结果。

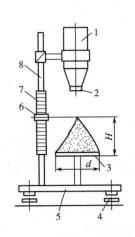

图 8-14　摩擦角实验装置

1—料斗　2—可变光阑式阀板　3—圆盘
4—调节螺栓　5—底座　6—滑动指示器
7—直尺　8—立杆

（2）摩擦角的测定　采用原盘测定法。采用如图 8-14 所示装置。把样品装入斗中，然后将可变光阑式阀板稍稍打开，使颗粒落入圆盘中央，直道圆盘堆满并形成圆锥体为止，这时高度达到稳定。将可变光阑式阀板关闭，将水平指示器的滑尺降下来，量出圆锥体高度。按式计算摩擦角：$\alpha = \text{arctg}$（$2H/d$）。

取 6 次测定结果的算术平均值作为最终结果。

（3）白度实验　采用 WSB-IV 智能白度仪在波长为 R547 条件下对花生粗、超细粉进行实验。

（4）糊化性质实验　采用流变仪在温度 0～110℃、升温速率 1℃/min、应变力 2.5、角频率 1Hz 条件下对花生粗粉、花生超细粉及不同粒度的花生超细粉进行温度扫描实验。

3. 花生超细粉煎饼工艺流程

混匀 （油脂、糖、水、蛋液）→ 添加 （花生超细粉、小麦粉、发粉、乳粉）→ 调糊 →
静置 → 挤注 → 压片烘烤 → 冷却 → 包装 → 检验 → 成品

4. 产品检测方法

成品评分以花纹 10 分，形态 10 分，黏牙度 10 分，组织结构 10，酥脆度 15 分，口感粗糙度 15 分，色泽 5 分，制作成型难易程度 15 分，总分 100 分。

5. 花生超细粉粗细度的确定

花生颗粒细度对酥脆、细腻的产品品质的影响进行了实验。

6. 原辅料配方设计和最佳工艺参数的选择

烘烤能使花生超细粉制作的食品产生特殊香味，同时由于花生超细粉使面筋蛋白筋力降低，因此用它制作煎饼具有一定的适应性，即具有良好的工艺品质。

花生超细粉在制作煎饼时能与面粉同时糊化，产品均匀性好。若采用全花生生产煎饼，则产品表面易产生裂纹，质构差。

烘烤是制作工艺中增香的重要工序，经过高温加热后，产生一系列理化特性的变化，这些变化使生料熟化，断面形成微细孔状结构，口感酥脆；同时糖类、蛋白质和油脂在高温的作用下，形成特有的色、香、味。根据烘烤花生超细粉煎饼的特性，经预试验选择烘烤温度为220℃，时间在2~3min。

在对主要因素进行单因素试验的基础上，采用L16（43×26）试验设计见表8-8，对花生粉、糖、乳粉、酥油、鸡蛋、泡打粉的添加量和加水量、静置时间、烘烤时间进行正交试验，以市售面粉煎饼的指标值为标准进行评定分析，选出最佳的原料配比和最佳工艺参数。

表8-8 花生超细粉煎饼正交试验因素水平表

水平	A 花生超细粉含量/%	B 糖粉含量/%	C 油脂含量/%	D 乳粉含量/%	E 蛋液含量/%	F 发粉含量/%	G 水分含量/%	H 静置时间/min	M 烘烤时间/min
1	50	5	0	5	10	0.5	100	15	2
2	60	10	5	10	20	1	120	20	3
3	70	15	10						
4	80	20	15						

注：（1）花生超细粉和小麦面粉之和（用 T 表示）为100%；
（2）其他添加物比例是占 T 的百分比。

二、结果与分析

（一）花生超细粉粒度

花生超细粉粒度测定结果见表8-9。

表8-9 花生超细粉分散度实验结果

筛孔大小	粒级的质量 ΔR_i		R_i/%
	/g	/%	
140目	1.6035	9.1365	3.1
160目	3.1	17.7	20.1
180目	8.7856	9.9854	62.9
200目	17.9	19.4	80.6
底盘	22.0687	51.5797	100
合计	42.8	100	

（二） 花生粗粉粒度

花生粗粉粒度测定结果见表 8-10。

表 8-10　　　　　　　　　　花生粗粉分散度实验结果

筛孔大小	粒级的质量 ΔR_i		$R_i/\%$
	g	%	
140 目	79.6597	0.8374	81.1
160 目	81.1	0.8	94.8
180 目	13.4752	0.1759	99.0
200 目	13.7	0.2	99.8
底盘	4.1587	98.3069	100
合计	4.2	100	

（三） 花生超细粉摩擦角测定结果

花生超细粉摩擦角测定结果见表 8-11。

表 8-11　　　　　　　　花生粗、超细粉摩擦角实验结果

样品名称	检测项目	检测结果
花生粗粉	摩擦角	48.4°
花生超细粉	摩擦角	56.7°

（四） 花生超细粉白度测定结果

花生超细粉白度测定结果见表 8-12。

表 8-12　　　　　　　　　花生粉白度检测结果

样品	白度（R547）
花生粗粉	46.6
花生超细粉	62.75

（五） 花生超细粉糊化性质测定结果

花生微粉糊化性质测定结果如图 8-15 至图 8-22 所示。

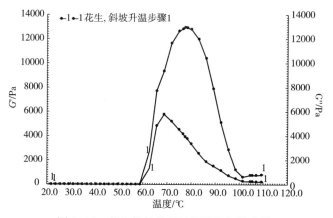

图 8-15　花生粗粉升温过程温度扫描曲线

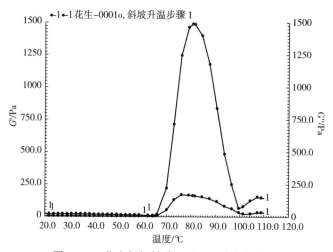

图 8-16　花生超细粉升温过程温度扫描曲线

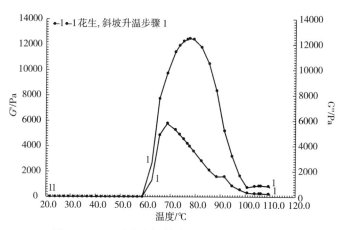

图 8-17　50 目花生粗粉升温过程温度扫描曲线

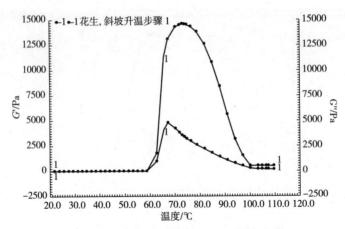

图 8-18　70 目花生粗粉升温过程温度扫描曲线

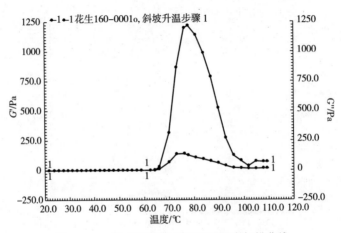

图 8-19　160 目超细粉升温过程温度扫描曲线

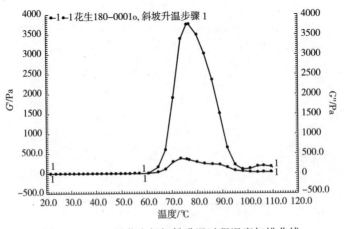

图 8-20　180 目花生超细粉升温过程温度扫描曲线

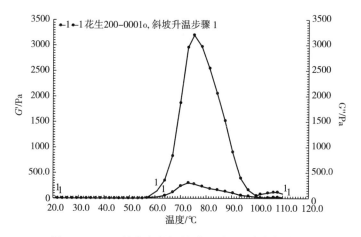

图 8-21　200 目花生超细粉升温过程温度扫描曲线

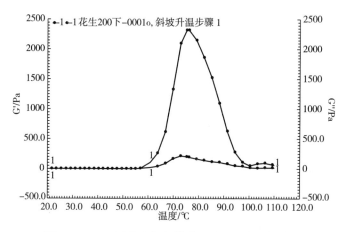

图 8-22　200 目花生超细粉升温过程温度扫描曲线

（六）花生粉的粒度对煎饼的影响

由表 8-13 可知，花生粉的粒度对花生煎饼的性质有较大的影响，花生粉粒度过粗，则煎饼的焙烤工艺性能差，产品酥脆度不够，口感硬而粗糙。

表 8-13　　　　　　　　　　　　花生粉粒度对煎饼的影响

粗细度	成品品质	粗细度	成品品质
CB30	粗糙、黏牙、有裂纹、糊化不均匀	CB36	稍粗、致密
CB52	略细、稍酥	CB64	细腻、酥脆

（七）花生超细粉煎饼配方和最佳工艺参数的确定

花生超细粉煎饼配方及得分见表 8-14。

表 8-14　　　　　　　　　　煎饼得分及分析表

水平	A 花生超细粉含量/%	B 糖粉含量/%	C 油脂含量/%	D 乳粉含量/%	E 蛋液含量/%	F 发粉含量/%	G 水量含量/%	H 静置时间/min	I 烘烤时间/min	得分
1	1	1	1	1	1	1	1	1	1	73.6
2	1	2	2	1	1	2	2	2	2	75.3
3	1	3	3	2	2	1	1	2	2	77.7
4	1	4	4	2	2	2	2	1	1	74.3
5	2	1	2	2	2	1	2	1	2	76.7
6	2	2	1	2	2	2	1	2	1	71.2
7	2	3	4	1	1	1	2	2	1	88.6
8	2	4	3	1	1	2	1	1	2	82.1
9	3	1	3	1	2	2	1	2	1	78.5
10	3	2	4	1	2	1	2	1	2	84.5
11	3	3	1	2	1	2	2	1	2	85.7
12	3	4	2	2	1	1	1	2	1	70.7
13	4	1	4	2	1	2	1	2	2	82.4
14	4	2	2	2	1	1	1	1	1	70.6
15	4	3	2	1	2	2	1	1	1	90.0
16	4	4	1	1	2	1	2	2	2	78.4
K_1	322.3	333.2	330.9	697.5	673.6	665.0	677.4	683.0	661.0	
K_2	341.2	323.3	334.9	652.5	676.4	666.9	672.6	667.0	689.0	
K_3	342.3	366.3	330.8							
K_4	344.2	327.1	353.4							
R	6.20	10.74	5.66	5.63	0.35	0.24	0.62	2.00	3.51	
优水平	A_4	B_3	C_4	D_1	E_2	F_2	G_1	H_1	M_2	

由表 8-14 正交试验结果可知：影响煎饼酥脆性的各因素主次次序是糖、花生超细粉、油脂、乳、烘烤时间、静置时间、加水量、鸡蛋、膨松剂。即糖的用量直接影响评分，其次是花生超细粉、油脂和乳粉，工艺参数中影响产品质量的烘烤时间>静置时间。从正交试验结果看，最优产品配方为

$A_4B_3C_4D_1E_2F_2G_1H_1M_2$。即花生超细粉煎饼产品的最优配方为花生超细粉含量80%、糖含量15%、油脂含量15%、乳粉含量5%、鸡蛋含量20%、泡打粉含量1%，且加水量为100%；最佳工艺参数为搅拌后静置15min、烘烤时间为3min。

（八）质量要求

感官要求外形完整，花纹清楚，大小基本均匀，呈金黄色、棕黄色的色泽，色泽均匀，花纹和饼体允许有较深的颜色，但不得有过焦、过白的现象；有明显的花生甘香味，无异味。口感细腻、酥脆，不粘牙；段面结构呈细密的多孔状；无油污，无异物。理化指标要求：水分<1%；碱度（以碳酸钠计）≤0.3%；卫生指标要求符合 GB 7099—2015 规定。

（九）实验结果分析

1. 粒度分布

粒度分布的测定及观察结果如图 8-23 至图 8-26 所示。

图 8-23　140~160 目颗粒（×1220）

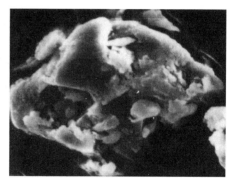

图 8-24　160~180 目颗粒（×2480）

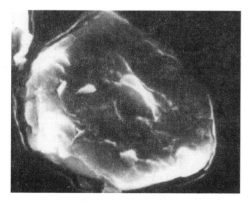

图 8-25　180~200 目颗粒（×2580）

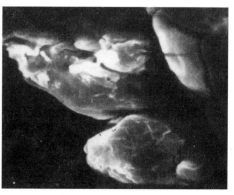

图 8-26　小于 200 目颗粒（×2660）

2. 粒度分析

花生粗粉主要是穿过 100 目的筛下物，粗于标准面粉（120 目）；花生超细粉（140 目）则比标准面粉细。140~160 目的颗粒处在开始破碎状态，颗粒表面开始出现裂纹，而 160~180 目的颗粒正处在破碎状态，颗粒表面裂纹多、深、大，穿过 180 目的颗粒则已被破碎，颗粒表面光滑，无裂纹。

3. 流动性分析

花生超细粉由于粒度细，故摩擦角大，流动性变差。

4. 白度分析

花生超细粉较粗粉白度白。

5. 糊化性质分析

花生超细粉较花生粗粉糊化温度降低，且糊化完全，回升慢。

三、小结

（1）通过实验，提出了花生超细粉的生产技术，并通过对花生超细粉与粗粉性质的比较实验研究，得出了粒度小、白度白、糊化性能良好的花生超细粉。

（2）在面粉中添加花生超细粉能有效调节面筋量和面筋强度，弱化面筋，使制品酥脆；花生超细粉的最佳添加量是 80%。

（3）按最佳配方制作的煎饼外形美观、风味独特、营养均衡，有利消化吸收。

第九章　花生副产品综合利用

第一节　花生蛋白饮料加工技术

花生蛋白饮料作为一种优质保健食品，长期饮用能够促进身体新陈代谢、提升免疫力。

一、花生蛋白饮料加工技术要点

（一）原料
花生、白砂糖、复合稳定剂、食盐，以上材料均为食品级。

（二）主要设备
烤箱、豆浆机、过滤网。

（三）花生蛋白饮料的生产工艺

花生仁 → 浸烫 → 去皮 → 浸泡 → 磨浆 → 过滤 → 脱酶去涩 → 配料 → 均质 →
超高温瞬时灭菌 → 均质 → 装罐 → 二次杀菌 → 冷却 → 擦罐 →
保温或商业无菌检验 → 装箱

（四）工艺要点

1. 原料选择

由于花生中含有较多的脂肪，所以生产花生蛋白饮料时应尽可能选择小粒、蛋白质含量高、脂肪含量低、香气较浓的品种，保存期不超过 1 年，无虫蛀、无霉变的花生。

2. 浸烫温度、时间的选择

浸烫程度以手捏花生皮即落为宜。一般来说，浸烫温度为 90℃，时间为 6~10min，中间要进行搅动。

3. 去皮

将花生仁在脱皮机内慢慢搅拌 5~10min，再漂洗去皮。皮可以收集后进行综合利用。

4. 浸泡

花生蛋白质存在于种仁子叶的亚细胞颗粒蛋白体内，为了提高花生营养物质的提取率，以及有利于磨浆，一般在磨浆前需将花生浸泡，使种仁充分吸收水分膨胀，从而使组织软化，然后再进行磨浆。浸泡条件：花生：水 =1：3，温度为 60~70℃，加 0.1mol/L NaHCO$_3$，时间约 5h。加碱可以防止蛋白质变性，有利于蛋白质的溶出。

5. 磨浆

花生磨浆分为粗磨和细磨。粗磨采用砂轮磨，料水比一般为 1：（8~10）（具体应根据成品要求和饮料种类确定），浆体分离采用 80~100 目筛网。精磨采用胶体磨，要注意调节胶体磨动、静磨片之间的距离，使花生浆粒细度达到 100~200 目，然后离心分离得浆液。磨好的花生浆组织细腻、润滑、颜色乳白，花生蛋白质提取率为 60%~70%。为了提高花生蛋白质的提取率，抑制氧化酶的活性，以及改善花生乳的风味，可以采用热碱水磨浆法，采用此方法可以将花生仁中 95% 的油脂提取出来。

6. 脱酶去涩

脱酶去涩的条件：温度 90℃，时间 15min 左右。

7. 配料

可用白砂糖及其他辅料（如牛乳及其制品、可可、椰汁等）进行风味调整，在配料中应加入蔗糖脂等乳化剂。

8. 均质

配料后加温至 90~100℃进行均质，均质压力为 14~16MPa，经超高温瞬时灭菌后，进行第二次均质，压力为 16~18MPa。

9. 超高温瞬时灭菌

超高温瞬时灭菌条件为 135~140℃，3s。

10. 二次杀菌

装罐密封后需进行二次杀菌。因为花生乳属于低酸性食品，所以必须采用高温杀菌方式。

对于 250g 马口铁罐装的产品，其杀菌方式：温度 121℃，时间为 10min—20min—10min；

对于 250g 玻璃瓶装的产品，其杀菌方式：温度 121℃，时间为 15min—20min—反压分段冷却，杀菌后冷却到 37℃左右。

（五）注意事项

用磨浆机对花生进行磨浆时，要调节好磨的间隙，以使花生原浆产生像天然乳那样均匀的悬浮粒度。如间隙过大，花生原浆颗粒过粗，其纤维组织不能彻底破碎，包在花生仁里的蛋白质不能充分提出，从而导致花生原浆蛋白质浓度低，降低营养价值；如间隙过小，颗粒细，在浆渣分离时部分花生渣会混入乳中，因重力作用连同凝固蛋白质沉入底部，产生沉淀、分层现象，影响质量。在花生浸泡用水中加入浓度为 0.5% 的 NaHCO$_3$，可以缩短浸泡时间，改善花生原浆风味。

二、花生蛋白饮料产品质量指标

（一）感官指标

要求花生蛋白饮料产品为乳白色，均匀一致，口感好，无分层、沉淀现象，有特有的花生香气。

（二）理化指标

要求花生蛋白饮料产品中总糖含量为 5.0%~7.0%；蛋白质含量为 3.5%~4.3%；脂肪含量为 2.6%~3.3%；砷含量不大于 0.5mg/kg；铅含量不大于 0.5mg/kg。

（三）卫生指标

要求花生蛋白饮料产品中细菌总数不大于 100 个/mL；大肠菌群不大于 6 个/mL；致病菌不得检出。

三、花生蛋白饮料常见质量问题及对策

花生蛋白饮料以其营养丰富、风味独特、原料易得而深受人们喜爱，近年来得到快速发展。但是由于花生蛋白脂肪含量高、蛋白质稳定性差等原因，使得花生蛋白饮料在加工时易出现分层、沉淀，色泽欠白，自然香味不够或带有生青味及豆腥味，常产生油圈、油水分离、蛋白质沉淀等质量问题，这严重阻碍了花生蛋白饮料的发展。

（一）色泽欠白

花生蛋白饮料色泽欠白主要是由加工过程中花生的红衣引起的。因此，生产中为了获得色泽乳白的花生蛋白饮料，就必须脱掉花生红衣。目前常采用的脱红衣的方法有烘烤和热烫两种方法。烘烤法是指将花生在温度 110~130℃，以花生产生香味且不太熟为宜。热烫法是指将花生在 95℃上热水中浸渍 10s。

（二）生腥味

花生蛋白饮料在生产过程中常带有生青味及豆腥味，其原因主要是烘烤不够，未能完全钝化脂肪氧化酶。由于灭酶前用水浸泡过花生，使得脂肪氧化酶遇水活性增强，因此在加工前需要对脂肪氧化酶进行彻底灭活，主要方法为烘烤，要保证烘烤的温度和时间。

（三）变浓变稠

花生蛋白饮料在存放或销售过程中，呈现浓稠状或嫩豆花状，轻晃可颤动，将瓶倒置或倾斜时不流动或流动非常缓慢。分析其原因，可能有以下几方面：一是水质硬度过高，水中的钙离子和镁离子等与蛋白质结合，使蛋白质发生凝固；二是烘烤时间过长或温度过高，使蛋白质发生变性；三是植物胶稳定剂添加过多，使花生蛋白饮料在低温下变稠；四是封口不严，使枯草杆菌等微生物入侵。

（四）沉淀分层

花生蛋白饮料在存放过程中，短期内瓶底出现较多的粉末或块状沉淀，而瓶的上部液面则有约 10mm（严重时可达 10~30mm）的油圈。造成这一现象的原因可能有一是乳化稳定剂选择不当、添加不足或溶解不充分；二是水质硬度过高，水中的钙离子和镁离子等与蛋白质结合，使蛋白质发生凝固；三是磨浆和均质不够充分，蛋白颗粒过大，导致沉淀速度较快，破坏了乳状液的沉降平衡；四是原料烘烤过度、杀菌时间过长、温度过高、冷却不及时等导致蛋白质变性。

（五）腐败变质

花生蛋白饮料产品放置数天后，呈豆花状，开瓶有恶臭，pH 下降。造成这一现象的原因可能为一是生产调配时间太长，引起微生物过度污染；二是封口不严，导致微生物侵入并繁殖；三是杀菌强度不够，未能彻底杀灭所侵入的微生物。

四、花生蛋白饮料发展前景

优质植物蛋白饮料是今后饮料工业发展的趋势之一。花生蛋白饮料含有丰富的蛋白质以及人体必需氨基酸、维生素和不饱和脂肪酸等，且不含胆固醇，易被人体吸收，具有很高的营养价值和良好的保健作用，深受消费者欢迎，发展前景广阔。

第二节　花生磷脂制备技术

磷脂是一种生物活性物质，具有独特的理化性质、营养功能和生物学功能，在食品、保健品、医药以及饲料行业越来越被广泛使用。花生磷脂属于一种可被人体很充分利用的、优质的有机磷脂。花生油脚是花生油脂在精炼过程中水化冷冻脱胶的副产物，这种油脚中含有约 40% 的磷脂。磷脂尤其是有机磷脂是人体重要的营养物质，具有非常高的营养价值和生理价值。

一、花生磷脂的性质及组成结构

花生油磷脂是由卵磷脂、脑磷脂、肌醇磷脂、磷脂酰丝氨酸和磷脂酸等成分组成的复杂混合物。

1. 花生磷脂的性质

纯净的花生磷脂在高温下是一种白色固体物质，由于精制处理和空气接触氧化的原因而变成淡黄色或棕色。纯品无气味，具有吸湿性，溶于氯仿、乙醚、石油醚、植物油及多种有机溶剂中，但不溶于水，难溶于丙酮，遇水膨胀成胶体溶液，熔点为 150~200℃。

2. 花生磷脂的结构

磷脂是一类含有磷酸的脂类，分为甘油磷脂与鞘磷脂两大类，植物磷脂只由甘油磷脂组成。磷脂分子结构见图 9-1。

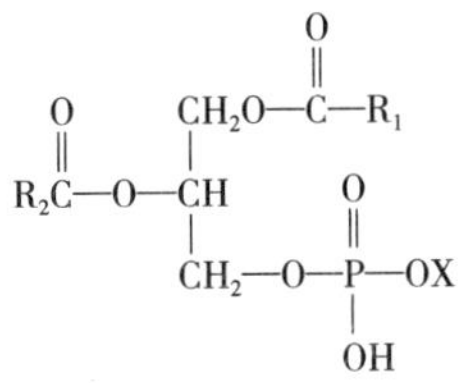

如图 9-1 所示，R_1、R_2 为碳数 14~20 的饱和脂肪酸或不饱和脂肪酸，如棕榈酸、硬脂酸、油酸、亚麻酸、花生四烯酸等。R 为多不饱和脂肪酸，其中以亚油酸为主。根据

图 9-1　磷脂分子结构式

X 的不同，磷脂有多种。当 X 为 $CH_2CH_2N（CH_3）_3$ 时，为磷脂酰胆碱（卵磷脂 PC）；X 为 $CH_2CH_2NH_3$ 时，为磷脂酰乙醇胺（脑磷脂 PE）；X 为 $C_6H（OH）_5$ 时，为磷脂酰肌醇（PI）。

花生磷脂这种两级性的结构决定了它是一种天然的两性表面活性剂，具有很好的乳化和分散作用。由于不饱和脂肪酸的存在，磷脂在空气中很容易被氧化，温度的升高将加快氧化反应的发生，氧化后的磷脂的颜色较深。花生磷脂的主要化学性质包括可进行水解反应、乙酰基化、羟基化、酰基化、磺化、饱和化、活化等反应。

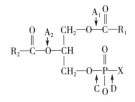

图 9-2　不同磷脂酶的水解部位

3. 磷脂的水解反应

磷脂与酸、碱作用，可部分或完全水解，生成复杂的水解产物。另外，目前已发现至少 4 种特异性磷脂酶（phospho-lipase），即磷脂酶 A_1、A_2、C、D，不同的磷脂酶可水解不同的酯键，使磷脂发生水解。以卵磷脂为例，磷脂酶的催化专一性如图 9-2 所示。

二、花生磷脂的主要营养功能及生理功能

磷脂是生命的重要组成部分，对机体的正常活动和新陈代谢起着重要的作用。

（一）花生磷脂的营养作用

花生磷脂属于植物有机磷脂，人体对其利用率较大。磷是人体必需的营养元素之一，是人体遗传代谢、生长发育、能量代谢等方面不可缺少的。人体缺磷会造成牙齿、牙龈脆弱，生长发育迟缓，引发佝偻病，易患肾结石、骨骼脆弱等病症。花生磷脂产品中主要含有磷脂酰胆碱（卵磷脂）、磷脂酰乙醇胺（脑磷脂）、磷脂酰肌醇等成分，含有丰富的磷元素，对人体磷的补充具有重要的作用。花生

267

中的磷脂还参与脂肪酸的代谢，可以改善营养不良人群的营养状况，而且可以改善和强化对人体维生素 A 和钙等营养物质的吸收。

（二）花生磷脂的生理功能

1. 调整机体膜功能

磷脂是生物膜的重要组成成分，是组成细胞膜脂质双层结构的物质基础，承担着生理代谢过程中物质交换和运输的功能。增加磷脂的摄入量，能有效地改善生物膜功能，提高机体的代谢能力、自愈能力和再生能力。

2. 保护和增强肝脏功能

磷脂可以预防和治疗脂肪肝的发生，当人体中脂肪过量时能形成脂肪滴，积蓄于肝脏，卵磷脂所释放出来的胆碱对脂肪具有较强的亲和能力，它可以结合人体肝脏中的脂肪滴，并以磷脂的形式由肝脏通过血液循环代谢，从而减低脂肪肝的发病率。而且还能促进肝细胞再生，故磷脂是防治肝硬化、恢复肝功能的保健佳品。

3. 降低体质指数（BMI），对超重和肥胖人群具有减肥作用

BMI 是描述相对人体质量最科学的方法之一。一般 BMI 与人体质量百分比呈明显正相关，Eissenstat 等研究发现，经常补充花生磷脂产品的人群 BMI 较低。花生及其制品含有丰富的花生磷脂，有利于机体能量的平衡以防止肥胖。澳大利亚的 Alper 和 Mattes 研究报道，给一组受试人群补充花生产品，在 19 周后研究发现，受试者多余摄入的能量增加消耗 11%，从而减少脂肪在体内堆积，有效降低心血管疾病发病率。

4. 改善体脂结构，促进脂肪吸收

花生磷脂具有良好的乳化性和极性，使进入小肠中，使脂肪分散成非常细小的脂肪颗粒，使脂肪颗粒与肠黏膜的接触面积大大增加，从而提高脂肪的吸收和利用。

5. 维持生物膜上酶的活性

生物酶一般是附着在生物膜上磷脂双分子层上的，许多酶活性与磷脂关系密切。供给足够的磷脂是维持膜酶高活性的物质保证。

6. 保护胃黏膜不受损伤

磷脂具有极性和非极性的两分子端，是很好的表面活性剂、乳化剂和润滑剂，磷脂主要作用于泌酸区黏膜上的黏液，对胃黏膜具有一定的保护作用。

7. 抗衰老作用

据研究报道，随着人体年龄的增加，人体细胞膜胆固醇与磷脂的比值（CH，PL）明显升高，且呈规律的线性关系，溶血磷脂含量显著增加，磷脂酰肌醇逐渐下降以致影响膜的正常功能。

8. 对神经系统的作用

大脑细胞和神经系统中含有大量的磷脂，磷脂是形成脑细胞必不可少的成分，人脑中磷脂含量约为 30%。磷脂可以补充胆碱，胆碱是中枢神经递质乙酰胆碱的重要前体物质。生物体中磷脂的代谢与脑的机能状态有关，精神异常者脑细胞的磷脂含量仅为正常人的 1/2。经临床验证，磷脂可以辅助治疗小脑萎缩、阿尔茨海默病等症状，对调节人体高级神经系统也有显著疗效。日本有学者认为，给人体补充磷脂，可以提高注意力，增进记忆力，使脑迟钝得到改善。

9. 降血脂，减少心血管疾病

胆固醇沉积能造成人体发生病变，使血管硬化变脆、弹性减弱、易于破裂，造成心血管病。磷脂在血浆中起着乳化剂的作用，影响胆固醇与脂肪的运输和沉着，减少脂肪在血管内存留时间，并减少血液中胆固醇含量，部分清除胆固醇沉积。

10. 壮骨利齿

Ca 是人体中骨骼、牙齿不可或缺的元素，磷脂能促进 Ca 的吸收，人体补充足够的磷脂，可以提高消化系统对 Ca 的吸收，可提高人体的健康水平。

11. 妇幼保健

摄取足量的磷脂可以减轻妇女痛经、改善月经不调、防止流产、预防妊娠高症，在母体胎儿的羊水中也充满着磷脂，可使胎儿的脑细胞活性化，对母体和胎儿均有好处。

三、花生磷脂的制备方法

花生磷脂的制备方法可以借鉴大豆磷脂的制备方法，包括硅胶或钙盐吸附、超临界萃取、溶剂萃取、膜分离和气体反溶剂结晶等方法。花生磷脂的制取工艺采取超临界萃取法可得到质量较高的产品。

（一）工艺流程

花生磷脂制取工艺流程图如图 9-3 所示。

（二）主要技术工艺说明

1. 花生仁脱衣

花生红衣主要是粗纤维物质，色泽为红色，极易碳化变黑，风味较苦涩。脱衣后进行炒籽、取油，油脂的色泽和口感上有明显的改善，同时也可以改善磷脂产品的色泽。脱衣设备采用经改造的对辊砻谷机，花生仁经破碎后，通过风选可以除去大部分红衣，红衣是生产宁血素等的医药原料。

2. 蒸炒

采用专利设备——密封式圆筒蒸炒锅进行明火炒籽，突出了花生油的风味，由于同时具备"炒"与"蒸"的作用，使籽仁熟透均匀，有效改善油色以及磷脂的色泽。

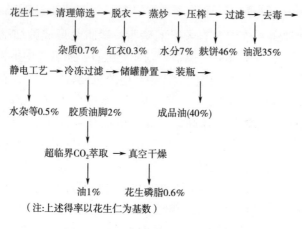

花生仁 → 清理筛选 → 脱衣 → 蒸炒 → 压榨 → 过滤 → 去毒 →
               ↓   ↓   ↓   ↓   ↓
        杂质0.7% 红衣0.3% 水分7% 麸饼46% 油泥35%

静电工艺 → 冷冻过滤 → 储罐静置 → 装瓶 →
   ↓   ↓   ↓
水杂等0.5% 胶质油脚2%   成品油(40%)
            ↓
    超临界CO_2萃取 → 真空干燥
       ↓   ↓
    油1%   花生磷脂0.6%
（注:上述得率以花生仁为基数）

图9-3　花生磷脂制取工艺流程图

3. 压榨

采用机械压榨工艺，使用100型螺旋压榨机。

4. 去毒工序

采用紫外线去毒机对黄曲霉毒素 B_1 降解去毒。

5. 静电处理

普通油脂精炼工艺由于存在高温和真空等工序，会造成油脂风味很大的损失，如采用化学精炼工艺，还容易产生食用安全和营养卫生方面的问题。本工艺采用静电炼油技术，除去花生油中可被高压静电场极化的杂质，如水分、胶体、游离脂肪酸和部分色原体。以油中水分为例，花生油中的水是以极小的微滴分散在油中，称之为油水"交融"状态，表面看不见水分，这种状态下油水自然分离困难。高压电场能够将极小的水滴凝聚成较大的水滴，然后形成分相分离，从而去除油中的水分、胶质等杂质，增加成品油脂质量的稳定性，改善外观透明度，又保持了花生油的醇香风味。设备采用自制的高压静电装置，使用直流40kV的高压电场，去除水杂，同时使磷脂胶质形成初步的絮状聚集状态。

6. 冷冻过滤

制冷剂通过盘管迅速将储罐内的花生油冷却，使经上述工序处理后的磷脂胶质进一步凝结沉淀，通过布袋过滤机进行收集，即可作为生产花生磷脂的原料，该毛磷脂不含水，因此磷脂的精制无须脱水，只需将油分离即可，减少了后续精制的工作量，容易得到高等级的花生磷脂。

7. 超临界萃取

超临界流体萃取技术是一种新型的食品分离技术，它具有提取率高、选择性好、无溶剂残留、能有效萃取热敏性和易氧化易挥发性物质等特点，特别是在功能性和风味油脂的提取分离应用研究越来越多。利用超临界状态下的液体二氧化碳对油脂有很好的溶解性、而对磷脂的溶解性较差的特性，可以将含油的毛磷脂进行提纯。二氧化碳在高压下形成液体对毛磷脂的油进行提取，在常压下恢复成气体而回收，同时使油脂与磷脂得到分离。提取压力为40Pa、温度60℃，分离压力50Pa、温度20℃，整个提纯过程4h。

8. 真空干燥

采用真空干燥箱进行，温度60℃，真空度0.097 MPa以上，去除磷脂产品中的微量水分，得到不变性的淡黄色磷脂产品。

该工艺选用机械压榨法生产花生油，花生油精制不采用传统的水化脱胶和碱炼脱酸工艺，节约能源，不存在化学物质残留等食品安全问题，又避免了水化油脚脱水生产浓缩磷脂时加热干燥使磷脂质受热变性的问题。

四、花生的检测方法

目前，大豆磷脂常用的检测方法有薄层色谱法、高效液相色谱法、紫外分光光度法和红外分析法等，花生中的磷脂可以参考这些方法进行检测。

五、花生磷脂的应用

磷脂具有重要的理化特性及营养价值，所以它在食品、医药、饲料及其他工业部门有着广泛的应用。

（一）在食品工业中的应用

花生磷脂广泛应用于食品工业，不仅因为它有很好的感官评价、很高的营养价值和生理功能，而且还有乳化、分散、柔软、抗氧化等特性。磷脂在几种食品中的使用量、方法及效果，见表9-1。

表 9-1　　　　　　　　　　　磷脂在食品中的应用

食 品	磷脂添加量	应用特性	效 果
巧克力	0.3%~0.5%	1. 表面活性作用 2. 起酥 3. 湿润性	1. 节约可可脂 2. 黏度降低改善操作 3. 防止起霜（抑制脂肪结晶） 4. 改进光泽和触感 5. 提高成型性 6. 改善水分允许含量 7. 防止干燥
冰淇淋	0.2%~0.5%	1. 表面活性作用 2. 起酥	1. 混合均匀 2. 控制冰晶生长 3. 利于空气混入 4. 改进组织的柔软性

续表

食品	磷脂添加量	应用特性	效果
人造奶油	0.1%~0.5%	1. 表面活性作用 2. 抗氧化作用	1. 防止飞溅 2. 改善舌感 3. 防止乳圆形物黏着 4. 提高延伸性 5. 防止氧化
起酥油	0.05%~0.5%	表面活性作用	提高乳化性
面包点心	0.1%~0.5% （相对于小麦粉）	1. 表面活性作用 2. 防止老化 3. 起酥 4. 降低糊化温度	1. 降低黏度 2. 软化表皮 3. 改善纹理 4. 提高保存性 5. 促进酵母发酵 6. 改善脂肪的分散性 7. 缩短烘烤时间 8. 调整小麦粉的品质 9. 淀粉的稳定化 10. 防止干燥
面类	0.5% （相对于小麦粉）	1. 表面活性作用 2. 抗氧化作用 3. 防止老化	1. 缩短揉面时间 2. 防止掉面 3. 改善光泽及触感 4. 增加韧性 5. 提高原料吸水率 6. 防止老化 7. 防止硬度不均匀
肉制品	0.3% （相对于肉）	1. 表面活性作用 2. 抗氧化作用	1. 防止脂肪游离出来 2. 提高货架期
饼干	0.3%~0.5% （相对于小麦粉）	1. 表面活性作用 2. 起酥 3. 抗氧化作用	1. 成型时防止原料黏着 2. 增加体积 3. 改善制品内层 4. 改进油脂乳化 5. 防止烧色

（二）在医药工业中的应用

花生磷脂是天然的两性离子型表面活性剂，具有亲水和亲油基团，对油脂的乳化作用很强，使油粒分散细，制成的乳状液不易破裂，因此它在医药上制备脂质体时有特殊作用。

1. 医药乳化剂

静脉注射脂肪乳剂，是一种高能量营养液，其组成为花生油、注射用水等。用卵磷脂作为乳化剂，制成 O/W 型脂肪乳，用于人体静脉注射，能完全被人体吸收，对恢复人体健康、增强体力有一定的作用。

磷脂可以用来制备脂质体以作为药物载体。由于脂质体的化学组成和人体的细胞膜接近，故药物渗透性强，临床应用疗效显著。

2. 保肝药物

花生磷脂可提供胆碱和必需脂肪酸，如亚油酸、亚麻酸等。胆碱能增强肝细胞及肝组织的机能、提高肝组织的再生能力。磷脂对脂肪的代谢起着重要作用，它是脂肪酸出入细胞的携带者，能帮助脂肪酸弥散和氧化，促进类脂质的代谢。

3. 健脑及健身药物

磷脂类物质是神经组织内最重要的化学组分之一。在神经组织中的磷脂是卵磷脂、脑磷脂、神经鞘磷脂。磷脂有促使神经细胞内部结构生长的作用，并能调整高级神经活动过程，因此，磷脂可用于治疗神经衰弱和减轻神经骚乱症状，在健脑方面疗效显著。

磷脂应用于婴儿食品，可补充婴儿脑发育所必需的营养物质，对促进神经细胞生长有很好的作用。

磷脂能增强骨细胞的活动机能，骨折后食用磷脂，对骨的修复有益。

4. 外用药物

磷脂有加强细胞的基本结构和促进新表皮细胞生长的作用，故磷脂能增进伤口愈合。用磷脂制备皮肤药物，可用来治疗皮肤病如脚癣、牛皮癣等。

（三）在饲料工业中的应用

磷脂可以作为畜禽动物的饲料营养添加剂，用于饲料工业。磷脂具有重要的生理生化作用，是动物脑、神经组织、骨髓、心肝、卵和脾中不可缺少的组成部分，对幼龄动物的生长发育非常重要。在饲料中添加磷脂能促进动物的神经组织、内脏、骨骼、脑的发育，使畜禽动物及淡水鱼类增产。在饲料中添加磷脂，可补充动物机体内的能量，提高饲料的营养价值。

（四）其他方面的应用

磷脂在各行各业都有着广泛的应用。磷脂在工业上常见的应用见表9-2。

表 9-2　　　　　　　　　磷脂在工业上的应用

用　途	磷脂添加量	应用特性	效　果
涂料 墨汁 感光剂	1%~2% （相对于颜料）	表面活性作用	1. 防止颜料沉淀 2. 提高光泽 3. 覆盖率增大 4. 改善墨汁的流动性 5. 水溶性漆乳浊液的稳定 6. 使颜料速溶
皮革	1% （相对于油脂）	1. 表面活性作用 2. 卵磷脂与皮蛋白形成复合体	1. 增进柔软性 2. 促进油的渗透
化妆品	1%~5%	1. 表面活性作用 2. 保持香料作用 3. 生理活性作用 4. 湿润性	1. 保护皮肤 2. 皮肤呼吸的活化 3. 皮肤的 pH 调整 4. 提高化妆品成分的分散性 5. 乳浊液的稳定 6. 促进泡沫力 7. 防止乳液干燥 8. 抑制肥皂的分解
农药	70%	1. 吸湿性 2. 表面活性作用	病虫害防治
发酵 培养基		1. 表面活性作用 2. 生理活性作用	1. 提高发酵效率 2. 缩短培养时间
纺织品		1. 表面活性作用 2. 防止氧化	1. 增加织物的柔软性和光滑性 2. 染色时促进染料浸透
杀虫剂	0.5%~2%	表面活性作用	1. 改善乳化性 2. 改善分散性

第三节　花生红衣制备技术

花生红衣即花生的种皮，因绝大多数花生品种的种皮为红色而得名。花生红衣为红棕色、膜质，其主要成分：纤维素 37%~42%，脂肪 10%~14%，蛋白质 1%~18%，灰分 8%~21%，此外，还含有 7% 的单宁及多种色素，花生衣中还含有大量多酚物质。研究发现花生红外衣提取液具有抗氧化、抑制透明质酸酶活性、阻碍蛋白糖化反应、增强巨核细胞分化增殖活性、增加血小板量及抗艾滋病等作用。用花生果制取食用油或制作食品时，需先脱除外壳和红外衣，这样既可以提高出油率和食品的质量，又可以综合利用外壳和红外衣。在我国，利用花生红外衣已制成宁血片、止血宁注射液、宁血糖浆等止血药物。临床结果表明，这些药物对治疗血友病、血小板减少性紫癜效果最好，有效率达80%以上，对障碍性贫血、消化道出血，各种原因齿龈出血等疾病的止血和血小板的回升等有较好的疗效，对肾炎、放化疗并发症等也有不同程度的疗效，这些药对人体无副作用。

一、宁血片

现代医学研究表明，花生红衣中含有止血的特殊成分——维生素 K，经临床试验证明，利用花生红衣为原料制成的宁血糖浆等，对消化道出血、肺结核及支气管扩张咯血、泌尿系统出血、齿龈出血及外伤性渗血等均有良好的止血作用。

（一）生产工艺流程

宁血片的生产工艺流程如图 9-4 所示。

275

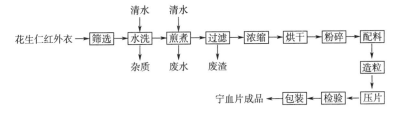

图 9-4　宁血片的生产工艺流程

（二）操作方法

1. 原料

在宁血片的生产中，首先要选用没有霉坏变质的花生仁，经低温烘干脱皮即得红外衣。为了防止红外衣中的有效成分受到破坏，烘干温度以不超过 85℃为宜。

2. 筛选水洗

将所得红衣用 30 目筛网筛选除杂，再用清水洗涤，以除去尘土等杂质。

3. 煎煮

将清洁干净的红外衣放入煎煮锅内，加入约 8 倍的清水，用间接蒸汽加热煎煮 2h。也可将原料装入小布袋内（每袋装 1.5kg），再将一个一个的小布袋投入蒸煮锅中蒸煮，其目的都是使原料中的有效成分尽可能多地溶解在水溶液中。

4. 过滤浓缩

将煎煮后的溶液放出，用 50 目筛过滤，滤液沉淀 2~3h，取上层清液，放入浓缩锅进行浓缩，温度保持在 100℃，浓缩成黏稠液体。

5. 烘干

取出后放入烘干室，低温烘干，烘干温度不超过 85℃，以免破坏药物的有效成分。

6. 粉碎

已烘干的块状浸膏（得率约为原料的 4%~5%），经粉碎成粉，细度应能通过 50 目孔，然后进行配料。

7. 配料

配料的比例各厂略有差异，有的厂采用的配比：药 1000g，白糖 160g（食用白糖粉碎到细度与药粉相同），药用淀粉 240g，把原料混合搅拌均匀，即可造粒。

8. 造粒

造粒时，100kg 药粉要加入浓度为 70%~75% 的酒精 10~15kg，以增强黏度，保证药片质量。要边加酒精边搅拌，随时观察，注意掌握粒度适中，过 30 目筛，使颗粒均匀适当，装入密闭的容器里，放在阴凉干燥处，随用随取，以免酒精挥发，药品过干，影响轧片质量。

9. 轧片

造粒完毕，进行轧片，轧出的药片要求结实、光滑，保证质量。

10. 检验包装

每瓶 100 片，每片含花生红衣浸膏 0.25g。

（三）宁血片质量指标

宁血片质量指标见表 9-3。

表 9-3 宁血片质量指标

项　目	指　标
水分	≤8%
质量差异限度	每片重 0.35g，每片质量差异限度不得超过 5%
崩解时限	取药片 5 片置于崩解仪器中，调节水温 37℃（±2℃），按规定速度上下移动，各片均应在 60min 内全部崩解或碎粒
硬度检查	取 10 片药品，在 1m 高处平落在松木板上，碎片不得超过 2 片

（四）生产设备

宁血片生产的主要设备有蒸煮锅、浓缩罐、沉淀缸、粉碎机、轧片机、烘干室、锅炉等。现将日产 40 万片宁血片车间所需主要设备的型号规格及材料要求等列于表 9-4 以供参考。

表 9-4 　　　　　　　日产 40 万片宁血片车间的主要设备

设备名称	型号规格	数量	材　料
蒸煮锅	φ950mm×3000mm	2	外层一般钢板，内层不锈钢板
浓缩罐	φ950mm×3400mm	1	4mm 不锈钢板
沉淀缸	1800mm×1300mm×1200mm	1	瓷砖砌成
粉碎机	红旗 270 型	1	
轧片机	T-A 型	2	
烘干室	4000mm×4000mm	1	φ1″钢管
锅　炉	0.5t/h	1	

二、止血宁注射液

(一) 工艺流程

止血宁注射液生产工艺流程如图 9-5 所示。

图 9-5　止血宁注射液生产工艺流程图

(二) 制取工艺

1. 浸泡

每 100kg 花生红衣加净水约 700kg，浸泡 10h（夏天为 5h）。

2. 初蒸馏

将浸泡后的花生红衣连同水溶液一起置于蒸馏锅中，用 0.1~0.15MPa 的间接蒸汽加热进行蒸馏，通过不锈钢冷凝器收集蒸馏液，蒸馏液最初呈透明乳白色，后为无色，收集到 200kg 为止。蒸馏锅内的残存液可作制止血糖浆的原料。

3. 复蒸馏

把上述蒸馏液放入搪瓷蒸馏釜中进行复蒸馏。加热的间接蒸汽压力为 0.2MPa，当收集 100kg 冷凝液后即可停止蒸馏，锅内的残存液作为制止血糖浆的原料。

4. 等渗调节

于复蒸馏液中加入 0.9% 的药用氯化钠，使成为等渗液，并调节 pH 接近中性，再加入 0.01% 的活性炭脱脂。

5. 灌封

将调节好的等渗液经漏斗抽滤至透明度合格，然后灌于洁净无菌安瓿内。

6. 灭菌

灌封后的安瓿还要用 0.1MPa 蒸汽灭菌 30min，并做漏头实验检查。

本工艺所用设备均应采用不锈钢或搪瓷。成品包装规格为 10mL、20mL 安瓿或 100mL 盐水瓶。用于静脉注射，每日 1~2 次，每次 10~30mL；静脉滴注每日一次，每次 30~50mL。储存时应放在阴暗、避光处，以防止药品变质。

三、宁血糖浆

宁血糖浆是止血注射液制取过程中的另一项产品，制取的主要工序：

（一）浓缩

将制止血宁注射液的初蒸馏及复蒸馏两项残存液（除去花生红衣）一并进行浓缩，浓缩至 100kg 时为止。

（二）配制

在 100kg 浓缩液中配加下列物质并混合均匀：白糖 10kg，糖清 0.015kg，苯甲酸 0.2kg，香精适量。

（三）装瓶

配制成的糖浆装封于洁净的瓶内，并应符合无菌要求。

本品储存时应放在凉爽避光处，使用时视病情口服适量。

四、花生红衣色素

花生红衣色素是一种优良的天然色素，主要成分为黄酮类化合物，此外还含有花色苷、黄酮、二氢黄酮等，易溶于热水及稀乙醇溶液，主要用于西式火腿、糕点、香肠等的着色，为红褐色着色剂。

（一）花生红衣色素提取的基本工艺流程

花生红衣色素提取的工艺流程如下：

花生仁红衣→ 清杂 → 预处理 → 萃取 → 过滤 → 真空浓缩 → 真空干燥 → 粉碎 →花生红衣粉

（二）酶法提取花生红衣色素

在 35℃，pH4.7 的条件下，采用多酚氧化酶制取花生红衣色素，提取率为 15%。该法得到的色素属于黄酮类物质，易溶于水，随着 pH 的减小，颜色从橙红色变为黄色，具有良好的耐热和耐光性，大多数金属离子对其影响不大。但多酚氧化酶来源不易，提取不方便。

（三）酸碱处理提取花生红衣色素

酸处理和碱—酸处理两种方法提取色素，提取方法较简便，酸处理法的提取率为 13%，后一种方法的提取率为 20%。这两种方法得到的色素的性质略微不同，对热、pH 都很稳定，但是酸处理得到的色素耐光性很差，通过全波段扫描，发现色素在 280 nm 处有最大吸收峰，而在可见光区没有最大吸收峰，因此推断该色素属于黄酮类物质。并将其添加到香肠中，能明显降低香肠的氧化程度。

（四）BH 溶剂浸提法

将花生红衣皮去杂（花生碎胚，残壳，砂土颗拉等），称重，经水漂洗一遍，用 BH 溶剂浸泡，进行二次萃取，真空浓缩后冷却至室温后粉碎，得到深紫红色、略带光泽的粉末状固体，即为红衣粉，得率一般为 10%~14%。BH 浓剂浸提工艺简单，操作方便，能耗较低，无污染，产品生产成本低，但含杂质较多，提取出来的花生红衣粉，颜色呈紫红色，略带光泽，久存不变质，可直接将其添加到食品中。

（五）乙醇提取法

利用酒精回流冷凝法提取花生红衣色素的最佳工艺：乙醇浓度 60%，提取温度 55℃，料液比 1：25，提取时间 3h，提取率为 26.06%，色价达到 33.82。提取率和色价均较高，但提取时间较长。

（六）微波萃取法

将微波萃取与乙醇提取相结合，并得到最佳工艺条件：提取功率为 240W，提取溶剂为 65% 的乙醇，提取时间为 90s，料液比为 1：25，色素提取率为 27.07%，色价为 33.58。将微波萃取用于花生红衣色素萃取的最大优点是提取时间大大缩短，且提取率较高，蛋白质等杂质含量低，色素提取溶液更加澄清透明。因此，微波辐射技术在天然食用色素提取上具有广阔的应用前景。

五、花生红衣多酚

（一）红衣多酚的主要组成成分

花生红衣富含多酚物质，具有抗花生仁酸败和氧化的作用，并誉为"第七营养素"。干红衣中多酚物质含量为 90~125mg/g，包括白藜芦醇、原花色素、黄酮类等物质。原花青素含量 11.26%、白藜芦醇含量 0.0216%、黄酮含量 2.59%，没食子酸含量 10.03%。

1. 白藜芦醇

白藜芦醇（3，5，4-trihydmxystilbene）又称芪三酚，是含有芪类结构的非黄酮类多酚化合物，其分子式为 $C_{14}H_{12}O_3$，具有顺、反两种结构，是重要的植物抗毒素。

2. 原花色素

原花色素是植物界广泛存在的一大类多酚化合物，是黄烷-3-醇衍生物的总称，属于黄酮醇类化合物。其共同的特点是在酸性介质中加热可产生花色素，故被称为原花色素。在结构上，原花色素是由不同数量的儿茶素或表儿茶素结合而成。按聚合度的大小，通常将二至四聚体称为低聚体（procyanidolic oligomers，简称 OPC），而五聚体以上称为高聚体（Polymeric Procyanidin，简称 PPC）。原花色素，尤其是低聚原花色素具有很强的生物活性，可清除人体内过剩自由基，提高人体免疫力，并具有较强的抗氧化力。

3. 黄酮类

黄酮类化合物又称类黄酮，是以黄酮（2-苯基色原酮）为母核而衍生的一类黄色色素。在植物体内大部分与糖结合成苷，小部分以游离苷元存在。黄酮类化合物有保肝、抗肿瘤、延缓衰老、保护心血管系统、抗炎镇痛、镇咳祛痰以及提高机体免疫力等作用，曾被称为"维生素P"。

（二）红衣多酚的提取

目前国内外对红衣多酚的提取方法主要有 3 种：溶剂浸提法、超声辅助提取法和微波辅助提取法。花生红衣多酚（总酚）提取的基本工艺流程：

1. 花生红衣多酚（总酚）提取工艺流程

花生红衣 → 粉碎 → 溶剂提取 → 离心 → 减压浓缩 → 粗提液 → 大孔树脂纯化 → 减压浓缩 → 冷冻干燥 → 纯化后多酚产物

2. 溶剂提取法

多酚是多羟基化合物，具有一定极性，结构特点决定了它易溶或可溶于水、醇类、酮类、醚类等，因此可采用水溶剂提取和有机溶剂提取法。

以水作为溶剂提取花生红衣多酚，运用酒石酸亚铁分光光度法测定其含量，粗提总酚的最佳工艺：水浴温度 40℃、液料比 1：75、提取时间 1h，多酚得率最高可达 6.41%。

乙醇为溶剂提取花生红衣多酚的最佳提取工艺条件：乙醇浓度 55%、水浴温度 60℃、提取时间 0.5h、液料比 1：37.5，多酚的得率 7.858%。同水提取相比，多酚得率得到了提高。

水提法因其操作简单、成本较低等特点得以较早开展，与水作溶剂相比，有机溶剂提取多酚得率得到了提高，但成本较高，操作复杂，提取剂不易除去；同时因为有机溶剂多有毒易燃，加大了试验中的安全隐患；多酚物质性质活泼，有机溶剂易与其发生作用，增加了提取过程中的不可知因素。

3. 超声辅助提取

超声辅助提取是利用超声辐射产生的热效应、机械效应和空化效应等，破坏细胞结构，从而加速提取剂的浸入来优化提取过程的一种物理方法，因其简单方便、快速安全、适合热敏性成分等特点，已被广泛用于多酚物质的提取。

超声辅助提取花生红衣多酚的工艺条件：超声时间 25min、超声功率 492W、料液比 1：90.5、乙醇体积分数 55.8%。

4. 微波辅助提取

微波辅助提取是利用微波能加热浸提剂，将目标物质从物料基体中分离出来进入溶剂从而提高提取效率的一种技术。微波辅助提取花生红衣总酚的工艺条件：以 37.5mL 30%乙醇作浸提剂，红衣 1.59，输出功率 855W，提取时间为 30s时，可达最高总酚含量 143.6mg（GAE）/g。

超声提取和微波提取克服了传统溶剂提取法提取效率低、用料浪费严重的缺点，但是设备要求较高，成本较大。

（三）提取物的浓缩纯化

红衣多酚粗提物中含有大量蛋白质、脂质等杂质，对于进一步的功能性探究和生产应用会产生诸多不利影响，因此需要进行浓缩纯化。柱色谱是目前制备纯化多酚的最主要方法，国内常用 AB-8 大孔树脂纯化：提取液经离心去除沉淀后，减压浓缩去除提取剂，过 AB-8 大孔树脂纯化后，减压浓缩，浓缩液置冻干机中干燥。这样所得的多酚物质纯度较高，且操作简便，成本较低。纯化后的多酚应装避光或冷冻保存。

（四）红衣多酚的生物活性

纯化后的红衣多酚可用于活性研究，目前的研究领域主要集中于抗氧化性、清除自由基和抑菌性能等方面。

1. 抗氧化性

植物多酚中的邻位酚羟基很容易被氧化成醌类结构，消耗环境中的氧，同时对活性氧等自由基具有很强的捕捉能力，使得多酚具有抗氧化性和清除自由基的能力。红衣多酚溶液还原能力随质量浓度的增大而增大，且在相同浓度条件下，多酚溶液的还原力远强于维生素 C 溶液的还原力；多酚提取物含多种活性物质的混合物，各种物质相互作用加强了红衣的抗氧化性。

2. 抑菌活性

利用植物多酚的收敛性，可对多种细菌、酵母菌、霉菌等产生抑制作用。纯化后的红衣多酚对大肠杆菌、枯草芽孢杆菌等细菌，黑曲霉、毛霉、青霉等真菌有明显抑制作用，利用这个特点，可制成天然抑菌剂。

3. 降血脂

植物多酚通过抑制肠道内对外源性胆固醇的吸收、提高卵磷脂胆固醇酰基转移酶（LcAT）活性和高密度脂蛋白（HDL）水平、调节载脂蛋白和脂蛋白水平、加速胆固醇的代谢及促进胆固醇的排泄来调节总胆固醇代谢，通过抑制胰脂肪酶活性而降低对外源性甘油三酯的吸收、降低脂肪酸合成酶活性而减少脂肪酸的合成、提高肝脂肪酶活性而加速脂肪的代谢及促进脂肪酸的排泄来调节脂肪代谢。

Rishipal R. Bansode 等的研究发现，花生红衣多酚提取物对 Wistar 大鼠血浆和肝脏中甘油三酯和胆固醇水平有显著的降低，并且大大增加了两者的排泄率。因此，红衣多酚可能有助于调节高脂、高胆固醇饮食习惯的大鼠的血脂水平。

第四节　花生壳综合利用技术

中国是世界花生生产大国，年产花生壳近 400 万 t，占花生果重的 30% 左右。这些花生壳除了少部分被用作饲料和燃料外，大部分被白白扔掉，造成了资源的极大浪费。据报道，花生壳的最大成分是粗纤维，含量达 65.7%～79.3%，是潜在的膳食纤维资源。花生壳中其他营养成分也很丰富，粗蛋白达 4.8%～7.2%，粗脂肪达 1.2%～1.8%。近年来，国内外许多科研工作者对花生壳综合开发利用进行了大量研究，取得了可喜的进展，并获得了一定的经济效益。

一、花生壳制备膳食纤维

（一）膳食纤维的定义

膳食纤维是指能抵抗人体小肠消化吸收，而在人体大肠能部分或者全部发酵的可食用的植物性成分、碳水化合物及其相类似物质的总和，包括多糖、寡糖、木质素以及相关的植物物质。膳食纤维一般分为可溶性纤维和不可溶性纤维。

不可溶性纤维，主要指细胞壁的构成物。包括纤维素、半纤维素、木质素及壳聚糖等，其中木质素属于芳香族碳氢化合物，而不属于多糖化合物，可使细胞壁保持一定的韧性。

水溶性纤维，主要指能溶于水的果胶、植物胶、植物黏胶和海藻多糖等，是植物细胞内贮存物质及分泌物。

（二）膳食纤维的理化特性

膳食纤维的化学组成特性，决定了它的一些独特理化性质。概括地说，其理化特性主要包括以下五个方面。

1. 很高的持水力

膳食纤维化学结构中含有很多亲水基团，因此具有很强的持水性。具体的持水能力视纤维的来源不同及分析方法的不同而不同，变化范围大致在自身重的 1.5～2.5 倍之间。很多研究表明，膳食纤维的持水性可以增加人体排便的体积与速度、减轻直肠内压力，同时也减轻了泌尿系统的压力，从而缓解了诸如膀胱炎、膀胱结石和肾结石这类泌尿系统疾病的症状，并能使毒物迅速排出体外。

2. 对阳离子有结合和交换能力

膳食纤维化学结构中包含一些羧基和羟基类侧链基团，呈现出弱酸性阳离子交换树脂的作用，可与阳离子，特别是有机阳离子进行可逆的交换。纤维对阳离子的作用是可逆性的交换，它不是单纯结合而减少机体对离子的吸收，而是改变离子的瞬间浓度，一般是起稀释作用并延长它们的转换时间，从而对消化道的pH、渗透压以及氧化还原电位产生影响，并出现一个更缓冲的环境以利于消化吸收。当然，膳食纤维也因此必然影响到人体内某些矿物质元素的代谢。

3. 对有机化合物有吸附螯合作用

由于膳食纤维表面带有很多活性基团，可以螯合吸附胆固醇和胆汁酸之类有机分子，从而抑制了人体对它们的吸收，这是膳食纤维能够影响体内胆固醇类物质代谢的重要原因。同时，膳食纤维还能吸附肠道内的有毒物质（内源性有毒物）、化学药品和有毒医药品（外源性有毒物）等，并促进它们排出体外。

4. 具有类似填充剂的容积作用

膳食纤维的体积较大，缚水之后的体积更大，对肠道产生容积作用，易引起饱腹感。同时，由于膳食纤维的存在，影响了机体对食物其它成分（如碳水化合物等）的消化吸收，人不易产生饥饿感。为此，膳食纤维对预防肥胖症大有益处。

5. 可改变肠道系统中的微生物群系组成

肠道系统中流动的肠液和寄生菌群对食物的蠕动和消化有重要作用。肠道内膳食纤维含量多时，会诱导出大量好气菌群来代替原来存在的厌气菌群，这些好气菌很少产生致癌物，比较来说厌气菌产生较多的致癌性毒物。即使有这些毒物产生，也能快速地随膳食纤维排出体外，这是膳食纤维能预防结肠癌的重要原因之一。

（三）膳食纤维的生理功能

我国国家营养学会2000年提出：我国成年人膳食纤维适宜摄入量每人每天为30g。美国食品药品管理局（Food and Drug Administration，FDA）推荐的总膳食纤维的成人食用纤维摄入量为20~35g/d。

1. 调节血糖水平，防止糖尿病

膳食纤维的摄入情况特别是可溶性膳食纤维的摄入，有助于延缓和降低餐后血糖和血清胰岛素水平的升高，改善葡萄糖耐量曲线，维持餐后血糖水平的平衡与稳定。这是因为高纤维的膳食可以改善末梢组织对胰岛素的感受性，降低对胰岛素的需求，从而达到调节糖尿病患者水平；其次，因为膳食纤维在肠内可以形成网状结构，增加肠液的黏度，减少食物与消化液的接触，阻碍葡萄糖的扩散，从而减慢对葡萄糖的吸收，降低血糖含量，起到防止糖尿病的作用。

2. 低能量，预防肥胖症

由于膳食纤维的容积作用，易引起饱腹感。同时，由于膳食纤维的存在，影响了机体对食物其他成分的消化吸收，使人不易产生饥饿感。而且，膳食纤维本身不产生或者很少产生能量。为此，膳食纤维对预防肥胖症大有益处。

3. 抑制有毒发酵产物，预防结肠癌

食物经消化吸收后所剩残渣，在微生物发酵过程中产生许多有毒代谢产物，膳食纤维对这些有毒发酵产物具有吸附螯合作用，并促进排出体外，保护大肠免遭癌变。膳食纤维能更快地促进肠道蠕动，缩短了粪便在肠道内的停留时间，同时致癌物质对肠壁细胞的刺激减小，也有利于预防结肠癌。肠道系统中流动的肠液和寄生菌群对食物的蠕动和消化有重要作用。肠内膳食纤维含量多时，会诱导出大量好气菌群来代替原来存在的厌气菌群。这些好气菌群很少产生致癌物，而厌气菌群更易产生致癌性毒物。

4. 抗乳腺癌的作用

膳食纤维能减少血液中诱导乳腺癌雌性激素的比率。膳食纤维通过增加排粪量而降低肠道内微生物酶的浓度，使结合型雌激素转变为游离型雌激素的量减少，导致重吸入血液的雌激素量减少。从而减少雌激素扩散到组织中作用于靶器官的概率，人们发生乳腺癌的危险性就会降低。

5. 膳食纤维抗氧化性和清除自由基作用

机体在代谢过程中产生的自由基有超氧离子自由基、羟自由基、氢过氧自由基。其中，羟自由基是最危险的自由基，而膳食纤维中的黄酮、多糖类物质具有清除超氧离子自由基和羟自由基的能力，在治疗心血管病和老年痴呆症方面具有独特的疗效。

6. 改善和增进口腔、牙齿的功能

增加膳食中的纤维素，则可增加使用口腔肌肉、牙齿咀嚼的机能。

7. 降低血压的作用

膳食纤维尤其是酸性多糖类具有较强的阳离子交换功能，它能与肠道中的 Na^+、K^+ 进行交换，促使尿液和粪便中大量排除 Na、K，从而降低血液中的 Na/K 比，直接产生降低血压的作用。

（四）膳食纤维的制取

膳食纤维依据原料及对纤维产品特性要求的不同，其加工方法有很大的不同，必需的几道加工工序包括原料粉碎、浸泡冲洗、漂白脱色、脱水干燥和成品粉碎、过筛等。不同的加工方法对膳食纤维产品的功能特性有明显的影响。反复的水浸泡冲洗和频繁的热处理会明显减少纤维终产品的持水力与膨胀力，这样会恶化其工艺特性，同时影响其生理功能的发挥。因为膳食纤维在增加饱腹感预防肥胖症，增加粪便排出量，预防便秘与结肠癌方面的作用与其持水力、膨胀力有密切的关系，持水力与膨胀力的下降会影响膳食纤维这方面功能的发挥。

花生壳膳食纤维制取工艺流程如下所示：

花生壳 → 清洗 → 干燥 → 粉碎 → 软化 → 过滤 → 漂洗 → 离心 → 干燥 → 粉碎 → 成品

选取无虫、无霉烂的花生壳，用清水清洗干净，干燥，再用锤片粉碎机将原料粉碎至 50 目筛，加入到浓度 0.04% 的十二烷基硫酸钠水溶液中，搅拌 3～5min，捞出后沥干，再用清水漂洗二遍，然后用清水浸泡 3～4h，中间换水一次。经过离心脱水后，在 140～150℃ 温度下烘干，然后再细粉碎过 80 目筛，即可制得食用纤维。

（五）膳食纤维在食品中的应用

随着人类生活水平的提高，人们所吃的食物越来越精细，由此带来了由于食物过于精细而引起的各种疾病。因此膳食纤维愈来愈受到人们的重视，各种高纤维食品应运而生，以改善人们的膳食结构，满足人们回归自然的愿望。膳食纤维不仅可以添加到馒头、面包、饼干等面食产品、乳制品、肉制品、饮料等食品中，还可用于快餐、膨化食品、糖果、罐头和一些功能性保健食品中。随着人们对膳食纤维重要性的了解。市场上必将出现越来越多的富含膳食纤维的食品。

二、花生壳做食用菌培养基料

目前，花生壳最多应用是作为平菇、草菇、香菇、鸡腿菇、金针菇等食用菌的培养基料。有报道，用花生壳栽培食用菌。其产量要比用棉籽壳、谷壳、木屑、稻草等的产量高一倍以上，而且食用菌中的营养成分，在粗纤维含量、粗蛋白含量和无氮浸出物的比例等方面，都以花生壳为优。

将花生壳浸入 20% 的石灰水中，消毒 24h，捞出后在清水中洗净，pH 洗涤至 7～8 之间。将粉碎软化的花生壳放进蒸笼，在常压下蒸 8～10h，使其熟化。按花生壳 78%、麸皮 20%、熟石膏 2% 的比例进行配料，在菇床中铺平，料厚为 10cm，接种后，再铺 3cm 厚的培养料，再接种和撒培养料，然后按平压实，覆盖薄膜保湿发菌。在合适的温度和湿度下约 10～15d 原基就开始形成，揭出薄膜，适当通风，并不断地喷水，待菇盖长成为扁球时，即可收菇。

三、花生壳做食品加工的原料

花生壳做食品加工的原料多见于发酵生产中。如花生壳可用来制作食用酱油。其方法是将精选的花生壳洗净、磨成粉、用水润湿后上笼蒸，然后拌入培养菌种，再经发酵、压榨等工序处理，即可得到营养丰富、风味独特的食用酱油。另外，徐家琳介绍了一种利用花生壳进行自然发酵制造酱油的技术，不仅成本低而且原料利用充分，用 100kg 花生壳大约可生产优质酱油约 300kg，剩下的渣可作饲料。花生壳还可以用来制酒，花生壳经过粉碎、蒸煮、发酵、接曲、蒸馏可制白酒，每 100kg 花生壳可制酒精体积分数 10% 的白酒 6kg。

四、从花生壳中提取抗氧化剂

从花生壳中提取的黄酮类物质可用作食品抗氧化剂。用碱水法提取花生壳中的黄酮类抗氧化物，提取率为 4.25%，总黄酮的相对提取率 72.76%。不仅产品活性高，形态好（粉末状），提取率高，而且制取工艺简单，生产成本较有机溶剂低得多，更重要的是产品的热稳定性极好，即使在 185℃ 下存放 120min，其抗氧化活性仅下降 19%，存放 40min，其抗氧化活性仅下降 5.8%，这一优点对于食品加工很有实际意义。应用试验表明碱水提取物对豆油的抗氧化活性与丁基羟基茴香醚（BHA）很相近，800mg/kg 的该提取物能明显延长桃酥的货价期，抑制油哈喇味的产生。有研究表明花生壳的甲醇萃取物能有效地抑制大豆油和花生油的氧化作用，加入萃取物 0.12%，0.48%，1.2% 的大豆油试样，在 60℃ 存放 8d 后，抗氧化效率可分别达到 68.7%，91.8%，95.0%。

五、从花生壳中提取花生风味物质

用乙醇从花生壳粉中可以提取具有浓郁花生香味的花生风味物质，提取率高达 16%，具有一定的实际应用价值。提取物中除含有一定的花生香味物质外，其主要成分为多酚类物质及少量可溶性糖类。因为多酚类物质具有较强的抗氧化能力，并且在不同的酸碱性条件下可呈现不同的颜色（由黄色到棕黄色），故用该提取物作为生产花生酱、花生果奶、花生酥糖及花生巧克力等食品的添加物，既可增加产品的花生风味，又可增强产品的抗氧化、抗腐败性能，延长产品的保质期，同时还可起到为产品调色的作用。有时可以把花生壳直接当成香辛料使用，现发明了一种罐焖鸭的制备方法，它以肉鸭为主料，调料粉、曲酒、料酒、鸡精、盐及花生壳、松柏树叶、茶叶为副料，经浸泡、蒸、烤、熏、焖、包装等加工而成，它综合了北京烤鸭的特色，带有四川名菜樟茶鸭的风味，具有独特的清香美味，品尝时感到浓香满口，后令人回味无穷。

六、花生壳制造食品容器

采用农作物副产品如谷壳、各类秸秆（如棉秸、玉米秸、麦草、稻草、高粱秆、麻秆、烟秆等）花生壳、甘蔗渣、玉米芯等制成一次性食品容器，成本低、无毒、无味、在野外能自然分解变成有机肥料。这种一次性食品容器生产工艺，是将各类植物纤维粉碎后加入少许添加剂、增硬剂和胶黏塑化剂混合，在低温低压下一次成型。产品强度好，手感合适，耐热水（100℃ 沸水 4h 不渗漏不变形）适于冷餐、热饮；微波穿透能力强，适用于制作微波加热的一次性餐具，也适用于冰箱冷冻；产品使用后弃于野外，在自然环境中可自然分解（温度越高，分解速度越快），变为有机肥料，能促进生态系统的良性循环。这种一次性食品容器是一种抑制"白色污染"很好的替代产品，其制作工艺简单，生产效率高，无污染，易形成规模生产，因此它的推广具有广阔的前景。

花生壳在食品工业中有着十分广泛的用途，前景广阔，但至今尚未进行大规模开发利用。花生壳在食品工业中的开发与利用可以和其它应用领域结合起来。综合开发利用花生壳，能充分利用废物资源，既解决了环境污染问题，又可获得相当可观的经济效益。

第十章 花生及花生油挥发性气味真实性成分的鉴定

第一节 花生制品挥发性气味的研究

一、油脂气味的形成及其影响因素

油脂气味的形成主要取决于生物、化学和物理作用：

1. 酶促氧化作用引起类脂物的氧化，生成小分子的醛类、醇类和酯类化合物等。

2. 自动氧化作用，即通过脂肪酸链的游离基反应而进行的，其氧化过程包括激发、传播及终止3个阶段。

3. 光氧化作用，它是一种快速反应，既能催化生成单体氧从而攻击双键的反应，还能激发微量氢过氧化物的形成所产生的缓慢的自动氧化反应；显然，油脂中被氧化的化合物在光照下没有催化剂也能产生原子氧。

纯油脂并无气味，但当存在发酵、氨基酸转化、霉菌活动、氧化活动等情况，或者不饱和脂肪酸受到高温、氧气、光、金属，还有其他氧化剂的影响，油脂就会产生异味，油脂气味的产生除了与油料本身的特性有关，还与油脂提取工艺、精炼加工、成品的储存状况、使用情况等因素有关，同时，油脂的挥发成分主要与油料种子的栽培品种、气候、土壤和果实的成熟程度有关，各种油料品种都有一定的区域差异。

二、花生制品挥发性气味的研究

（一）烘烤花生

花生仁中所含的蛋白质90%为花生球蛋白和伴花生球蛋白，其中存在大量的亲水基团。球蛋白的空间构象：亲水基团分布在外表面，疏水基团拢聚于球蛋白的内部，包围着相当部分的油脂，其余油脂以微滴的形式均匀分布于细胞原生质内，在一定温度下，经一定时间的烘烤，可使蛋白质变性。高温烘烤花生过程中会发生羰氨反应（美拉德反应），反应生成的高碳氢化合物、含硫化合物、吡嗪类化合物等赋予了花生浓郁的香气。

之前也有研究花生在收获后进行干燥、储藏等加工处理过程中会产生的一些挥发性物质，是令人不愉快的臭气。1966年梅森（Mason）等开始了烘烤花生挥发性化合物的研究，首次鉴定低分子量烷基吡嗪类化合物为花生的基本风味物质，Mason 等在花生中又检测到异丁醛、甲醛、苯乙醛等单羰基化合物及甲苯等无羰基化等挥发性化合物。随着分离和分析技术的发展，强森（Johnson）等、华瑞特（Walradt）等、辛勒（Singleon）等、胡（Ho）等利用光谱分析鉴定出吡嗪类、呋喃类、吡咯类、2-苯-2-烯烃、噻吩类等一些新的挥发性成分，之后被鉴定出的烘烤花生中风味物质的种类越来越多。烘烤花生制品中的吡嗪类化合物与烤制风味和香气密切相关，2003 年 G. L. Baker 等研究了四种不同类型花生风味之间的差异，在相同的焙烤温度和时间下，用顶空固相微萃取的方法分析吡嗪类化合物。其中 2，5-二乙基吡嗪被认为是与焙烤花生风味相关度最高的物质。2010 年李淑荣等研究了烘烤花生中关键香味化合物，共检测到 51 种挥发性化合物，其中吡嗪类化合物 12 种，醛 6 种，酮 10 种，其他 19 种，吡嗪类和醛类是花生中的主要挥发性物质物，而检测出的挥发性化合物中酮类对花生的风味成分贡献率较低。

（二）微波花生

微波处理花生后产生的不良风味包括纸板味、陈腐味和苦味，通过控制微波处理条件（时间、温度、微波功率等），发现产生最大不良风味的处理条件为微波处理 11min，同时不加空气流通，此时物料表面的温度已达到 128℃。研究表明当花生表面温度为 110℃时，其风味可以接受。另外，对微波处理后花生中油脂品质的变化也有一些研究，日本学者 Hiromi Yoshida 用微波处理花生 12min 后，花生油中磷脂和甘油三酯含量没有显著的变化。另有报道称经过微波处理后的花生中出现了少量的共轭二烯和共轭三烯等有害物质。2010 年周琦、杨湄、黄凤红等研究建立了花生微波烘烤香气成分的分析方法，得出 3 种微波焙烤花生挥发性香气成分。共鉴定出 29 种成分，其中杂环类化合物 9 种，醛类化合物 7 种，醇类化合物 3 种，烯类化合物 3 种，酚类化合物 2 种，酯类化合物 3 种，其他化合物 2 种。

（三）花生酱

楼飞等采用电子鼻法对两种知名品牌花生酱 A 和 B 中的挥发性风味物质进行主成分分析。采用顶空固相微萃取方法提取花生酱 A 和 B 中的挥发性风味物质，结合气相色谱-质谱联用技术对提取的挥发性风味物质进行分离鉴定。电子鼻法能很好地区分花生酱 A 和 B。两种花生酱中共含有 39 种相同的挥发性风味物质，主要是吡嗪、醛类、呋喃、吡咯、酮类、醇类等化合物，相对百分含量有差别。研究表明，花生酱主要的挥发性化合物是吡嗪类化合物，而且电子鼻结合顶空固相微萃取以及气-质联用技术可以对不同品牌花生酱的风味进行很好区分。

（四）花生油

刘晓君等对花生油挥发性风味成分进行鉴定，由顶空固相萃取与气质联用分析得到花生油挥发成分主要有 53 种，主要为吡嗪、吡啶、呋喃、吡咯等含氮、氧杂环化合物，少量醛、酮、醇、酸、酯及烃类化合物。这些化合物对花生油的风味有着不同贡献。其中，吡嗪类化合物含量最高，占总挥发性成分的 32.89%，分别甲基吡嗪（3.90%）、2, 5 - 二甲基吡（17.12%）、2, 6 - 二甲基吡（3.63%）、2, 3 - 二甲基吡嗪（0.68%）、三甲基吡嗪乙基 2, 5 - 二甲基吡嗪（3.30%）、2-乙酰基-3-甲基吡嗪（0.46%）。吡嗪类化合物是美拉德反应的中间产物，具有强烈的香气，而且其香气透散性好，极限浓度极低，呈现一种烤香，类似坚果香和烘焙香的风味特征。吡啶类化合物呈现清香和坚果香味。呋喃类化合物带来多种果香味，如乙酰基呋喃具有葡萄酒酿香，呋喃酮类具有草莓、苹果等香味。

三、仪器分析原理介绍

(一) 电子鼻技术

电子鼻，又称人工嗅觉系统，是探索如何模仿生物嗅觉功能的一种装置，是通过识别复杂气味成分的专业测试仪器，其工作可归纳：传感器阵列—预处理电路—神经网络和各种算法——计算机识别。电子鼻主要由样品处理器，气体传感器阵列和信号处理系统或称为模式识别系统三部分组成。其原理是由传感器阵列和自动化模式识别系统组成的仿生学仪器，其运用了仿生技术、计算机技术和化学计量学，对获得样品中挥发成分的整体信息（称为"指纹"数据）进行综合分析。目前在电子鼻中常用的模式识别方法有统计模式识别方法（包括主成分分析、判别函数分析、聚类分析）、人工神经网络（包括 BP 网络、Kohonen 网络等）以及进化神经网络（ENN）等方法。电子鼻近年来发展迅速，在众多领域得到关注，它既有成本低、分析速度快，也有稳定性好、非破坏性等优点，逐渐成为油料及多种产品品质分析判定的重要手段。

德国 AIRSENSE 公司的 PEN3 便携式电子鼻（Portable Electronic nose）包含 10 个金属氧化物传感器阵列。根据传感器接触到样品挥发物后的电导率 G 与传感器在经过标准活性炭过滤气体的电导率 G_0 的比值而进行数据处理和模式识别。这个由传感器阵列组成的仪器主要包含下面几个部分：传感器通道、采样通道，计算机。PEN3 传感器阵列具有自动调整（automatic ransing）自动校准（automatic calibration）及系统自动富集（automatic enrichment）三个功能，有效地保证了电子鼻测量数据的稳定性和精确度。

电子鼻软件是通过用主成分分析（Principal Component Analysis，PCA）和线性判别式分析（Linear Discriminant Analysis，LDA）方法处理试验数据。PCA 是将所提取的传感器多指标的信息进行数据转换和降维，并对降维后的特征向量进行线性分类，最后在 PCA 分析的散点图上显示主要的两维散点图。PC1 和 PC2

上包含了在 PCA 转换中得到的第一主成分和第二主成分的贡献率，贡献率越大，说明主要成分可以较好地反映原来多指标的信息。当总贡献率达到 85% 时，此方法即可使用。LDA 是一种常用的分类方法，使用这种方法需要样本空间呈正态分布，并有相等的离差。构造的判别函数由原始变量经线性组合得出，能够最大限度地区分不同的样本集，在降低数据空间维数的同时最大限度地减少信息丢失。这种数学分类规则可将三维空间分成一些子空间，从而将其定义在直线、平面或超平面上。这种计算判别函数的方法可以使组间变异与组内变异的比率达到最大。由于 LDA 具有分类效果好，易实现等优点，已在电子鼻数据分析中得到广泛应用，并取得了良好的效果。

（二）顶空固相微萃取与气相色谱质谱联用法

固相微萃取（Solid phase microextraction，SPME）是加拿大滑铁卢（Wateloo）大学帕维什（Pawiiszyn）研究小组于 1990 年提出的一种新型无溶剂样品预处理技术，它通过采用装在注射器内的石英纤维表面上的特殊固相涂层，对样品组分进行萃取和富集，具有操作简单，成本低，效率高及选择性强等特点。此外，固相微萃取技术还可方便地与气相色谱、液相色谱等分析仪器联用，将样品萃取、富集和进样检测合为一体，可大大提高分析速度和分析方法的灵敏度。近年来 SPME 被广泛地用于各种食品气味的分析，如乳制品、蔬菜、糖果，同时也是目前食用油脂、油料气味组分研究中应用最广泛的提取技术。

固相微萃取可采用直接固相微萃取法或顶空固相微萃取法，萃取方式的选择取决于被萃取物质的状态、性质及挥发性。油脂中挥发性成分的测定多采用顶空固相微萃取法，既可避免油脂样品基质中大分子和非挥发物质对 SPME 的损坏，减少干扰，延长萃取头寿命，又可对挥发性成分进行有效的分析。

顶空固相微萃取–气质联用法可以很好地对挥发性化合物组成进行定性定量的分析，快速、高效地进行样品的提取、分离和分析，已成功地应用于挥发性、半挥发性物质的分析，并取得了一定的进展。

（三）近红外光谱介绍

近红外光是指波长在 780~2526nm 范围内的电磁波，习惯上又将近红外区划分为近红外短波（780~1100nm）和近红外长波（1100~2526nm）两个区域。

近红外光谱分析技术包括定性分析和定量分析，定性分析的目的是确定物质的组成与结构，而定量分析则是为了确定物质中某些组分的含量或是物质的品质属性的值。与常用的化学分析方法不同，近红外光谱分析法是一种间接分析技术，是用统计的方法在样品待测属性值与近红外光谱数据之间建立一个关联模型，因此在对未知样品进行分析之前需要搜集一批用于建立关联模型的训练样品，获得用近红外光谱仪器测得的样品光谱数据和用化学分析方法测得的真实数据。近红外光谱技术是近年来发展起来的一种快速无损检测分析技术，在定性分析方面已广泛用于茶叶、烟草、药材等方面的鉴别，国内对于近红外定性分析食用油脂类的方法已进行了一定的研究。近红外光谱仪是一种批量检测最常用、最方便的仪器。

第二节　花生的近红外光谱研究

近红外光谱分析技术（NIR）是近年来分析化学领域迅猛发展的高新分析技术，以其速度快、不破坏样品、操作简单、稳定性好、效率高等特点，广泛应用于粮食、果蔬、肉制品、药物、油料作物以及石化检测等各个领域中，因此，应用近红外技术可以展开批量快速检测系统的研究，提高了物质的鉴别速率，满足快速测定的需要。

近红外光谱分析技术在油料品质检测中已得到广泛应用，但该技术在我国还有许多方面处于定标模型摸索阶段，有的成分定标模型的预测准确性和精度还不高，随着对计算机技术、光谱学、图像识别处理技术和化学计量学融合的深入研究，近红外光谱分析技术在我国粮食油料品质的快速分析中将得到更加广泛的应用。

本试验对全国多地收集的花生样品进行近红外光谱扫描分析，从定标、建立模型到预测未知样品等一系列的研究，对整粒花生样品的评价体系提供帮助。

一、材料与方法

（一）试验材料

从我国花生产区山东、吉林、辽宁、河北、北京、四川、陕西、安徽、湖北、江苏、广东等地采集花生样品 101 份，几乎涵盖了我国绝大部分地区，具有很好的代表性。其中 83 份样品作为定标集，18 份样品作为检验集。

（二）试验仪器

XDS 型近红外光谱分析仪：丹麦福斯（Foss）仪器有限公司；

GM200 粉碎机：德国雷奇（Restch）公司；

DHG-9203A 型电热鼓风干燥箱：上海一恒科学仪器有限公司；

AB304-S 分析天平：瑞士梅特勒公司；

Foss 2055 粗脂肪分析仪：丹麦福斯公司；

RAPID N CUBE 全自动快速定氮仪：德国元素分析系统公司。

（三）试验方法

1. 样品前处理：清理花生外壳，去发霉、变质粒，至于自封袋内备用。

2. 常规成分测定方法：

水分含量测定：GB/T 14489.1—2008《油料水分及挥发物含量测定》；

粗脂肪含量测定：GB/T 14488.1—2008《植物油料　含油量测定》；

蛋白质含量测定：SN/T 2115—2008《进出口食品和饲料中总氮及粗蛋白的检测方法》，杜马斯燃烧法。

3. 近红外模型的建立

采用 WinISI Project Manager 软件对花生样品进行建模，将样品的实验室成分测定值输入建模建模程序中，使每个样品的近红外光谱与成分值一一对应。为校正吸收基线并减少样品散射对光谱的影响，利用软件对原始光谱进行预处理。采集 101 份花生样品的近红外光谱，通过近红外光谱仪，在温度恒定且无背景干扰的情况下，对花生样品进行整粒扫描。

扫描条件：在 408~2498nm 波长范围采集光谱，采样间隔 2.0nm，分辨率为 8cm^{-1}，扫描次数 32 次，样品杯类型：moving。

二、结果与讨论

（一）成分测定结果分析

101 份样品的水分、脂肪、蛋白质含量如图 10-1 至图 10-3 所示，从图中可以看出，花生水分含量为 4.01%~10.93%，脂肪含量为 40.84%~62.81%，蛋白质含量为 22.47%~29.67%。

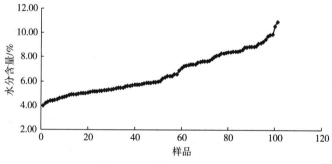

图 10-1　花生水分含量分布图

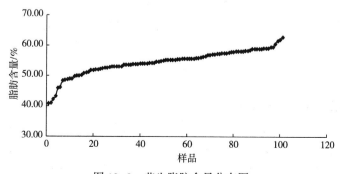

图 10-2　花生脂肪含量分布图

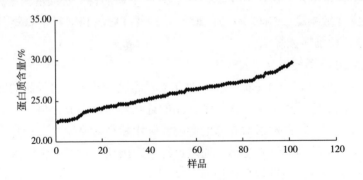

图 10-3　花生蛋白质含量分布图

（二）近红外光谱采集

83 个花生样品的近红外吸收光谱如图 10-4 所示，横坐标为波长/nm，纵坐标为光密度/log（I/R）。图中，不同品种、不同地区的花生样品吸收光谱的波形相似，只是存在上下漂移。由此说明，花生的各种品质含量位于同一波长下的光密度趋势是相同的。

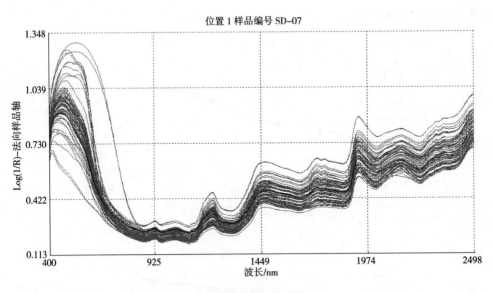

图 10-4　花生近红外光谱图

（三）定量分析模型建立

采用 WinISI Project Manager 中的模型自动优化功能，对建模参数进行优化，选择最佳的光谱预处理方法和建模谱区建立水分、含油量和蛋白质的定量分析模型，具体结果见表 10-1，模型的散点分布如图 10-5 至图 10-7 所示。

表 10-1		花生品质建模结果	
指标	成分范围/%	SECV（交互验证标准误差）	1-VR（交互验证相关系数）
水分	4.2~11.0	0.1053	0.9962
脂肪	40.0~62.5	0.6710	0.9292
蛋白质	21.5~30.0	0.3095	0.9611

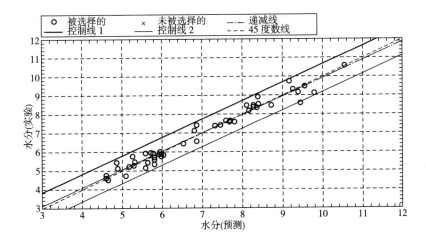

图 10-5　花生水分模型散点图

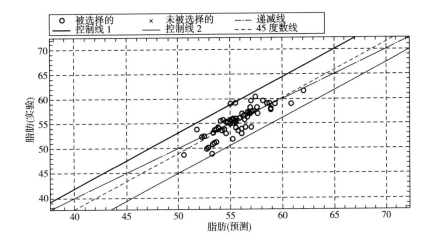

图 10-6　花生脂肪模型散点图

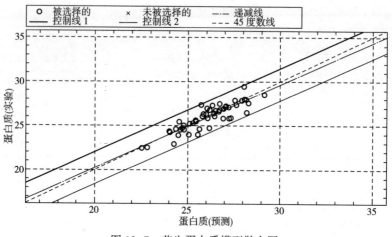

图 10-7　花生蛋白质模型散点图

图 10-5 至图 10-7 中，纵坐标为试验室测定的成分值，横坐标为近红外的预测值。从图中可以看出，水分、脂肪和蛋白质模型的近红外预测值和成分值之间有着良好的线性关系，建模样品均匀分布在成分值范围内，交叉证实的均方差也在国标允许范围内，试验点很好地分布在回归线两侧，基本上没有偏离，反映了定标集的预测值与成分值之间具有良好的线性关系，由表 10-1 知，其定标相关系数 R 达到显著水平，是一个非常理想的定标模型。定标标准偏差（SEC）越小，说明了研究预测方程对样品有很好的预测能力。因此，可以成功建立花生水分、脂肪和蛋白质这三种成分指标的近红外模型。

（四）定标模型的验证

取 18 个检验集样品，在用近红外模型预测的同时进行实验室成分值的测定，近红外预测值与成分值比较的散点分布如图 10-8 至图 10-11 所示。

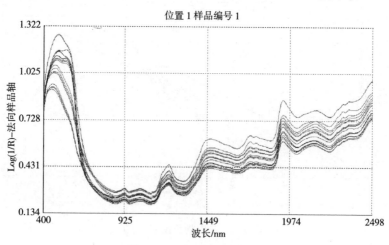

图 10-8　验证样品光谱图

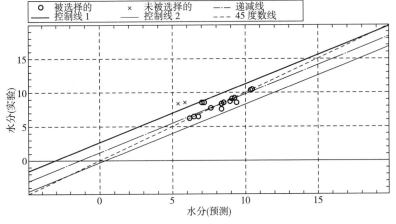

图 10-9　花生水分验证散点图

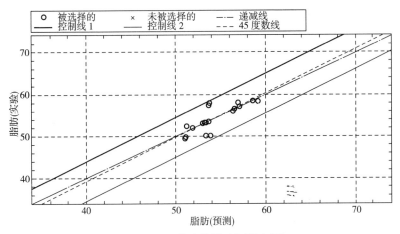

图 10-10　花生脂肪验证散点图

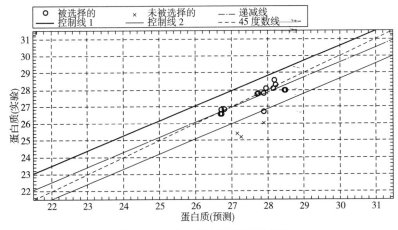

图 10-11　花生蛋白质验证散点图

如图 10-8 至图 10-11 所示，水分模型检测结果有 2 个样品超出误差允许范围，脂肪模型检测结果没有超出误差允许值范围的样品，蛋白质模型检测结果有 3 个样品超出误差允许范围，总的来说，三项指标的模型预测值与实验室测定的成分值具有一定的重合性，准确率大于 80%，因此，定标模型有比较好的检测水平，可以加以广泛应用。

三、小结

本试验搜集了全国不同地区、不同品种的 101 份花生样品进行近红外光谱分析、建模，其中水分含量分布为 4.01% ~ 10.93%，脂肪含量为 40.84% ~ 62.81%，蛋白质含量为 22.47% ~ 29.67%。分布梯度广，具有很好的代表性。近红外光谱的研究，不仅可以对花生各项成分指标进行快速的测定，而且建立了系统的模型，为整粒花生的快速评价方法提供便捷，为以后的研究工作提供依据。

第三节　花生挥发性气味的研究

花生仁中含有油脂、蛋白质、糖类、游离脂肪酸、磷脂、油溶性维生素、水分及矿物质成分等。花生蛋白质的 90% 为花生球蛋白和伴花生球蛋白，经烘烤，可使蛋白质变性，破坏细胞壁的组织结构，使细小分散的油滴聚集并释放；高温烘烤时，羰氨反应（美拉德反应）所生成的高碳氢化合物、含硫化合物、吡嗪类化合物等赋予了油脂浓郁的香气。这些诱人的香味不仅增加食用价值，也可以采用电子鼻来分析区别各品种新鲜花生及烘烤花生的香味品质。

烘烤花生的感官评定，确定烘烤花生最优感官条件；不同品种的新鲜花生与烘烤花生的挥发性气味差异，验证花生品种对烘烤花生挥发性气味有无影响；新鲜花生与烘烤花生的气质联用色谱分析，得到花生挥发性气味成分的定性、定量结果。

感官分析是借助人类的感觉器官对食品的感官特征进行评定、打分，结合其他学科知识对食品进行定性的测定，得到产品的性质特性；借助电子鼻识别不同品种新鲜花生及烘烤花生的挥发性气味成分，获得全程图谱，再通过气质联用色谱进行花生挥发性气味成分的定性分析，从而得到产生花生挥发性气味成分的因素。

一、材料与方法

（一）试验材料

8 个品种的新鲜花生样品，置于 4℃ 恒温冰箱里保存。

（二）试验仪器

GM200 粉碎机：德国雷奇（Restch）公司；

DHG-9203A 型电热鼓风干燥箱：上海一恒科学仪器有限公司；

AB304-S 分析天平：瑞士梅特勒公司；

PEN3 电子鼻：德国气感（AIR-SENSE）公司；

固相微萃取器手柄，30/50μm、DVB/CAR/PDMS 萃取头：美国苏塞尔科（Supelco）公司；

Agilent GC/MS7890A-5975C 联用仪，20mL 顶空瓶：美国安捷伦公司；

HH-4 数显恒温水浴锅：国华电器有限公司。

（三）试验方法

1. 花生前处理条件

将新鲜花生在 120，140，160，180，200℃ 下，分别烘烤 5，10，15，20min。

2. 感官评定方法

由 15 名食品感官专业人员组成评定小组，对烘烤花生的色泽、气味、香味、甜味、生味、苦味六个因素进行感官评定，评定标准见表 10-2。

表 10-2　　　　　　　　　　烘烤花生感官评定标准

等级	色泽（20分）	气味*（20分）	香味（20分）	甜味（20分）	生味（10分）	苦味（10分）
好	15~20分 颜色呈现均匀的金黄色	15~20分 烘烤花生固有的浓郁香味，无异味	15~20分 烘烤花生固有的浓郁香味	15~20分 香甜可口	10~7分 烘烤花生的香味，没有生味	10~7分 烘烤花生的香味，没有苦味
一般	10~14分 色泽不均匀，浅黄色或红褐色	10~14分 微生味或微糊味，略有烘烤花生香味	10~14分 微生味或微糊味，略有烘烤花生香味	10~14分 微甜	4~6分 略带生味，没有烘烤完全	4~6分 微苦，烘烤稍微过度
差	<10分 色泽不均匀，呈现过浅的黄色或过深的褐色	<10分 生味或糊味，有异味	<10分 生味或焦糊味	<10分 不甜	<4分 强烈的生味	<4分 苦味，烘烤过度

注：*气味感官评定时，要将花生研碎。

3. 电子鼻测定方法

将 8 个品种花生的新鲜样品及烘烤样品用粉碎机粉碎，然后分别装在 100mL 具塞锥形瓶中，每瓶装 15g 样品，在 40℃水浴中平衡 30min，使其顶部气体成分稳定后，顶空采样，进行测定。

由电子鼻针头进行吸气，气体的进样速率为 400mL/min，载气的速率为 400mL/min，清洗时间为 100s，准备进样时间 10s，进样扫描时间为 80s。记录 10 个不同选择性的传感器 G/G_0，G 为传感器接触到样品挥发物后的电导率；G_0 为传感器在经过标准活性炭过滤气体的电导率。

根据其比值进行数据处理、模式识别和统计分析。

4. 成分指标的测定

水分含量测定法：GB/T 14489.1—2008《油料水分及挥发物含量测定》；

粗脂肪含量测定法：GB/T 14488.1—2008《植物油料含油量测定》；

蛋白质含量测定法：SN/T 2115—2008《进出口食品和饲料中总氮和粗蛋白的检测方法 杜马司燃烧法》。

5. 气质联用测定方法

气相色谱条件：毛细管柱：HP-5 弹性适应毛细管色谱柱（30m×0.25mm×0.25μm）；柱温升温程序：起始温度 40℃，保持 4min，然后以 6℃/min 的升温速率升温至 230℃，保持 5min；汽化室温度：250℃；载气：He，流速 0.8mL/min；进样方式：不分流进样。

质谱条件：电子轰击离子源（EI）；电子能量 70 eV；灯丝发射电流 200μA；离子源温度 200℃；接口温度 250℃；全谱扫描，扫描质荷比范围 m/z 为 3～450amu。

6. 挥发性成分的固相微萃取

称取 2g 粉碎的花生样品置于 20mL 顶空瓶中，用聚四氟乙烯隔垫密封。将顶空瓶置于 40℃恒温水浴加热平衡 40min 后，通过隔垫插入已活化好的 SPME 萃取头（250℃活化 30min），推出纤维头，顶空吸附 40min，于 250℃解吸 5min。

二、结果与讨论

（一）烘烤花生人工与电子鼻的感官评定

1. 人工感官评分

将普通圆花生进行烘烤，由 15 人评定小组进行评分，将结果的平均值记录下来，烘烤花生的感官评分结果见表 10-3。

表 10-3　　　　　　　　　　　　烘烤花生的感官评价

编号	色泽	气味	滋味				总计
			香味	甜味	生味	苦味	
120℃/5min	10	9	8	9	2	10	48
140℃/5min	10	8	10	11	3	10	52
160℃/5min	12	10	11	10	4	10	57
180℃/5min	16	15	14	14	10	10	79
200℃/5min	17	18	17	16	8	9	85
120℃/10min	11	9	10	10	3	10	53
140℃/10min	12	11	12	12	4	10	61
160℃/10min	15	14	12	11	5	10	67
180℃/10min	17	16	16	14	8	9	80
200℃/10min	17	16	15	15	10	6	79
120℃/15min	11	10	11	12	4	10	58
140℃/15min	13	11	12	13	5	10	64
160℃/15min	16	15	15	13	7	9	75
180℃/15min	19	19	18	17	10	8	91
200℃/15min	15	15	14	12	10	5	71
120℃/20min	12	10	12	13	5	10	62
140℃/20min	14	14	13	13	6	10	70
160℃/20min	18	17	17	15	9	9	85
180℃/20min	18	19	18	16	10	6	87
200℃/20min	12	11	10	9	10	4	56

301

　　本试验烘烤花生温度从 120~200℃，烘烤时间从 5~20min，以 20℃，5min 为阶梯，进行单因素试验，由表 10-3 可知，烘烤花生由人工感官评分的结果是在 180℃烘烤 15min 的条件下，烘烤花生的色泽、气味、滋味都为最高分，总评 91 分，最能够呈现烘烤花生固有的浓郁香味，此条件为最优。

　　2. 使用电子鼻分析烘烤花生的挥发性香味的响应信号值，见表 10-4。

　　由表 10-4 可知，电子鼻信号最强的几组条件是 200℃/20min、200℃/15min、180℃/20min、200℃/10min、180℃/15min。其中，前四组条件虽然信号值强烈，但是花生应已经烘烤过度，产生的焦糊味使电子鼻 6 号、7 号和 9 号传感器响应

表 10—4　　烘烤花生挥发性气味电子鼻信号响应强度

编号	电子鼻传感器信号总强度值 G/G_0										总计
	1号	2号	3号	4号	5号	6号	7号	8号	9号	10号	
140℃/5min	42.9873	215.7373	43.4783	83.7651	73.2473	302.7608	117.6489	341.0941	139.0863	97.1322	1456.938
160℃/5min	40.0741	251.2903	40.4909	86.0518	75.2295	321.1981	121.0818	355.8950	195.2150	99.8657	1586.392
180℃/5min	39.0054	317.8333	38.5224	86.2515	78.5487	359.5128	273.7685	402.4818	290.2845	100.1840	1986.393
200℃/5min	39.9138	356.8321	31.3128	86.6794	78.5664	632.6146	670.2009	436.5641	636.9959	96.0097	3065.69
140℃/10min	45.8961	234.5111	42.7240	87.3178	79.1337	328.3136	124.6573	363.0014	149.3160	100.2705	1555.142
160℃/10min	44.7989	304.5641	41.7027	89.3636	79.0449	389.0114	254.8434	382.9829	230.1826	103.8063	1920.301
180℃/10min	31.8906	785.5988	32.1782	89.1675	77.5257	390.3921	370.8464	461.4266	416.1848	96.5122	2751.723
200℃/10min	22.1933	2888.354	22.1862	88.7264	75.4064	851.6164	916.2170	596.4541	983.2983	96.7381	6541.19
140℃/15min	44.2479	403.8698	40.1901	85.2188	78.0561	388.8609	455.1385	486.0862	232.1660	104.4477	2318.282
160℃/15min	35.9817	538.8092	35.6597	85.7423	76.8811	335.8411	462.8291	405.3385	300.8556	91.0725	2369.011
180℃/15min	24.2212	2831.026	25.0288	88.2892	78.4316	476.2763	473.3141	602.5062	538.2076	105.2513	5242.552
200℃/15min	21.8988	11320.36	22.1539	92.5121	74.4207	804.9595	696.0642	660.4561	866.1916	95.9979	14655.01
140℃/20min	43.8731	272.1551	41.3144	86.8625	77.9702	299.5003	183.9225	343.3402	206.2754	93.7842	1648.998
160℃/20min	28.2033	1010.071	28.2613	87.3612	77.1235	521.3242	529.5943	550.0592	696.6180	96.1141	3624.73
180℃/20min	22.7522	4368.162	23.1851	91.3589	77.6195	509.4422	599.5314	678.3865	567.9156	104.1739	7042.527
200℃/20min	19.7326	11522.077	19.7479	97.734	76.6413	834.2879	668.8229	754.5564	862.0666	102.4117	14958.08

值很高，产生了掩盖烘烤花生香味成分挥发的气味，并且带来了评判的干扰因素，故结合人工感官评价，得出结论，烘烤条件为180℃烘烤15min应为最佳。

（二）均匀设计实验验证烘烤花生的最优条件

由人工感官评价以及电子鼻初步探索得到了烘烤花生感官的最佳条件，现使用均匀设计实验，进一步验证此最佳条件。

选择烘烤温度分别为120，130，140，150，160，170，180，190，200℃。烘烤时间分别为5，7，9，11，13，15，17，19，21min。选用表$U_9^*(9^4)$进行均匀设计试验，均匀设计因素水平见表10-5。

表 10-5 　　　　　　　　　　均匀试验设计因素水平表

水平号	烘烤温度(x_1) /℃	烘烤时间(x_2) /min	水平号	烘烤温度(x_1) /℃	烘烤时间(x_2) /min
1	120	5	6	170	15
2	130	7	7	180	17
3	140	9	8	190	19
4	150	11	9	200	21
5	160	13			

根据均匀设计表$U_9^*(9^4)$将x_1、x_2分别放在$U_9^*(9^4)$表的2、3列，其试验方案列于表10-6中。

表 10-6 　　　　　　　　　　　　试验方案和结果

试验号	x_1	x_2	感官评定综合评分
1	120	17	48
2	130	11	68
3	140	5	62
4	150	19	79
5	160	13	87
6	170	7	76
7	180	21	84
8	190	15	87
9	200	9	81

利用 EXCEL 分析工具库中"回归分析"进行回归方程的拟合，得到的回归

方程：$y = -240.401458 + 3.450333x_1 + 2.717917x_2 - 0.010275x_1x_1 - 0.193125x_2x_2 + 0.017\ x_1x_2$

这是一个二元二次非线性回归方程，为检验其可信性，对该回归方程进行方差分析，其方差分析表见表 10-7。

表 10-7　　　　　　　　　　　　方差分析表

差异源	SS（离差平方和）	df（自由度）	MS（均方）	F 值	$F_{0.05}$ （5，3）	显著性
回归	1319.583333	5	263.9166667	16.352839	9.01	*
误差	48.4166667	3	16.3528399			
总计	1368	8				

由方差分析可知，所求得的回归方程非常显著，该回归方程是可信的。

利用 EXCEL 分析工具库中的"规划求解"对方程：$y = -240.401458 + 3.450333x_1 + 2.717917x_2 - 0.010275x_1x_1 - 0.193125x_2x_2 + 0.017\ x_1x_2$。

进行优化，最优方案为 $x_1 = 180.28℃$、$x_2 = 14.97min$，此时 $y_{max} = 90.96$。用 $x_1 = 180℃$、$x_2 = 15min$ 进行验证实验，此时得分值为 91.25。由此说明，烘烤花生的最佳条件为 180℃烘烤 15min。

（三）花生品种对烘烤花生挥发性气味的影响

利用电子鼻识别不同品种新鲜花生及烘烤花生的香气成分，获得全程图谱，并通过气质联用色谱进行花生挥发性物质的定性分析，从而得到产烘烤生花生挥发性香味成分的因素。

1. 新鲜花生的成分指标

由于花生品种及生长条件的不同，各种成分的含量有较大的差异。8 个品种花生的成分指标见表 10-8。

表 10-8　　　　　　　　　　　花生的成分指标

序号	品种	水分/%	脂肪/%	蛋白质/%
1	丰花 1	5.13	50.08	22.60
2	黑花生	10.93	45.90	22.71
3	海花 1	5.97	50.18	22.81
4	白花生	5.92	49.05	23.86
5	中花 8	5.86	52.32	24.39
6	花育 19	4.92	53.04	25.16
7	五彩花生	5.14	59.22	27.57
8	四粒红	8.90	58.30	28.34

2. 烘烤 8 个品种花生的感官评定

将上述 8 个品种的花生于 180℃烘烤 15min 的条件下进行处理。8 个品种烘烤花生的感官评定结果见表 10-9。

表 10-9   8 个品种烘烤花生的感官评定

编号	色泽	气味	滋味				总计
			香味	甜味	生味	苦味	
丰花 1	17	18	16	17	10	8	86
黑花生	17	17	17	17	10	8	86
海花 1	18	17	17	16	10	9	87
白花生	17	18	18	16	10	8	87
中花 8	18	16	18	17	10	9	88
花育 19	18	18	17	18	10	8	89
五彩花生	18	17	19	18	10	8	90
四粒红	19	18	18	17	10	9	91

如表 10-9 所示，人体对烘烤花生的感官评分在 86~91 分，由于蛋白质等成分含量的差别，在烘烤过程中，引起了有较小的感官差异，分值区间比较小。

3. 电子鼻对新鲜与烘烤花生的识别

电子鼻的传感器响应强度信号与时间的关系如图 10-12 所示。其中图 10-12 （1）为新鲜花生响应信号图，图 10-12 （2）为烘烤花生响应信号图。

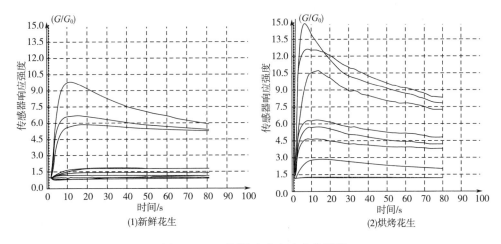

图 10-12 不同状态花生响应信号图

图 10-12 中电子鼻信号的纵坐标为传感器响应强度 G/G_0，坐标范围是 $0 \sim 15$。

横坐标为时间 s，坐标范围是 $0 \sim 100s$。由图可以看出，烘烤花生的传感器响应强度信号值比新鲜花生的信号值高得多。

PEN3 电子鼻包含 W1C（芳香苯类）、W5S（氮氧化物）、W3C（氨类）、W6S（氢气）、W5C（烷烃）、W1S（甲烷）、W1W（硫化氢）、W2S（乙醇）、W2W（硫化氢类）和 W3S（芳香烷烃）10 个金属氧化物传感器阵列。

新鲜花生 W5C，W5S，W1C 的传感器响应强度信号明显高于其他传感器，由此表明新鲜花生的挥发性物质大多为烷烃、氮氧化物和芳香苯类。

烘烤花生的图谱中 W5C 和 W5S 两个传感器的响应强度信号值上升非常明显，其中 W5S 传感器响应值已经超出纵坐标量程范围（G/G_0 值超过 100），其次 W3C、W1C、W2S 响应信号值也大大增加。由此表明花生经高温烘烤后，糖类的羰基和蛋白质的氨基酸反应，生成一系列带有香味的物质，这就是羰氨反应生成了吡嗪类化合物、高碳氢化合物以及含硫化合物等使挥发性气味成分显著增多的证明。

4. 各品种花生电子鼻区分模型（PCA 法和 LDA 法）

（1）新鲜花生品种的区分　将 8 种花生气味图谱用电子鼻软件中的 edit 方法对其进行建模，用 PCA 主成分法进行分析，结果如图 10-13 所示。其中 8 个圆圈分别代表 8 种花生挥发性气味成分的区域。结果显示总贡献率为 98.27%，其中第一主成分 PC1 贡献率为 96.22%，第二主成分 PC2 贡献率为 2.052%，黑花生、花育 19、中花 8、五彩花生的圆圈区域比较分散，PC1 值相差较大，可以很好地与其他品种区分开来，白花生、丰花 1、海花 1、四粒红花生的圆圈区域互相交错，PC1 与 PC2 值都比较接近，说明它们的挥发性成分具有相似性。

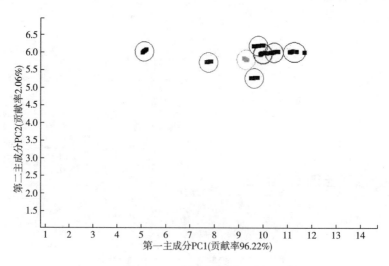

图 10-13　新鲜花生 PCA 图

用 LDA 判别函数法分析结果如图 10-14 所示。结果显示总贡献率为 96.38%，LD1 贡献率为 59.99%，LD2 贡献率为 36.39%，从图中可以看出，这 8 种花生具有各自固有的挥发性气味区域，可以很好地区分开来，其 LD1 值与 LD2 值都不重叠，因此比较两图，可以得出 LDA 方法区分新鲜花生的挥发性香味明显优于 PCA 方法。

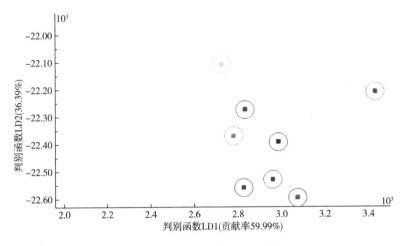

图 10-14　新鲜花生 LDA 图

（2）烘烤花生香味成分图谱分析　烘烤花生的 PCA 图谱与 LDA 图谱分析结果如图 10-15、图 10-16 所示。

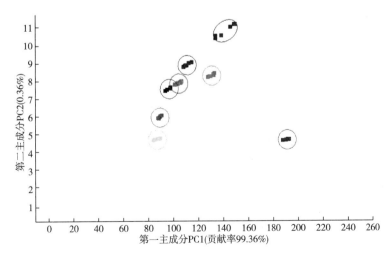

图 10-15　烘烤花生 PCA 图

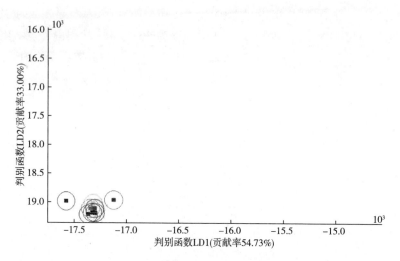

图 10-16　烘烤花生 LDA 图

如图 10-15、图 10-16 所示，烘烤花生 PCA 图显示出各种花生的挥发性气味成分比较接近，而烘烤花生的 LDA 图谱更明显地说明了花生烘烤后其气味成分较一致，图谱的结果很集中。其中 PCA 结果表明总贡献率为 99.72%，PC1 贡献率为 99.36%，PC2 贡献率为 0.36%；总贡献率很高，说明区分效果相对较好。用 LDA 法分析结果表明总贡献率为 87.73%，LD1 贡献率为 54.73%，LD2 贡献率为 33.00%。如图 10-15、图 10-16 所示，LDA 的分析方法更能体现出烘烤花生气味的集中区域。其中，五彩花生和四粒红蛋白质含量比较高，烘烤花生的 LDA 图谱表明这两种花生的判别函数区域与其余几个品种稍有差别。

综合如图 10-12 至图 10-16 所示，新鲜花生的气味图谱比烘烤花生的气味图谱区分得更开，由此说明，不同品种的新鲜花生具有自身固有的挥发性气味成分，而经过烘烤后的花生，由于发生美拉德反应等原因，导致烘烤后特有的吡嗪类物质贡献出主要的挥发性香味，使其图谱香味响应很集中，其香味难显品种特性。

5. 新鲜花生气质图谱分析

新鲜花生和烘烤花生的挥发性成分经气质联用色谱分离鉴定。试验数据经过安捷伦软件处理，未知化合物通过计算机检索 NIST 谱库，仅给出匹配度大于 700 的化合物（最高匹配度为 1000）。按照峰面积归一化法计算各个组分的相对含量。

通过计算机检索和人工解析，扣除由萃取头带来的硅氧烷类杂质峰及增塑剂污染杂质峰，本试验新鲜花生共鉴定出 25 种化合物，烘烤花生共鉴定出 51 种化合物，定性定量结果见表 10-10，表 10-11。

表 10-10　　　　　　　　　　新鲜花生气质数据

序号	保留时间/min	化　合　物		含量/%
1	3.872	Pentanal	戊醛	2.72
2	4.859	1H-Pyrrole，1-methyl-	1-甲基吡咯	7.84
3	5.493	Cyclopropane，ethyl-	乙基环丙烷	7.66
4	8.598	1-Hexanol	正己醇	27.23
5	9.981	Benzoic acid，2-amino-4-methyl-	2-氨基-4-甲基苯甲酸	3.56
6	11.403	Benzeneethanamine，N-methyl-3-nitro-N-（2-phenylethyl）-	N-甲基-3-硝基-N-（2-苯乙基）苯乙胺	2.02
7	11.684	DL-Glyceraldehyde，dimethyl ether	二甲醚-DL-甘油醛	6.11
8	12.022	Diisopropyl sulfide	二异丙硫醚	6.61
9	12.220	Hexanoic acid	己酸	5.66
10	13.434	Limonene	柠檬烯	1.01
11	13.705	Benzyl Alcohol	苯甲醇	0.92
12	14.634	1，7-Heptanediol	1，7-庚二醇	1.62
13	15.456	Oxalic acid，2-ethylhexyl isohexyl	草酸，2-乙基己基异己基酯	1.32
14	15.843	4-Hydroxymandelic acid，ethyl ester，di-TMS	对羟基扁桃酸乙酯	2.66
15	16.249	1-Octene，3，3-dimethyl-	3，3-二甲基-1-辛烯	0.42
16	16.341	1-Octanol	辛醇	0.66
17	16.612	Cyclopentane，（1-methylbutyl）-	（1-甲基丁基）-环戊烷	0.59
18	17.338	1-Heptene	1-庚烯	1.66
19	17.807	3，3-Dimethylbutane-2-ol	3，3-二甲基丁烷-2-醇	0.26
20	18.672	Ethanol，2-phenoxy-	2-苯氧基乙醇	0.61
21	19.799	Nonanoic acid	壬酸	0.42
22	21.618	4-Acetyl-1-methylcyclohexene	4-乙酰基-1-甲基环己烯	0.34
23	22.769	Undecane	正十一烷	0.23
24	24.447	3-Chloro-benzalacetone	3-氯苄叉丙酮	0.35
25	27.011	2-Furanmethanol，tetrahydro-	2-四氢呋喃醇	0.43

　　本试验根据 GC-MS 联用所得质谱信息，检索和对照分析了各个品种新鲜花生的挥发性成分，通过鉴定，如表 10-10 所示得到新鲜花生的挥发性成分主要有

25种，其中烷烃7种、醛类2种、醇7种、芳香苯2种、酯2种和其他5种，而通过各个品种花生的气质试验可以得出，新鲜花生的挥发性气味由于其小分子的烷烃类、醇类、醛类化合物含量多少的差异，挥发物的峰面积也有所不同。但主要挥发成分还是由烃类、醇类、醛类这些化合物所构成的。

表 10-11　　　　　　　　　　　　烘烤花生气质数据

序号	保留时间/min	化　合　物		含量/%
1	3.311	Butanal, 2-methyl-	2-甲基丁醛	3.15
2	3.766	Octane, 2-methyl-	2-甲基辛烷	3.60
3	4.835	1H-Pyrrole, 1-methyl-	1-甲基-1H-吡咯	8.74
4	6.436	Octanal	辛醇	1.21
5	7.074	Pyrazine, methyl-	甲基吡嗪	13.30
6	8.211	1H-Pyrrole, 1-methyl-	1-甲基吡咯	1.21
7	8.603	3-Aminopyrrolidine	3-氨基吡咯烷	0.82
8	9.865	Pyrazine, 2,5-dimethyl-	2,5-二甲基吡嗪	23.63
9	12.035	Pyrazine, 2-ethyl-3-methyl-	2-乙基-3-甲基吡嗪	11.12
10	12.651	Pyrazine, trimethyl-	三甲基吡嗪	9.57
11	13.072	4-Methylpyridazine	4-甲基哒嗪	0.56
12	13.236	Pyrazinamide	吡嗪酰胺	0.68
13	13.812	Oxalic acid, neopentyl nonyl ester	草酸新戊基壬酯	0.63
14	13.923	Benzeneacetaldehyde	苯乙醛	1.16
15	14.610	2,5 - Dimethyl - 4 - hydroxy - 3 (2H) -furanone	4-羟基-2,5-二甲基-3（2H）呋喃酮	1.20
16	14.900	Pyrazine, 3-ethyl-2,5-dimethyl-	3-乙基-2,5-二甲基吡嗪	3.01
17	15.103	Pyrazine, 2-ethyl-3,5-dimethyl-	2-乙基-3,5-二甲基吡嗪	1.13
18	15.461	Pyrazine, 2-methyl-3-(2-prope-nyl)	2-甲基-3-（2-丙烯基）吡嗪	0.78
19	15.601	2,6-Dimethylbenzaldehyde	2,6-二甲基苯甲醛	0.31
20	15.688	Pyrazine, (1-methylethenyl) -	乙丙烯基吡嗪	0.33
21	15.901	Maltol	麦芽醇	1.12
22	16.583	Methyl nicotinate	烟酸甲酯	0.39
23	16.762	4H-Pyran-4-one, 2,3-dihydro-3,5-dihydroxy-6-methyl-	2,3-二氢-3,5-二羟基-6-甲基-4H-吡喃酮	0.57

序号	保留时间/min	化　合　物		含量/%
24	17.038	Pyrazine，3，5-diethyl-2-methyl-	3，5-二乙基-2-甲基-吡嗪	0.55
25	18.068	Dodecane	十二烷	0.73
26	18.798	Benzofuran，2，3-dihydro-	2，3-二氢苯并呋喃	2.03
27	19.064	4-Vinylphenol	4-乙烯基苯酚	0.13
28	20.003	Cinnamaldehyde，beta-methyl-	β-甲基肉桂醛	0.20
29	20.157	5-Thiazoleethanol，4-methyl-	4-甲基-5-羟乙基噻唑	0.17
30	20.317	Tetradecane，2，5-dimethyl-	2，5-二甲基十四烷	0.07
31	20.520	Tridecane	十三烷	0.14
32	21.018	2-Methoxy-4-vinylphenol	2-甲氧基-4-乙烯基苯酚	0.92
33	21.947	Dicyclobutylidene oxide	烯类氧化物	0.38
34	22.354	Tetradecane	十四烷	0.29
35	23.018	3-Isobutyl-3-buten-2-one	3-异丁基-3-丁烯-2-酮	0.10
36	24.759	Nonadecane	十九烷	0.15

如表 10-11 所示可以得到烘烤花生的挥发性成分有 36 种，主要有吡嗪类化合物 11 种、烷烃 8 种、醛类 4 种还有酮类、芳香苯、醇类、酯类及其它共 13种，其中吡嗪类化合物有甲基吡嗪、2，5-二甲基吡嗪、2-乙基-3 甲基-吡嗪、三甲基吡嗪、3-乙基-2，5-二甲基吡嗪、2-乙基-3，5 二甲基吡嗪、2-甲基-3-（2-丙烯基）吡嗪、乙丙烯基吡嗪、3，5-二乙基-2-甲基-吡嗪等，是烘烤花生挥发性香味的主要来源；还有高碳氢化合物、醛类、酮类等都是产生烘烤花生挥发性香味的关键因素，这与烘烤高温过程中水分减少，蛋白质变性等有着直接关系。

6. 焙烤花生的风味物质主要来源途径

焙烤花生的风味物质主要来源途径主要有 3 种：蛋白质中的氨基酸与糖类的羰基之间进行的美拉德反应；脂肪氧化和热降解反应；糖类的热降解反应。这些风味物质中最重要的一类挥发性物质就是烷基吡嗪化合物。吡嗪类的化合物及其异构体是对烤花生风味贡献最大的化合物。由此可见，花生经过烘烤之后，其挥发性成分有了较大的变化，小分子的烃类、醇类物质变成的高碳氢化合物、吡嗪类、酮类等，使得烘烤花生有了特殊的香味，这些挥发性物质就成为了产生烘烤花生挥发性气味成分的因素。

三、小结

（1）通过感官评分和电子鼻信号响应强度分析确定了花生的最佳烘烤条件，又通过均匀设计实验，对花生烘烤的最佳条件进行验证，得到的结论：烘烤花生的最佳条件为180℃烘烤15min。

（2）方差分析结果表明，不同品种的新鲜花生图谱有显著差异，对花生品种的区分是有意义的；通过比较区分8种花生的PCA和LDA分析图，证实了电子鼻对不同品种花生有较好的识别，用LDA方法比PCA方法区分花生品种的效果更好。

（3）利用电子鼻建立的花生挥发性成分模型能有效区分主要品种的花生，但对不同品种混杂的花生难以准确区分，需要选择更有特性的参数对所建模型进行进一步的优化。

（4）烘烤花生的电子鼻图谱说明了各品种花生烘烤后其挥发性气味成分比较统一，其主要成分是吡嗪类化合物，与花生品种关系不大，所以图谱的结果相对集中，因此可以总结出，烘烤花生的挥发性气味受花生品种的影响很小。

（5）通过气质联用色谱法，对新鲜花生和烘烤花生进行挥发性气味的测定分析可知，新鲜花生样品的挥发性成分主要是烷烃、醇类、醛类、芳香苯等，而烘烤花生的挥发性成分主要是吡嗪类化合物、高碳氢化合物、醛类、酮类、酯类等，该结果与电子鼻的响应图谱分析对应。充分说明新鲜花生经加工后，有更多的挥发性气味产生。

第四节　烘烤花生挥发性成分测定方法的优化

烘烤花生的挥发性成分是压榨花生油香味的来源，因此，研究烘烤花生的挥发性成分是十分必要的。本论文第三章应用电子鼻和气质联用的方法，于40℃萃取样品进行测定，是由于40℃比较接近于人体的感官，有助于人工感官评分与仪器判定进行对比。本章应用顶空固相微萃取-气质联用的方法对烘烤花生挥发性成分的测定方法进行优化，根据相关文献的报道，选择了对分析影响较大的几个因素进行单因素优化，为使用仪器定性、定量的分析烘烤花生挥发性成分提供最佳测定条件。

一、材料与方法

（一）试验材料

新鲜圆花生，置于4℃恒温保存，备用。

（二）试验仪器

GM200 粉碎机：德国雷奇（Restch）公司；

DHG-9203A 型电热鼓风干燥箱：上海一恒科学仪器有限公司；

AB304-S 分析天平：瑞士梅特勒公司；

固相微萃取器手柄：美国苏塞尔科（Supelco）公司；

Agilent GC/MS7890A-5975C 联用仪，20mL 顶空瓶：美国安捷伦公司；

HH-4 数显恒温水浴锅：国华电器有限公司

（三）试验方法

1. 样品前处理

将新鲜圆花生于 180℃烘箱中烘烤 15min，然后用粉碎机粉碎。

2. 顶空固相微萃取-气质联用色谱法

气相色谱试验条件：毛细管柱：HP-5 弹性适应毛细管色谱柱（30m×0.25mm×0.25μm）；柱温升温程序：起始温度 40℃，保持 4min，然后以 6℃/min 的升温速率升温至 230℃，保持 5min；汽化室温度：250℃；载气：He，流速 0.8mL/min；进样方式：不分流进样。

质谱条件：电子轰击离子源（EI）；电子能量 70 eV；灯丝发射电流 200μA；离子源温度 200℃；接口温度 250℃；全谱扫描，扫描质量范围 m/z 33~450amu。

3. 挥发性成分的固相微萃取

影响固相微萃取效果的因素很多，包括萃取头的种类、萃取温度、萃取时间和解析时间等。本试验以主峰面积、峰数和总峰面积作为指标，考察各因素对于顶空固相微萃取过程中萃取效果的影响，称取 2g 粉碎的花生样品置于 20mL 顶空瓶中，用聚四氟乙烯隔垫密封，按照表 10-12 设定的试验条件进行单因素试验。

表 10-12　　　　　　　　　　　　单因素试验条件

萃取条件	因素		
	萃取温度/℃	萃取时间/min	解析时间/min
萃取温度	30, 40, 50, 60, 70, 80, 90	40	5
萃取时间	70	20, 30, 40, 50, 60, 70	5
解析时间	70	40	2, 3, 4, 5, 6, 7

4. 定性方法

试验数据经过安捷伦软件处理，未知化合物通过计算机检索 NIST 谱库，仅给出匹配度大于 700 的化合物（最高匹配度为 1 000）。按照峰面积归一化法计算各个组分的相对含量。

二、结果与分析

（一）萃取头的选择

萃取头是影响固相微萃取的关键部分。马传国等人认为吡嗪类物质是花生油烘烤和浓香花生风味的主要来源。因此，选择花生油挥发性成分的主峰面积和峰数及花生油风味主要来源的吡嗪类物质峰面积作为分析依据。不同的纤维头涂层种类对于目标化合物的萃取能力是不同的。萃取涂层是依据相似相溶的原理进行萃取，所以目标化合物的极性、沸点、分配系数等参数是萃取头选择的关键。

本试验采用四种不同型号的萃取头：1 号为 $85\mu m$，PA（聚丙烯酸酯）白色萃取头，适合分析半挥发物质，酚类；2 号为 $65\mu m$，PDMS/DVB（聚二甲基硅氧烷/聚二乙烯基苯）粉色萃取头，适合分析极性的半挥发性物质，胺类；3 号为 $75\mu m$，CAR/PDMS（羧乙基/聚二甲基硅氧烷）蓝色萃取头，适合分析气体硫化物及痕量 VOC（挥发性有机化合物）；4 号为 $30/50\mu m$，DVB/CAR/PDMS（二乙烯基苯/羧乙基/聚二甲基硅氧烷）灰色萃取头，适合对 C3～C20 大范围的化合物进行分析。

在萃取温度 70℃，萃取时间 40min，解析时间 5min 的条件下进行试验，不同萃取头的选择结果如图 10-17 所示。

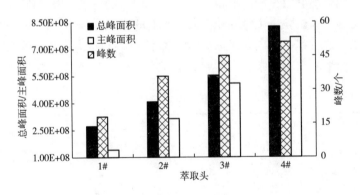

图 10-17　不同萃取头的选择

由图 10-17 所示，4 号萃取头显示出良好的萃取能力，提取得到挥发性物质 51 种，比其余三种萃取头对目标化合物的吸附量及灵敏度都要高很多，因此选择 4 号萃取头最适合本试验。

（二）单因素优化试验

对萃取温度、萃取时间以及解析时间进行单因素优化。（试验的数据结果见附表 B.1～B.3）

1. 萃取温度的选择

适宜的萃取温度可以使萃取头尽可能多的吸附目标物质，温度升高，有利于分子扩散，缩短萃取时间，萃取完全；但温度过高，会使目标化合物在萃取头的纤维涂层与基质中的分配系数降低，萃取量减少，影响固相微萃取的灵敏度。因此，选择最佳的萃取温度是很有必要的。在萃取时间 40min，解析时间 5min，使用 4 号萃取头进行试验，萃取温度的选择结果如图 10-18 所示。

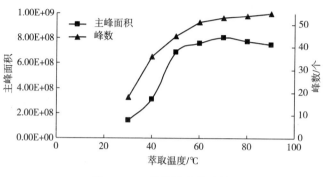

图 10-18　萃取温度的选择

如图 10-18 所示，随着温度的升高，峰数和主峰面积都逐渐增大，当达到 70℃时为最高点，之后随着温度的升高，主峰面积略有下降，但峰数上升。经分析发现，温度过低或过高，都有可能影响萃取效率，低温时萃取物质不完全，高温可能导致脂肪酸分解为低分子化合物，由此可见，70℃时的萃取效果最佳，故选此温度为试验条件。

2. 萃取时间的选择

适宜的萃取时间可以使萃取头达到吸附平衡。萃取时间的长短，取决于目标化合物的性质以及萃取头涂层的物理化学性质。一般的萃取过程在开始时萃取头的吸附量迅速增加，随着时间的增长，吸附量趋于饱和后，上升就很缓慢。在萃取温度 70℃，解析时间 5min，使用 4 号萃取头进行试验，萃取时间的选择结果如图 10-19 所示。

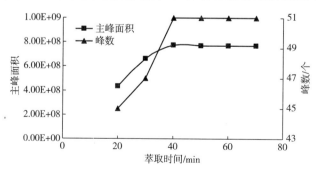

图 10-19　萃取时间的选择

如图 10-19 所示，随着萃取时间的增长，峰数和主峰面积呈上升趋势，纤维头的吸附量增加，当达到 40min 后各项指标趋于平缓，纤维头的吸附量趋于饱和。因此，选择 40min 为本试验的最佳萃取时间。

3. 解析时间的选择

解析时间影响方法的灵敏性，解析不完全会对下个样品造成污染，而解析时间过长，会影响萃取头的寿命。故选择最佳的解析时间具有重要的意义。在萃取温度 70℃，萃取时间 40min，使用 4 号萃取头进行试验，解析时间的选择结果如图 10-20 所示。

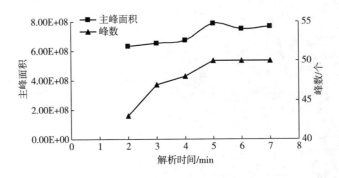

图 10-20　解析时间的选择

如图 10-20 所示，解析时间为 2~5min 时，峰数和主峰面积随着解析时间的增长，其数值也在不断增加，5min 之后，峰数变化不大，但是主峰面积有所下降。由于处于 250℃ 的高温下进行解析，时间过长会影响萃取头的寿命，故选择解析 5min 为最佳解析时间。

（三）响应面法优化试验

应用固相微萃取-气质联用色谱法对萃取温度、萃取时间以及解析时间三个条件进行优化试验，将获得的总峰面积进行响应面分析，结果如下。

1. 响应面设计

响应面设计的因素水平和试验结果见表 10-13 和表 10-14。

表 10-13　　　　　　　　　　　　响应面试验因素水平

水平	萃取温度 x_1/℃	萃取时间 x_2/min	解析时间 x_3/min
-1	60	30	4
0	70	40	5
1	80	50	6

表 10-14   响应面试验结果

Run	A	B	C	总峰面积（10^8） Y
1	−1	−1	0	8.15
2	−1	1	0	8.13
3	1	−1	0	8.17
4	1	1	0	7.89
5	0	−1	−1	8.05
6	0	−1	1	8.05
7	0	1	−1	7.82
8	0	1	1	7.80
9	−1	0	−1	7.81
10	1	0	−1	7.88
11	−1	0	1	7.85
12	1	0	1	7.80
13	0	0	0	8.91
14	0	0	0	8.92
15	0	0	0	8.94

2. 方差分析

回归方程及各项的方差分析、各项交互作用的影响如表 10-15 至表 10-17 所示。

表 10-15   回归方程方差分析

方差来源	自由度 df	平方和 SS	均方和 MS	F 值	P 值
回归模型	9	2.503207	0.2781341	118.19	<0.0001**
误差	5	0.011767	0.0023534		
总计	14	2.514974			

表 10-16   回归方程各项的方差分析

回归方差来源	自由度 df	平方和 SS	均方和 MS	F 值	P 值
一次项	3	0.081500	0.0271667	11.54	0.0110*
二次项	3	2.401107	0.800369	340.10	<0.0001**

续表

回归方差来源	自由度 df	平方和 SS	均方和 MS	F 值	P 值
交互项	3	0.020600	0.0068667	2.92	0.1395
失逆项	3	0.011300	0.0037667	16.14	0.0589
纯误差	2	0.000467	0.0002335		
总误差	5	0.011767	0.0023534		

表 10-17 各项及交互项的显著影响

模型	自由度 df	非标准化系数	t 值	显著性检验 P 值
常数项	1	−37.799167	−19.65	<0.0001**
x_1	1	0.691833	17.90	<0.0001**
x_2	1	0.335583	11.54	<0.0001**
x_3	1	6.439167	20.13	<0.0001**
$x_1 * x_1$	1	−0.004667	−18.48	<0.0001**
$x_2 * x_1$	1	−0.000650	−2.68	0.0438*
$x_2 * x_2$	1	−0.003717	−14.72	<0.0001**
$x_3 * x_1$	1	−0.003000	−1.24	0.2711
$x_3 * x_2$	1	−0.000500	−0.21	0.8448
$x_3 * x_3$	1	−0.621667	−24.62	<0.0001**

注：**表示极其显著（$P<0.001$）；*表示显著（$P<0.05$）。

利用 SAS9.0 软件，通过表中的试验数据进行多元回归拟合获得总峰面积（Y）对自变量萃取温度（x_1）、萃取时间（x_2）、解析时间（x_3）的二次回归方程为：

$$Y = -37.799167 + 0.691833x_1 + 0.335583x_2 + 6.439167x_3 - 0.004667x_1x_1 - 0.000650x_2x_1 - 0.003717x_2x_2 - 0.003000x_3x_1 - 0.000500x_3x_2 - 0.621667x_3x_3$$

如表 10-15、表 10-16 所示，上述回归方程描述各因素与响应值之间的关系，模型 $R^2 = 0.9953$，方程的显著性分析 $F = 118.19 > F0.05（3, 6）= 4.76$，显著水平小于 0.001（$P<0.0001$），表明此时回归方程模型极其显著，方程的失拟项大于 0.05（$P = 0.0589$），则表示失拟不显著，说明该回归方程无失拟因素存

在，各因素值和响应值之间的关系可以用此模型来函数化。

如表 10-17 所示，萃取温度、萃取时间、解析时间三个因素对总峰面积的影响程度都极其显著（$P<0.0001$）。萃取温度的二次项、萃取时间的二次项以及解析时间的二次项对总峰面积影响极其显著，P 值都小于 0.0001。

3. 总峰面积响应面图分析

为了更直观的表现两个因素对总峰面积的交互作用，进行降维分析，得到的二元二次方程可以绘出三个因素交互作用的响应面 3D 图和等高线分析图，如图 10-21 和图 10-22 所示。

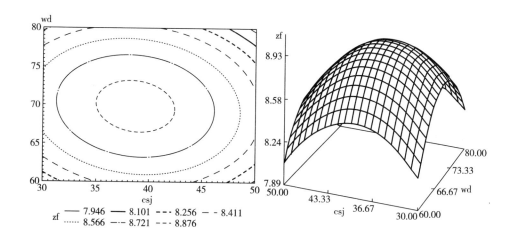

图 10-21　萃取温度与萃取时间的交互作用

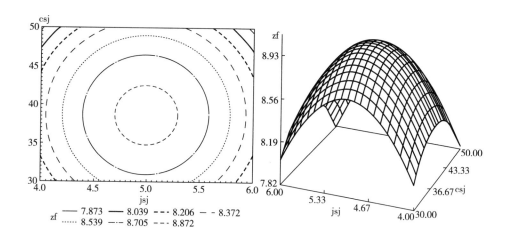

图 10-22　萃取时间与解析时间的交互作用

如图 10-21 至图 10-22 所示，3 个响应面图均为开口向下的凸形曲面，萃取温度、萃取时间以及解析时间三个因素与总峰面积呈抛物线关系，随着每个因素的增大，响应值表现出先增加然后减小的趋势，因此该模型具有稳定点。根据 SAS 回归方程得到的最优解，见表 10-18。

表 10-18 回归方程最优解

因素	标准化	非标准化	总峰面积（10^8）
萃取温度/℃	−0.017597	69.824030	
萃取时间/min	−0.129593	38.704070	8.92989
解析时间/min	−0.005086	4.994914	

为了检验此方法的可行性，在得到的最佳条件下进行验证实验，考虑到实际操作的便利，以萃取温度 70℃、萃取时间 40min、解析时间 5min 为最佳，重复三次实验结果取平均值，验证实验结果见表 10-19。

表 10-19 验证实验结果

实验次数	1	2	3	平均值
总峰面积（10^8）	8.88	8.90	8.92	8.90

如表 8-8 所示，所得到的实际平均总峰面积为 8.90，与理论值相差 0.33%。因此，响应面法对烘烤花生挥发性成分的固相微萃取-气质联用色谱法条件的优化是可行的。

4. 烘烤花生挥发性成分分析

分析所得总离子流图和气质试验数据，如图 10-23 所示，见表 10-20。

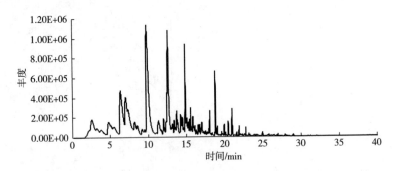

图 10-23 烘烤花生挥发性成分总离子流图

如表 10-20 所示得到烘烤花生的挥发性成分有 51 种，主要有吡嗪类化合物

11 种、烷烃 11 种、醛类 7 种、酮类 6 种还有芳香苯、醇类、酯类及其它共 16 种，其中吡嗪类化合物有甲基吡嗪、2，5-二甲基吡嗪、2-乙基-3-甲基-吡嗪、三甲基吡嗪、3-乙基-2，5-二甲基吡嗪、2-乙基-3，5 二甲基吡嗪、5-乙基-2，3-二甲基吡嗪、二甲基-2-乙烯基吡嗪、3，5-二乙基-2-甲基-吡嗪等，吡嗪类化合物是美拉德反应的中间产物，具有强烈的香味，因此这些吡嗪类化合物是烘烤花生挥发性香味最主要的来源，同时还有高碳氢化合物、醛类、酮类等都是产生烘烤花生挥发性香味的重要因素，这表明烘烤花生有其固有的特征挥发性香味。

表 10-20 　　　　　　　　　　烘烤花生气质数据

序号	保留时间/min	化　合　物		含量/%
1	4.782	1H-Pyrrole, 1-methyl-	1-甲基-1H-吡咯	3.66
2	5.507	Cyclopropane, 1-ethyl-2-methyl-	1-乙基-2-甲基环丙烷	2.35
3	6.354	Hexanal	己醛	7.78
4	7.007	Pyrazine, methyl-	甲基吡嗪	4.64
5	7.316	Pyrazine, methyl-	甲基吡嗪	5.04
6	8.163	2-Furanmethanol	2-呋喃甲醇	1.90
7	8.540	3-Aminopyrrolidine	3-氨基吡咯烷	1.58
8	9.173	Thiophene	噻吩	0.77
9	9.507	3-Ethyl-1, 3-dimethyldiaziridine	3-乙基-1，3-二甲基氮丙啶	0.66
10	9.783	Pyrazine, 2, 5-dimethyl-	2，5-二甲基吡嗪	15.97
11	11.331	Benzaldehyde	苯甲醛	2.05
12	11.688	Cyclobutanone, 2, 3, 3-trimethyl-	2，3，3-三甲基环丁酮	0.44
13	11.988	1-Octen-3-ol	1-辛烯-3-醇	1.28
14	12.578	Pyrazine, 2-ethyl-3-methyl-	2-乙基-3 甲基-吡嗪	10.07
15	12.651	Pyrazine, trimethyl-	三甲基吡嗪	4.54
16	13.173	Pyrazinamide	吡嗪酰胺	0.67
17	13.396	Limonene	柠檬烯	12.19
18	13.584	Pentafluoropropionic acid, octyl ester	五氟丙酸酐辛酯	0.33

续表

序号	保留时间/min	化 合 物		含量/%
19	13.739	4,4-Dimethyl-1-hexene	4,4-二甲基-己烯	2.07
20	14.247	2-Octenal,（E）-	反-二辛烯醛	1.49
21	14.470	1-（1H-Pyrrol-2-yl）ethanone	2-乙酰吡咯	0.87
22	14.682	1-Hexene	己烯	0.48
23	14.842	Pyrazine,3-ethyl-2,5-dimethyl-	3-乙基-2,5-二甲基吡嗪	1.36
24	15.045	Pyrazine,5-ethyl-2,3-dimethyl-	5-乙基-2,3-二甲基吡嗪	1.20
25	15.263	Pyrazine,2-ethyl-3,5-dimethyl-	2-乙基-3,5二甲基吡嗪	0.46
26	15.393	Dimethyl-2-vinylpyrazine	二甲基-2-乙烯基吡嗪	0.65
27	15.529	Nonanal	壬醛	1.16
28	15.819	Maltol	麦芽醇	1.23
29	16.070	Methyl ester,1-methylpyrrole-2-carboxylate	1-甲基吡咯-2-羧酸甲酯	0.35
30	16.511	1-methyl-1H-Pyrrole-2-carbaldehyde	1-甲基-1H-吡咯基-2-甲醛	0.55
31	16.699	4H-Pyran-4-one,2,3-dihydro-3,5-dihydroxy-6-methyl-	2,3-二氢-3,5-二羟基-6-甲基-4H-吡喃酮	0.37
32	16.970	Pyrazine,3,5-diethyl-2-methyl-	3,5-二乙基-2-甲基-吡嗪	0.90
33	17.236	Pyrrolidine,1-acetyl-	1-乙酰吡咯	0.15
34	17.444	Azetidine,2-methyl-1-（1-methylethyl）-	2-甲基-1-（1-甲基乙基）-氮杂环丁烷	0.23
35	17.662	1H-Pyrrole,1-（2-furanylmethyl）-	1-（2-呋喃甲基）-1H吡咯	0.25
36	17.860	2-Decanone	2-癸酮	0.23
37	18.000	Dodecane	十二烷	0.95
38	18.315	1-（2-Pyrazinyl）butanone	1-（2-吡嗪基）丁酮	0.19
39	18.745	4-Vinylphenol	4-乙烯基苯酚	1.90
40	19.592	Decenal	癸烯醛	0.11

续表

序号	保留时间/min	化 合 物		含量/%
41	19.703	2（3H）-Furanone，5-pentyl-	5-戊基-2（3H）-呋喃酮	0.14
42	19.935	Benzeneacetaldehyde，alpha-ethylidene-	2-苯基巴豆醛	0.30
43	20.095	5-Thiazoleethanol，4-methyl-	4-甲基-5-羟乙基噻唑	0.16
44	20.457	Tridecane	十三烷	0.31
45	20.955	2-Methoxy-4-vinylphenol	2-甲氧基-4-乙烯基苯酚	0.90
46	21.570	2H-Pyran，3，4-Dihydro-	3，4-二氢-2H-吡喃	0.10
47	22.005	1-Octene	1-辛烯	0.23
48	22.605	2-Ethyl-1H-benzimidazole	2-乙基-1H-苯并咪唑	0.07
49	22.755	Tetradecane	十四烷	0.15
50	23.292	3-Isobutyl-3-buten-2-one	3-异丁基-3-丁烯-2-酮	0.05
51	24.907	Nonadecane	十九烷	0.14

323

三、小结

（1）通过对烘烤花生条件的单因素优化，通过主峰面积和峰数判断，得到了烘烤花生挥发性气味测定的最佳试验条件：采用 30/50μm，DVB/CAR/PDMS 灰色萃取头，萃取温度 70℃，萃取时间 40min，解析时间 5min。

（2）通过响应面法分析，建立了烘烤花生挥发性气味总峰面积的数学模型，回归方程的决定系数为 0.9953，方程显著，拟合良好，可进行实际预测。烘烤花生的较佳试验条件：萃取温度 70℃，萃取时间 40min，解析时间 5min。

（3）应用试验优化的最佳条件，对烘烤花生使用气质联用色谱仪进行定性分析，得到了烘烤花生挥发性气味的 51 种化合物，其中以吡嗪类化合物、高分子烃类化合物等为花生烘烤香味的主要来源，为挥发性成分的深入研究提供了依据。

第五节　花生油挥发性气味的研究

近年来，随着农业科技的发展和人口的递增，食用植物油产量及消费量持续攀升，花生油作为第四大植物油在我国的消费量居世界第一。但由于花生种植面积及产量的有限，花生油成为食用植物油中营养价值高、价格偏高的油脂产品，其自身相对独立的行情，是由花生油消费需求特性所决定，与其他食用油相比，其芬芳的气味，可口的滋味和诱人的色泽，为各种中式菜肴添香增色，深受消费者钟爱。

市场极大的供需缺口以及花生油独特的风味和较高价格定位，使得市场掺伪现象严重。GB/T 1534—2017《花生油》中规定"花生油中不得掺有其他食用油和非食用油，不得添加任何香精和香料"。但不法商贩利用花生油香精添加到其它低价植物油和用劣质花生生产的油中，以次充好。这些劣质油脂再加工后变成了具有"美丽外表"的但却有食用安全质量问题的花生油，长期食用不仅会对人体健康带来危害，也扰乱了国内食用油市场的秩序，鉴于此，研究简便、实用的检测技术势在必行。

由于花生油生产方式由热榨型向低温压榨型转变，低温压榨花生油虽减少了花生蛋白的变性，但由于温度较低，一些在高温下才能形成的风味物质没有释放出来，因此使低温压榨花生油的风味清淡，与一级压榨花生油的浓香有较大的区别。

本试验将一级压榨花生油、低温压榨花生油、其他品种食用油以及花生油香精进行挥发性气味成分分析，分别利用电子鼻技术与气质联用分析技术来判别各种油脂与香精的区别，从而可以为花生油掺伪鉴定提供检测依据。

一、材料与方法

（一）试验材料

本试验采用市售一级压榨花生油、低温压榨花生油、调和油、大豆油、芝麻油、玉米油、菜籽油、橄榄油以及花生油香精进行研究。

（二）试验仪器

PEN3 便携式电子鼻，德国 Air-Sense 公司；

固相微萃取器手柄，30/50μm、DVB/CAR/PDMS 萃取头，美国 Supelco 公司；

Agilent GC/MS7890A-5975C 联用仪，20mL 顶空瓶，美国安捷伦公司；

HH-4 数显恒温水浴锅，国华电器有限公司。

（三）试验方法

将各品种油脂及添加花生油香精的油脂分别用电子鼻和气质联用色谱法进行分析，得到花生油香味真实性成分的结论。

1. 样品前处理

①电子鼻测定：分别称取 10g 油样以及添加 5μL 花生油香精的调和油脂，然后分别将样品装在 100mL 具塞锥形瓶中，使其顶部气体成分稳定后，顶空采样，室温测定。

②气质联用色谱测定：称取油样 2g、添加 5μL 花生油香精的调和油以及花生油香精 5μL，分别置于 20mL 顶空瓶中，用聚四氟乙烯隔垫密封。将顶空瓶置于 70℃ 恒温水浴加热平衡 40min 后，通过隔垫插入已活化好的 SPME 萃取头（250℃ 活化 30min），推出纤维头，顶空萃取 40min，于 250℃ 解吸 5min。

2. 电子鼻鉴别法

①测定条件：气体的进样速率为 400mL/min，载气的速率为 400mL/min，清洗时间为 100s，准备进样时间 10s，进样扫描时间为 80s。记录 10 个不同选择性的传感器 G/G_0，G 是传感器接触到样品挥发物后的电导率，G_0 传感器在经过标准活性炭过滤气体的电导率。根据其比值进行数据处理、模式识别和统计分析。

②数据处理：本试验运用 LDA 分析法对样品进行分析，并建立数据库模型。

3. 顶空固相微萃取–气质联用色谱法

①气相色谱条件：毛细管柱：HP-5 弹性适应毛细管色谱柱（30m×0.25mm×0.25μm）；柱温升温程序：起始温度 40℃，保持 4min，然后以 6℃/min 的升温速率升温至 230℃，保持 5min；汽化室温度：250℃；载气：He，流速 0.8mL/min；进样方式：不分流进样。

②质谱条件：电子轰击离子源（EI）；电子能量 70eV；灯丝发射电流 200μA；离子源温度 200℃；接口温度 250℃；全谱扫描，扫描质量范围 m/z 33～450amu。

③数据处理：试验数据由安捷伦软件处理，未知化合物经计算机检索 NIST 谱库，仅报道匹配度大于 700 的化合物，最高匹配为 1000。按峰面积归一化法计算各组分的相对含量。

二、结果与分析

（一）电子鼻图谱分析

利用电子鼻可将不同感官品质的花生油与花生油香精快速区分开来。如图 10-24 所示为各单品种食用油及调和油的图谱，如图 10-25 所示为单品种油与添加花生油香精的对比图谱。

如图 10-24 所示，电子鼻可以很好地将不同品种的食用油脂分辨开来，结果显示总贡献率为 88.12%，LD1 贡献率为 67.09%，LD2 贡献率为 21.03%。从图上可以看出每一种油都具有其自身的挥发性气味，图谱可以很好地分开。其中，花生油、芝麻油、调和油的第一主成分比较一致，大豆油与调和油的第二主成分比较一致，玉米油有不同于其他油脂的气味成分。

用 LDA 判别函数法分析结果如图 10-25 所示。结果显示总贡献率为 93.98%，LD1 贡献率为 84.44%，LD2 贡献率为 9.54%，从图中可以看出，添加了香精的混合油脂跟花生油的信号区域比较接近，有一定的差别，但不能明显的

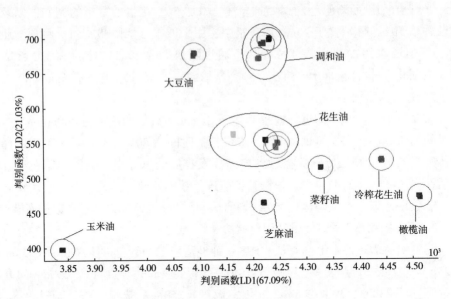

图 10-24　各种食用植物油的 LDA 图

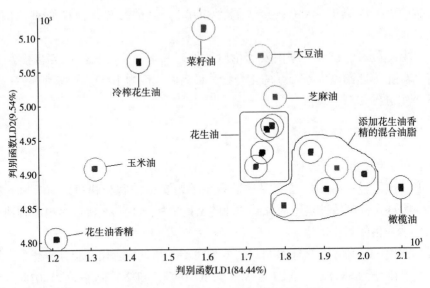

图 10-25　各种食用植物油与添加香精的植物油的对比图谱

区分添加香精的油脂气味区域与花生油气味区域；单独的花生油香精可以很好地区别于其他油脂，证明花生油香精的气味还不足以代替花生油所有的挥发性气味成分。

　　同时电子鼻用于快速分辩食用植物油的挥发性气味成分具有一定的可取性，

可以用于快速识别食用油脂气味，这一新技术的研究，在建立食用油掺伪检测的新方法上取得了初步成果。

（二）气质联用色谱法分析

花生油与花生油香精挥发性成分经 HS-SPME-GC-MS 分离鉴定。通过计算机检索和人工解析，扣除由萃取头带来的硅氧烷类杂质峰，本试验检测了一级压榨花生油、低温压榨花生油、花生油香精及添加花生油香精的调和油，定性、定量结果见表 10-21 至表 10-24，其挥发性成分的总离子流图如图 10-26 至图 10-29 所示。

表 10-21 一级压榨花生油 GC-MS 分析结果

序号	保留时间/min	化 合 物		含量/%
1	3.253	Acetic acid	乙酸	8.32
2	3.809	Butanal, 3-methyl-	3-甲基-丁醛	2.58
3	6.402	Hexanal	己醛	13.79
4	7.045	Pyrazine, methyl-	甲基吡嗪	4.01
5	7.335	2-Aminopyridine	2-氨基吡啶	2.94
6	8.167	2-Furanmethanol	糠醇	2.41
7	8.549	Cycloheptane	环庚烷	0.89
8	9.236	2-Heptanone	2-庚酮	0.89
9	9.531	2-Heptanone	庚醛	0.95
10	9.807	Pyrazine, 2, 5-dimethyl-	2, 5-二甲基吡嗪	14.29
11	11.359	Benzaldehyde	苯甲醛	5.68
12	11.983	1-Octen-3-ol	1-辛烯-3-醇	0.69
13	12.327	Furan, 2-pentyl-	2-戊基呋喃	3.22
14	12.588	Pyrazine, 2-ethyl-5-methyl-	2-乙基-5-甲基-吡嗪	8.58
15	13.028	1H-Pyrrole-2-carboxaldehyde	2-吡咯甲醛	8.58
16	13.488	3, 4-Octadiene, 7-methyl-	7-甲基-3, 4-辛二烯	0.41
17	13.686	Pantolactone	泛内酯	1.08
18	13.886	Benzeneacetaldehyde	苯乙醛	0.19
19	14.257	2-Octenal, (E) -	反-2-辛烯醛	0.48

续表

序号	保留时间/min	化 合 物		含量/%
20	14.411	Ethanone, 1- (1H-pyrrol-2-yl) -	2-乙酰基吡咯	0.46
21	14.692	2-Pyrrolidinone	2-吡咯烷酮	0.25
22	14.852	Pyrazine, 3-ethyl-2, 5-dimethyl-	3-乙基-2, 5-二甲基吡嗪	1.72
23	15.064	Pyrazine, 2-ethyl-3, 5-dimethyl-	2-乙基-3, 5-二甲基吡嗪	0.55
24	15.139	Pyrazine, 2, 5-diethyl-	2, 5-二乙基吡嗪	9.12
25	15.185	Phenol, 2-methoxy-	2-甲基苯酚	0.59
26	15.317	Pyrazine, 2, 5-dimethyl-	2, 5-二甲基吡嗪	0.70
27	15.402	Pyrazine, 2, 6-diethyl-	2, 6-二甲基吡嗪	8.00
28	15.463	Pyrazine, 2 - methyl - 6 - (1 - propenyl) -, (E) -	2-甲基-6-丙烯基吡嗪	0.28
29	15.543	Nonanal	壬醛	1.97
30	15.785	Maltol	麦芽醇	0.30
31	15.848	Phenylethyl Alcohol	苯乙醇	0.90
32	16.540	Benzene, (isocyanomethyl) -	异氰基甲基苯	0.38
33	16.707	Pyrazine, 2, 3, 5-trimethyl-	2, 3, 5-三甲基吡嗪	0.00
34	16.922	Pyrazine, 2, 3-diethyl-5-methyl-	2, 3-二乙基-5-甲基吡嗪	0.15
35	17.028	2-Nonenal, (E) -	2-辛烯醛	0.63
36	17.879	11-Dodecen-2-one	11-癸烯-2-酮	0.18
37	18.020	Pyridine, 2-propyl-	2-丙基吡啶	0.42
38	18.677	Benzofuran, 2, 3-dihydro-	2, 3-二氢苯并呋喃	3.47
39	19.085	Pyrazine, 3-ethyl-2, 5-dimethyl-	3-乙基-2, 5-二甲基吡嗪	0.30
40	19.606	2-Decenal, (E) -	2-癸烯醛	0.14
41	19.945	Benzeneacetaldehyde, alpha-ethylidene-	亚乙基苯乙醛	0.21
42	20.095	5-Thiazoleethanol, 4-methyl-	4-甲基-5-羟乙基噻唑	0.07
43	20.951	2-Methoxy-4-vinylphenol	4-乙烯基-2甲氧基苯酚	1.46
44	21.009	Pyridine, 3-methyl-	3-甲基吡啶	1.53
45	21.884	Cycloheptanone, 2-methylene-	2-亚甲基环庚酮	0.10

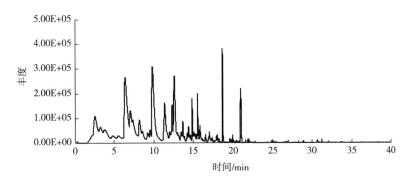

图 10-26　一级压榨花生油挥发性成分总离子流图

表 10-22　　　　　　　　**低温压榨花生油 GC-MS 分析结果**

序号	保留时间/min	化　　合　　物		含量/%
1	1.947	Ethanol	乙醇	18.64
2	3.698	3，3，3-Trideuteropropene	3，3，3-三氘丙烯	0.60
3	5.488	1-Butanol，3-methyl-	3-甲基-1-丁醇	3.41
4	5.855	1-Hexene	己烯	3.54
5	6.368	Hexanal	己醛	13.62
6	8.569	1-Hexanol	己醇	26.01
7	11.393	Aziridine，2-ethyl-	2-乙基-氮丙啶	1.24
8	11.713	1-Octene	辛烯	1.35
9	12.003	1-Octen-3-ol	1-辛烯-3-醇	0.21
10	12.327	Furan，2-pentyl-	2-戊基呋喃	2.98
11	12.544	1H-Imidazole，2-methyl-4-［(4-methylphenyl) sulfonyl］-5-nitro-	2-甲基-4-［(4-甲苯基）磺酰基］-5-硝基-1H-咪唑	0.68
12	13.420	Limonene	柠檬烯	2.82
13	14.648	1-Octanol	辛醇	1.16
14	15.553	Nonanal	壬醛	0.79
15	15.891	Benzeneethanol	苯乙醇	0.63
16	16.356	1-Nonanol	壬醇	0.58
17	16.622	6-Methyl-1-octanol	6-甲基-1-辛醇	0.42
18	17.347	1-Heptene	庚烯	0.65
19	18.034	Decane	癸烷	0.54
20	18.735	Triethylene glycol	三甘醇	1.28
21	20.481	Undecane	十一烷	0.40
22	22.779	Pentadecane	十五烷	0.42

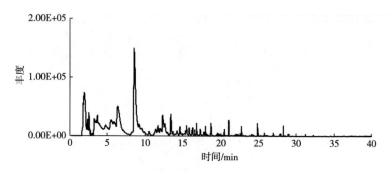

图 10-27　低温压榨花生油挥发性成分总离子流图

表 10-23　　加入香精的调和油 GC-MS 分析结果

序号	保留时间/min	化　合　物		含量/%
1	2.107	2-Octanamine	2-辛胺	4.68
2	2.533	Acetic acid	乙酸	10.45
3	3.858	Pentanal	戊醛	25.59
4	6.407	Hexanal	己醛	5.71
5	7.079	Pyrazine, methyl-	甲基吡嗪	0.77
6	9.260	4-Bromobutyric acid	4-溴丁酸	1.32
7	9.918	Pyrazine, 2, 5-dimethyl-	2, 5-二甲基吡嗪	2.90
8	11.268	2-Heptenal, (E) -	(E) -二庚烯	0.77
9	12.172	Hexanoic acid	己酸	1.04
10	12.327	1, 4-Pentadiene, 3, 3-dimethyl-	3, 3-二甲基-1, 4-戊二烯	0.45
11	12.583	Pyrazine, 2-ethyl-5-methyl-	2-乙基-5-甲基-吡嗪	2.15
12	12.798	Pyrazine, trimethyl-	三甲基吡嗪	14.88
13	13.512	Ethanone, 1- (2-pyridinyl) -	1- (2-吡啶基) 乙酮	9.30
14	13.754	2, 5-Furandione, 3, 4-dimethyl-	3, 4-二甲基-2, 5-呋喃二酮	0.22
15	14.866	Pyrazine, 3-ethyl-2, 5-dimethyl-	3-乙基-2, 5-二甲基-吡嗪	0.33
16	15.037	2-Acetyl-3-methylpyrazine	2-乙酰基-3-甲基吡嗪	2.79
17	15.553	2-Nonen-1-ol, (E) -	(E) -2-壬烯-1-醇	0.41
18	18.034	Hexadecane	十六烷	0.33
19	18.169	2, 5-Cyclohexadiene-1, 4-dione, 2- (1, 1-dimethylethyl) -	2- (1, 1-二甲基乙基) -2, 5-环己二烯-1, 4-二酮	3.76

续表

序号	保留时间/min	化 合 物		含量/%
20	18.697	Benzofuran, 2, 3-dihydro-	2, 3-二氢苯并呋喃	1.26
21	19.166	Pentane, 1, 3-epoxy-4-methyl-	1, 3-环氧-4-甲基-戊烷	0.28
22	20.960	2-Methoxy-4-vinylphenol	4-乙烯基-2-甲氧基-苯酚	1.05
23	22.869	Vanillin	香草醛	0.47
24	25.613	Benzenemethanamine, 3-fluoro-	间氟苄胺	0.33
25	26.967	Oxalic acid, isohexyl neopentyl ester	草酸异己基新戊基酯	0.15

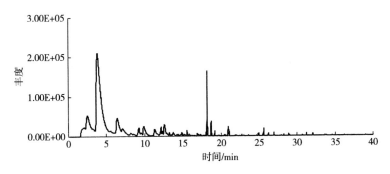

图 10-28 加入香精的调和油挥发性成分总离子流图

表 10-24　　　　　　　　　花生油香精 GC-MS 分析结果

序号	保留时间/min	化合物		含量/%
1	2.513	Hydroperoxide, 1-methylhexyl	1-甲基己基, 氢过氧化物	2.11
2	3.273	2H-Pyran-2-one, tetrahydro-6, 6-dimethyl-	6, 6-二甲基-二氢吡喃酮	0.66
3	3.742	Pentane, 2, 2, 3-trimethyl-	2, 2, 3-三甲基-戊烷	10.17
4	6.416	Hexanal	己醛	1.83
5	9.246	2-Heptanone	2-庚酮	0.25
6	11.277	2-Heptenal, (Z)-	2-庚烯醛	0.6
7	12.008	1-Octen-3-ol	1-辛烯-3-醇	1.5
8	12.322	Octanoic Acid	辛酸	1.11
9	12.636	Pyrazine, trimethyl-	三甲基吡嗪	46.09
10	13.430	Limonene	柠檬烯	0.42
11	13.565	Ethanone, 1-(2-pyridinyl)-	1-(2-吡啶基)乙酮	22.74

续表

序号	保留时间/min	化合物		含量/%
12	14.866	Pyrazine，3-ethyl-2，5-dimethyl-	3-乙基-2，5-二甲基-吡嗪	0.52
13	15.021	2-Acetyl-3-methylpyrazine	2-乙酰基-3-甲基吡嗪	5.69
14	15.296	Pyrazine，2-methoxy-3-（1-methylethyl）-	2-甲氧基-3-（1-甲基乙基）吡嗪	0.81
15	15.562	2-Nonen-1-ol，（E）-	反式-2-壬烯-1-醇	0.12
16	18.082	4H-Pyran-4-one，2-ethyl-3-hydroxy-	3-羟基-2-乙基-4-吡喃酮	0.19
17	18.179	Hydrazinecarboxamide，N-phenyl	4-苯基氨基脲	0.42
18	20.085	5-Thiazoleethanol，4-methyl-	4-甲基-5-噻唑乙醇	0.08
19	21.671	Triacetin	三乙酸甘油酯	0.1
20	22.938	Vanillin	香草醛	0.74
21	24.186	Ethyl Vanillin	乙基香兰素	0.45
22	25.352	Butylated Hydroxytoluene	二丁基羟基甲苯	0.05

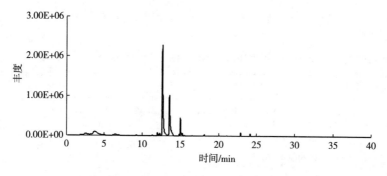

图 10-29　花生油香精的挥发性成分总离子流图

　　如表 10-21 所示，由气质联用法分析得到花生油的挥发性气味成分有 45 种，占总贡献率的 95.24%，主要是吡嗪、吡啶、呋喃、吡咯、醛、酮、醇、酯及烃类化合物等。由于羰氨反应所生成的高碳氢化合物、含硫化合物、吡嗪类化合物等赋予了油脂浓郁的香气，分析表明化合物含量较高的 2，5-二甲基吡嗪、甲基吡嗪、2-乙基-5-甲基-吡嗪、2-吡咯甲醛、己醛占化合物总含量的 51.7%，由此可知，吡嗪类化合物及醛类化合物对花生油的风味有着很大的贡献。

　　如表 10-22 所示，低温压榨花生油的挥发性气味成分跟一级压榨花生油有很大的区别，只检测到 22 种挥发性化合物，主要是以小分子醇类、醛类为主，区别于压榨花生油浓郁的吡嗪类挥发性香味。由于低温压榨花生油保存了花生本身的营养成分，没有经过高温加热处理，所以没有生成具有挥发性香味的吡嗪类化合物，可以很好地加以区分。

如表 10-23 所示，添加了香精的调和油检测出了 25 种挥发性成分，其中小分子酸、醛类、吡嗪类、酮类成分贡献突出，主要是由于调和油添加了花生油香精，体现出了一部分吡嗪类化合物的挥发性气味，但吡嗪类化合物成分比较单一，没有广泛的体现花生油浓郁的香味，故添加花生油香精的油脂，通过气质联用色谱是可以区分出来的。

如表 10-24 所示的数据显示，主要检测出 22 种挥发性化合物，其中三甲基吡嗪与 1-（2-吡啶基）乙酮的含量占化合物总含量的 71.2%，是贡献花生油香精香味成分的主要化合物。从表中数据可以看出花生油香精的挥发性气味与花生油相比只有 4 种化合物成分一致。由此可见，花生油香精的模仿香味成分与压榨花生油的真实香味成分并不一致，而且化合物成分较少，气味相对较单一。气质联用色谱法不仅可以清晰地区分花生油的固有气味与合成香精的气味，也是研究建立鉴别掺伪花生油的好方法。

三、小结

（1）采用电子鼻对多个品种的食用植物油与花生油香精进行挥发性气味成分采集、数据分析和模型建立，从图谱分析结果显示：花生油与单品种油脂以及花生油香精的挥发性成分图谱的区域区分明显，有很强的辨识性。因此，电子鼻识别方法可以作为鉴别花生油香精的快速方法。

同时试验之外还研究了添加花生油香精的单一油脂与调和油，结果显示单一的油脂加入花生油香精，具有可分辨性，但调和油加入花生油香精只能通过气质联用色谱定性分析得到结论，使用电子鼻具有一定的局限性。

（2）采用气质联用色谱法可以看出众多化合物体现出不同的特征香味，因此，一级压榨花生油的香味并不是由单一的化合物来体现，而是由众多成分协同作用而产生其独特的浓香气味。一级压榨花生油、低温压榨花生油、添加花生油香精的调和油及花生油香精的挥发性气味的化学成分差异很大，气质联用色谱法能够清晰的鉴别一级压榨花生油与其他油脂挥发性化合物的成分。

（3）电子鼻分析法和气质联用色谱法均对花生油挥发性气的鉴别有很好的区分能力，为食用油的掺伪判定提供了新的途径，具有一定的应用和推广价值。

第十一章　离子迁移谱在花生油真实性检测中的应用

油脂是人体每天必须补充的营养物质，在保证食用安全的情况下，其营养性也是其中重要的方面。营养学研究表明，饮食中人体摄取的脂肪酸种类和含量合适与否会对人体健康产生影响。而不同油脂脂肪酸组成和含量不同，导致其营养价值存在差异所以需对商品油脂的成分真实性进行研究。

第一节　油脂真实性及其检测鉴别研究

一、油脂真实性

油脂的真实性是一种油脂区别于其他油脂的基本属性，表征油脂成分真实属性概念，是针对不同单一品种植物油脂（以下简称单一油脂）的来源油料不同而对油脂进行的分类方法。该分类方法对油脂真实性有一个范围限定，狭义的范围是对植物油脂按制取原料进行分类，对单一油脂的属性进行规定，是区别不同类别单一油脂的方法；而广义的范围不仅包括对植物油脂按制取原料种类进行的分类，还包括油脂可能存在的类别内的优劣掺混，类别间掺伪和动物、微生物油脂的添加等现象。

油脂的真实性是建立在食用油安全的基础上的，传统上也有认为"油脂掺杂"也在油脂真实性范围内。事实研究表明，油脂中的非食用油掺入会影响人们生命健康，引发食品安全问题。

油脂真实性包含油脂类别划分和油脂掺伪。

油脂类别划分是被广泛接受的一种油脂分类形式，油脂真实性起初是针对油脂原料而进行的分类，能代表油脂的原料属性，也符合油脂产业加工方式的基本现状，并且以上分类使得每一类油脂中固有成分得以保存，便于分析。由于油脂工业的发展和油脂产业的扩大，其产业链中存在一些不规范经营，导致油脂真实性的范围逐渐扩大，除了包括油脂类别的划分，还包括由于同一类别油料地域引起的品质差异、油脂掺假和品质变化等。

随着油脂品种增多，品质参差不齐，但是价格的悬殊导致油脂经营过程中出现油脂掺假的情况，并且掺假情况复杂多样，有的是在高品质油脂中掺入低品质的油脂，有的是在油脂中掺入非食用油，都会引起一些社会问题。经济生活中，各种因素存在都会影响油脂价格，不同类别油脂掺假销售会扰乱行业秩序。以上油脂不明确情况会引起一些社会问题，尤其是针对作为关系国计民生的消费品——食用油，引起社会影响会更大，所以油脂真实性的明确是油脂行业亟待解决的问题之一。

二、油脂的真实性检测鉴别研究的现状

现阶段，油脂真实性的辨别多是建立在消费者每一类油脂常有的颜色和风味认知，加上生产和消费者的诚信上。由于部分小宗油脂的原料稀少，营养价值相对高，导致其价格要比大宗油脂明显高，但是正是其原料稀少人们对其认知存在盲区，会给判断带来障碍。与此同时，国内油脂加工技术的发展，使得油脂制取方法多样，且油脂产品也脱离原有的风味和颜色的常识束缚，给人们对油脂真实性的识别带来更大障碍。在这种环境下，国家出台了油脂定性试验标准，不同类别油脂由于内在成分仍存在差异，使得上述问题只能得到部分缓解，但是其所涵盖的油脂类别不全，且存在检测标准模糊和耗时耗力等一些弊端。现针对油脂真实性鉴别多采用气相色谱技术，但其所针对的脂肪酸组成和含量在国家标准中都是以范围形式存在，存在油脂掺伪的可能。事实证明，油料的种类、品质差别和加工方法都会导致不同该类油脂市场价格不同，但是面向消费者的油脂多没有对以上情况进行说明。

油脂的以上划分方法导致油脂的价格差异较大，一些生产经营者为了牟取暴利，在高价油中掺入低价油，扰乱市场环境，而市场缺乏有效的检测监管方法加上人们对其认识不够，这一问题得不到有效解决。我国油脂产量和消费量巨大，市场上销售的大宗油脂有上十种，随着国民经济的飞速发展和油脂加工技术的进步，市场上的油脂产品类别增加明显，由于国内油脂真实性鉴别跟不上现有的产业环境变化，而导致检测中出现或多或少的问题。

首先，国家对市场上流通的每种油脂出台相应国家标准中多是针对其质量指标，基本出发点还是在保证食用油的安全性上。

其次，而油脂真实性检测鉴别方法多参考油脂的一些光学和色谱等特征指标，存在检测方法较复杂，耗时过长，影响因素多等问题。为保证标准对每类脂肪酸组成和含量的普适性，其限定范围都较大，这一局限性放任了油脂行业中冒名销售和掺杂销售，是油脂行业的隐患。

最后，油脂的性状基本相同而导致难以辨别，加上食用油市场大而繁杂，生产和流通环节需要其成分的真实性检测鉴别具有有效性、简便性和快速性，而现有的检测方法达不到市场要求。

第二节　油脂的真实性研究基本方法

油脂的真实性检测鉴别一直是国内外油脂检测的重点，由于油料产地、产量和市场需求等导致不同种类油脂的世界分布不同，导致其检测侧重点和方法都存在差异。随着社会进步和油脂产业发展，作为油料作物的产业正在或已经跨越地区和气候的差异，使得原本因地而生，因量而产的油脂行业实现了全球化。随着国内经济发展和油脂行业的全球化，国内油料产业逐步向多极化发展。国内市场销售油脂类别明显增加，油脂类别的多样化给消费者带来了更多的选择，而与此同时，作为油脂真实性检测鉴别的方法就显得尤为重要，传统的检测方法面临油脂新的发展环境，需要对这些检测方法进行认真总结。

高档油脂为保留营养物质和功能性，一般都经过压榨法制取，而压榨法制取的油脂一般保留的颗粒物质和色素较多，所以性状上相对于那些浸出精炼油脂颜色更深，颗粒物质更多，而将一些浸出油脂掺入其中很难通过性状进行辨别。所以每种油脂的特征性物质或特征指标不应该是由于加工条件下，外部污染引起的宏观杂质的残留，找出每种油脂的特征信息做出适时的分析便于油脂真实性判断。

由于油脂作为商品存在于销售等流通环节，早就有油脂掺杂或掺假这一社会现象。国内外对此的研究也在进行，其中由常规理化指标检测法，紫外分光光度法等分析方法到现在热门的光谱技术和色谱技术，这些研究有些是针对宏观物质进行检测，而部分是针对油脂中微观物质，都说明了不同类别油脂存在各自的特征物质，并且可以通过这些物质对不同油脂进行区分。其中微观物质中代表性的有菜籽油中芥酸、棉籽油中棉酚、橄榄油中的橄榄酚等；宏观物质代表性成分有茶籽油中茶皂素，芝麻油中的芝麻素、芝麻酚和芝麻酚林等。不同方法针对的物质或特征不同：化学指标检测针对其中化学环境、折光指数和色泽针对油脂光学特性；气相色谱法针对其中脂肪酸组成；紫外分光光度法、拉曼光谱针对油脂光谱学特性。几种主要的油脂真实性检测鉴别方法研究如下所述。

一、油脂定性化学实验对油脂的真实性进行鉴别

目前，油脂的类别定性可以参考《粮油检验 油脂定性试验》这一涵盖范围广、现象明显、重现性好的方法规范。其多采用油脂中的特征物质与在某些化学环境下的性状变化进行判别，包括了花生油进行定性分析和纯度检验。该标准中涉及桐油、蓖麻油、矿物油都是不可食用油脂，但是油脂中可能存在的油溶性非食用物质，对它们检出判断是基于食用油安全考虑；主要是在价格相对贵的油脂中掺入廉价油的检出，具有较好的实用性。

油脂定性反应原理多是根据该油脂中特定成分与某些化学显色反应、性状变化等，用以区别其与其他类别油脂。花生油的伯利哀氏浑浊度，即花生油样与 KOH-乙醇混合液在热水中加入盐酸乙醇溶液中冷却后会出现大量沉淀或浑浊，来判断花生油的真实性。油脂定性实验是国家根据已有的研究进行总结得到的规范，这些规范的科学性是依据不同类别油脂物化特性。不同类别油脂的不饱和程度不同，抗氧化能力存在差别，导致它们在浓硫酸的强氧化条件下呈现的颜色不同，邹文阁总结出浓硫酸与花生油反应呈现不同的颜色。该方法具有操作简单、直观观察特点，但是是在各种油脂的浓硫酸反应都是棕色，颜色判断因人而异，存在检测的人为误差。

二、常规理化指标测试法对油脂的真实性进行鉴别

除了衡量油脂优劣的常规质量指标（水分及挥发物含量、酸价、过氧化值。溶剂残留等）外，油脂国家标准中对每一类油脂还有特征指标（油脂密度、折光指数、碘值、脂肪酸组成和含量等）的限定范围，并且一些油脂的特征（花生油等油脂的风味等）比较明显，这些也可以进行基本的油脂辨别。油脂的相对密度、凝固点、碘值、折光指数等指标与油脂本身脂肪酸组成和含量有关，一些符合地域性、满足实用性的油脂掺伪识别方法也见诸报道。

油脂的不饱和程度多用碘值进行衡量，研究发现卤素（特别是强氧化性的碘）能很好地将油脂中的双键进行氧化，实现油脂中双键的定量。不同植物油中不饱和脂肪酸的组成和含量范围各有差异，所以不同油脂形成不同碘值范围。由于该方法检测较快，成本低，在实际检测这一指标仍然是部分小油坊进行油脂类别进行判定的参考方法，如表 11-1 所示为国标中不同植物油的碘值范围。

表 11-1 　　　　　　　　　不同食用植物油的碘值范围

油品	芝麻油	花生油	大豆油	玉米油	葵花籽油
碘值/（gI/100g）	104~120	86~107	124~139	107~135	118~141
油品	橄榄油	油茶籽油	菜籽油	米糠油	棕榈油
碘值/（gI/100g）	—	83~89	—	92~115	50~55

注：表中"—"表示国家标准中未给出或未规定。

如表 11-1 所示，作为特征指标部分油脂碘值的不交叉性能将一些油脂两两分开，在知道其为单品油脂后对油脂碘值进行测定能实现部分油脂的定性。这也是碘值快速测定仪普及的一个重要原因。

同样地，折光指数在油脂定性过程中也可以起到一定作用。油脂折光指数是一定波长光线在真空中传播速度与在油脂中传播速度的比值，其受到其中油脂的

不饱和程度等油脂中微观结构的影响，不同类别油脂在这个方面差异性使其在油脂类别判断上也有一定作用。如表11-2所示给出了国家标准中不同食用植物油的折光指数范围。

表11-2 不同食用植物油的折光指数范围

油品	芝麻油	花生油	大豆油	玉米油	葵花籽油
折光指数（n^{40}）	1.465~1.469	1.460~1.465	1.466~1.470	1.465~1.468	1.461~1.468
油品	橄榄油	油茶籽油	菜籽油	米糠油	棕榈油（n^{50}）
折光指数（n^{40}）	—	1.460~1.464	1.4705~1.4750	1.464~1.468	1.454~1.456

如表11-2所示，各种油脂的国标范围各不相同，其中部分油脂的碘值之间存在不交叉性，使其在油脂真实性鉴别上也有作用。

油脂的性状和理化指标反映了其中的微观成分的状态，油脂中饱和脂肪酸的含量决定了其凝固点的高低。

由于这些特征指标仍然会受到加工或检测时温度、采光等的影响，在油脂真实性实际检测中，每个理化指标检测势必会耗时耗力，而起不到较好的辨别效果。

三、吸收光谱技术在油脂真实性检测鉴别中的研究

油脂的光学特性也能够从一个方面反映不同类别油脂之间的化学成分差别，不光是由于原料或加工工艺和条件等引起的油脂表观颜色的差异，分析和光谱技术进行油脂真实性辨别正是根据油脂的特征指标、特征物质等在一些光学和光谱设备中的特有反映来实现的。

在油脂检测中常见的吸收光谱法有紫外可见吸收光谱、红外吸收光谱和原子吸收光谱法，在油脂真实性检测当中运用较多的是紫外可见吸收光谱技术和近红外光谱技术。

油脂中含有胡萝卜素等色素，并且组成和含量各异导致每种油脂的吸光度有差别，其中吸收波长一般从200nm至600nm不等。油脂在低温下吸光度的测试发现，全国不同地区的10种花生油，其中掺杂不同比例的玉米油、棕榈油、大豆油、椰子油这10个样本吸光度随制冷时间不同，曲线差异明显，以此找出花生油掺杂掺假的检测方法。

（一）分光光度法在油脂真实性检测鉴别中的研究

由于分光光度法利用紫外吸收区域的光学差异进行检测，不同油脂的紫外区光谱差异多来自油料中带入的特征成分，包括特异性的酚类、醇类等。

（二）近红外光谱法在油脂真实性检测鉴别中的研究

物质的近红外光谱特征反映其中化学键的振动，油脂中主要化学元素就是 C、H、O，油脂光谱的近红外区吸收峰强度与各种含氢功能团（如 O—H、N—H、C—H）振动的合频和几级倍频区域特征有很大关系，可以用于物质的定量分析。由于近红外光谱是实现范围扫描且操作简便，加上其较高的灵敏度，使其在油脂上的检测应用前景广阔，利用近红外光谱技术进行油脂真实性检测的研究涉及几乎所有的油脂。由于设备的差异，在近红外图谱采集过程中有的涉及近红外全谱（美国材料检测协会定义其为 780~2526nm），有的只涉及其中一个波段；进行识别的化学计量学方法也多种多样。以上不同方面的探索都是利用不同类别油脂或油脂掺伪后的近红外光谱特征发生规律性的变化，存在一定的实用性。所以近红外作为光谱技术能够在各种环境下对油脂进行无损地快速检测鉴别，具有其特定的优势。

由于近红外光谱技术的发展较晚，直到 20 世纪末才有研究者开始在油脂真实性鉴别和定量进行鉴别上采用近红外光谱技术。范璐等较早将近红外光谱技术应用在油脂真实性检测上，其采用傅立叶变换光谱采集五种油脂（花生油、大豆油、棉籽油、芝麻油和米糠油）的近红外光谱图，对光谱预处理后提取红外特征信息以 $1746cm^{-1}$ 和 $2855cm^{-1}$ 处的吸收峰面积比值为横坐标 $1099cm^{-1}$ 处与 $1119cm^{-1}$ 处的吸收峰面积比为纵坐标做出二维分布图，对各种油脂进行识别分析，能实现五种油脂的辨别。庄小丽采用应用判别分析法选取了油脂的最佳近红外光谱分析波长，对橄榄油中掺入山茶油、罂粟籽油、菜籽油、玉米油、花生油和葵花籽油进行测试获得近红外光谱图，分析得到橄榄油与油脂 NIR 谱图不同，能够进行油脂真实性鉴别，并且得到在对橄榄油的近红外光谱与其他油脂具有差别的基础上，山茶油、罂粟油与橄榄油成分的差别小于菜籽油、玉米油、花生油、葵花籽油与橄榄油成分的差别。李红莲等采用近红外光谱技术对花生油真伪和掺假成分进行检测分析，在对花生油样本的原始光谱先后经过小波变换、特征谱区的选择、一阶导数加上矢量归一化预处理、剔除异常样本等方法处理后，采用主成分分析法对光谱数据进行聚类分析，能很好地判断花生油真实性。在以上样本模型中，花生油识别判断准确性 100%。可见近红外光谱技术在油脂真实性研究较多，研究也较为深入，该方法显示出较强的应用潜力。

四、气相色谱法在油脂真实性检测鉴别中的研究

经研究发现不同油脂的脂肪酸组成和含量范围都有各自的范围，油脂多以甘油三酯形式存在，而甘三酯经甲酯化后能将其中脂肪酸"解放"出来，脂肪酸的甲酯化产物在毛细管柱中的流动速度具有差异，借此进行脂肪酸含量的测定。此方法现已成为油脂的真实性判断的重要依据，得到重视和利用。

每种油脂有其特征的脂肪酸组成范围，这些范围的差异决定了该方法对不同油脂进行成分的真实性鉴别的可行性。但是事实证明，油脂国家标准规定的脂肪酸组成范围有些较为宽泛，这些范围的交叉现象造成分析判断的标准不一，不确定性增大。由于化学计量学的发展，采用主成分分析等方法对一些油脂的特征脂肪酸含量特征进行提取，即形成一定范围内油脂真实性气象色谱鉴别方法。

油脂的脂肪酸组成多采用国标中气相色谱法步骤实施以及预处理等形成改进方法，也有气相-质谱联用进行的分析步骤的改进，但基本原理都是在脂肪酸甲酯的分离。杜尔托格鲁通过对橄榄油和其他油脂（花生油、大豆油等）进行全脂肪酸组成分析，了解到 1, 3 位脂肪酸信息，通过此法可以对橄榄油进行定性分析。同时，李卓新采用气相色谱法对花生油、菜籽油和棕榈油的脂肪酸组成进行分析，发现可以以月桂酸（$C_{14:0}$）和棕榈酸（$C_{16:0}$）的含量衡量花生油中掺棕榈油的含量，而其中亚麻酸（$C_{18:3}$）用来衡量其中菜籽油的掺入量。采用气相色谱法对采集的棕榈油样本进行分析，事实得到癸酸确为棕榈油的特征脂肪酸，将其作为特征指标对掺入菜籽油、大豆油和花生油的样本进行棕榈油含量测定，以确定该检测鉴别方法的最小识别限度。以上研究说明气相色谱技术结合统计学在部分油脂的真实性检测上有一定作用，但是检测时间较长和判别标准不明确，使其在油脂真实性检测上仍具有一定的局限性。

五、拉曼光谱技术在油脂的真实性检测鉴别中的研究

除了紫外光谱法和近红外光谱这一些光谱技术，一些研究者也利用拉曼光谱对微观物质反映的灵敏性，将其应用于油脂真实性检测。拉曼光谱广泛地适应性使其在食品检测方向具有前景。陈健对拉曼光谱在油脂等检测上进行可行性分析，其简便、快速和无损检测是该技术的优势。拉曼光谱以其较强的灵敏度，加上不同类别油脂的脂肪酸结构组成上具有差异，使其在油脂的真实性检测上具有一些前景。周秀军提出了一种基于拉曼光谱的食用植物油快速鉴别方法。在采集原始拉曼谱图后进行预处理，选取食用油不饱和度特征的两处拉曼峰值作为特征向量，计算训练样本特征空间上各个植物油类别的中心坐标；然后，将食用植物油测试样本的拉曼谱图经过相同预处理和特征提取，并预测样本的类别。实验结果表明，上述方法可以准确地实现纯种食用植物油类别的分类。还有一些已经申请拉曼光谱进行油脂鉴别的专利，涉及油脂的光谱信号，分析方法和模型建立等。

六、核磁共振技术在油脂的真实性检测鉴别中的研究

核磁共振是基于原子核磁性的一种波谱技术，在食品中的研究主要是水在食物中的状态和固体脂肪指数。该方法具有检测灵敏度高，快速的特点，但是其设

备普及度和检测成本等成为其检测方法推广的局限性因素。

七、电子鼻技术在油脂的真实性检测鉴别中的研究

电子鼻是根据仿生学原理来分析、识别、检测复杂气味和大多数挥发性成分的仪器，由此得到样本中被检测物质的组分和含量数据，用于油脂气味的辨别。对油脂香气检测的成熟手段是气相-质谱联用仪（GC-MS），现在又出现电子鼻这一新的检测手段。采用电子鼻技术对不同类别的食用植物油与花生油等香味进行挥发性成分分析，建立了数据分析模型不失为一种较好的方法。研究结果表明：花生油和其他食用植物油的挥发性成分有显著差异，具有很强的辨识性。也有用电子鼻进行其他油脂真实性检测鉴别方法，潘磊庆等人用 PEN3 电子鼻系统，对芝麻油中掺入大豆油、玉米油、葵花籽油进行检测，用主成分分析（PCA）和线性判别分析（LDA）进行测定，得到 LDA 相比 PCA 方法更易检测出油脂掺伪。电子鼻客观反映出样本的气味状况，但依然存在设备普适性不强、容易收到外界干扰等缺陷。

以上是常见的油脂真实性的鉴别方法，每种方法都有各自的特点：油脂化学定性实验现象直观，油脂特征指标法符合现有规范，分光光度法针对芝麻油检测效果显著，红外光谱法快速无污染，气相色谱法脂肪酸定量准确，电子鼻法检测快速、对气味油脂检测针对性强。对以上分析方法进行总结后大致得到各自的优缺点，见表 11-3。

341

表 11-3　　　　　　　　　各种油脂真实性检测方法优缺点

方法名称	优点	局限性
油脂定性化学实验	材料设备简单易收集，定性目标明确，现象直观	操作时间较长，范围不够全面
常规理化指标检测法	国家标准规定的强依据性，检测方法明确	在油脂掺伪中判别依据不太明确
紫外可见光谱技术	普及率高，特点直观	干扰因素较多，适用范围有限
近红外光谱技术	快速无损检测，技术方法较为成熟	干扰因素较多
气相色谱技术	检测技术成熟	判别指标受样本差异影响
拉曼光谱技术	适应性较强、快速、较灵敏	设备成本较高，普及率较低
核磁共振技术	技术灵敏、快速	设备成本高，普及率很低
电子鼻技术	针对性强、快速	适用范围较窄

由上表可知，以上研究方法具有各自的技术特点，都是根据油脂的某一部分

性质在油脂真实性检测上进行研究，并且取得了一定的成果，部分研究成果甚至可以解决一些实际的油脂鉴别，不同的是由于油脂真实性评价指标差异和每种技术的应用现状而导致在实际应用的推广中没有成型。

对油脂真实性检测鉴别方法的了解可知，现有的检测方法存在或多或少的问题：有的是其中特征成分的光学特性，有些是对油脂中气味物质的检测，有的是对脂肪酸组成的测定等。这些方法都是为适应快速检测的需要进行的研究探索，但是由于这些方法只是片面反映了油脂一方面的特性，针对成分相近的油脂的区分显得适用范围窄。加上针对以上检测方法缺陷出现了相应的应对方式：针对气味物质为目标物，在油脂中添加香精等情况；针对脂肪酸组成的范围性进行脂肪酸特定范围调配控制等方式，使得各种技术在油脂真实性检测上的利用受到限制，都不能通过一种方法完全实现油脂真实性的检测，给出完整的油脂真实性检测的方案。

基于对比分析可知，每种检测技术都存在各自的优点和局限性，部分研究者采用多种技术联合实现油脂真实性的检测。例如：利用近红外的快速和油脂脂肪酸的特征性对脂肪酸组成进行快速定量的方法，取得较好效果；利用质谱技术的极高灵敏性和色谱技术的分类效果实现物质的有效分析等。

油脂中成分复杂且相似度高，在油脂真实性检测过程中需要找到一条现实可行的方法，能够实现不同油脂中特征的准确而稳定的反映，能实现油脂类别划分和油脂掺伪检测鉴别。

第三节　离子迁移谱在油脂真实性检测鉴别中的研究

主要对离子迁移谱技术、结构和原理进行介绍，基于该技术广泛的适应性，考虑采用这一技术对油脂真实性检测鉴别进行研究探索，在已有的设备技术条件下，探索得到离子迁移谱检测油脂的一般方法，并逐步优化得到油脂 IMS 检测的标准操作流程。基于对 IMS 检测技术的研究，找出影响油脂的成分真实性的可能性因素（微观成分，各种条件引起的油脂类别间和类别内的差异），并对它们进行 IMS 研究，实现油脂在 IMS 中的出峰机理进行深入研究。

一、离子迁移谱简介

离子迁移谱（Ion Mobility Spectrometry，以下简称 IMS）是一种气相分析技术，作为一种新的分析方法，在 20 世纪 70 年代首次由科恩（Cohen）和克拉赛克（Karasek）推出，其与质谱和某些色谱技术相似，以各物质形成的气态离子在一个区域内的移动速度来区分某些物质，因此有些研究者将其称为等离子色谱。该技术是被作为一种痕量分析技术而提出，事实证明经过 30 多年的研究与试验，其应用范围越来越广。

在研究初始阶段，结构和技术都得到很大改进，但由于电离效率难以提高等因素影响，逐渐淡出人们视线。经过各项技术突破，最终在 90 年代得到迅猛发展，从电离源等限制性因素条件中解脱出来，运用于实际检测。由于其具有极高的灵敏度、大气压环境下测试的适谱性和测试过程相对简单使其在某些炸药等物质检测上大有用处，在军事、安保等领域的应用已经较为成熟。

IMS 技术的特点为灵敏度高、快速、适应性强、操作简便等特点。对可检测的有机化合物的分析灵敏度可以高达皮克（pg）量级，探测范围涵盖了气相色谱和液相色谱两个经典色谱探测领域。其对于极性、非极性、在色谱柱中易变质、无紫外吸收等多种在高效液相色谱（HPLC）中有难度的分子，用 IMS 技术都有很好的分离检测效果。在检测精度和效率等方面，IMS 等效甚至超过高效液相色谱（HPLC），特别是针对物质快速检测等应用，它具有比高效液相更快的速度及更低的运营成本，推广前景广阔。

由于人们对 IMS 技术的逐步认识和接受，人们对其在更多方面进行应用尝试并取得很好的效果，加上针对其不同特征在各个方面进行结构改进，使其在某些（环境保护，药品，医学，食品）专业的适用性更强，这使得 IMS 对人们生活的功效改善效果得到真正实现。由于其对炸药等检测的高灵敏度，国外已经将该类商品小型化，使其应用于军事和安保领域，现在国外多个机场等交通枢纽都配备有检测炸药等的小型 IMS 设备。并且其对食品中三甲基胺等的快速测定也有报道，该技术的灵敏性、快速性使其在食品研究应用得到极大的推广。

（一）IMS 设备基本结构

IMS 设备的主要部件有气路系统、进样系统、温度加热控制系统、高压电源、离子门控制系统、信号获取和数据处理系统。迁移管是主体，其余部分都直接或间接与迁移管相连，并对迁移管的工作服务。

1. 离子源

离子源位于电离反应区，其原理是将被检测气化后的物质进行电离，离子化后的物质才能在其中有反映。其中电离程度和效率是其中重要因素。近来，放射性电离源在 IMS 中的应用较多，而脉冲式放电、局部放电和连续放电等多种放电模式也相继得到开发和应用。

2. 迁移管

迁移管是仪器的最关键的部件，其中有一个均匀的电场，在离子电离后在均匀电场的作用下发生迁移，其中迁移快慢由迁移率（K）表示，不同离子在迁移管中距离逐渐增大而分开。

3. 法拉第（探测器）

法拉第（接收器）是接收离子并将其转化为电信号的装置，其在接收间歇性迁移的离子后将其转化为电信号。

4. 气路系统

迁移管中迁移气是经除氧、过滤后的洁净空气，其流向是迁移管两端同时向迁移管中间吹的，其中一侧迁移气是将被电离源电离后的物质送至迁移管；而另一侧的迁移气是为形成平衡气压，消除未带电的基团的迁移动力。在离子门下端有一个气路出口，电离后的离子会在高的电场强度下留在离子门处，由气路出口排出的气体多为中性气体（或称作未电离的基团）。

（二）IMS 技术基本原理

IMS 技术的原理是在大气压条件下利用电离手段使得气体化的待检测物质电离，并在电场与反向迁移气体的共同作用下迁移，从而产生不同种类离子的分离而形成的离子时间分辨谱。通俗地讲，就是通过采集气态物质在电场中的迁移速度差异信息，对物质进行区分的一种方法。IMS 的检测流程可以如图 11-1 所示进行简单演示。

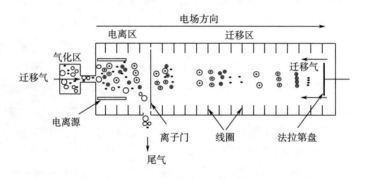

图 11-1　IMS 原理示意图

如图 11-1 所示，物质在 IMS 设备中由进样进入到接收信号的一整套流程。具体地说可以分为三步：首先，设备在大气压环境下，利用温度控制系统在设定温度下将样品加热气化，当然气体物质无需这一步骤；其次，气化后的物质由载气送入电离反应区进行离子化，离子化是载气分子和样品离子在高压的离子源的作用下发生一系列的电离反应和离子-分子反应，形成所需反应离子；再次，在电离区和迁移区有一个离子门，离子通过离子门进入迁移区受电场作用发生迁移，离子通过迁移区进行分离，随后在法拉第盘得到接收引起电信号的变化，经放大器进行放大后在响应软件中显示出相应离子的 IMS 谱图峰。

物质被电离后得到离子复杂多样，而其反映就是最终 IMS 谱图。如图 11-2所示反映 IMS 成像的基本原理，IMS 谱图中每一个峰与各种物质具有对应关系。这一对应关系可以用迁移率进行衡量，离子的迁移率和其质量、尺寸和所带电荷有关。不同物质形成的产物离子的迁移率不同，该迁移率具有指纹特性，可用来标定或识别每种离子产生所对应的物质，从而完成物质的检测鉴别。

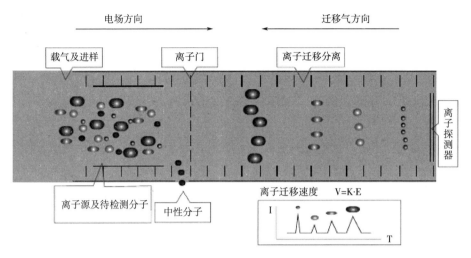

图 11-2　IMS 技术成像原理图

（三）IMS 设备及操作简介

由于 IMS 检测技术检测范围广，而针对每一类待检测物质需要相对合适的结构，与之相随的是物质进样方式的变化，所以 IMS 设备外观、大小等差异明显，并且由于 IMS 技术的检测原理是对物质进行处理后检测离子，而离子分为正、负离子两种形式，其所针对的待检测物质也千差万别。油脂作为有机物，含有基本的 C、H、O 三种主要元素，有机物的基本结构决定其待检测物质失去电子，形成正离子较多。本项研究主要基于矽感科技有限公司研发的 KS-IMS-100 型设备，也是在正离子模式（对正离子产生响应）下工作，正离子模式中物质在 IMS 中电离后，检测的基本原理公式：

$$M + nH_2O + H^+ \longrightarrow M(H_2O)_n H^+ \tag{11-1}$$

该设备主要参数主要是使用非放射电离源，设备预热时间一般为 30min 左右。该设备操作简单，可以液体直接进样检测，而且设备自我清洁能力比较强，油脂检测时不易造成设备污染。

该设备的检测液体物质操作过程分别：

（1）用移液器或微量进样器吸取油脂样本；

（2）将油脂样本滴入样品盒内；

（3）将样品盒放入样品仓内，关闭仓门，开始检测。

详细操作流程如图 11-3 所示。

在未测试正常情况下，迁移管在大气压环境下中通入的是除氧空气，内部保持洁净状态，IMS 谱图如图 11-4 所示。

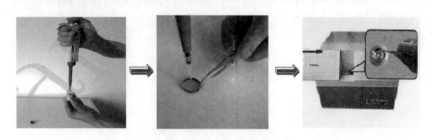

图 11-3 检测操作流程演示图

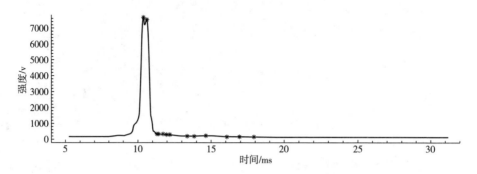

图 11-4 IMS 设备空载谱图

如图 11-4 所示，离子迁移谱空载谱图中有一个强度大的响应峰，该响应峰是除氧空气中的 H_2O 等物质经电离后形成离子 $[M(H_2O)_nH^+]$ 的响应峰，洁净干燥的经过处理后空气在 IMS 响应除了主离子峰外没有杂峰。其中没有杂峰的评判标准是这些峰在 IMS 谱图上反映出平滑，并且强度小于 2V。

（四）IMS 在食品检测上的应用现状

由于 IMS 技术检测物质范围的普适性，对其设备的开发越来越多，近几年，国内外对离子迁移谱应用于食品、药品等的检测进行尝试并取得了较好的效果。离子迁移谱应用于食品检测最初是在检测肉制品中胺类物质，随后开始对酒类等物质检测的报道，国内将其应用于农产品中农药等的检测也取得初步成效。

对以上研究进行归纳可知，IMS 检测技术在食品检测上的应用主要是对其两个特点的发挥：首先，其检测的极高灵敏度，在食品安全检测中对低限量有害物质的精确抓取是一个重要方面，其中农产品中的有害药品检测就是典型的例子；其次，设备对待检物质的选择性好，具体显示为对小分子物质（已有研究为醇类、胺类、酮类和芳香类，分子的分子质量一般为 50~5000ku）响应明显。食品中一些小分子的物质反映也反映了食品中的一些性质变化，例如，肉类等复杂有机物中某些挥发性的成分反映了其中有机物品质的变化情况。食品成分复杂多样，而 IMS 技术恰好出在此方面显示出较强的适应性。可以猜想，在对食品中目标检测物质进行较为深入的研究后，开发相应的 IMS 检测技术并将其实用化，这将成为食品检测领域一个新的发展方向。

二、IMS 应用于油脂检测的可行性研究

油脂作为食品也是成分复杂的有机物，按其主要成分可归为有机物中的一个重要类别——脂质。油脂中分布着各种分子结构和分子量的甘油酯类物质，油料在加工过程中会使用蒸炒等方法，使油料中蛋白质、碳水化合物和脂肪发生香气反应，以此生产的油脂也带有特定的气味。这些气味物质的分子量都不大，利用一些色谱技术中能进行检测，由此结合 IMS 技术检测范围广的特点，分析猜想油脂这一研究对象很有可能在 IMS 设备中具有响应。

（一）不同油脂 IMS 检测的可分辨性研究

为验证以上猜想，采用 IMS 设备对植物油脂进行测试，观察图谱的分辨性。

（二）油脂中 IMS 谱图成峰机理研究

由 IMS 检测技术对物质检测的分子质量有一个适应范围（一般为 ≤5000ku），而油脂中的香味成分正好符合这一特点，考虑对油脂中的香味成分进行检测。发现有研究者利用 GC-MS 技术对其中气味物质进行研究的报道。借鉴以上方法，本次油脂中香味物质分析采用固相萃取后进行 GC-MS 分析，得到两个油脂样本中的挥发性成分的大致组成和含量范围。

1. 油脂的 GC-MS 分析条件

（1）固相萃取条件 萃取纤维 30/50μm 二乙烯基苯/碳分子筛/聚二甲基硅氧烷（DVB/CAR/PDMS 灰色萃取头），萃取温度 70℃，萃取时间 40min，解析时间 5min。

（2）GC 条件 色谱柱为 Agilent HP-5 60m×0.25m×0.25m 色谱柱；进样口温度 250℃；程序升温：初始温度设为 50℃，以 2℃/min 的速率升温至 150℃，保持 2min；载气 He，流速 1.5mL/min；分流比为 2∶1。

（3）MS 条件 离子源温度 230℃，EI 电离源，电子能量 70eV，扫描范围 30~450amu。

2. 油脂 GC-MS 分析方法

试验数据经过安捷伦软件处理，未知化合物通过计算机检索 NIST 谱库，再结合文献报道，确定其中的组分。按照峰面积归一化法计算各个组分的相对含量。

三、油脂样本预处理的优化研究

经过进一步测试，三位测试人员对同一种油脂在同一种条件下进行 IMS 图谱采集，发现几次测试的 IMS 谱图差异较大，如图 11-5 所示。

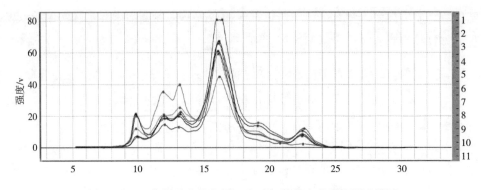

图 11-5　三位测试人员在同一台 IMS 设备中进行的测试谱图

如图 11-5 所示，三位测试人员对同一个样品的测试结果存在差异。针对以上情况，分析出现差异的原因：首先，IMS 检测技术非常灵敏，加上是油脂原样在大气压下直接注入样品盒中，样品盒进入样品室会带入没有经过净化的空气等杂质；其次，油脂原样的用量非常少（0.02μL）就能在设备中形成很强的图谱峰，采用的是 0.5μL 的进样针，加上油脂黏性比较强，所以客观上给进样准确性增加难度。

由于油脂中有机化合物复杂多样，就要找到油脂样本的预处理方法使之适应 IMS 设备的测试环境和进样环境，所以亟须找到一种油脂预处理基本思路并对其进行优化，得到一整套预处理方案。并且，IMS 在国内还处于研究阶段，并且存在不同的样本进样形式，所以油脂测试方法还需要经过探索，找出最优条件。

IMS 一般用于检测能够挥发并电离的物质，其中挥发的条件受温度、解析材料的影响，物质的挥发性也与其基本的结构和分子质量息息相关。由于 IMS 测试所需油脂原料非常少（0.1μL 以下），并且油脂样本多为黏性强的液体，无论采用什么进样方式都容易造成油脂进样量不准确，初步选择采用溶剂稀释的办法使油脂样本均匀分散，并且尽量稀释剂保证不影响其中的成分在 IMS 中的检出。

基于实际操作考虑，采用溶剂稀释后可以采用量程为 5μL 的微量进样器抽取预处理液体，使预处理样本的进样量更准确；采用微量进样器移取溶剂稀释后的液体方便而且快速；在采集样本图谱数据后会有样本残留在设备内部，由于设备的高灵敏性，会在检测端有响应，所以需要对残留物质进行清洗，采用溶剂稀释后，以溶剂的快速挥发性将油脂挥发物质带入设备内部，减少油脂物质在设备内的黏附现象，可以使测试后的设备清洗更高效、更测底。所以确立 IMS 检测油脂的溶剂稀释方法能保证油脂进样的准确性，快速性和抗污染性。

（一）材料与试剂

1. 材料

从市场上收集油脂样本 100 个，确保为符合食用要求后进行随机编码，编码规则为 H 加上 1~100 的编号，例 H021。

2. 试剂及配套设备

IMS-100 离子迁移谱仪，武汉矽感科技有限公司；

样品盒净化仪，武汉矽感科技有限公司；

SK3200H 台式超声波清洗机，上海科导超声仪器有限公司；

VG3S25 涡旋混匀器，广州仪科实验室技术有限公司；

5μL 微量进样针，上海安亭微量进样器厂；

0.5~5μL，0.5~50μL，0.5~1000μL 移液器，大龙兴创实验仪器有限公司；

5mL 具塞试管；

样品盒、试管架、不锈钢镊子、样品瓶等。

正己烷、乙酸乙酯、二氯甲烷、四氯化碳、异丙醇、四氢呋喃、甲醇 4.0L，色谱纯，CNW Technology US.（生产）上海安谱科学仪器有限公司（代购）；

石油醚，4.0L，分析纯，上海安谱科学仪器有限公司；

实验用水为超纯水。

（二）稀释溶剂的研究

1. 稀释溶剂 IMS 谱图直观分析

由于油脂多为非极性成分，由化学的极性相似相溶原理，一般的油脂溶剂多为非极性溶剂。考虑到市场上现有的非极性溶剂种类，选择以下几种非极性溶剂，其中丙酮、乙醚沸点太低，在大气压下稀释和操作会由于温度影响对测试结果产生影响，所以并没有涉及。

如图 11-6 所示，在开始的 3s（10 张图）内，正己烷在 IMS 谱图中有一个除主离子峰外的响应峰，而 3s 后就消失了。IMS 设备进样端温度在 150℃ 以上，溶

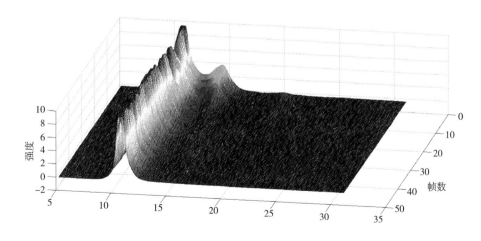

图 11-6　正己烷的 IMS 三维叠加谱图

剂沸点越低在进样端挥发越快，但并不是说沸点越低在 IMS 中出现响应峰时间越短，还与溶剂的性质有关。采用在样品盒中直接注入 4μL 溶剂，采集图谱进行对比分析，如表 11-4 所示。

表 11-4　　　　　　　　　　　　稀释溶剂的选择

测试对象	沸点/℃	图谱分析	分析结果
乙酸乙酯	77.00	溶剂有响应峰，在迁移管残留严重，不易清洗	排除
正己烷	68.74	溶剂有响应峰，3s 后消失	保留
二氯甲烷	39.80	溶剂有响应峰，3s 后消失，无残留	保留
四氯化碳	76.8	溶剂响应峰较多，不易清洗	排除
石油醚	沸程 30~60	溶剂有响应峰，并有残留	排除
异丙醇	82.45	溶剂有响应峰，并残留严重，不易清洗	排除
四氢呋喃	65~66	溶剂有杂响应并残留严重，不易清洗	排除

注：表格中所说的响应峰为除主离子峰以外的响应峰，即其来自被检测物质。在离子迁移管中有残留是通过三维谱图叠加看到的，即采集数据完成后，除了主离子峰以外还有其他的响应峰。

针对表 11-4 中每种测试对象的 IMS 图谱分析，查找资料找出其出峰的原因，首先，本次采集的稀释溶剂都为色谱纯，操作过程中保证容器等部件的洁净，排除其中杂质的影响；其次，根据质子转移反应的原理在电场中一些常见化学物质的质子亲和力的强弱顺序（由弱到强）：烷烃<芳香类化合物<醇<烯烃<酯<酮<亚砜<胺类。

质子转移反应反映了物质在 IMS 中形成响应峰机理，与质子亲和性呈现正相关，在正离子模式下，进行的离子反应有两个，其中一个见式（11-1）（质子转移反应），而另外一个是质子亲和反应：

$$R + (H_2O)_n H^+ \longrightarrow R (H_2O)_n H^+ \tag{11-2}$$

由于不同溶分子吸附质子能力不同，形成离子能力不同，所以得到离子峰强度等都会有差异。试验得到的正己烷和二氯甲烷两种溶剂的质子亲和力都不很强，对电场中的质子夺取能力较弱，对油脂的测试干扰性更小。以上物质在 IMS 的图谱真实反映这些溶剂分子应有的特征，选择两种稀释溶剂也有一定理论支撑。

溶剂作为待测样本的载体，最好在 IMS 测试中不会对油脂样本的图谱产生影响，特别是溶剂的响应峰与待测样本响应峰重叠或相近会对待测样本的 IMS 谱图信息产生干扰，不利于待测样本在 IMS 中的响应信息分析，从而产生干扰。

2. 稀释溶剂进行油脂测试验证

采用以上选择的两种稀释溶剂对同一种油脂进行溶剂稀释后，对溶剂稀释后的油脂样本 IMS 谱图进行分析，观察溶剂稀释法对测试稳定性的影响，影响情况由谱图的相似度进行评价。

相似度计算以正则相关性分析（canonical correlation analysis，CCA）数据衡量，CCA 在此是对两组每个数据间的对应关系来反映整体的数据关系，作为统计学的分析方法，其能从总体上把握两组指标之间的关联性，并给出一个量化的指标。具体计算方法按以下进行：

假设两个数组为 $A = [a_1, a_2, \cdots, a_n]$，$B = [b_1, b_2, \cdots, b_n]$

$$R = \left[1 - \sqrt{\sum_i (a_i - b)^2} / \left(\sqrt{\sum_i a_i^2} \cdot \sqrt{\sum_i b_i^2} \right) \right] \times 100 \qquad (11-3)$$

其中：a、b 代表两组不同的数据。

取这几组数据的平均值作为标准，然后每一个样本的数据与这个标准进行相似度比较。以上为图谱数据的一般计算方法，实际过程是 IMS 设备进行图谱采集后，对数据按需要进行异常图谱数据的剔除；进行图谱数据分析得到每一批测试数据的一致性和差异性，实现方法优化指标量化。

以正己烷稀释葵花籽油（编号 H038）样本为例测试 10 次，得到 10 个谱图数据，采用软件对它们进行相似度计算，计算表格见表 11-5。

表 11-5　　　　　　　　**油脂 10 个 IMS 图谱数据相似度计算**

样本编号	数据 1	数据 2	数据 3	数据 4	数据 5	数据 6	数据 7	数据 8	数据 9	数据 10	平均值
数据 1	1	0.9685	0.9717	0.9365	0.9792	0.9675	0.9796	0.9743	0.974	0.9779	
数据 2	0	1	0.9666	0.9819	0.9844	0.9768	0.9824	0.9561	0.9884	0.9841	
数据 3	0	0	1	0.9478	0.9766	0.9851	0.9826	0.9815	0.9752	0.9720	
数据 4	0	0	0	1	0.9678	0.9707	0.9702	0.927	0.9771	0.9731	
数据 5	0	0	0	0	1	0.9821	0.9896	0.9737	0.9906	0.9874	0.9762
数据 6	0	0	0	0	0	1	0.9899	0.9802	0.9882	0.9826	
数据 7	0	0	0	0	0	0	1	0.9837	0.9928	0.9919	
数据 8	0	0	0	0	0	0	0	1	0.9739	0.9712	
数据 9	0	0	0	0	0	0	0	0	1	0.9924	
数据 10	0	0	0	0	0	0	0	0	0	1	

通过采用两种溶剂（正己烷和二氯甲烷）对两个油脂样本亚麻籽油（编号 H038）和花生油（编号 H079）进行稀释，测试得到的图谱数据都进行相似度计算，得到每种溶剂的两个平均值，再进行平均得到如下相似度平均值见表 11-6。

表 11-6 　　　　正己烷稀释样和二氯甲烷稀释样图谱数据相似度平均值对比

稀释剂	图谱相似度平均值
正己烷	0.9642
二氯甲烷	0.9471

通过对溶剂进行 IMS 测试，发现正己烷和二氯甲烷在油脂测试中作为溶剂较为适合，用两种溶剂对两个油脂样本进行稀释后进行 IMS 测试，发现正己烷稀释样测试稳定性比二氯甲烷稀释样要高（考察标准为图谱数据的相似度），故选用正己烷作为稀释溶剂。

（三）稀释倍数和进样量的考察

1. 稀释倍数

通过对油脂原样进样发现，在油脂进样 0.02μL 的情况下其 IMS 谱图中响应峰强度适中（即其响应强度较高但不会超过最大显示极限），此时 IMS 谱图反映信息量较大。而在大气压下将 0.02μL 油脂原料滴入样品盒，对进样工具和进样方式带来难题，故采用溶剂稀释的办法以加大进样量而不改变测试油脂的总量。考虑油脂在正己烷中良好的溶解性，将油脂利用溶剂稀释 10 倍就能实现油脂样本稀释倍数预先设置为 10 倍、20 倍、50 倍和 200 倍。为考虑测试油脂总量相同，选用的稀释倍数和进样量关系见表 11-7。

表 11-7 　　　　　　　预处理样本的稀释倍数和进样量计算

油脂体积	稀释倍数	进样量
0.02μL	10 倍	0.2μL
	20 倍	0.4μL
	50 倍	1.0μL
	200 倍	4.0μL

选用编号 H60 的油脂样本分别以 10 倍、20 倍、50 倍和 100 倍进行稀释并测试 10 次，以 IMS 图谱的直观形状和谱图数据相似度为评价指标进行计算对比（利用相似度计算公式采用软件演算）。

如图 11-7 所示，在进入 IMS 设备的油脂量都为 0.02μL 的情况下，发现溶剂（正己烷烷）随着稀释倍数的增加，同一个油脂样本的 IMS 谱图响应峰有较大差别，主要表现为响应峰的强度呈阶梯状上升。分析原因极有可能是随着溶剂比例增加同时，为保证油脂总量相同，溶剂的进样量也随之增加，溶剂的低沸点导致样品挥发速度明显增加，同时溶剂的响应峰增强导致样本整体响应峰增强。

稀释 200 倍时其中溶剂量含量过高,在图谱中显示溶剂峰过于明显,干扰油脂 IMS 图谱信息,并且导致不同测试次数 IMS 谱图差异性更大,得出 IMS 谱图相似度分析平均值的对比情况,见表 11-8。

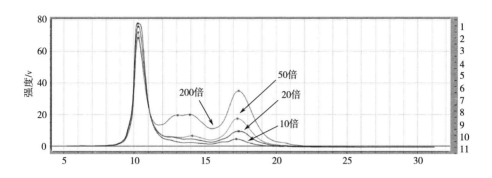

图 11-7　H60 号油品稀释后 IMS 图谱

表 11-8　　　　　　　　　**油脂样本稀释后 IMS 谱图相似度分析**

稀释倍数	图谱相似度平均值	图谱分析
20	0.9601	
50	0.9784	通过对代表性油样进行在以上几个稀释倍数下进行稀释,采集 10 次测试图谱对测试图谱进行分析,计算出同一种油脂测试图谱的一致性
100	0.9415	
200	0.9269	

如表 11-8 所示,选用稀释条件为溶剂(正己烷)稀释 50 倍并进样 1μL。

2. 进样量的考察

将油脂稀释样本 IMS 图谱形状与油脂原样 IMS 谱图形状对比分析可知,10 倍、20 倍和 50 倍的稀释中溶剂基本不会影响油脂本身的 IMS 响应峰,但从进样误差的角度考虑,进样量越大进样误差越小,基于以上研究发现在已有测试条件下,溶剂(正己烷)稀释 50 倍后稀释样本进样 1μL 较为合适。由于 1μL 进样量仍然较小,现采用更小的梯度设置对进样量进行考察。

由于油脂在溶剂中稀释 20 倍及以上都为澄清透明液体,混匀后都能达到均匀一致。从进样误差的角度考虑,在 5μL 以内进样量越大进样误差越小。结合如图 11-8 所示中稀释 10 倍 IMS 图谱响应峰低,分析原因是油脂样本进样量太少,不便操作;稀释 20 倍和 50 倍较适中,因此选择 20 倍和 50 倍的稀释进一步研究。

两种油脂样本预处理信息见表 11-9。

表 11-9		两种油脂样本预处理信息	
油脂类别和编号	稀释溶剂	稀释倍数	进样量
亚麻籽油（H037） 花生油（H079）	正己烷	50 倍	2μL 4μL 6μL

根据以上测试计划对每个浓度梯度进行 5 次测试，将所得到的油脂 IMS 图谱数据进行相似度分析，得到每种油脂相似度和极差平均值见表 11-10。

表 11-10		两种油脂的图谱相似度计算汇总表	
进样量	H038	H079	相关系数均值	相关系数极差
2μL	0.8896	0.9397	0.91465	0.0501
4μL	0.9282	0.9352	0.93170	0.0070
6μL	0.9114	0.9355	0.92345	0.0241

如表 11-10 所示，相关系数均值代表每种油脂在此测试条件下的相关系数大小，事实证明其越大越好；而相关系数极差则是对这些油脂样本在此测试条件下相关的稳定性研究，事实证明其越小越好。

表 11-10 数据体现出随着进样量的增加，油脂检测的重复性会更好；相比较而言，4μL 的进样量引起的极差最小。因此，发现样品经稀释后可以对油脂进样量适当加大，在利用溶剂稀释 50 倍情况下，在 IMS 设备进样量 4μL 进行测试比较合适。

3. 样本预处理过程和保质期

在单种油脂样本的测试过程中，样本的制作非常简单，无需借助其他工具，仅需将油脂原样用移液器直接按体积比注入稀释剂中，盖紧瓶盖借助涡旋振荡器对稀释油脂样本进行涡旋振荡 3min。通过对不同材料的盛载容器的研究，通常的实验室玻璃器件密封条件下，在 24h 内避光保存均可满足实验要求。

（四）油脂检测的设备参数优化研究

经过研究发现，在 IMS 测试过程中 IMS 设备需预热 30min，待设备稳定后需要对 IMS 设备进行定标以确保不同设备测试的一致性。同时检测温度、进样量会对样品挥发速度等产生影响，而测试时间长短选择是考虑 IMS 在检测混合物时抗污染能力保持和数据的有效性部分的提取量大小。基于以上考虑，设备参数的考察项目包括 IMS 设备校准、检测温度、进样量和检测时间三个方面，以下通过油脂测试对三个方面进行考察。

1. IMS 设备的校准与谱图校准

IMS 图谱中每个响应峰对应一种或一类物质，在实际图谱分析中由于对谱图中每个物质进行换算与标定时，要使用到一个迁移率（K）的概念，迁移率是离子在电场中迁移速率，迁移率系数与离子性质之间已经建立如下模型，其换算公式如下：

$$K = \frac{3e}{16N} \cdot \sqrt{\frac{2\pi}{\mu kT}} \cdot \frac{1+\alpha}{\Omega_D T} \qquad (11-4)$$

式中　e——离子所带电荷；

　　　N——中性迁移气体分子的密度；

　　　k——玻尔兹曼常数；

　　　μ——折合质量，$\mu = mM/(m+M)$，m 为离子的质量，M 为前一期体分子的质量；

　　　T——离子的有效温度；

　　　α——校正因子；

　　　Ω_D——碰撞截面。

得到 K 单位 $(cm^2 \cdot s)^{-1} \cdot V$。

迁移率在谱图中的反映即为横坐标的大小，但是通过研究发现不同设备测试同一个样品存在主离子峰标准不一的现象，产生这种现象的原因是每台设备由于结构误差或环境条件偏差存在一些设备条件的偏差，这是仪器设备普遍遇到的现象。针对以上现象，设备制造厂商寻找出两种标定物质（三甲基吡啶和四庚基溴化铵）采用自主研发软件对设备进行校准。

事实证明，在采集到油脂的 IMS 谱图后，通常以迁移时间（ms）为横坐标，同一物质在不同设备上图谱横坐标具有差异（基线漂移的现象），如图 11-8 所示。

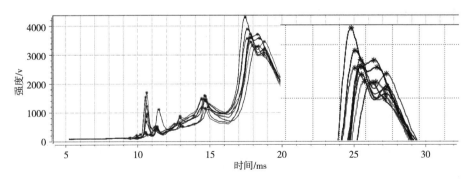

图 11-8　以迁移时间为横坐标的油脂样本 IMS 谱图

针对以上情况，需要采用采集的 IMS 图谱的主离子峰校准。根据公式换算得出迁移时间和约化迁移率（K_0）的关系，通过换算将 $1/K_0$ 作为横坐标进行表示，其中的换算公式如下：

$$K_0 = K \cdot \frac{P}{760} \cdot \frac{273}{T} \qquad (11-5)$$

式中　P——环境大气压，mmHg；

　　　T——迁移温度，K。

得到 K_0 的单位仍为 $(cm^2 \cdot s)^{-1} \cdot V$。换算过程由软件自行设定。

经过主离子峰校准后的不同设备测试的迁移率图谱形成统一标准，同一批图谱叠加后会形成每一类物质的精确定位，如图 11-9 所示。

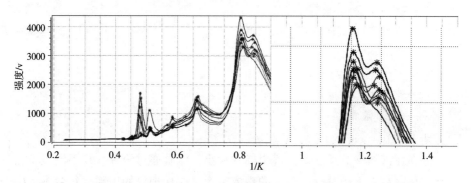

图 11-9　以 $1/K_0$ 为横坐标的油脂样本 IMS 谱图

如上图所示，相对于谱图校准前，在采用软件校准后的谱图的响应峰横坐标能精确定位，为谱图直观观察和分析提供便利。

2. 检测温度的研究

检测温度关系到溶剂和油脂挥发快慢，通过实际研究发现选用 150，170 和 200℃为温度梯度较为合适，具体表现为样品从进样到测试结束时间短，测试期间样品响应明显，随后响应峰降低甚至没有。

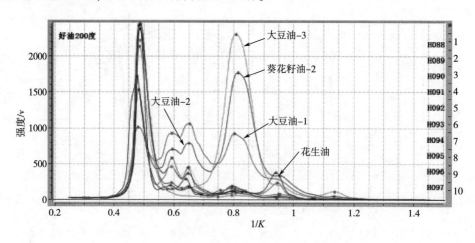

图 11-10　200℃时 10 种油脂的 IMS 叠加谱图

如图 11-10 所示，3 种不同测试温度下，10 种油脂在 IMS 设备中显示出不同的形状，其中 170℃和 200℃下预处理油脂样本在 IMS 谱图响应峰个数较多，强度更强，谱图中表现出更多的样品在 IMS 中离子化后的信息。

3. 测试时间的研究

油脂作为复杂的有机化合物，加上 IMS 设备的极高的灵敏度，在测试后会在 IMS 设备中有残留而导致对下次测试谱图采集具有影响，所以需要在 IMS 测试油脂过程中利用较少的时间采集尽可能多的信息，减少设备清洗的时间和次数。基于以上考虑，对测试时间进行研究显得尤为有必要。

选择亚麻籽油（编号 H037）和花生油（编号 H079）进行 IMS 测试时间考察，得到 IMS 谱图如图 11-11 和图 11-12 所示。

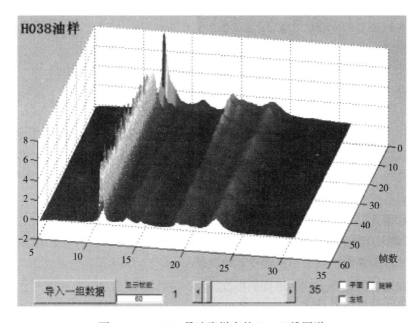

图 11-11　H038 号油脂样本的 IMS 三维图谱

如图 11-11 和图 11-12 所示谱图是预处理油脂样本在 20s 测试时间内采集图谱平行叠放形成三维谱图（由软件完成），从三维图可以清晰地看出，油脂的特征峰在 30 张图谱之后出现强度明显降低或不再出现，加上测试软件自带的图谱采集速度是每 1s 采集 3 张图谱，10s 即可达到标准，加上进样操作时间。因此，对于未知油脂样本，测试时间可以设置为 20s。

采用不同类别油脂样本进行溶剂稀释后，采集 40s 内的测试数据，并观察谱图形状，可以得到在 0~20s 内油脂 IMS 谱图中油脂的响应峰明显而且稳定，在 20s 以后油脂 IMS 谱图的响应峰降低，甚至没有。同时，对测试后的 IMS 设备进

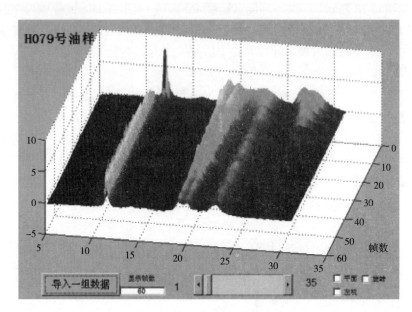

图 11-12　H079 号油脂三维图谱

行空载，发现都能在 2min 内实现设备的清洗至设备洁净，满足下一次测试。故选择测试时间 20s。

综合以上两节中对油脂样本预处理和设备参数优化的研究，得到 IMS 设备测试油脂样本的优化方法：

样本预处理条件为利用正己烷稀释 50 倍进样 4μL 混匀备用；调整设备检测温度 170℃，并采集预处理样本 20s 内的数据即能达到谱图数据采集的要求。

基于以上研究得出了 IMS 检测油脂较为成熟的方法：在以上条件下采用精确控制仪器设备的条件，油脂进样的标准方法并重复测试 5~10 次，保存油脂品的 IMS 图谱数据。

四、油脂的加工和储存过程对 IMS 谱图影响因素考察

在以上对油脂 IMS 谱图出峰机理用 GC-MS 技术进行探索后发现油脂中气味物质含量确与该油脂 IMS 谱图有正相关关系。在油脂 IMS 检测实际研究中发现，同为芝麻油的数个样本在 IMS 检测对比中谱图之间差异较大，在对其中气味物质进行考察后，决定对油脂的其他方面进行研究。

对于同一类油脂，因原料品种与产地、油脂制取工艺、精炼程度的不同，其中固有成分类别及含量有差异，造成同一类别油脂的 IMS 谱图存在不同程度的差异，需要对油脂真实性的 IMS 检测的影响因素研究考察。引起油脂差异的原因，可以从原料采收到油脂加工成成品整个过程进行考察，发现油料品种、产地，加

工工艺和加工中的工艺参数都可能是引起其中固有成分存在以及多少的原因。但是市售油脂的油料来源等据悉细节不明，需要采集油料样本对上述因素进行研究考察。

采集油料样本进行油脂预处理保证了油脂样本的真实性，所以决定从油脂原料开始进行对原料品种、加工工艺、加工参数的考察。由于花生为风味油脂、含油量高且收集相对简单，所以先对花生样本进行研究。采集两个品种花生样本，采用实验室标准制油流程采集这两个样本的油脂进行 IMS 检测研究，实现对油料产地、加工工艺和加工参数在 IMS 谱图影响的对比研究。

（一）油料的采集与制油过程

现有油脂制取工艺有多种，包括压榨法（分为冷榨和热榨）、浸出法，针对芝麻油的水代法等。花生是我国传统油料，利用花生制取油脂的工艺也随时代发展，水代法多针对芝麻制油。现国内花生油加工厂制取花生油多为预榨浸出法。为考察花生制取油脂的不同工艺，以实际油脂生产中利用最多的冷榨法、热榨法和浸出法三种工艺为对象，对花生 1* 样进行加工。

原料质量要求为颗粒饱满，水分含量适宜（没有霉变现象），储存于干燥阴凉处；加工技术要求为所有加工设备和原料都保证洁净（食品级），不得有重金属和致病菌污染；产品指标为必须达到《花生油》国家标准的二级油及以上质量要求。

1. 油脂原料

花生 1*，产地东北吉林，品种四粒红，年份 2012 年，市售；

花生 2*，产地山东，品种鲁花 14 号，年份 2012 年，市售。

2. 仪器与试剂

冷榨机，自行设计代加工制作；

压榨机，德龙榨油机，山东德龙机械有限公司；

油脂浸出装置，自行设计代加工制作；

实验室常规检测仪器与试剂。

3. 处理方法

（1）冷榨法

花生 → 清选 → 去壳 → 精选 → 风干 → 脱红衣 → 压榨 → 沉降（≥8h）→ 离心过滤 → 冷榨花生毛油 → 精滤 → 冷榨花生油

（2）热榨法

花生 → 清选 → 去壳 → 精选 → 炒籽 → 脱红衣 → 压榨 → 沉降（≥8h）→ 离心过滤 → 热榨花生毛油 → 精滤 → 热榨花生油

（3）浸出法

花生 → 清选 → 去壳 → 精选 → 脱红衣 → 风干 → 粉碎 → 浸提 （3h） → 脱溶 → 浸出花生毛油 → 湿法脱胶 → 脱胶油 → 碱法脱酸 → 脱酸油 → 高温脱色 → 脱色油 → 脱臭 → 浸出花生油

（二）花生油 IMS 谱图采集与分析

根据以上方法制取对以上两个品种花生在三种工艺下制取共 6 个油脂样本，在对花生油的基本理化指标和脂肪酸组成分分析后，得到这 6 个油脂样本均符合国家标准《花生油》一级油质量要求。

采用上一章中的油脂样本 IMS 图谱采集标准操作流程，对预处理的油脂样品进行 IMS 图谱数据采集，利用回放软件将所采集的油脂按需要叠加分析。

1. 加工工艺对油脂 IMS 谱图的影响

选用 1# 花生三种制油工艺制取的三个成品油样本进行对比分析如图 11-13 所示：

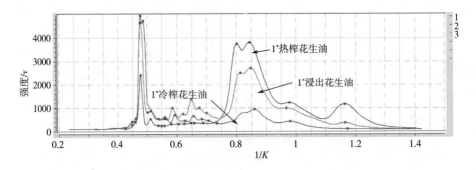

图 11-13　不同工艺花生油 IMS 二维叠加谱图

由图 11-13 所示 1# 花生制取油脂的 IMS 谱图主要响应峰位置为 0.59、0.66、0.80、0.86 和 1.17。0.75~0.90 区域是三种油脂 IMS 谱图响应峰主要的差异点，在此处热榨花生油出峰最强，其次是浸出花生油，冷榨花生油出峰最弱。说明同一种花生经过不同的制油工艺生产出来的花生油在 IMS 响应具有差异性，即油脂加工工艺对油脂 IMS 谱图具有影响。

热榨花生油由于炒籽过程发生美拉德等反应，使其带有浓郁香气；而冷榨油由于没有进行处理直接压榨，所以其中香气成分较少；浸出油是通过溶剂浸出再精炼制得，其香气成分应当较少，但是 IMS 出峰依然明显，对该现象进行分析发现，由于浸出油脂在精炼过程中难免要经过脱臭过程中的高温过程，为此研究了这一批浸出花生油在精炼的脱臭工序中加温温度和加温时间对油脂样本 IMS 谱图峰形的影响。

2. 加温温度和加温时间对花生油 IMS 图谱峰形的影响

（1）加温时间对花生油 IMS 图谱峰形影响　花生油在脱臭工序中相同温度条件下，加热时间对油脂 IMS 谱图峰行的影响，同一批浸出花生油的加热温度 210℃时，加热不同时间的谱图如图 11-14 所示。

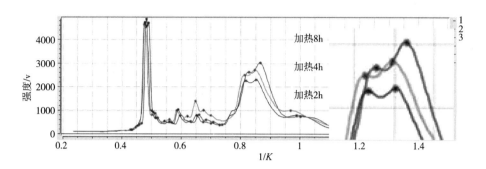

图 11-14　210℃时加热 2，4，8h 的油样 IMS 谱图

浸出油脂的加热温度一般为 210℃，由上图可知：在此温度下，同一批浸出花生油的 IMS 谱图总体差异不大，IMS 谱图的响应峰位置没有变化，强度也只是少量差异；针对花生油的 IMS 谱图响应峰强度进行细致观察发现，随着加热时间延长，花生油 IMS 谱图响应峰强度越来越高。

（2）加温温度对花生油 IMS 图谱峰形影响　花生油在脱臭工序中相同加热时间（4h）条件下，对加热温度进行梯度设置后进行平行试验，不同加热温度（180，210 和 240℃）制取花生油的 IMS 谱图如图 11-15 所示。

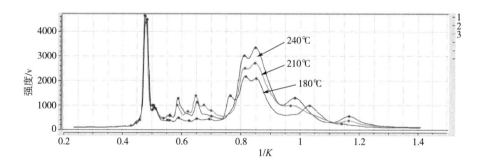

图 11-15　加热时间为 4h 时，加热 180，210，240℃的油样 IMS 谱图

如图 11-15 所示，在脱臭工序加热时间都为 4h 时，随着加热时间的增加，油脂 IMS 谱图在横坐标区域 0.8~0.9 之间响应峰逐渐增高，呈现明显的正相关性。得出花生油在油脂精炼的真空脱臭工序中，花生油中的某一类特征响应物质与加热温度和加热时间在一个范围内呈明显正相关。

分析原因可以得出，因为高温和真空确实能除去油脂中的气味物质，再根据油脂脱臭需要，脱除脱色油不良风味的同时也除去了香味物质，致使其中的气味物质减少。但是高温下，油脂中的物质会产生裂解，生成一部分小分子物质，而这些物质在 IMS 谱图中也有响应，所以按照以上梯度得到的随着加温时间延长和温度升高油脂 IMS 出峰强度增加。

说明加热过程中长时间高温会对花生油的 IMS 响应有部分影响，并且通过图谱观察可知，两种条件对花生油 IMS 谱图出峰影响强弱顺序：加热温度>加热时间。

3. 花生品种对油脂 IMS 谱图影响分析

对两个品种花生原料（花生 1* 和花生 2*），采用冷榨、热榨和浸出三种工艺制取花生油，制取的花生油按照国标要求，检测理化指标，其结果见表 11-11。

表 11-11　　　　　　　　　　不同工艺花生油理化指标表

项目	水分及挥发物/%	酸价/ （mg KOH/g）	过氧化值/ （mmol/kg）
1* 花生冷榨油	0.25	0.2	1.00
1* 花生热榨油	0.12	0.24	2.67
1* 花生浸出油	0.15	0.31	2.92
2* 花生冷榨油	0.20	0.28	1.61
2* 花生热榨油	0.10	0.24	2.55
2* 花生浸出油	0.08	0.31	1.42

对两批花生油的脂肪酸组成进行对比，其中为考查工艺对油脂脂肪酸组成的影响，对同一批花生冷榨和浸出精炼油脂肪酸组成进行对比；为考察油料品种对花生油的脂肪酸组成影响，两个品种花生的冷榨油脂肪酸组成进行对比。其中送检样本信息见表 11-12。

表 11-12　　　　　　　　用于气相色谱分析的花生油基本信息

编号	工艺	产地	制取时间
花生油 1#	浸出	山东（编号 2*）	2013. 11. 15
花生油 2#	未脱红衣冷榨	吉林（编号 1*）	2013. 7. 15
花生油 3#	未脱红衣冷榨	山东（编号 2*）	2013. 11. 10

而两个花生油样本制得的样本中选出三个样本进行脂肪酸组成分析，脂肪酸组成和含量见表 11-13。

表 11-13　　　　　　　　　　　花生油的脂肪酸组成

序号	脂肪酸名称	花生油国标范围	花生油 1#	花生油 2#	花生油 3#
1	癸酸 $C_{10:0}$	ND~0.1	—	—	—
2	月桂酸 $C_{12:0}$	ND~0.1	—	—	—
3	豆蔻酸 $C_{14:0}$	ND~0.1	—	—	—
4	棕榈酸 $C_{16:0}$	8.0~14.0	10.98436	10.74165	10.60403
5	棕榈一烯酸 $C_{16:1}$	ND~0.2	0.04567	0.06361	0.04350
6	十七烷酸 $C_{17:0}$	ND~0.1	0.07650	0.05312	0.07946
7	十七碳一烯酸 $C_{17:1}$	ND~0.1	—	—	0.0416
8	硬脂酸 $C_{18:0}$	1.0~4.5	3.14979	3.04482	3.09052
9	油酸 $C_{18:1}$	35.0~67.0	44.73948	37.28645	47.26518
10	亚油酸 $C_{18:2}$	13.0~43.0	34.46183	40.72768	33.09911
11	亚麻酸 $C_{18:3}$	ND~0.3	0.05358	0.08261	0.04879
12	花生酸 $C_{20:0}$	1.0~2.0	1.41730	1.41580	1.36348
13	花生一烯酸 $C_{20:1}$	0.7~1.7	0.97789	1.26558	0.85801
14	花生二烯酸 $C_{20:2}$	—	—	—	—
15	山嵛酸 $C_{22:0}$	1.5~4.5	2.76600	3.64234	2.33700
16	芥酸 $C_{22:1}$	ND~0.3	0.05913	0.10709	0.04479
17	二十二碳二烯酸 $C_{22:2}$	—	—	—	—
18	木焦油酸 $C_{24:0}$	0.5~2.5	1.26847	1.56925	1.12455
19	二十四碳一烯酸 $C_{24:1}$	ND~0.3			

注：表中"—"表示含量可以忽略不计或未检出。

　　由以上测试数据对比 GB/T 1534—2017《花生油》中对其脂肪酸组成的规定可知，三个油脂样本都符合花生油的标准。对同一品种花生不同工艺脂肪酸组成分析，测试得到差异非常小，即同一品种花生不同工艺对制取油脂的脂肪酸组成造成差异较小；不同品种花生制取油脂脂肪酸组成有部分差别，依据 GB/T 1534—2017《花生油》中对脂肪酸的规定，可以将两个品种花生制取的花生油视为两个花生油样本。

　　对两种花生制取花生油进行 IMS 图谱采集，按不同工艺在同一测试条件下采集得到的 IMS 图谱叠加在一张图谱上。按照油脂 IMS 测试方法标准对每一个待测样本图谱采集 5 次，选取同一工艺制取阶段油脂 IMS 图谱，将图谱叠加得到测试 IMS 叠加谱图，如图 11-16 至图 11-18 所示。

　　如图 11-16 至图 11-18 所示对比可知，两种原料的花生油在 IMS 设备上显示的图谱出峰横坐标值为 0.58，0.65，0.82，0.87，0.98 和 1.17（横坐标为 1/

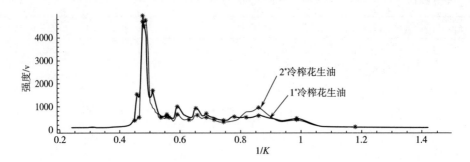

图 11-16　两个冷榨花生油样本 IMS 二维叠加谱图

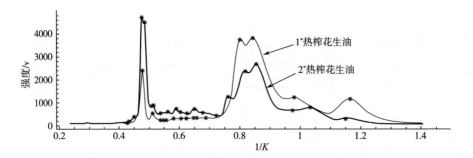

图 11-17　两个热榨花生油样本 IMS 测试谱图

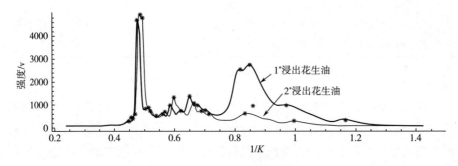

图 11-18　两个浸出花生油样本 IMS 测试谱图

K_0），出峰强度差异较大。可以看出不同品种花生采用相同工艺制取花生油 IMS 谱图具有较大差异，说明油料品种对花生油 IMS 谱图也具有一定的影响。

4. 花生制油及测试小结

通过对两个花生原料样本进行不同工艺制取油脂，对这些油脂样本经 IMS 谱图考察发现，油料品种、加工工艺和脱臭温度、时间参数对花生油 IMS 谱图峰行都有影响。直观上，三个变量中，加工工艺影响大于脱臭工艺参数影响，由于油料品种梯度太少（2 个样本）不能看出影响主次。

在对两个品种花生油进行各个工艺的考察后发现，进行以上参数和条件变化，花生油的图谱仍有较多共性。两种花生油的 IMS 特征仍然大部分相同，说明花生油的共性大于个性，具有真实性识别（分类）的可行性。

两批花生制取油脂在成品油（冷榨成品油、热榨成品油和浸出成品油）图谱直观上分析可知，响应峰位置不变，说明花生油在 IMS 上出现响应的物质为同一类物质，这一类物质为花生油中内源性物质；两种工艺制取花生油的 IMS 谱图在同一横坐标响应强度差异较大，说明出现响应的同一类物质含量具有差别。进一步分析这种差别来源，热榨花生油的气味物质较浸出花生油和冷榨花生油多，基于对 IMS 检测原理和物质检测范围的查证，油脂中小分子物质在 IMS 谱图中响应可能性较大，而热榨花生油相对于另外两种工艺制取花生油 IMS 谱图峰形明显，很有可能是其中含有较多低分子量的物质。冷榨花生油和浸出花生油的气味在人体嗅觉上感觉不明显甚至没有气味，在 IMS 设备中也有响应，需要对其 IMS 谱图进一步研究验证。

（三）油脂中香味成分的分析验证

根据油脂的成分真实性 IMS 检测研究需要，发现不同种类和不同工艺下制取花生油 IMS 图谱既具有共性也具有差异性，但是共性大于差异性。基于对油脂 IMS 图谱出峰机理的研究，考察油脂 IMS 谱图中部分特征峰与油脂中香气成分的关联性。

选择 1[*] 花生制取的花生油样本两个（热榨花生油和冷榨花生油），对这两个样本的香味成分进行 GC-MS 分析，再与该油脂 IMS 图谱出峰位置进行对比分析，验证油脂中香味物质可能对油脂 IMS 谱图形状的影响。本次油脂中香味物质分析采用顶空固相萃取技术后经 GC-MS 技术检测分析的方法，得到两个花生油样本中的挥发性成分的大致组成和含量范围。花生油挥发性成分 GC-MS 分析：

本试验检测了 1[*] 花生制取的热榨花生油，冷榨花生油两个样本的香气成分，它们挥发性成分的总离子流如图 11-19 所示。

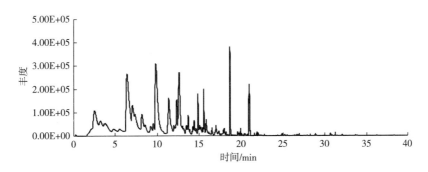

图 11-19　热榨花生油 GC-MS 分析总离子流图

365

对以上结果对比数据库分析得到 GC-MS 分析结果见表 11-14。

表 11-14 热榨花生油 GC-MS 分析结果

序号	出峰时间/min	化合物名称		含量/%
		英文名	中文名	
1	4.957	Acetic acid	乙酸	3.32
2	5.943	Butanal,3-methyl-	3-甲基-丁醛	2.58
3	9.683	Hexanal	己醛	2.79
4	10.612	Pyrazine,methyl-	甲基吡嗪	4.01
5	10.865	2-Aminopyridine	2-氨基吡啶	2.94
6	11.000	2-Furanmethanol	糠醇	2.41
7	12.351	Cycloheptane	环庚烷	0.89
8	12.482	Pyridine,3-methyl-	3-甲基吡啶	1.53
9	13.859	2-Heptanone	2-庚酮	0.89
10	14.467	2-Heptanone	庚醛	0.95
11	14.926	Pyrazine,2,5-dimethyl-	2,5-二甲基吡嗪	5.64
12	15.947	Pyrazine,2,6-diethyl-	2,6-二甲基吡嗪	4.87
13	18.091	Benzaldehyde	苯甲醛	4.26
14	18.547	1-Octen-3-ol	1-辛烯-3-醇	5.68
15	19.995	Furan,2-pentyl-	2-戊基呋喃	0.69
16	20.546	Pyrazine,2-ethyl-5-methyl-	2-乙基-5-甲基-吡嗪	3.22
17	20.626	Pyrazine,2,3,5-trimethyl-	2,3,5-三甲基吡嗪	8.58
18	21.005	1H-Pyrrole-2-carboxaldehyde	2-吡咯甲醛	2.29
19	21.967	3,4-Octadiene,7-methyl-	7-甲基-3,4-辛二烯	8.58
20	22.547	Pantolactone	泛内酯	0.74
21	23.574	Benzeneacetaldehyde	苯乙醛	1.08
22	23.625	Pyrazine,2,3-diethyl-5-methyl-	2,3-二乙基-5-甲基吡嗪	0.68
23	23.853	2-Nonenal,(E)-	2-辛烯醛	0.98
24	24.234	2-Octenal,(E)-	反-2-辛烯醛	0.63
25	24.537	Ethanone,1-(1H-pyrrol-2-yl)-	2-乙酰基吡咯	0.48

序号	出峰时间/min	化合物名称		含量/%
		英文名	中文名	
26	24.882	11-Dodecen-2-one	11-癸烯-2-酮	0.46
27	25.047	Pyridine,2-propyl-	2-丙基吡啶	0.77
28	25.109	2-Pyrrolidinone	2-吡咯烷酮	0.42
29	25.432	Pyrazine,5-methyl-Methoxy	1-甲基乙烯基-吡嗪	0.46
30	25.634	Benzofuran,2,3-dihydro-	2,3-二氢苯并呋喃	0.58
31	25.914	2-Ethyl-3,6-Dimethylpyrazine	2-乙基-3,6-二甲基吡嗪	3.47
32	26.292	Pyrazine,2-ethyl-3,5-dimethyl-	2-乙基-3,5-二甲基吡嗪	1.72
33	26.464	Pyrazine,3-ethyl-2,5-dimethyl-	3-乙基-2,5-二甲基吡嗪	1.95
34	26.512	Pyrazine,2,5-diethyl-	2,5-二乙基吡嗪	0.55
35	26.716	Phenol,2-methoxy-	2-甲氧基苯酚	7.12
36	26.514	Cycloheptanone,2-methylene-	2-亚甲基环庚酮	0.59
37	26.856	Pyrazine,2-methyl-6-(1-propenyl)-,(E)-	2-甲基-6-丙烯基吡嗪	0.26
38	27.691	Nonanal	壬醛	0.28
39	30.739	2-Decenal,(E)-	2-癸烯醛	1.97
40	36.425	Maltol	麦芽醇	0.14
41	36.849	Phenylethyl Alcohol	苯乙醇	2.62
42	42.251	Benzene,(isocyanomethyl)-	异氰基甲基苯	3.51
43	38.266	5-Thiazoleethanol,4-methyl-	4-甲基-5-羟乙基噻唑	0.38
44	39.514	2-Methoxy-4-vinylphenol	4-乙烯基-2甲氧基苯酚	0.58
45	43.645	Benzeneacetaldehyde,alpha-ethylidene-	亚乙基苯乙醛	1.46

如表 11-14 所示,由 GC-MS 联用法分析得到热榨花生油的挥发性气味成分有 45 种,主要是吡嗪、醛类、醇类、酚类、吡啶类及烃类化合物等。由于花生在蒸炒过程中发生羰氨反应所生成的吡嗪类、醛类化合物等赋予油脂浓郁的香气,分析表明化合物含量较高的 2,3,5-三甲基吡嗪、甲基吡嗪等,这些化合物含量占香气物质总含量的 30% 以上。

对这些化合物进行归类发现，化合物类别主要分为以下几种：吡嗪、吡啶、醛、酮、醇、酚、酸、酯及烃类化合物，统计得到结果见表11-15。

表 11-15　　　　　　热榨花生油 GC-MS 分析结果统计

类别	含量/%	类别	含量/%
吡嗪类	35.41	酸类	3.32
醛类	19.27	醇类	10.85
酚类	7.70	酮类	2.36
吡啶类	5.24	其他	15.85

采用同样的方法对冷榨花生油进行 GC-MS 分析，得到结果见表11-16 至表11-17。

表 11-16　　　　　　冷榨花生油 GC-MS 分析结果

序号	出峰时间/min	化合物名称		含量/%
		英文名	中文名	
1	4.9570	Ethanol	乙醇	4.25
2	5.8302	3,3,3-Trideuteropropene	3,3,3-三氘丙烯	3.60
3	7.0618	1-Butanol,3-methyl-	3-甲基-1-丁醇	4.41
4	8.2994	1-Hexene	己烯	6.54
5	9.6830	Hexanal	己醛	5.62
6	12.7546	1-Hexanol	正己醇	12.01
7	16.4492	Azirdine,2-ethyl-	2-乙基-氮丙啶	5.24
8	17.6398	1-Octene	辛烯	9.35
9	18.8004	1-Octen-3-ol	1-辛烯-3-醇	2.31
10	19.9950	Furan,2-pentyl-	2-戊基呋喃	8.98
11	20.2120	1H-Imidazole,2-methyl-4-[(4-methylphenyl)sulfonyl]-5-nitro-	2-甲基-4-[(4-甲苯基)磺酰基]-5-硝基-1H-咪唑	4.68
12	20.8123	Hexanoic acid	己酸	11.15
13	21.0880	Limonene	柠檬烯	2.82
14	22.3160	1-Octanol	辛醇	4.16
15	23.2210	Nonanal	壬醛	1.79

序号	出峰时间/min	化合物名称		含量/%
		英文名	中文名	
16	23.5590	Benzeneethanol	苯乙醇	2.63
17	24.0240	1-Nonanol	壬醇	1.68
18	24.2900	6-Methyl-1-octanol	6-甲基-1-辛醇	2.42
19	25.0150	1-Heptene	庚烯	1.76
20	25.7020	Decane	癸烷	0.54
21	26.4030	Triethylene glycol	三甘醇	1.38
22	28.1490	Undecane	十一烷	1.41
23	30.4470	Pentadecane	十五烷	1.27

按同样的方式啊将以上结果进行分类，得到统计结果见表 11-17。

表 11-17　　　　　　　　　冷榨花生油 GC-MS 分析结果

类别	含量/%	类别	含量/%
醇类	35.25	烷类	3.22
烯类	20.47	呋喃类	8.98
醛类	7.41	其他类	13.52
酸类	11.15		

对两个花生油样本的 GC-MS 分析进行对比分析，发现同样是花生油，冷榨花生油的挥发性气味成分跟热榨花生油有很大的区别，只检测到 22 种挥发性化合物，区别于热榨花生油中吡嗪类、醛类和醇类占主导地位，冷榨花生油中挥发性成分主要是以小分子醇类、醛类为主。分析原因很可能是由于冷榨花生油原料没有经过蒸炒，所以没有生成具有挥发性香味的气味化合物，这一点从感官上可以很好地加以区分。

（四）两个花生油样本 IMS 对比分析

对热榨花生油和冷榨花生油进行 IMS 检测，得到 IMS 图谱如图 11-20 所示。

如图 11-20 所示，热榨花生油和冷榨花生油响应峰位置都有差别，其中热榨花生油的响应峰位置（以 $1/K_0$ 为横坐标）和强度分别为：5.10（480）、0.80（3760）、0.84（3800）、0.98（1270）和 1.16（1150）；而冷榨花生油的峰值坐标分别为：0.59（680）、0.65（640）、0.86（930）和 0.98（380）。可以看出热榨花生油的 IMS 谱图整体响应峰较冷榨油更高，说明其中挥发性成分更多；横

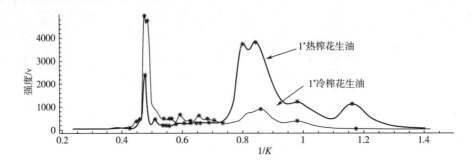

图 11-20　热榨花生油和冷榨花生油的 IMS 图谱

坐标在 1.18 左右的响应峰可能是区别热榨油和冷榨油的一个特征响应峰。

从冷榨花生油和热榨花生油的 GC-MS 检测结果和 IMS 谱图对比可以看出，两个油脂样本气味物质类别和含量差异明显，但是从响应时间判断两种花生油在 12~22min 之间的气味物质最多，而两者 IMS 谱图在横坐标 0.7~0.9 之间响应峰很强，因为两个检测方法的时间都与待检测物质其分子量有关，说明油脂中香味成分类别和含量对其预处理样品在 IMS 谱图中的出现响应峰具有某种联系，验证了油脂中挥发性物质对其 IMS 谱图中出现离子响应峰的具有贡献的结论。

第四节　离子迁移谱在油脂真实性检测鉴别中的应用研究

由于油脂的复杂性，在 IMS 中形成谱图能反映出油脂中不只一类物质，而这些物质都反映出油脂真实性，提出一条油脂真实性的 IMS 检测鉴别技术路线。在油脂 IMS 测试实践中总结出油脂 IMS 谱图采集与分析的基本要求过程中，对油脂 IMS 图谱选择进行考察后总结出几个图谱分析与处理的要点。以市场上较为全面的、具有代表性的不同类别油脂样本为考察对象，进行 IMS 谱图采集，尝试进行分类处理后，分析得出采用计算机神经网络对不同油脂进行识别的方法，逐步形成一条油脂真实性的 IMS 检测方法。

一、油脂真实性 IMS 检测基本思路

基于油脂真实性检测鉴别需要和 IMS 技术研究，猜想并验证得到油脂在 IMS 谱图上具有响应，利用 GC-MS 对油脂中小分子物质检测研究后，找到一个重要影响因素——油脂中挥发性成分，随后对油脂加工过程中对成分真实性影响因素进行考察，通过谱图直观分析找出 10 类油脂 IMS 图谱特征共性，逐步总结归纳出油脂真实性的 IMS 检测方法，实现油脂真实性的鉴别。

建立油脂真实性的 IMS 检测鉴别技术路线的基本步骤：首先，收集代表性油

脂样本进行分类和编号；其次，采用标准方法对油脂 IMS 图谱进行采集；最后，在对图谱进行筛选和预处理后找到图谱特征后建立有效的识别方法，实现油脂真实性快速检测鉴别。其技术路线如图 11-21 所示。

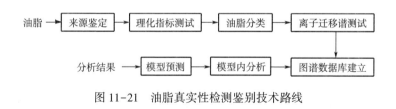

图 11-21　油脂真实性检测鉴别技术路线

二、油脂样本的 IMS 图谱分析与处理方法

油脂的 IMS 分析最终目的即为得到真实反映油脂信息的 IMS 图谱，找出每类油脂的共性，同一类不同油脂样本的差异性来源，以实现油脂真实性的辨别。所以在油脂样本采集、谱图收集阶段到筛选决定了分析和鉴别的准确性，若需要 IMS 谱图反映油脂真实性，要做到以下几点：

在油脂样本的收集阶段，油脂样本尽量符合全面性、代表性的原则。本次油脂样本收集主要是与研究机构合作，市场上购买和采集油料制取。研究机构的油脂样本采集尽量获得油脂基本信息，避免市场购买油脂的重复采集，用油料制取油脂尽量采用相同的制取工艺参数避免操作过程引起的油脂样本差异。

在样本测试阶段，由于 IMS 设备极高的检测灵敏度，在设定油脂测试的操作规范后，尽量采用"单人单设备"的方式进行测量，减小认为操作引起的误差。

在谱图采集与分析阶段，油脂样经过测试后得到的图谱需要对其中所包含的信息进行分析，但其中所包含的信息可能来自进样时带入的溶剂、空气杂质等，这些会在谱图中形成干扰信息，会对结果判断造成影响，所以对图谱进行适当的处理以提高数据的分析准确性。其中处理方式有剔出异常数据，每个数据中有效部分的选取。而对数据有效部分则进行信息的提取与对比验证。

（一）异常图谱的处理

为保证每次测试的有效性，每次测试至少 5 次，将 5 次相同条件下的测试谱图对比，对图谱形状相对于该类油脂的正常 IMS 谱图明显离群的数据进行剔除，同时将少的数据量进行补充。数据剔除的标准按 IMS 图谱的数据筛选软件进行筛查。

（二）数据有效部分的提取

油脂经过预处理后其中的主要部分不是油脂而是其中的溶剂，正己烷作为油脂实验常用的稀释剂，在 IMS 设备中也有响应，在对其中溶剂分子主要响应数据进行分析后对无效的数据段进行筛除，提取出油脂 IMS 响应主要的数据，针对这部分数据进行分析，总结得出可能性的结论。

（三）判别分析

根据每类油脂的图谱特征对所测试的图谱进行判别分析，将判别分析结果与收集到的信息进行对比，算出准确率。判别分析包括同一类不同样本的油脂 IMS 谱图的相似度分析，不同类油脂 IMS 图谱的差异性分析。前者计算结果越大表明同一类油脂 IMS 图谱的特征更加一致，后者的计算数值越小则说明不同油脂 IMS 谱图特征差异越明显。

（四）信息回馈与验证

对一些异常图谱（又称离群数据）进行分析，找出引起图谱异常的原因，决定这些离群数据的取舍，排除外界因素引起而又可以避免的因素。具体实例为由于油脂存放过程中放在高温高湿、强光或长时间保存引起油脂品质变化，致使其中油脂改变，而 IMS 谱图引起的相应变化等，在找出原因后对不符合食用油脂卫生标准的油脂从样本库中剔除，使测试和分析过程更加顺利。

（五）测试数据的分析方法

人工神经网络（Artificial Neural Networks，ANNs）也简称为神经网络（NNs）或称为连接模型（Connection Model），它是一种模仿生物学对思维细胞和系统的行为特征理解，进行分布式并行信息处理的算法数学模型。这种网络依靠系统的复杂程度，通过调整内部大量节点之间相互连接的关系，从而实现信息处理。ANNs 每个神经元的结构和功能比较简单，但是它们构成的系统的行为却比较复杂，这个系统依托这些单元具有自适应、自组织和学习的能力。ANNs 是现在兴起的一种新型的计算机分析技术，其与化学计量学相结合使其应用范围大大增加。

信息传递与分析一般参照人类的思维方式，分为以下两点：信息是通过神经元上的兴奋模式分布存储在网络上；信息处理是通过神经元之间同时相互作用的动态过程来完成的。结合计算机分析过程信息短时间存储的特点，可以联想到 ANNs 与人思维的第二种方式基本相似，其色在于信息的分布式存储和并行协同处理。与自然界自能发展史相似，单个神经元的结构极其简单，功能有限，经过进化后大量神经元构成的网络系统所能实现的行为可以是复杂多样的。以上应用为计算机分析提供了一种简单有用的方法，特别是在这样大量样本的分析上借助计算机的成熟分析模式，有其独到优势。

BP（Back Propagation）神经网络是 ANNs 的一种，为误差反传误差反向传播算法的一套学习过程。信息的传递过程主要包括信息的正向传播和误差的反向传播。而其结构简单地可以将其分为输入层，中间层（隐层）和输出层。输入层各神经元负责接收来自外界的输入信息，并传递给中间层各神经元；中间层是内部信息处理层，负责信息变换；最后一个隐层传递到输出层各神经元的信息，经神经元进一步处理后，由输出层向外界输出信息处理结果，完成一次学习的正向传播处理过程。其中，有些信息不单纯经过以上阶段，当实际输出与期望输出不符时，进入误差的反向传播阶段。误差通过输出层，按误差梯度下降的方式修正各层权值，向隐层、输入层逐层反向传递。信息正向传播和误差反向传播过程，是各层权值不断调整的过程，也称为神经网络学习训练的过程。学习过程一直进行到网络输出的误差减少到可以接受的程度（可以通过设定来完成），或者达到预先设定的学习次数（可以设定）为止。

BP 神经网络模型包括其输入输出模型、作用函数模型、误差计算模型和自学习模型。

1. 节点输出模型

隐节点输出模型：

$$O_j = f\left(\sum w_{ij}x_i - q_j\right) \tag{11-6}$$

输出节点输出模型：

$$y_k = f\left(\sum T_{jk}O_j - q_k\right) \tag{11-7}$$

$$Y_k = f\left(\sum T_{jk} \times O_j - q_k\right) \tag{11-8}$$

式中　x_i——输入数据；

　　　y_k——输出数据；

　w_{ij}、T_{jk}——权重；

　　　f——非线形作用函数；

　　　q_k——神经单元阈值。

2. 作用函数模型

作用函数是反映下层输入对上层节点刺激脉冲强度的函数又称刺激函数，一般取为（0，1）内连续取值 Sigmoid 函数：

$$f(x) = 1/(1 + e) \tag{11-9}$$

3. 误差计算模型

误差计算模型是反映神经网络期望输出与计算输出之间误差大小的函数：

$$E_i = \frac{1}{2}\sum (t_i - O_i)^2 \tag{11-10}$$

式中　t_i——i 节点的期望输出值；

　　　O_i——i 节点计算输出值。

4. 自学习模型

神经网络的学习过程，即连接下层节点和上层节点之间的权重矩阵 W_{ij} 的设定和误差修正过程。BP 神经网络可以分为有师学习方式：需要设定期望值和无师学习方式：只需输入模式。无师学习模型：

$$\Delta W_{ij}(n + 1) = h \cdot E_i \cdot O_j + a \cdot \Delta W_{ij}(n) \tag{11-11}$$

式中　　h——学习因子；

　　　　E_i——输出节点 i 的计算误差；

　　　　O_j——输出节点 j 的计算输出；

　　　　a——动量因子。

基于这些特征进行 BP 神经网络自学分析，在设定误差量的前提下得到结果。根据已有的分析结果，将被预测数据放入模型中对数据的信息（油脂的真实性）进行对比鉴别。

相对与其他分析算法复杂多样，神经网络用到的算法就是向量乘法，并且广泛采用符号函数及其各种逼近。神经网络的优点在于并行、容错、可以硬件实现以及自我学习特性，在此项数据量庞大的分析中有其独到优势。由于测试的油脂 IMS 谱图数据量大，ANNs 在这样的大量数据识别上的优势，结合已有的 ANNs 实现软件，选择由 ANNs 分类模型获得鉴别结果。

三、油脂的 IMS 图谱采集与辨别分析

油脂是由油料带入油脂的基本组分，虽然带入的绝大多数是营养性的植物脂质——甘油三酸酯，但是不同油脂的微观成分（脂肪酸组成）和微量成分（芝麻油中特征的芝麻酚等）构成了油脂真实性辨别的主体。并且这些主体受多方面的影响：同一类油料的品种、产地，油脂加工工艺、加工工序中参数的控制等。

由油脂 IMS 检测鉴别的方法思路可知，油脂真实性鉴别来自于图谱分类识别。提高图谱分类识别的准确性的重要方法即来自待检测样本的广泛性、全面性和代表性。针对以上情况，对市场上常见的 20 多种油脂进行分析。

（一）材料与试剂

1. 油脂样本收集

食用植物油样本一部分为油脂企业或研究机构提供，一部分由市场购买，还有部分样本为本实验室自制，花生油 64 个。

2. 仪器

IMS-100 离子迁移谱仪，武汉矽感科技有限公司；

SK3200H 台式超声波清洗机，上海科导超声仪器有限公司；

VG3S25 涡旋混匀器，广州仪科实验室技术有限公司；

$0.5\sim5\mu L$，$0.5\sim50\mu L$，$0.5\sim1000\mu L$ 移液器，大龙兴创实验仪器有限公司；

5mL 具塞试管；

样品盒、试管架、不锈钢镊子、样品瓶等实验室常规仪器设备。

3. 试剂

正己烷、甲醇，4.0L，色谱纯，CNW Technology US.（生产）ANPEL Scientific

Instrument（shanghai）Co.，Ltd（代购）；

实验用水为超纯水。

（二）实验方法

1. 待测油脂样本预处理

待测油脂样本用正己烷（HPLC）为稀释溶剂稀释 50 倍，吸取油脂样本 20μL 到 980μL 正己烷（HPLC）溶液中，旋涡振荡 3min，再超声振荡 10min，备用。

2. 油脂的 IMS 测试条件

基于上一章中对油脂的 IMS 测试条件优化，得到油脂的 IMS 测试条件可以通过测试软件进行调整，其参数为测试温度：170℃，测试时长：20s，迁移管温度：60℃。

3. 数据采集方法

根据分析所需的数据量，每个油脂样本利用两台设备分别采集图谱数据 5 个，即每个油脂样本采集图谱数据 10 个，在测试中每测试 1 次保存 1 个数据。由于 IMS 技术极高的灵敏度，在大气压环境下测试有可能会收到外界因素干扰，并且这种干扰会表现为同一个样测试结果不同。为保证测试结果的准确性，要对测试数据进行筛选以满足分析要求。采集得到的数据经图谱累加观察同一个油脂样本测试谱图的一致性（评价指标为数据间的相对标准偏差），采用测试软件对满足要求的数据进行正常保存，而不满足要求的进行标注，确保两台设备的油脂 IMS 测试谱图基本一致（同一组没有明显离群数据）。将所采集的数据进行分类保存，形成完整的数据库。

（三）油脂 IMS 谱图采集与直观分析

在油脂真实性鉴定需求下，对 21 类常见单品油进行 IMS 谱图特征进行研究，发现每类油脂都具有各自的 IMS 谱图特征。由于花生油、芝麻油、橄榄油和大豆油是常见的大宗油脂，在广泛性和产量上都毋庸置疑，加上这些油脂在成分真实性检测上具有现实的需要，所以选择以上四类油脂为代表进行油脂真实性的检测鉴别研究，为其他油脂检测鉴别提供借鉴。

1. 油脂谱图数据的删选与分类

采用 IMS 测试油脂的优化方法对所采集的 779 个油脂样本进行 IMS 图谱采集，每个油脂样本利用两台设备分别采集图谱数据 5 个，即每个油脂样本采集图谱数据 10 个，所得到的图谱数据总量 7790 个。

按油脂类别对所采集的油脂 IMS 谱图数据进行分类保存。采集到的数据类别和数量如图 11-22 所示。

2. 油脂 IMS 谱图特征分析

对所需要研究的四种油脂的全部样本 IMS 谱图进行叠加，观察该类油脂 IMS

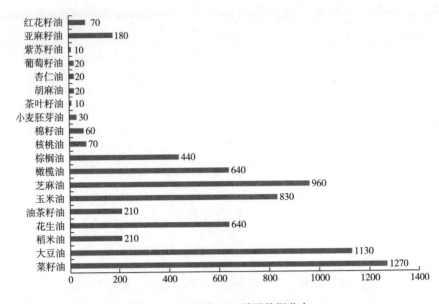

图 11-22　油脂 IMS 谱图数据分布

谱图特征，其中标出谱图响应峰的横坐标为 $1/K_0$ [单位 $(cm^2 \cdot s)^{-1} \cdot V$]，纵坐标为强度（单位 v），四种油脂叠加谱图如图 11-23 所示。

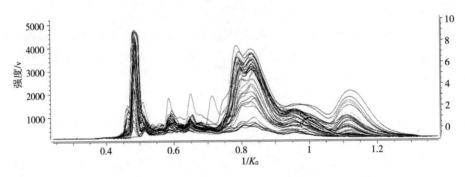

图 11-23　56 个花生油样本的 IMS 二维叠加谱图

如图 11-24 所示，本次测试采集花生油样本 56 个，每个油脂样本采集 10 谱图数据中选取 1 个进行二维叠加，对叠加后的 IMS 谱图每个特征峰继续进行特征提取，响应峰强度取样本中值，该类油脂 IMS 谱图的响应峰横纵坐标分别为0.59（650）、0.65（680）、0.81（2900）、0.85（3100）、0.98（1000）和 1.17（510）。

由以上四类油脂的 IMS 叠加谱图可以看出，在采集大量油脂样本后，四类油脂 IMS 谱图中每一类的总体特征基本相同，其中芝麻油、橄榄油和花生油的 IMS 谱图形状基本相同，而大豆油中有一些样本的 IMS 谱图形状与群体存在差异。分析原因可能是因为前三类油脂都为风味油脂，加工工艺也基本相同，而大豆油不属于风味油脂，但是存在压榨和浸出两种工艺，可能是工艺不同引起的同一类别油脂的 IMS 谱图的差异性。

3. 油脂 IMS 谱图特征辨别分析

为考察这些油脂 IMS 谱图的可分辨性，在四类油脂 IMS 谱图数据中分别随机选择两个样本各 1 张谱图叠加在一张谱图中观察分析。四种油脂样本的叠加谱图如图 11-24 所示。

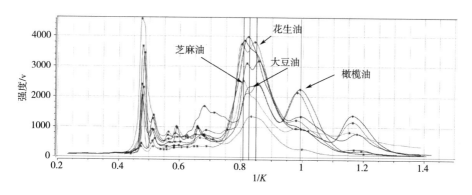

图 11-24　4 类油脂样本 IMS 二维叠加谱图

如图 11-25 所示，四类油脂的区别可以由坐标轴上的四个不同的横坐标等高线来进行区分，其中横坐标 0.81 处响应峰为芝麻油特征峰，0.83 处为大豆油特征峰，0.85 处为花生油特征峰，0.99 处特别强的响应峰为橄榄油特征峰。

经过直观图谱观察能对不同类别油脂 IMS 进行基本判断，但是由于油脂 IMS 受多种条件影响，加上存在样本组内（油脂相同类别内）的差异，所以难以量化，需要找到对不同类别油脂 IMS 谱图进行整体分析，以形成有效的辨别的方法。

（四）油脂 IMS 图谱的预处理和特征分析

为解决谱图分析过程中特征不明显，受到干扰条件多等因素的干扰，采用基本的谱图预处理方式进行预处理，观察是否能对不同类别油脂 IMS 谱图进行区分。

图谱的预处理方法包括基线校准、平滑、归一化等方法，通过以上方法处理后得到谱图进行对比，直观观察这些油脂 IMS 谱图经过预处理后能否进行识别。

由于是对谱图的直观分析，其中基线校准已经通过设备的仪器校准实现。图像平滑处理是一种图像增强技术，其目的是为了减少图像噪声，为直观观察分析提供便利，选择以上图谱数据中各个样本数据进行图谱叠加都平滑，得到叠加的谱图如图 11-25 至图 11-27 所示。

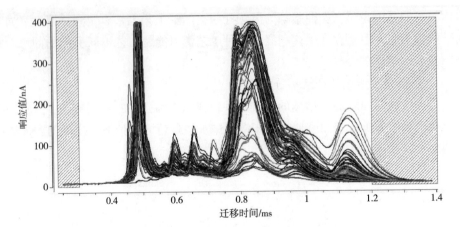

图 11-25　花生油 IMS 二维叠加谱图

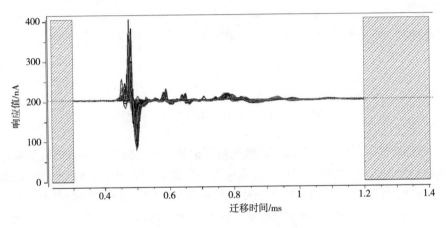

图 11-26　花生油求一阶导数谱图

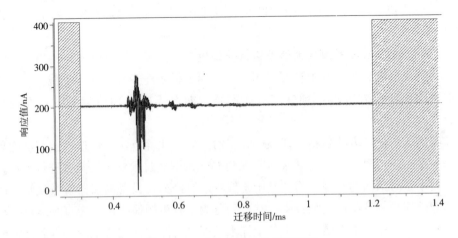

图 11-27　花生油求二阶导数谱图

从以上谱图中可以看出花生油的 IMS 叠加谱图中，二维叠加谱图的差异最大，其次是一阶导数谱图，最后是二阶导数谱图。选择查找原始谱图之间测差异进行对比进行判断。实际的复杂分析中计算机仍然会利用求导和加权求和的方式进行分析，所以通过以上直观分析可知，简单的数学变换实现以上谱图的分类的过程复杂而繁琐，不适于现有油脂真实性检测。

通过谱图直观分析可知横坐标（$1/K_0$）在 0.95～1.00 之间两种油脂的谱图的响应峰强度明显不同，采用软件计算此区间内峰面积。得到花生油在此区间的峰面积与橄榄油在此区间峰面积明显不同，可以采用这种方法建立识别模型，如图 11-28 所示。

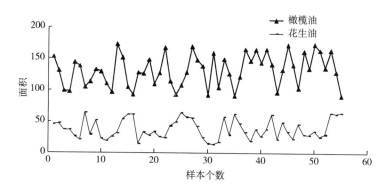

图 11-28　两类油脂特征区域面积图

然后分别导入 10 个花生油和 10 个橄榄油谱图进行预测，得到花生油和橄榄油的预测准确度都是100%。说明通过图谱的预处理等方式后，直观分析加上软件计算可以对两种油脂进行鉴别。采用同样的方法，可以得出不同的油脂的 IMS 谱图形状具有差异，用以实现不同油脂的区分，只是预测准确性没有这么明显。

但是以上方法找到的油脂 IMS 谱图的特征是根据谱图观察找到的，存在特征区间选择误差大、不同鉴别模型特征区间不统一等缺点，造成油脂谱图识别效率较低，适用范围窄等问题，所以希望找到其他方法实现油脂 IMS 谱图的识别。

（五）神经网络对油脂 IMS 谱图进行鉴别研究

对谱图分析辨别的基本原理进行了解后发现，针对数据量较大的未知样本，可以采用 ANNs 对谱图数据进行分类分析。具体方法就是在数据集中选择代表性的数据作为训练集，进过训练得到的模型后能对已知的和未知的图谱数据进行辨别，找出其是否属于已经设定的类别，这种分类机制可以优化和验证，这一模型被称为识别模型。利用这种识别模型对其他样本进行预测，观察预测效果。

神经网络在油脂 IMS 谱图识别的基本方法仍然是提取出四类油脂 IMS 特征，并以此为判别依据，利用计算机软件（airspect）对所采集的油脂样本 IMS 图谱数据进行判别分析，只不过方法更加复杂，更具有科学性。

在模型建立以前，选择9类常见的油脂样本（芝麻油、大豆油、橄榄油、花生油、菜籽油、葵花籽油、米糠油、亚麻籽油和玉米油）以保证该分析模型的实用性。其中9类油脂中样本共664个，选择其中389个样本作为训练样本，在芝麻油、大豆油、橄榄油和花生油中未训练样本分别选择9个（共36个）样本作为盲样对检测鉴别方法进行验证。

1. 模型的预测集

由于以上模型的建立是针对已有的9类样本数据的一半进行模型建立，用另一半数据进行模型验证，取得很好的效果，但是没有进行实际测试和鉴别。所以需采集模型以外油脂样本数据，将这些数据带入模型，具体观察预测效果。

由于米糠油和亚麻籽油样本量较少，进行该类油脂IMS谱图建模和预测时不足以形成代表性，现针对样本量较大的大豆油、花生油、芝麻油和橄榄油进行预测。以上四类油脂，每个类别选择9个（共36个）油脂样本，由于以上36个油脂样本具有较为详细的信息，具有作为预测集的确定性，在对模型的验证中具有客观说服力。其中预测集样本的基本信息见表11-18。

表11-18　　　　　　　　　　进行预测花生油样本表

编号	油脂编号	品名	来源	生产日期	原料产地
1	SHSG1302-06	花生油	某研究所	2013.2	—
2	SHSG1312-02	特香花生油	某研究所	2013.2前	—
3	SHSJ1304-01	马诺特级浸出花生油	意大利市售	2012.8.20	意大利
4	SHSJ1307-01	浸出花生油	自制	2012.7.14	吉林
5	SHSR1312-01	热榨花生油	自制	2012.10.22	山东
6	SHSY1304-03	良大头花生油	厂家提供	2012.8.15	广西南宁
7	SHSY1304-04	龙大压榨花生油	厂家提供	2012.7.11	山东聊城
8	SHSY1312-01	压榨一级花生油	某研究所	2012.12.4	—
9	SHSY1312-03	小榨花生油	某研究所	2012.6.13	—

注：表中"—"表示未知。

2. IMS方法进行油脂真实性快速鉴别

将花生油的样本的图谱数据作为预测集数据导入模型进行预测，观察预测模型针对未知油脂数据的判断准确率。同样的方法得到其他三类油脂的成分真实性鉴别分析准确率，数据汇总见表11-19。

表 11–19		花生油预测的准确率		
油脂类别	预测集数量	准确个数	准确率	确信度
花生油.	18	16	90.00%	93.54%

如表 11–19 所示，以上采用 9 类油脂数据建立的模型在对预测集 4 类油脂样本进行预测时，识别准确率平均值 95.00%。

根据此方法对以上全部数据（21 类油脂）进行模型建立与预测，其中模型建立数据占数据总量的 80%，而用于预测的数据占总数量的 20%，得到四类油脂预测准确率平均值 95.17%。

可以看出随着分析样本量的加大，该方法在对油脂真实性鉴别的准确率随之升高（由 90% 升高到 95.17%），这是该分析方法的特点所致。对已有油脂样本库进行分析可知，在所包含的 21 类油脂中，6 类油脂（菜籽油、大豆油、花生油、玉米油、芝麻油、橄榄油和棕榈油）占据样本库的大部分，可能是由于这几类油脂产区较多，产量较大，而其他种类油脂可以进行进一步的扩大。可以预计在收集到更全面、更具代表性的油脂样本后，其检测的准确率会更高。说明 IMS 技术在油脂真实性鉴别上是一种新的、快速有效的实用判别方法。

四、油脂掺伪的 IMS 检测研究

由于市场需求和油脂产业结构本身决定，市场上油脂类别和品质参差不齐，存在以假掺真，以次掺优等现象，严重损害了消费者的合法权益，在以上社会环境下，进行油脂掺伪成分的鉴别对稳定消费者信息，规范油脂行业具有重要意义。在以上针对油脂的类别快速鉴别提出一种较好的解决方法后，需要对油脂掺伪这一影响成分纯度现象进行鉴别研究。由于油脂类别和掺假比例的变化多样，针对花生油的掺伪现象和研究较多，选择以花生油掺伪作为示范，在其中添加其他类别油脂，进行 IMS 测试和分析，观察检测效果。

（一）油脂掺伪样品制备

油脂掺伪样品制备选择的考察对象为花生油，向其中掺入大豆油和葵花籽油。为保证样本的成分真实性（纯油品），选择花生原料自制油脂；大豆油和葵花籽油选择标准为理化指标符合国家一级油标准（参照国家标准方法），IMS 谱图特征符合群体特征。油脂的加入比例见表 11–20。

如表格所示，本次制备油脂样本 11 个（加上 3 个原料油脂样本），采用油脂 IMS 谱图采集的标准方法采集谱图，每个样本用 2 台设备采集符合标准谱图各 5 次。

表 11-20		油脂的掺入比例		
序号	掺入大豆油		掺入葵花籽油	
	大豆油	花生油	葵花籽油	花生油
1	100%	0%	100%	0%
2	50%	50%	50%	50%
3	20%	80%	20%	80%
4	5%	95%	5%	95%
5	0%	100%	0%	100%

(二) 掺伪油脂 IMS 谱图分析

对花生油掺入大豆油全部样本 IMS 谱图各 1 张进行叠加,观察该类油脂 IMS 谱图特征,叠加谱图如图 11-29 和图 11-30 所示。

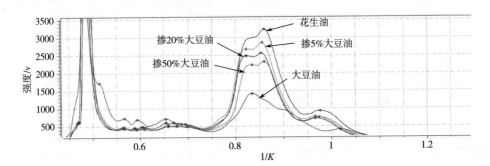

图 11-29　花生油中掺入大豆油 IMS 二维叠加图

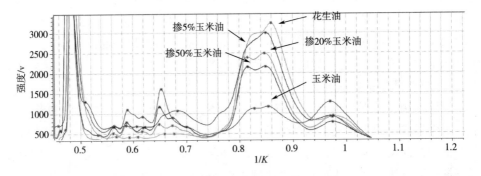

图 11-30　花生油中掺入玉米油 IMS 二维叠加图

如谱图 11-29 和图 11-30 所示,经直观对比分析可知,在掺入不同量的其他油脂(大豆油或玉米油)后,花生油的 IMS 谱图特征峰强度呈现相应变化,特征响应峰(横坐标区间 0.75~0.90)强度随其他油脂(大豆油或玉米油)加入量增加呈现梯度降低。数据显示，可以利用数据处理软件实现油脂在花生油掺入量的定量研究。借鉴以上方式，结合每一类油脂的 IMS 谱图特征，逐步实现油脂掺伪的检测鉴别。

五、小结

基于对油脂真实性检测的要求，找到油脂在 IMS 设备中成峰机理，油脂 IMS 谱图峰形在油脂生产过程中的影响因素，逐步形成该技术应用于油脂的真实性检测的基本思路——数据库建立与识别。

在对油脂 IMS 测试实践中总结出几点油脂 IMS 谱图分析与处理方法，涉及到的部分有异常图谱处理、数据有效部分的提取，数据的判别分析和信息的回馈与验证。

通过各种途径收集具有代表性的油脂样本 20 种以上，按照以上图谱的采集与筛选方法对所收集的油脂样本进行图谱采集。采用直观分析方式，对原始图谱和其经过数学推导得到的图谱进行对比分析，尝试通过这种方法实现 IMS 图谱数据库中油脂真实性的辨别，但对于类别多，数据量大等问题，存在方法落后和普适性不强的局限性。

由于数据量巨大且存在离群数据，考虑采用 ANNs 对图谱进行辨别。考虑数据模型的实用性，在对部分数据进行建模后对代表性的四种油脂（芝麻油、橄榄油、花生油和大豆油）进行辨别，经过计算后得出在此模型下四种油脂预测准确率的平均值为 95.17%。以上分析结果可知，利用 IMS 技术结合统计学原理，以尽量降低误判率为出发点，能够较好实现四种油脂真实性的快速检测鉴别。基于神经网络的分析特点，如果加大样本量和样本的代表性，能实现更多类别更高的预测准确率，所以利用该方法逐步加大数据量，会成为一种非常有效的油脂真实性的检测手段。

对油脂掺伪后成分真实性进行检测研究，发现油脂混合后，不同油脂 IMS 谱图之间存在互不干扰性，显示出油脂混合后成分真实性成分检测的优越性。进一步说明 IMS 检测技术在油脂真实性检测上的巨大潜力。

第十二章　花生油中有害物质的污染和预防

花生的质量安全问题具体表现：一方面，收获、运输、储藏和加工过程中管理和技术能力不足，导致花生发生霉变产生黄曲霉素，从而造成花生产品污染；另一方面，部分地区的花生生产过程中过量使用化肥、农药和植物生长调节剂等，造成花生产品重金属污染及农药残留超标等，严重影响花生品质。

第一节　黄曲霉素的污染与预防

一、黄曲霉及黄曲霉毒素

（一）黄曲霉简介

黄曲霉（*Aspergillus flavus*）是一种比较常见的腐生真菌，属半知菌类。黄曲霉（*A. flavus*）易在收获前后和储藏过程中侵染花生、玉米和坚果等粮油产品，引起粮油产品霉变，破坏粮油营养价值，导致粮油品质劣变，造成巨大的经济损失；更为重要的是产生具有强毒性和致癌性的黄曲霉毒素威胁人畜健康。黄曲霉菌落结构疏松，生长速度快；在生长初期表面略带黄色，后期则变为黄绿色，背面无色或略呈褐色。黄曲霉菌体是由许多复杂的分枝菌丝构成，其营养菌丝具有分隔；分生孢子梗是由气生菌丝分化而成，结构长而粗糙，顶端是近球形或烧瓶型的顶囊，表面产生许多双层小梗，梗着生成串的分生孢子，表面粗糙。黄曲霉的菌落及分生孢子形态如图 12-1 所示。

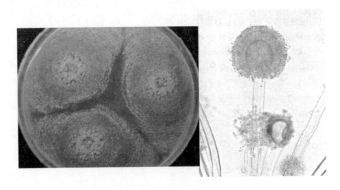

图 12-1　黄曲霉的菌落及分生孢子形态

（二）黄曲霉毒素简介

黄曲霉毒素（*Aflatoxins*）是主要由黄曲霉、寄生曲霉等真菌所产生的次生代谢产物，具有急慢性毒性、致癌性、致突变性和致畸性。黄曲霉毒素污染具有广泛性，很多食品和农副产品中均报道过黄曲霉毒素超标，尤其是易污染花生、玉米、小麦、稻米、大豆等粮油产品，是真菌毒素中毒性最强大、对人类健康危害极为突出的一类真菌毒素。

（三）黄曲霉毒素结构、理化性质及危害

黄曲霉毒素是一组化学结构类似物，已分离出的有 18 种之多，其主要存在形式有 4 种：B_1、B_2、G_1 和 G_2。其主要结构是氧杂萘邻酮和双呋喃环，前者与致癌性有关，后者则与基本毒性相关。B 族和 G 族是最为常见的两大类黄曲霉毒素，B 族是由化学结构二呋喃环、香豆素、甲氧基和环戊烯酮构成的，而 G 族则是环戊烯酮被环内酯结构替代。黄曲霉毒素在紫外波长 365 nm 照射下产生不同颜色的荧光，其中 B 族产生蓝紫色荧光，G 族为黄绿色，黄曲霉青素 M_1 AFM1 产生蓝紫色，而黄曲霉青素 M_2 AFM2 则产生紫色。其分子结构式如图 12-2 所示。

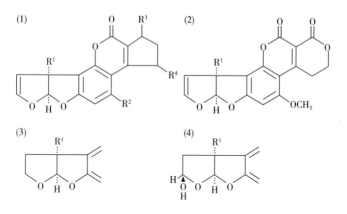

图 12-2　黄曲霉毒素 B_1、B_2、G_1、G_2 分子结构式

黄曲霉毒素在不同物质中的溶解度不同，基本不溶于水且不溶于乙醚、石油醚及乙烷，但易溶于一些有机溶剂，如氯仿和甲醇。一般烹调加工温度（200℃以下）黄曲霉不会被破坏，其裂解温度高达 280℃。黄曲霉毒素在中性和酸性条件下稳定，但在 pH 9~10 的强碱溶液中迅速分解并转化为无毒钠盐类物质。

黄曲霉毒素对人类和动物危害极大，其毒性远远高于氰化物、砷化物和有机农药，其中 AFB_1 的毒性是氰化钾的 10 倍、砒霜的 68 倍。AFB_1 是目前已知毒性及致癌性最强的化学物质之一，被 FAO 和 WHO 列为 I 级致癌物，是诱发恶性肿瘤原发性肝细胞癌的主要因素之一。

1993 年黄曲霉毒素被世界卫生组织（WHO）的癌症研究机构划定为 1 类致癌物，是一种毒性极强的剧毒物质。黄曲霉毒素的危害性在于对人及动物肝脏组织有破坏作用，严重时可导致肝癌甚至死亡。在天然污染的食品中以黄曲霉毒素 B_1 最为多见，其毒性和致癌性也最强。

二、花生黄曲霉侵染和产毒影响因素

黄曲霉毒素污染是影响花生及其制品食用安全性的重要因素之一，由于花生含有丰富的营养物质和水分，极易引起霉菌、大肠菌群等微生物的繁殖，造成黄曲霉毒素等有害物质的超标。

（一）黄曲霉菌生长和产毒的适宜条件

黄曲霉毒素是黄曲霉、寄生曲霉、寄主（基质）和环境条件三者相互作用的产物。黄曲霉在自然界中广泛分布在土壤、空气和农作物上，是最常见的真菌之一。只要有适当的生长条件与合适的寄主，黄曲霉菌的孢子便会萌发、生长并且能大量繁殖，进而产生黄曲霉素（AFT）。黄曲霉生长和产毒需要的条件并不严格，其中生长的适当温度为 8~42℃ 、pH 为 2~11，产毒的适当温度为 12~40℃、pH 为 3~8。由于花生生长与其他农作物有所不同，即花生荚果在地下发育成熟，却在地上开花、受精，这就增加了花生荚果与土壤微生物的接触时间，使其更易受到黄曲霉菌的侵染。

在花生种植、收获、晾晒、储运、加工等环节均可能受黄曲霉侵染并产生毒素，根据黄曲霉对花生侵染时间和产毒时间的不同可分为收获前侵染（土壤中发育荚果受黄曲霉侵染并产毒）和收获后侵染（在储藏和加工过程受黄曲霉侵染并产毒），其感染率受环境因素和花生本身含水量不同而不同，花生种子含水量在 15%~30% 区间内时黄曲霉菌繁殖速度最快，是受 AFT 侵染的高危期。

（二）收获前 AFT 侵染主要影响因素。

1. 花生品种抗性

花生 AFT 污染程度与栽培品种的抗性有关。通常认为花生对 AFT 侵染抗性有 2 种：抗黄曲霉侵染：黄曲霉菌株在具有这种抗性的花生上很难萌发生长；抗黄曲霉产毒：即黄曲霉菌株侵染花生后抑制 AFT 的产生。花生种子对黄曲霉菌株的侵染抗性和产毒抗性都有降低 AFT 污染的作用。从 1960 年开始，印度国际半干旱研究所就对花生抗黄曲霉的种质进行了鉴定，并进行花生抗性育种的研究，得到了一批抗性花生种质 。近年来，在花生品种 AFT 抗性鉴定、抗性育种及相关的研究报道也越来越多。

2. 种植土壤

土壤本身就含有大量黄曲霉菌，在花生种植土壤中能产生毒素的真菌的含量与花生收获前花生 AFT 含量呈正相关。研究表明，花生黄曲霉感染与土壤的类型有关，变性土壤比淋溶性土壤的感染少；黄曲霉菌孢子在沙土中传播和萌发速度高于其他土壤类型，而且沙土保水性差，农作物在生长期间易发生干旱，因此沙土地农作物收获前 AFT 污染的风险高；缺钙严重的土壤会影响花生果壳中果胶钙的积累，花生果壳组织变松，易产生烂果，被黄曲霉菌侵染。

土壤受 AFT 污染会引起土壤毒化，土壤功能受到损害，理化性质变坏，微生物的生命活动受限，肥力下降，土壤利用率降低，农作物生长发育不良，造成减产。

3. 花生生育后期干旱和高温胁迫

花生生育后期受干旱和高温胁迫是影响 AFT 侵染的主要因素。在收获前 4~6 周，如果遇到干旱环境，花生种子内的 AFT 含量将提高 10~30 倍。花生种子能合成一种植物抗毒素"反二苯带乙烯"，具有抵抗黄曲霉侵染和产生毒素的作用。当花生种子内水分含量高时，一旦遇到黄曲霉菌侵染，花生种子就能产生这种抗生素，不会受到 AFT 污染。但在干旱环境下，土壤温度较高，花生种子含水量较低（15%~30%）时，其代谢活动减弱，反二苯带乙烯合成受到抑制或停止，黄曲霉菌就能正常生长和产生毒素，进而对花生产生污染。花生收获前 30~50d，黄曲霉菌侵染花生荚果的最佳温度是 28~30.5℃，污染率达 25%~70%。干旱程度与黄曲霉的感染率和产毒率成正比，即干旱越严重，黄曲霉的感染率和产毒率越高；但是如果干旱继续加剧，花生种子内的含水量将继续下降，黄曲霉菌也无法生长，此时已经侵染花生的黄曲霉菌也不能产生毒素。

4. 病虫害影响

地下害虫的啃咬和其他病害的感染均有可能加重 AFT 污染程度。地下害虫（如千足虫、蛴虫、蛴螬等）侵袭花生荚果后，形成伤口，给黄曲霉感染创造了条件，同时地下害虫还会将携带的曲霉菌株直接传给花生，因此受地下害虫啃咬的花生荚果中 AFT 含量一般较高。另外，感染真菌病害（如锈病、叶斑病等）而枯死植株的荚果，尤其是在结荚期枯死植株的荚果黄曲霉污染率较高，某些病毒病（如花生芽枯病毒病、丛枝病毒病等）也会增加花生中黄曲霉污染。

5. 花生成熟度与收获时间

适时收获的花生黄曲霉感染少，延迟收获的花生黄曲霉感染率要高出 20%~30%。花生荚果的成熟度不同，黄曲霉污染的概率不同，过熟荚果比成熟或未成熟荚果黄曲霉污染率高，特别是含水量低于 30%的荚果很容易被黄曲霉污染。花生籽粒大小也会影响花生中黄曲霉的污染程度，通常小荚果的污染率比大荚果高。

（三）影响收获后 AFT 侵染的主要因素

1. 花生收获及采后处理过程中的机械损伤

在花生挖掘收获、摘果、晾晒、脱壳等过程中，由于作业方式不当，会造成花生荚果破损、裂荚、种仁破损等损伤，为黄曲霉菌侵入、生长创造条件，黄曲霉菌易从伤口污染，继而迅速扩散至整个籽粒并产生 AFT，增加了 AFT 污染的概率。

2. 花生收获后干燥不及时或不充分

花生收获后不及时干燥或者干燥不彻底，也是花生收获后 AFT 侵染的重要原因。通常花生水分活度 A_w 超过 0.70（25℃），易受黄曲霉侵染，水活度越高，受黄曲霉菌侵染程度越高，AFT 的污染程度也越高。刚收获的花生，荚果水分为 45%~55%，水分活度超过 0.70，非常有利于黄曲霉菌的侵染、生长，如不能及时干燥至安全水分活度，就会导致黄曲霉菌侵染、生长、产毒。花生干燥期间，当荚果含水量降到 20%~30%，就停止产生抗毒素"反式二苯乙烯"，花生荚果不具备对 AFT 的天然抗性，最容易受到黄曲霉菌的侵染，因此花生干燥速度对 AFT 污染的产生至关重要。对于依靠晒场晾晒的花生，一旦遇到阴雨天气，常因干燥不及时、干燥不充分而造成大量花生霉变损失。

3. 花生储藏条件

储藏条件对花生感染 AFT 的影响也非常重要。花生受黄曲霉菌的侵染与储藏环境温湿度、储存时间、病虫害及环境中氧气含量有关。荚果入贮时病、残、破损和秕果的数量越多，黄曲霉菌侵染概率就会越大；此外，若滋生储粮害虫，会损害花生，导致黄曲霉菌的侵染、产毒。花生荚果容易吸收空气中的水分而回潮，当含水量高于 9%，会大大增加感染 AFT 的概率。储藏温度超过 20℃时，黄曲霉菌繁殖速度加快，感染毒素机会大大增加。储藏场所相对湿度越高、温度越高，AFT 污染越严重。花生储藏期间，空气相对湿度应保持在 55%~65%，既能保持花生品质，又能防止黄曲霉菌的生长。储藏时间过长花生自身对黄曲霉菌的抵抗力下降，受 AFT 污染的机会越大。黄曲霉菌是好氧微生物，在厌氧条件下，黄曲霉菌的生长和孢子的形成都受到抑制。

4. 花生加工过程中黄曲霉毒素产生影响因素

目前花生可以加工制成花生粉、花生糖、花生酱、花生油、花生米等食品，不同花生制品的加工工艺和产品自身的品质特性均存在较大差异，AFT 污染程度也不同。台湾学者曾对台湾市场上一些花生制品的 AFT 进行了 14 年的跟踪调查，发现花生加工制品的 AFT 检出率明显高于花生原料，AFT 检出率由大到小依次为花生酱＞花生粉＞花生糖＞糖浆＞花生原料。也有研究表明，花生脱壳和去红衣等初加工能有效地减少花生 AFT 的含量水平。

三、黄曲霉毒素的预警

黄曲霉毒素理化性质十分稳定，耐高温，用一般的烹调和加工方法难以破坏其毒性。剔除霉变粒、脱毒控制措施成本高、成效低。例如，一般的化学脱毒措施反应可逆，有的降解产物毒性未知，部分脱毒后的花生产品不能再用作食品，会造成大量的浪费。因此根据科学预警结果进行针对性防控是花生黄曲霉毒素控制最经济有效的方法，成为花生黄曲霉毒素污染控制研究的热点。

根据花生种植、生长及储藏等不同阶段，将花生中黄曲霉毒素的预警方法分为收获前预警、收获后预警和全程预警三类。

（一）收获前的预警方法

气候环境和花生根际的土壤条件是影响田间阶段花生黄曲霉毒素污染的主要因素。国内外学者多年研究结果发现，在收获前4~6周，即花生结荚期，干旱和高温（22~35℃）是触发花生产生黄曲霉毒素污染的主要因素，收获期高温干旱是花生黄曲霉菌侵染和黄曲霉毒素累积的主要气候风险因子。基于这些研究结果，美国、澳大利亚等国家已研究出针对气象学参数及农艺参数构建的田间阶段花生黄曲霉毒素含量预测模型。在收获前对黄曲霉毒素进行预警进而采取预防性农艺措施，不仅省时省力而且大大减少了产后脱毒的费用，因此是目前研究热点。

澳大利亚2010年开展了基于气候环境条件的黄曲霉毒素风险预警研究，并将其作为降低花生黄曲霉毒素污染的主要策略。昆士兰大学基于作物生长模拟方法（Agricultural Production Systems Simulator，APSIM），利用环境温度、辐射量、降雨量及土壤温度等气候环境因子建立了田间生长阶段花生黄曲霉毒素污染预测模型，农户可以将日降雨量、环境温度和土壤温度输入一个互联网交互页面——"AFLAMAN"，APSIM中的花生黄曲霉毒素污染预测模型便可做出计算与预测，并将田地里土壤温度、湿度及黄曲霉毒素污染的趋势图再通过"AFLAMAN"反馈给农户，以便农户采取预防措施 HII，此模型在澳大利亚小范围区域得到实际应用，但澳大利亚花生种植面积小，土壤气候类型单一，花生品种少，此模型并不适合中国这样的花生主产大国。

（二）收获后的预警方法

1. 模型预警

花生黄曲霉毒素污染不仅可发生在收获前，只要条件适合，在收获后的干燥、储藏和加工等环节产毒真菌都可以侵染合适的寄主进而产生黄曲霉毒素，并进入食物链。已有国内外学者利用预测微生物学手段对不同温度和湿度条件下花生中的产毒真菌建立了预测模型，一旦出现适合产毒的条件，便可以采取预防措施，将损失降到最低。

Troeger等，根据批量花生烘烤模型对烘烤过程中热风的温湿度条件进行管控，根据热风的温湿度来模拟花生的水分含量变化，当条件适合霉菌生长和毒素产生时，模型就会给出预警指示。威塔克等人研究了利用电子制表模型预测在储藏、脱壳、漂洗过程中花生黄曲霉毒素的含量分布，可以更好地对污染花生进行管理。李瑞芳引用 Boltzmann 和 Logistic 两种模型模拟了储藏期间黄曲霉的生长规律，并初步探索了其与黄曲霉毒素含量之间的关系，即当储藏温度低于15℃，相对湿度低于85%时；可以保证花生避免黄曲霉污染，预防黄曲霉毒素产生。张等用示差扫描量热法和热重分析法得到100~190℃条件下花生中黄曲霉毒素动力学模型，预测相关系数平均值分别为0.857和0.750，此模型可觊成功应用于花生热加工过程中黄曲霉毒素预警。

2. 前体物预警

由于黄曲霉青素B（AFB）有剧毒性，会给人体健康带来危害，如果找到在生物合成过程中与它的产生有密切相关的前体化合物，并且该化合物更容易被检测，或者具有更小的毒性，利用该化合物对花生黄曲霉毒素污染预警将具有重要的意义。

杂色曲霉素A（Versicolorin A，VA）是AFB.的生物合成前体物，是黄曲霉毒素生物合成过程中首个出现毒性作用基团双呋喃环的化合物。研究表明，杂色曲霉素A（VA）能够指示AFB的产生且毒性较AFB小，检测方法也较安全、简便，因此可以达到AFB预警的目的。国内外以黄曲霉毒素生物合成前体代谢物作为AFB的预警检测进行了初步研究。方明英通过薄层色谱法表明黄曲霉和寄生曲霉在液体察氏培养基、酵母浸膏蔗糖培养基、大豆培养基和大米中培养，杂色曲霉素A可以在AFB产生前检出。谭辉勇探讨了黄曲霉、寄生曲霉产毒的预警报告生物标志分子，结果表明样品中的杂色曲霉素A和AFB含量之间具有中度相关性（决定系数$R^2 = 0.405$），并且当样品中杂色曲霉素A含量较高，AFB含量较低时，在湿度为80%，温度为28℃避光放置10d后AFB的含量与10d前样品中。杂色曲霉素A均含量呈曲线相关关系，相关系数$R = 0.615$。因此杂色曲霉素A作为黄曲霉毒素的预警报告分子是可行的。

3. 分子预警

黄曲霉毒素分子预警研究还处于起步阶段，目前对AFB的分子预警研究，主要有水分和温度对黄曲霉和寄生曲霉关键基因簇的表达、生长速率及黄曲霉毒素的产生的影响和结构基因的表达量与AFB的相关性。2010年Schmidt研究表明关键基因afln/aflS的表达量之比与温度×水分活度之间的交互作用相关，该比率越大AFB含量越高，此方法可应用于这两类真菌产毒的预警。虽然AFB的含量归根结底受气候变化的调控，但这也为利用基因表达预测毒素含量提供了一个新思路。

（三）全程预警方法

花生黄曲霉毒素的污染可以发生在种植、收获、储藏、运输、销售等各个环节，针对单一环节已不足以解决花生黄曲霉毒素的污染问题，因而对不同的环节进行全程有效的监控，将农产品安全管理的重点从最终产品的检测转到农产品生产的全程监控，实现"从农田到餐桌"的全程防控，对于减少花生黄曲霉毒素是必要的。

1. 基于良好农业规范的预防措施

美国规定花生的生产和加工应遵循适用于所有人类可食用食品的《国际推荐操作规范——食品卫生一般原则》的要求，其对储藏、运输、人员及包装等方面对整个生产链卫生做了要求。良好农业规范（GAP）从广义上是指用以阐述生产健康安全农业产品和非农业产品的农业生产和产后加工的环境、经济和社会的可持续性发展。姜宗亮等人对花生收获前品种、土壤、种植方式，田间灌溉及病虫害防治，收获设备、收获时间、病株处理及干燥清洁，运输容器、条件控制，储存环境等提出推荐措施，可以基于 GAP 对花生黄曲霉毒素进行防控。在实施 GAP 源头治理方面，我国科学研究数据尚不充分，国内花生业乃至世界花生产业在应用"良好农业规范（GAP）"这一农产品安全控制技术研究亟待开展。

2. 基于良好操作规范的预防措施

良好操作规范（good manufacturing practice，GMP）要求食品生产企业具备良好的生产设备、合理的生产工艺、完善的质量管理和严格的检测系统，以保障终产品的质量符合标准。姜宗亮等刊对花生从接收脱壳、分级、脱皮成品的分装与储存方面提出推荐措施，可以基于 GMP 对花生黄曲霉毒素进行防控。王耀波等通过对出口花生全过程可能造成污染黄曲霉毒素的因素进行分析，有针对性地提出了监控措施和建议，提出建立 GMP，以期最大限度从源头上预防花生黄曲霉毒素的污染，但这一设想尚未得到实施。

3. 危害分析与关键点控制

危害分析与关键控制点（Hazard Analysis and Critical Control Point，HACCP），通过对食品"从田间到餐桌"。全过程关键危害的分析，设立关键控制点并采取控制措施预防危害发生，而达到保障花生消费安全的目的。其作为一种应用广泛的综合性食品安全管理系统，自从 20 世纪 70 年代在美国形成以来，逐渐为世界多国家所采纳。HACCP 作为食品安全控制体系，能够对食品中的危害进行系统的识别与评估，当结果和 HACCP 计划有别时，则会采取纠偏措施进行纠正，是一个预防性而不是应急性的工具，其旨在通过危害识别、实施监控和及时防控将风险降到最低。张春新等运用 HACCP 原理，从分析产品危害产生的原因、关键控制点的确立和控制措施的设置三个主要方面对出口花生中黄曲霉毒素的全过程控制进行了探讨。

曾义等运用 HACCP 原理，对炒制花生"从农田到加工出厂"的过程进行了黄曲霉毒素的危害分析，确定了关键控制点，并提出了预防和控制措施。Gorayeb 等在巴西典型花生产后企业中，将 HACCP 计划运用于从带壳原料接收到去壳花生运输的全过程，并确定了带壳原料接收，干燥、储藏，脱壳花生的储藏和在储藏过程中对温湿度的控制这四个黄曲霉毒素的关键控制点，并进行科学管理以保证消费安全。在收获前、收获后干燥和储存期强调良好农业规范（GAP），在不同产品的加工和销售阶段突出良的控制这四个黄曲霉毒素的关键控制点，并进行科学管理以保证消费安全。在收获前、收获后干燥和储存期强调良好农业规范（GAP），在不同产品的加工和销售阶段突出良好操作规范（GMP），HACCP系统应当建立在完善的良好农业规范（GAP）与良好操作规范（GMP）基础。

四、减轻和脱除黄曲霉素污染的方法

黄曲霉毒素广泛存在于花生、花生油、玉米等粮油和动物饲料中，严重影响人们的健康，甚至威胁着人们的生命安全。更重要的是，黄曲霉毒素与环境因素密切相关，是一种天然的毒素，普通的食物消毒处理方法不会减少黄曲霉素的含量。因此，国际上对黄曲霉毒素尤其是 B_1 的限量要求日益严格，世界各国都对食品中的黄曲霉毒素的含量制定了严格的限量标准。

（一）减轻黄曲霉毒素污染

黄曲霉生长和黄曲霉毒素的产生有两个主要的环境因素：温度和湿度。对花生而言，产生黄曲霉毒素的适宜温度为 24~30℃，水分含量底限为 9%~10%。只要条件合适，花生在生长、收获、加工、仓储、运输等任何一个环节都可能被霉菌侵染，产生黄曲霉毒素。

针对黄曲霉毒素浸染途径及污染原因，采取措施，可有效减轻其污染。

（1）灌溉浇水，花生在收获前 4~6 周遇旱时灌溉浇水，可减轻污染。

（2）采用干法脱壳，保证脱壳后的花生色泽和完整性，可以减轻污染。

（3）安全储藏，花生果含水量南方 5%~6%，北方 8% 左右，温度 20℃，相对湿度 52% 储藏，可以减慢花生的酸败霉变，进而减轻黄曲霉毒素污染。

（4）精心分拣，受黄曲霉毒素污染的花生，可以利用人工分拣，也可以应用电子分色分检器（俗称电眼）进行大规模的分选剔除霉变等花生籽粒，减少花生黄曲霉毒素的含量。

（二）脱除黄曲霉毒素的方法

受到黄曲霉毒素污染较轻的花生和花生油，必须进行去毒处理。目前常用的去毒方法有物理去除法、化学去除法和生物去除法。

1. 物理处理

花生入库储藏前需要对原料进行清选处理，清除泥土、茎叶、秕果、破损果、霉变果，有利于花生安全储存；花生脱壳加工处理中，要尽量将霉变粒、半粒、发芽粒、破损伤粒等分选出来，在实际生产中需要比重选、振动筛选、色选及人工手检等多道设备和工序来完成；对于污染 AFT 的饲料，可以采用添加沸石、膨润土、活性炭等吸附材料吸附去除部分 AFT；另外，采用红外辐射、紫外线、γ 射线等辐射方法也可以去除 AFT，但也会破坏营养物质结构。

2. 化学处理

氨处理法、ClO$_2$ 法、臭氧降解法等被用于 AFT 的脱毒处理。将霉变农产品装入密闭容器内，通入氨气达到一定浓度，保持一定时间，AFT 会发生裂解，达到脱毒目的，然后再脱氨处理。在欧美，氨处理法在饲料 AFT 脱毒处理中很常用，国内目前常采用常温、常压、不加湿的方法处理粮油作物，操作简便，脱毒效果好。

3. 生物处理

主要利用微生物或其产生的酶进行脱毒处理，在自然界中，存在许多能去除或降解食品、饲料中 AFT 的微生物，如细菌、酵母菌、放线菌和藻类等。美国乔治亚州 COGI 公司研制出一种生物农药，利用生物竞争抑制的原理来防止黄曲霉菌侵染花生荚果，具体为：先制造出对黄曲霉具有竞争抑制作用的初始霉菌孢子，然后将其植入花生植株周边的土壤中，这些霉菌孢子在花生结果区大量繁殖，形成活体霉菌屏障来抵抗有毒的黄曲霉侵染花生荚果，达到田间生物防治 AFT 污染的作用。

五、黄曲霉素的检测方法

世界各国都对食品中的黄曲霉毒素的含量做出了严格的规定，食品中黄曲霉毒素 B$_1$ 的限量范围为 1~20μg/kg，黄曲霉毒素总量（包括 AFB$_1$、AFB$_2$、AFG$_1$、AFG$_2$）的限量范围为 0~35μg/kg。2011 年我国发布的 GB 2761—2017《食品安全国家标准　食品中真菌毒素限量》中规定花生及其制品中黄曲霉毒素 B$_1$ 的限量为 20μg/kg。

目前，黄曲霉毒素的检测方法包括：酶联免疫法、薄层色谱法、高效液相色谱法、液相色谱-串联质谱技术。近年来，液相色谱-串联质谱技术在检测毒素方面的优势逐渐显现，采用选择离子监测技术，可大大提高检测的灵敏度和特异性，因其可以采用简便的前处理技术，且不需要衍生化，是同时检测多种毒素的理想方法。

第二节　农药残留的污染和预防

中国是一个农业大国，也是农药大国，农药生产和使用均居世界第二位。使用农药防治农作物病、虫、草、鼠等有害生物，对促进农业生产、提高单位面积产量发挥了重要作用。但是，由于长期大量施用化学农药，加之监督管理又相对落后于生产，其造成的对生态环境的污染和对人体健康的危害也是不容忽视的。农药污染是对花生质量安全影响范围最大的一种有机污染。一方面，花生施用农药后，在一定时间内或多或少都有部分残留或超量残留在花生壳或者花生仁上，有的还能渗透到花生仁组织内部去，使其在收获的花生中不可避免地残留微量或超量的农药，或有毒的代谢产物，久而久之，就可能危害人及动物的健康；另一方面，有些农药施用后，降解不彻底，造成对生态环境的危害，如对土壤、水体和大气的污染，同样也能引起田间花生农药残留。花生的农药污染主要体现在乙草胺、丁酰肼等。

一、乙草胺

乙草胺是一种广泛应用的除草剂。由美国孟山都公司于1971年开发成功，是目前世界上最重要的除草剂品种之一，也是目前我国使用量最大的除草剂之一。属芽前除草剂，可防除一年生禾本科杂草和某些一年生阔叶杂草，适用于玉米、棉花、豆类、花生、马铃薯、油菜、大蒜、烟草、向日葵、蓖麻、大葱等。

乙草胺纯品为淡黄色液体，原药因含有杂质而呈现深红色。性质稳定，不易挥发和光解。不溶于水，易溶于有机溶剂。熔点大于0℃，蒸汽压大于133.3Pa，沸点大于200℃，不易挥发和光解。30℃时与水的相对密度为1.11，在水中的溶解度微223 mg/L。

花生中乙草胺超标的主要原因：

1. 乙草胺是国家准用药，不能用行政命令干预农民用药

虽然做了大量的宣传引导，但因乙草胺经济实惠，除草效果好，农民对乙草胺产生了很大的依赖性，再加上目前市场上还没有一种真正能等效替代乙草胺的新药，因此很难限制使用。

2. 乙草胺销售和使用管理不规范

农药经销商为了用药效果和自身商业利益的需要，诱导农民加大用药量，以免因异常原因导致用药无效而遭受农民投诉。另外农民为确保除草效果，超标用药现象较普通。

3. 乙草胺降解速度慢

目前由于大量施用化肥，土壤普遍酸化，严重影响了乙草胺在碱性作用的分解效果。

二、丁酰肼

丁酰肼属琥珀酸类化合物。纯品为白色结晶，有微臭。商品为95%～98%的浅灰色粉剂，或85%可湿性粉剂。溶解度10g/100g 水（25℃），熔点为157～164℃。稳定性较强。丁酰肼为植物生长延缓剂，具有杀菌作用，应用效果广泛，可用作矮化剂、坐果剂、生根剂与保鲜剂等。

20世纪70年代后期美国试验表明，丁酰肼水解产物非对称二甲基联氨具有

致癌作用，1993年日本、韩国、比利时等主要花生进出口国先后规定了对丁酰肼的残留限量要求。目前我国出口日本的花生仁要求批批检验丁酰肼。丁酰肼容易在花生仁中残留，目前还没有很好的脱除方法，消费者直接食用被丁酰肼污染后的花生，具有很大的危害性。我国是花生的主要生产国，又是创汇的大宗商品，花生中的丁酰肼检验已成为继黄曲霉毒素检验的又一个重要项目。因此在进行花生栽培中，丁酰肼的使用一定慎重。农业部公告第274号（2002年4月30日）已撤销丁酰肼在花生上登记，目前部分省区市已禁止花生使用含丁酰肼农药产品。

三、重金属

相对密度在5以上的金属，称作重金属。如铜、铅、锌、锡、镍、钴、锑、汞、镉、铋等。有些重金属如铁、锌、铜是人体所必须的微量元素，但大部分重金属如汞、铅、镉等并非生命活动所必须，而且所有重金属超过一定浓度都会对人体产生一定危害，因为重金属能使人体中的蛋白质变性。进入人体的重金属，尤其是有害的重金属，在人体内积累和浓缩，可造成人体急性中毒、慢性中毒等危害，这类金属元素主要有汞（Hg）、镉（Cd）、铬（Cr）、铅（Pb）、砷（As）等。砷（As）本属于非金属元素，但根据其化学性质，又鉴于其毒性，一般将其列入有毒重金属元素中。

395

重金属不能被生物降解，相反却能在食物链的生物放大作用下，成千百倍地富集，最后进入人体。进入人体的重金属要经过一段时间的积累才显示出毒性，往往不易被人们所察觉，具有很大的潜在危害性。因此国际环境组织 和世界卫生组织已明确提出重金属污染是当前最应关注的问题。

花生对镉的富集能力很强，而且土壤镉浓度低时，富集系数更高，所以镉是花生及其制品中主要重金属污染物。镉可通过环境污染、生物浓缩和含镉化肥的使用而致食品污染。

镉进入体内可损害血管，导致组织缺血，引起多系统损伤；镉还可干扰铜、锌等微量元素的代谢，阻碍肠道吸收铁，并能抑制血红蛋白的合成，还能抑制肺泡巨噬细胞的氧化磷酰化的代谢过程，从而引起肺、肾、肝损害。镉在人体的生物半衰期为15~30年，镉中毒是长期低剂量摄入后蓄积造成的，其潜伏期可达2~8年。

镉在花生果仁中主要与蛋白质和糖类化合物相结合，目前世界上有许多国家已经制定了严格的花生中镉的限量标准，镉的最高限量为0.5 mg/kg。

食品中重金属污染，主要是由人类自身原因造成的，要消除污染源也只能通过改变人类自身行为来达到目的。又因为重金属污染不同于其他污染，它在环境里循环，具有无法降解的特性，这就加重了其对人体的危害。也就要求我们必须加强预防，严格从源头上把关。首先，我们要从思想上重视了解重金属对人类及环境造成的危害，提高环境保护意识，只有保护好生存环境，才能保护人类自己；其次从行为上，要从自身做起，严格遵守国家法律、法规的有关规定，从严控制采矿、工业"三废"排放、污水灌溉等人为因素所造成的土壤环境的污染。合理使用农药，禁止使用国家明令淘汰的高毒农药。第三要加强食品质量安全监管，强化企业主体责任意识，加强食品生产环节的控制。总之，只要以保护环境为出发点，降低重金属对食品的污染，避免接触有毒重金属的物品，合理饮食等方式来减少或消除有毒重金属对人体的危害。

附录一 GB/T 1532—2008
《花生》

1 范围

本标准规定了花生的术语和定义、分类、质量要求和卫生要求、检验方法、检验规则、标签和标识以及对包装、储存和运输的要求。

本标准适用于加工、储存、运输、贸易的商品花生，不包括经过熟化处理的花生。

2 规范性引用文件

下列文件中的条款通过本标准的引用而成为本标准的条款。凡是注日期的引用文件，其随后所有的修改单（不包括勘误的内容）或修订版均不适用于本标准，然而，鼓励根据本标准达成协议的各方研究是否可使用这些文件的最新版本。凡是不注日期的引用文件，其最新版本适用于本标准。

GB/T 5490 粮食、油料及植物油脂检验 一般规则

GB 5491 粮食、油料检验 扦样、分样法

GB/T 5492 粮油检验 粮食、油料的色泽、气味、口味鉴定

GB/T 5494 粮油检验 粮食、油料的杂质、不完善粒检验

GB/T 5497 粮食、油料检验 水分测定法

GB/T 5499 粮油检验 带壳油料纯仁率检验方法

GB 7718 预包装食品标签通则

GB/T 8946 塑料编织袋

GB 19641 植物油料卫生标准

LS/T 3801 粮食包装 麻袋

3 术语和定义

下列术语和定义适用于本标准。

3.1 花生仁 peanut kernel

花生果去掉果壳的果实。

3.2 纯仁率 pure kernel yield

净花生果脱壳后籽仁的质量（其中不完善粒折半计算）占试样的质量分数。

3.3 净花生仁 peeled peanut kernel

花生仁去掉果皮后的果实。

3.4 纯质率 pure rate

净花生仁质量（其中不完善粒折半计算）占试样的质量分数。

3.5 不完善粒 unsound kernel

受到损伤但尚有使用价值的花生颗粒，包括虫蚀粒、病斑粒、生芽粒、破碎粒、未熟粒、其他损伤粒几种。

3.5.1 虫蚀粒 injured kernel

被虫蛀蚀，伤及胚的颗粒。

3.5.2 病斑粒 spotted kernel

表面带有病斑并伤及胚的颗粒。

3.5.3 生芽粒 sprouted kernel

芽或幼根突破种皮的颗粒。

3.5.4 破碎粒 broken kernel

籽仁破损达到其体积五分之一及以上的颗粒，包括花生破碎的单片子叶。

3.5.5 未熟粒 shrivelled pods/kernel

籽仁皱缩，体积小于本批正常完善粒二分之一，或质量小于本批完善粒平均粒重二分之一的颗粒。

3.5.6 其他损伤粒 damaged kernel

其他伤及胚的颗粒。

3.6 杂质 impurity

花生果或花生仁以外的物质，包括泥土、砂石、砖瓦块等无机物质和花生果壳、无使用价值的花生仁及其他有机物质。

3.7 色泽、气味 colour and odour

一批花生固有的综合色泽、气味。

3.8 整半粒花生仁 whole half peanut kernel

花生仁被分成的两片完整的胚瓣。

3.9 整半粒限度 total whole half peanut kernel content

整半粒花生仁占试样的质量分数。

4 分类

花生分为花生果和花生仁。

5 质量要求和卫生要求

5.1 质量要求

5.1.1 花生果质量要求见表1。其中纯仁率为定等指标。

表1 花生果质量指标

等 级	纯仁率/%	杂质/%	水分/%	色泽、气味
1	≥71.0			
2	≥69.0			
3	≥67.0	≤1.5	≤10.0	正常
4	≥65.0			
5	≥63.0			
等外	<63.0			

5.1.2 花生仁质量指标见表2。其中纯质率为定等指标。

表2 花生仁质量指标

等 级	纯质率/%	杂质/%	水分/%	整半粒限度/%	色泽、气味
1	≥96.0				
2	≥94.0				
3	≥92.0	≤1.0	≤9.0	≤10	正常
4	≥90.0				
5	≥88.0				
等外	<88.0			—	

注:"—"为不要求。

5.2 卫生要求

按 GB 19641 和国家有关标准、规定执行。

6 检验方法

6.1 扦样、分样:按 GB 5491 执行。

6.2 色泽、气味检验:按 GB/T 5492 执行。

6.3 杂质、不完善粒检验:按 GB/T 5494 执行。

6.4 水分检验:按 GB/T 5497 执行。

6.5 纯仁率检验：按 GB/T 5499 执行。

6.6 纯质率检验：按 GB/T 5494 执行。

6.7 整半粒限度检验：按本标准的附录 A 执行。

7 检验规则

7.1 检验一般规则按 GB/T 5490 执行。

7.2 检验批为同种类、同产地、同收获年度、同运输单元、同储存单元的花生。

7.3 判定规则：花生果以纯仁率定等，花生仁以纯质率定等。纯仁率或纯质率应符合表 1 和表 2 中相应等级的要求，其他指标作为限制性指标，按照国家有关规定执行。当其他项目符合要求，而花生果纯仁率和花生仁纯质率低于五等时，判定为等外级。

8 标签和标识

8.1 花生仁的预销售包装标签按 GB 7718 执行。

8.2 非零售的花生果或花生仁应在包装或货位登记卡、贸易随行文件中标明产品名称、质量等级、收获年度、产地。

9 包装、储存和运输

9.1 包装

包装物应密实牢固，不应产生撒漏，不应对花生造成污染。使用麻袋包装时，应符合 LS/T 3801 的规定。使用塑料编织袋包装时，应符合 GB/T 8946 的规定。

9.2 储存

应分类分级储存于阴凉干燥处。不得与有毒有害物质混存。

9.3 运输

运输工具应清洁，运输过程中应防止日晒、雨淋、受潮、污染和标签脱落。不得与有腐蚀性、有毒、有异味的物品混运。

附录 A

（规范性附录）

整半粒限度的测定

A.1 仪器

A.1.1 天平：分度值 0.1g。

A.1.2 分析盘。

A.1.3 表面皿、镊子等。

A.2 操作方法

称花生仁平均样品 200g（m），精确至 0.1g，挑取整半粒花生仁并称量其质量（m_1）。

A.3 结果计算

试样中整半粒限度按式（A.1）计算：

$$X = \frac{m_1}{m} \times 100 \quad \cdots\cdots\cdots\cdots\cdots\cdots\cdots\cdots\cdots\cdots\cdots\cdots\cdots \text{（A.1）}$$

式中：

X——试样中整半粒限度，%；

m_1——整半粒花生仁质量，单位为克（g）；

m——试样质量，单位为克（g）。

双试验结果允许差不超过 1.0%，取其平均数，即为检验结果。检验结果取小数点后一位。

附录二 GB/T 1534—2017
《花生油》

1 范围

本标准规定了花生油的术语和定义、分类、质量要求、检验方法及规则、标签、包装、贮存运输和销售等要求。

本标准适用于成品花生油和花生原油。

花生原油的质量指标仅适用于花生原油的贸易。

2 规范性引用文件

下列文件对于本文件的应用是必不可少的。凡是注日期的引用文件，仅注日期的版本适用于本文件。凡是不注日期的引用文件，其最新版本（包括所有的修改单）适用于本文件。

GB 2716 食用植物油卫生标准

GB 2760 食品安全国家标准 食品添加剂使用标准

GB 2761 食品安全国家标准 食品中真菌毒素限量

GB 2762 食品安全国家标准 食品中污染物限量

GB 2763 食品安全国家标准 食品中农药最大残留限量

GB/T 5009.37—2003 食用植物油卫生标准的分析方法

GB 5009.168 食品安全国家标准 食品中脂肪酸的测定

GB 5009.227 食品安全国家标准 食品中过氧化值的测定

GB 5009.229 食品安全国家标准 食品中酸价的测定

GB 5009.236 食品安全国家标准 动植物油脂水分及挥发物的测定

GB 5009.262 食品安全国家标准 食品中溶剂残留量的测定

GB/T 5524 动植物油脂 扦样

GB/T 5525 植物油脂 透明度、气味、滋味鉴定法

GB/T 5526 植物油脂检验 比重测定法

GB/T 5531 粮油检验 植物油脂加热试验

GB/T 5533 粮油检验 植物油脂含皂量的测定

GB 7718 食品安全国家标准 预包装食品标签通则

GB/T 15688 动植物油脂 不溶性杂质含量的测定

GB/T 17374　食品植物油销售包装

GB/T 20795　植物油脂烟点测定

GB 28050　食品安全国家标准　预包装食品营养标签通则

GB/T 35877　粮油检验　动植物油脂冷冻试验

3　术语和定义

下列术语和定义适用于本文件。

3.1　花生原油　crude peanut oil

采用花生制取的符合本标准原油质量指标的不能直接供人食用的油品。

注：又称花生毛油.

3.2　成品花生油　finished product of peanut oil

经加工处理符合本标准成品油质量指标和食品安全国家标准的供人食用的花生油品。

3.3　压榨花生油　pressing peanut oil

利用机械压力挤压花生仁制取的符合本标准质量指标的油品。

3.4　浸出花生油　solvent extraction peanut oil

利用溶剂溶解油脂的特性，从花生料坯或预榨饼中制取的花生原油经精炼加工制成的符合本标准质量指标的油品。

4　分类

花生油分为花生原油和成品花生油两类。

5　基本组成和主要物理参数

花生油的基本组成和主要物理参数见表1。这些组成和参数表示了花生油的基本特性，当被用于真实性判定时，仅作参考使用。

403

表1　花生油主要组成及特性

项目			指标
相对密度(d_{20}^{20})			0.914～0.917
脂肪酸组成/%	豆蔻酸(C14:0)	≤	0.1
	棕榈酸(C16:0)		8.0～14.0
	棕榈油酸(C16:1)	≤	0.2
	十七烷酸(C17:0)	≤	0.1
	十七烷一烯酸(C17:1)	≤	0.1
	硬脂酸(C18:0)		1.0～4.5

续表

项目		指标
脂肪酸组成/%	油酸(C18:1)	35.0~69.0
	亚油酸(C18:2)	13.0~43.0
	亚麻酸(C18:3) ≤	0.3
	花生酸(C20:0)	1.0~2.0
	花生一烯酸(C20:1)	0.7~1.7
	山嵛酸(C22:0)	1.5~4.5
	芥 酸(C22:1) ≤	0.3
	木焦油酸(C24:0)	0.5~2.5
	二十四碳一烯酸(C24:1) ≤	0.3
注:上列指标和数据与 CODEX-STAN 210—2009(2015)的指标和数据一致。		

6 质量要求

注：质量要求中项目的术语和定义见 GB/T 1535。

6.1 花生原油质量指标

花生原油质量指标见表 2。

表 2 花生原油质量指标

项目		质量指标
气味、滋味		具有花生原油固有的气味和滋味，无异味
水分及挥发物含量/%	≤	0.20
不溶性杂质含量/%	≤	0.20
酸价（KOH）/（mg/g）		按照 GB 2716 执行
过氧化值/（mmol/kg）		
溶剂残留量/（mg/kg）	≤	100

6.2 成品花生油质量指标

成品花生油质量指标见表 3、表 4。

表3 压榨成品花生油质量指标

项目	质量指标	
	一级	二级
色泽	淡黄色至橙黄色	橙黄色至棕红色
透明度(20℃)	澄清、透明	允许微浊
气味、滋味	具有花生油固有的香味和滋味,无异味	具有花生油固有的气味和滋味,无异味
水分及挥发物含量/% ≤	0.10	0.15
不溶性杂质含量/% ≤	0.05	0.05
酸价(KOH)/(mg/g) ≤	1.5	按照 GB 2716 执行
过氧化值/(mmol/kg) ≤	6.0	按照 GB 2716 执行
加热试验(280℃)	无析出物,油色不变	允许微量析出物和油色变深
溶剂残留量/(mg/kg)	不得检出	
注:溶剂残留量检出值小于 10mg/kg 时,视为未检出。		

表4 浸出成品花生油质量指标

项目	质量指标		
	一级	二级	三级
色泽	淡黄色至黄色	黄色至橙黄色	橙黄色至棕红色
透明度(20℃)	澄清、透明	澄清	允许微浊
气味、滋味	无异味,口感好	无异味,口感良好	具有花生油固有气味和滋味,无异味
水分及挥发物含量/% ≤	0.10	0.15	0.20
不溶性杂质含量/% ≤	0.05	0.05	0.05
酸价(KOH)/(mg/g) ≤	0.50	2.0	按照 GB 2716 执行
过氧化值/(mmol/kg) ≤	5.0	7.5	按照 GB 2716 执行
加热试验(280℃)	—	无析出物,油色不变	允许微量析出物和油色变深
含皂量/% ≤		0.03	
冷冻试验(0℃储藏 5.5h)	澄清、透明	—	
烟点/℃ ≥	190	—	
溶剂残留量/(mg/kg)	不得检出	≤50	

注1:划有"—"者不做检测。

注2:过氧化值的单位换算:当以 g/100g 表示时,如:5.0 mmol/kg = 5.0/39.4g/100g≈0.13g/100g。

注3:溶剂残留量检出值小于 10mg/kg 时,视为未检出。

6.3 食品安全要求

6.3.1 应符合 GB 2716 和国家有关的规定。

6.3.2 食品添加剂的品种和使用量应符合 GB 2760 的规定，但不得添加任何香精香料，不得添加其他食用油类和非食用物质。

6.3.3 真菌毒素限量应符合 GB 2761 的规定。

6.3.4 污染物限量应符合 GB 2762 的规定。

6.3.5 农药残留限量应符合 GB 2763 及相关规定。

7 检验方法

7.1 透明度、气味、滋味检验：按 GB/T 5525 执行。

7.2 色泽检验：按 GB/T 5009.37—2003 执行。

7.3 相对密度检验：按 GB/T 5526 执行。

7.4 水分及挥发物含量检验：按 GB 5009.236 执行。

7.5 不溶性杂质含量检验：按 GB/T 15688 执行。

7.6 酸价检验：按 GB 5009.229 执行。

7.7 加热试验：按 GB/T 5531 执行。

7.8 含皂量检验：按 GB/T 5533 执行。

7.9 过氧化值检验：按 GB 5009.227 执行。

7.10 溶剂残留量检验：按 GB 5009.262 执行。

7.11 脂肪酸组成检验：按 GB 5009.168 执行。

7.12 冷冻试验：按 GB/T 35877 执行。

7.13 烟点检验：按 GB/T 20795 执行。

8 检验规则

8.1 扦样

花生油扦样方法按照 GB/T 5524 的要求执行。

8.2 出厂检验

8.2.1 应逐批检验，并出具检验报告。

8.2.2 按表 2、表 3 和表 4 的规定检验。

8.3 型式检验

8.3.1 当原料、设备、工艺有较大变化或监督管理部门提出要求时，均应进行型式检验。

8.3.2 按表 1、表 2、表 3 和表 4 的规定检验。当检测结果与表 1 的规定不符合时，可用生产该批产品的花生原料进行检验，并佐证。

8.4 判定规则

8.4.1 产品未标注质量等级时，按不合格判定。

8.4.2 产品经检验，有一项不符合表2、表3、表4规定值时，判定为不符合该等级的产品。

9 标签

9.1 应符合 GB 7718 和 GB 28050 的要求。

9.2 产品名称：根据术语和定义内容标注产品名称。

9.3 应在包装或随行文件上标识加工工艺。

9.4 标注产品的原产国。

10 包装、储存、运输和销售

10.1 包装

应符合 GB/T 17374 要求。

10.2 储存

应储存在卫生、阴凉、干燥、避光的地方，不得与有害、有毒物品一同存放，尤其要避开有异常气味的物品。

如果产品有效期限依赖于某些特殊条件，应在标签上注明。

10.3 运输

运输中应注意安全，防止日晒、雨淋、渗漏、污染和标签脱落。散装运输应使用专用罐车，保持车辆及油罐内外的清洁、卫生。不得使用装运过有毒、有害物质的车辆。

10.4 销售

预包装的成品花生油在零售终端不得脱离原包装散装销售。

附录三　GB/T 13383—2008
《食用花生饼、粕》

1　范围

本标准规定了食用花生饼、粕的相关术语和定义、分类、要求、检验方法、检验规则、标签标识以及包装、储存和运输要求。

本标准适用于食品工业用商品食用花生饼、粕。

2　规范性引用文件

下列文件中的条款通过本标准的引用而成为本标准的条款。凡是注日期的引用文件，其随后所有 的修改单（不包括勘误的内容）或修订版均不适用于本标准，然而，鼓励根据本标准达成协议的各方研究是否可使用这些文件的最新版本。凡是不注日期的引用文件，其最新版本适用于本标准。

GB/T 1532　花生

GB/T 5009.11　食品中总砷及无机砷的测定

GB/T 5009.12　食品中铅的测定

GB/T 5009.22　食品中黄曲霉毒素 B_1 的测定

GB/T 5009.117　食用豆粕卫生标准的分析方法

GB/T 5492　粮油检验　粮食、油料的色泽、气味、口味鉴定

GB/T 5511—2008　谷物和豆类　氮含量测定和粗蛋白质含量计算　凯氏法（ISO 20483：2006，IDT）

GB/T 5515　粮油检验　粮食中粗纤维素含量测定　介质过滤法（GB/T 5515—2008，ISO 6865：2000，IDT）

GB 7718　预包装食品标签通则

GB/T 9824　油料饼粕中总灰分的测定（GB/T 9824—2008，ISO 749：1977，MOD）

GB/T 9825　油料饼粕盐酸不溶性灰分测定（GB/T 9825—2008，ISO 735：1977，MOD）

GB/T 10358　油料饼粕　水分及挥发物含量的测定（GB/T 10358—2008，ISO 771：1977，IDT）

GB/T 10359　油料饼粕　含油量的测定　第 1 部分：己烷（或石油醚）提

取法（GB/T 10359—2008，ISO 734-1：2006，IDT）

　　GB/T 10360　油料饼粕　扦样（GB/T 10360—2008，ISO 5500：1986，IDT）

　　GB/T 17109　粮食销售包装

3　术语和定义

　　下列术语和定义适用于本标准。

3.1　食用花生饼　edible peanut cake
花生仁经机榨提取大部分油脂后所得的适合食品加工用的物料。

3.2　食用花生粕　edible peanut meal
花生仁经预榨、浸出提取大部分油脂后所得的适合食品加工用的物料。

3.3　高变性食用花生粕　highly denatured edible peanut meal
经高温处理所得的蛋白质变性较大的食用花生粕。

3.4　低变性食用花生粕　low denatured edible peanut meal
经低温或闪蒸脱溶处理所得的蛋白质变性较小的食用花生粕。

3.5　水溶性蛋白质　water-soluble protein
在一定条件下，食用花生饼、粕中溶于水的蛋白质。

3.6　水溶性氮　water-soluble nitrigen
在一定条件下，食用花生饼、粕中溶于水的氮元素。

3.7　氮溶解指数　nitrogen solution index；NSI
水溶性氮占总氮的质量分数。

3.8　含砂量　sand content
食用花生饼、粕灰分中不溶于10%（体积分数）盐酸的物质。

3.9　杂质　foreign material
食用花生饼、粕以外的物质及无使用价值的饼、粕。

4　分类

　　食用花生粕分为高变性食用花生粕和低变性食用花生粕两类。

5　要求

5.1　原料要求

5.1.1　原料应符合 GB/T 1532 的规定，为经脱皮加工的花生仁。

5.1.2　原料中不应混入有毒杂草种子。

5.1.3　原料中不应有变质污染颗粒。

5.1.4　原料中不应有加工时无法除去的其他物质。

5.2 质量要求

5.2.1 食用花生饼质量要求见表1。

表1 食用花生饼质量要求

项　目		一级	二级
形状		圆形、方形、片状或瓦块状	
气味		食用花生饼固有的气味、无异味	
色泽		食用花生饼固有的黄白色或浅黄褐色	食用花生饼固有的黄色或棕褐色
水分/%	≤	10	
粗蛋白质(以干基计)/%	≥	49	46
粗脂肪(以干基计)/%	≤	7.00	
粗纤维(以干基计)/%	≤	5.00	5.50
灰分(以干基计)/%	≤	5.50	6.00
含砂量/%	≤	0.20	0.50
杂质/%	≤	0.10	

5.2.2 食用花生粕质量要求见表2。

表2 食用花生粕质量要求

项　目		高变性食用花生粕		低变性食用花生粕		
		一级	二级	一级	二级	三级
形状		粉状、颗粒状或松散的片状				
气味		食用花生粕固有的气味,无异味				
色泽		高变性食用花生粕 固有的浅黄褐色		低变性食用花生粕 固有的近白色或浅黄色		
水分/%	≤	11.0		8.0	9.0	10.0
粗蛋白质(以干基计)/%	≥	50.0	48.0	60.0	55.0	50.0
氮溶解指数(NSI)	≥	—		70.0	60.0	50.0
粗脂肪(以干基计)/%	≤	2.0		2.0		
粗纤维(以干基计)/%	≤	5.0	5.5	4.0	5.0	5.5
灰分(以干基计)/%	≤	5.5	6.0	5.5		
含砂量/%	≤	0.10	0.50	0.05	0.10	0.10
杂质/%	≤	0.10		不得检出		0.10

5.3 卫生指标

食用花生饼、粕卫生指标见表3。

表3 食用花生饼、粕卫生指标

项 目	卫 生 指 标	
	食用花生饼	食用花生粕
溶剂残留量/（mg/kg）	不得检出	≤500
总砷（以 As 计）/（mg/kg）　　　≤	0.5	
铅（Pb）/（mg/kg）　　　　　≤	1	
黄曲霉毒素 B₁/（mg/kg）　　　≤	20	
注:溶剂残留量检出值小于 10mg/kg 时,视为未检出。		

6 检验方法

6.1 扦样、分样：按 GB/T 10360 执行。

6.2 色泽、气味检验：按 GB/T 5492 执行。

6.3 水分测定：按 GB/T 10358 执行。

6.4 粗蛋白测定：按 GB/T 5511—2008 执行。

6.5 水溶性蛋白质测定：按 GB/T 5511—2008 的附录 A 执行。

6.6 水溶性氮测定：按 GB/T 5511—2008 执行。

6.7 总氮测定：按 GB/T 5511—2008 的附录 A 执行。

6.8 粗纤维测定：按 GB/T 5515 执行。

6.9 氮溶解指数（NSI）测定：按式（1）计算。

$$X = \frac{n_1}{n} \times 100 \quad \cdots\cdots\cdots\cdots\cdots\cdots\cdots\cdots\cdots\cdots\cdots\cdots\cdots (1)$$

式中：

X——氮溶解指数（NSI）；

n_1——水溶性氮含量,% ；

n——总氮含量,%。

6.10 粗脂肪测定：按 GB/T 10359 执行。

6.11 灰分测定：按 GB/T 9824 执行。

6.12 含砂量测定：按 GB/T 9825 执行。

6.13 杂质测定：按附录 A 执行。

6.14 溶剂残留测定：按 GB/T 5009.117 执行。

6.15 总砷测定：按 GB/T 5009.11 执行。

6.16 铅的测定：按 GB/T 5009.12 执行。

6.17 黄曲霉毒素 B_1 测定：按 GB/T 5009.22 执行。

7 检验规则

7.1 扦样

7.1.1 同一批原料、同一班次生产的产品为一批。

7.1.2 扦样方法按照 GB/T 10360 执行。

7.2 出厂检验

按 5.2 的规定对每批产品检验，检验合格方可出厂。

7.3 型式检验

7.3.1 遇有下列情况之一时，应进行型式检验：

  a) 常年连续生产的每年至少进行一次；

  b) 当原料、设备、工艺有较大变化可能影响产品质量时。

7.3.2 型式检验按第 5 章执行。

7.4 判定规则

7.4.1 食用花生饼、高变性食用花生粕的粗蛋白质为定级指标，低变性食用花生粕的粗蛋白质和氮溶解指数为定级指标，不符合等级指标要求时，应降级判定。

7.4.2 全部质量指标符合本标准规定时，判定该批产品为合格品。

7.4.3 质量指标不符合本标准要求时，可在原批次产品中双倍抽样复检一次，判定以复检结果为准，若仍有指标不合格，则判定该批产品为不合格。

7.4.4 产品未标注等级时，即判定为不合格产品。

7.4.5 卫生指标中有一项检验结果不符合本标准要求时，判定该批产品为不合格产品。

8 标签标识

8.1 食用花生饼（粕）产品的标识需符合 GB 7718 及国家其他有关规定和要求。

8.2 标签上应注明产品名称、类别、厂家、净重、批号和生产日期等内容。

8.3 符合本标准的规定和要求的产品，允许标注的名称为食用花生饼（粕）。

8.4 应注明产品原料的生产国名。

9 包装、贮存和运输

9.1 包装：包装应符合 GB/T 17109 的要求，所使用的包装袋应符合相应的食品工业用包装的要求和有关规定。

9.2 贮存：应贮存于阴凉、干燥及避光处。不应与有害、有毒物品一同存放。

9.3 运输：运输中应注意安全，防止日晒、雨淋、渗漏、污染和标签脱落。散装运输要有专车，保持车辆清洁、卫生。

附录 A
（规范性附录）
食用花生饼、粕中杂质的测定

A.1 仪器和用具

A.1.1 天平：分度值 0.01g；0.001g。

A.1.2 分样器和分样板。

A.1.3 分析盘。

A.1.4 镊子。

A.2 样品的制备

用适当的方法将样品破碎，使颗粒最大直径不超过 20mm。

A.3 操作方法

将制得的样品用四分法取出平均样品两份，各 1000g 左右。称量（精确至 0.5g），平摊于分析盘中。用镊子拣出非食用花生饼、粕的物质及无使用价值的食用花生饼、粕，称量（精确至 0.01g）。

A.4 结果计算

杂质的质量分数按式（A.1）计算：

$$X = \frac{m_1}{m} \times 100 \quad\cdots\cdots\cdots\cdots\cdots\cdots\cdots\cdots\cdots\cdots （A.1）$$

式中：

X——杂质的质量分数,%；

m_1——杂质质量，单位为克（g）；

m——试样质量，单位为克（g）。

双试验结果允许误差不超过 0.2%，求其平均值为测定结果，测定结果保留小数点后两位。

413

附录四　GB 5009.22—2016
《食品中黄曲霉毒素 B 族和 G 族的测定》

1　范围

本标准规定了食品中黄曲霉毒素 B_1、黄曲霉毒素 B_2、黄曲霉毒素 G_1、黄曲霉毒素 G_2（以下简称 AFT B_1、AFT B_2、AFT G_1 和 AFT G_2）的测定方法。

本标准第一法为同位素稀释液相色谱-串联质谱法，适用于谷物及其制品、豆类及其制品、坚果及籽类、油脂及其制品、调味品、婴幼儿配方食品和婴幼儿辅助食品中 AFT B_1、AFT B_2、AFT G_1 和 AFT G_2 的测定。

本标准第二法为高效液相色谱-柱前衍生法，适用于谷物及其制品、豆类及其制品、坚果及籽类、油脂及其制品、调味品、婴幼儿配方食品和婴幼儿辅助食品中 AFT B_1、AFT B_2、AFT G_1 和 AFT G_2 的测定。

本标准第三法为高效液相色谱-柱后衍生法，适用于谷物及其制品、豆类及其制品、坚果及籽类、油脂及其制品、调味品、婴幼儿配方食品和婴幼儿辅助食品中 AFT B_1、AFT B_2、AFT G_1 和 AFT G_2 的测定。

本标准第四法为酶联免疫吸附筛查法，适用于谷物及其制品、豆类及其制品、坚果及籽类、油脂及其制品、调味品、婴幼儿配方食品和婴幼儿辅助食品中 AFT B_1 的测定。

本标准第五法为薄层色谱法，适用于谷物及其制品、豆类及其制品、坚果及籽类、油脂及其制品、调味品中 AFT B_1 的测定。

第一法　同位素稀释液相色谱-串联质谱法

2　原理

试样中的黄曲霉毒素 B_1、黄曲霉毒素 B_2、黄曲霉毒素 G_1、黄曲霉毒素 G_2，用乙腈-水溶液或甲醇-水溶液提取，提取液用含 1% TritonX-100（或吐温-20）的磷酸盐缓冲溶液稀释后（必要时经黄曲霉毒素固相净化柱初步净化），通过免疫亲和柱净化和富集，净化液浓缩、定容和过滤后经液相色谱分离，串联质谱检测，同位素内标法定量。

3　试剂和材料

除非另有说明，本方法所用试剂均为分析纯，水为 GB/T 6682 规定的一级水。

3.1 试剂

3.1.1 乙腈（CH_3CN）：色谱纯。

3.1.2 甲醇（CH_3OH）：色谱纯。

3.1.3 乙酸铵（CH_3COONH_4）：色谱纯。

3.1.4 氯化钠（NaCl）。

3.1.5 磷酸氢二钠（Na_2HPO_4）。

3.1.6 磷酸二氢钾（KH_2PO_4）。

3.1.7 氯化钾（KCl）。

3.1.8 盐酸（HCl）。

3.1.9 TritonX-100 ［$C_{14}H_{22}O(C_2H_4O)_n$］（或吐温-20，$C_{58}H_{114}O_{26}$）。

3.2 试剂配制

3.2.1 乙酸铵溶液（5mmol/L）：称取 0.39g 乙酸铵，用水溶解后稀释至 1000mL，混匀。

3.2.2 乙腈-水溶液（84+16）：取 840mL 乙腈加入 160mL 水，混匀。

3.2.3 甲醇-水溶液（70+30）：取 700mL 甲醇加入 300mL 水，混匀。

3.2.4 乙腈-水溶液（50+50）：取 50mL 乙腈加入 50mL 水，混匀。

3.2.5 乙腈-甲醇溶液（50+50）：取 50mL 乙腈加入 50mL 甲醇，混匀。

3.2.6 10%盐酸溶液：取 1mL 盐酸，用纯水稀释至 10mL，混匀。

3.2.7 磷酸盐缓冲溶液（以下简称 PBS）：称取 8.00g 氯化钠、1.20g 磷酸氢二钠（或 2.92g 十二水磷酸氢二钠）、0.20g 磷酸二氢钾、0.20g 氯化钾，用 900mL 水溶解，用盐酸调节 pH 至 7.4±0.1，加水稀释至 1000mL。

3.2.8 1% Triton X-100（或吐温-20）的 PBS 取 10mL Triton X-100（或吐温-20）用 PBS 稀释至 1000mL。

3.3 标准品

3.3.1 AFT B$_1$ 标准品（$C_{17}H_{12}O_6$，CAS：1162-65-8）：纯度≥98%，或经国家认证并授予标准物质证书的标准物质。

3.3.2 AFT B$_2$ 标准品（$C_{17}H_{14}O_6$，CAS：7220-81-7）：纯度≥98%，或经国家认证并授予标准物质证书的标准物质。

3.3.3 AFT G$_1$ 标准品（$C_{17}H_{12}O_7$，CAS：1165-39-5）：纯度≥98%，或经国家认证并授予标准物质证书的标准物质。

3.3.4 AFT G$_2$ 标准品（$C_{17}H_{14}O_7$，CAS：7241-98-7）：纯度≥98%，或经国家认证并授予标准物质证书的标准物质。

3.3.5 同位素内标$^{13}C_{17}$-AFT B$_1$（$C_{17}H_{12}O_6$，CAS：157449-45-0）：纯度≥98%，浓度为 0.5μg/mL。

3.3.6 同位素内标$^{13}C_{17}$-AFT B_2（$C_{17}H_{14}O_6$，CAS：157470-98-8）：纯度≥98%，浓度为 0.5μg/mL。

3.3.7 同位素内标$^{13}C_{17}$-AFT G_1（$C_{17}H_{12}O_7$，CAS：157444-07-9）：纯度≥98%，浓度为 0.5μg/mL。

3.3.8 同位素内标$^{13}C_{17}$-AFT G_2（$C_{17}H_{14}O_7$，CAS：157462-49-7）：纯度≥98%，浓度为 0.5μg/mL。

　　注：标准物质可以使用满足溯源要求的商品化标准溶液。

3.4 标准溶液配制

3.4.1 标准储备溶液（10μg/mL）：分别称取 AFT B_1、AFT B_2、AFT G_1 和 AFT G_2 1mg（精确至 0.01mg），用乙腈溶解并定容至 100mL。此溶液浓度约为 10μg/mL。溶液转移至试剂瓶中后，在-20℃下避光保存，备用。临用前进行浓度校准（校准方法参见附录 A）。

3.4.2 混合标准工作液（100ng/mL）：准确移取混合标准储备溶液（1.0μg/mL）1.00mL 至 100mL 容量瓶中，乙腈定容。此溶液密封后避光-20℃下保存，三个月有效。

3.4.3 混合同位素内标工作液（100ng/mL）：准确移取 0.5μg/mL $^{13}C_{17}$-AFT B_1、$^{13}C_{17}$-AFT B_2、$^{13}C_{17}$-AFT G_1 和 $^{13}C_{17}$-AFT G_2 各 2.00mL，用乙腈定容至 10mL。在-20℃下避光保存，备用。

3.4.4 标准系列工作溶液：准确移取混合标准工作液（100ng/mL）10μL、50μL、100μL、200μL、500μL、800μL、1000μL 至 10mL 容量瓶中，加入 200μL 100ng/mL 的同位素内标工作液，用初始流动相定容至刻度，配制浓度点为 0.1ng/mL、0.5ng/mL、1.0ng/mL、2.0ng/mL、5.0ng/mL、8.0ng/mL、10.0ng/mL 的系列标准溶液。

4 仪器和设备

4.1 匀浆机。

4.2 高速粉碎机。

4.3 组织捣碎机。

4.4 超声波/涡旋振荡器或摇床。

4.5 天平：感量 0.01g 和 0.00001g。

4.6 涡旋混合器。

4.7 高速均质器：转速 6500r/min～24000r/min。

4.8 离心机：转速≥6000r/min。

4.9 玻璃纤维滤纸：快速、高载量、液体中颗粒保留 1.6μm。

4.10 固相萃取装置（带真空泵）。

4.11　氮吹仪。

4.12　液相色谱–串联质谱仪：带电喷雾离子源。

4.13　液相色谱柱。

4.14　免疫亲和柱：AFT B_1 柱容量≥200ng，AFT B_1 柱回收率≥80%，AFT G_2 的交叉反应率≥80%（验证方法参见附录 B）。

　　注：对于不同批次的亲和柱在使用前需进行质量验证。

4.15　黄曲霉毒素专用型固相萃取净化柱或功能相当的固相萃取柱（以下简称净化柱）：对复杂基质样品测定时使用。

4.16　微孔滤头：带 0.22μm 微孔滤膜（所选用滤膜应采用标准溶液检验确认无吸附现象，方可使用）。

4.17　筛网：1mm～2mm 试验筛孔径。

4.18　pH 计。

5　分析步骤

　　使用不同厂商的免疫亲和柱，在样品上样、淋洗和洗脱的操作方面可能会略有不同，应该按照供应商所提供的操作说明书要求进行操作。

　　警示：整个分析操作过程应在指定区域内进行。该区域应避光（直射阳光）、具备相对独立的操作台和废弃物存放装置。在整个实验过程中，操作者应按照接触剧毒物的要求采取相应的保护措施。

5.1　样品制备

5.1.1　液体样品（植物油、酱油、醋等）

　　采样量需大于 1L，对于袋装、瓶装等包装样品需至少采集 3 个包装（同一批次或号），将所有液体样品在一个容器中用匀浆机混匀后，其中任意的 100g（mL）样品进行检测。

5.1.2　固体样品（谷物及其制品、坚果及籽类、婴幼儿谷类辅助食品等）

　　采样量需大于 1kg，用高速粉碎机将其粉碎，过筛，使其粒径小于 2mm 孔径试验筛，混合均匀后缩分至 100g，储存于样品瓶中，密封保存，供检测用。

5.1.3　半流体（腐乳、豆豉等）

　　采样量需大于 1kg（L），对于袋装、瓶装等包装样品需至少采集 3 个包装（同一批次或号），用组织捣碎机捣碎混匀后，储存于样品瓶中，密封保存，供检测用。

5.2　样品提取

5.2.1　液体样品

5.2.1.1　植物油脂

　　称取 5g 试样（精确至 0.01g）于 50mL 离心管中，加入 100μL 同位素内标工作液（3.4.3）振荡混合后静置 30min。加入 20mL 乙腈–水溶液（84+16）或甲醇–水溶液（70+30），涡旋混匀，置于超声波/涡旋振荡器或摇床中振荡 20min（或用均质器均质 3min），在 6000r/min 下离心 10min，取上清液备用。

5.2.1.2 酱油、醋

称取 5g 试样（精确至 0.01g）于 50mL 离心管中，加入 125μL 同位素内标工作液振荡混合后静置 30min。用乙腈或甲醇定容至 25mL（精确至 0.1mL），涡旋混匀，置于超声波/涡旋振荡器或摇床中振荡 20min（或用均质器均质 3min），在 6000r/min 下离心 10min（或均质后玻璃纤维滤纸过滤），取上清液备用。

5.2.2 固体样品

5.2.2.1 一般固体样品

称取 5g 试样（精确至 0.01g）于 50mL 离心管中，加入 100μL 同位素内标工作液振荡混合后静置 30min。加入 20.0mL 乙腈–水溶液（84+16）或甲醇–水溶液（70+30），涡旋混匀，置于超声波/涡旋振荡器或摇床中振荡 20min（或用均质器均质 3min），在 6000r/min 下离心 10min（或均质后玻璃纤维滤纸过滤），取上清液备用。

5.2.2.2 婴幼儿配方食品和婴幼儿辅助食品

称取 5g 试样（精确至 0.01g）于 50mL 离心管中，加入 100μL 同位素内标工作液振荡混合后静置 30min。加入 20.0mL 乙腈–水溶液（50+50）或甲醇–水溶液（70+30），涡旋混匀，置于超声波/涡旋振荡器或摇床中振荡 20min（或用均质器均质 3min），在 6000r/min 下离心 10min（或均质后玻璃纤维滤纸过滤），取上清液备用。

5.2.3 半流体样品

称取 5g 试样（精确至 0.01g）于 50mL 离心管中，加入 100μL 同位素内标工作液振荡混合后静置 30min。加入 20.0mL 乙腈–水溶液（84+16）或甲醇–水溶液（70+30），置于超声波/涡旋振荡器或摇床中振荡 20min（或用均质器均质 3min），在 6000r/min 下离心 10min（或均质后玻璃纤维滤纸过滤），取上清液备用。

5.3 样品净化

5.3.1 免疫亲和柱净化

5.3.1.1 上样液的准备

准确移取 4mL 上清液，加入 46mL 1% TritionX–100（或吐温–20）的 PBS（使用甲醇–水溶液提取时可减半加入），混匀。

5.3.1.2 免疫亲和柱的准备

将低温下保存的免疫亲和柱恢复至室温。

5.3.1.3 试样的净化

待免疫亲和柱内原有液体流尽后，将上述样液移至 50mL 注射器筒中，调节下滴速度，控制样液以 1mL/min~3mL/min 的速度稳定下滴。待样液滴完后，往注射器筒内加入 2×10mL 水，以稳定流速淋洗免疫亲和柱。待水滴完后，用真空泵抽干亲和柱。脱离真空系统，在亲和柱下部放置 10mL 刻度试管，取下 50mL 的注射器筒，加入 2×1mL 甲醇洗脱亲和柱，控制 1mL/min~3mL/min 的速度下滴，再用真空泵抽干亲和柱，收集全部洗脱液至试管中。在 50℃ 下用氮气缓缓地将洗脱液吹至近干，加入 1.0mL 初始流动相，涡旋 30s 溶解残留物，0.22μm 滤膜过滤，收集滤液于进样瓶中以备进样。

5.3.2 黄曲霉毒素固相净化柱和免疫亲和柱同时使用（对花椒、胡椒和辣椒等复杂基质）

5.3.2.1 净化柱净化

移取适量上清液，按净化柱操作说明进行净化，收集全部净化液。

5.3.2.2 免疫亲和柱净化

用刻度移液管准确吸取上述净化液 4mL，加入 46mL 1% Trition X-100（或吐温-20）的 PBS［使用甲醇-水溶液提取时，加入 23mL 1% Trition X-100（或吐温-20）的 PBS］，混匀。按 5.3.1.2 和 5.3.1.3 处理。

注：全自动（在线）或半自动（离线）的固相萃取仪器可优化操作参数后使用。

5.4 液相色谱参考条件

液相色谱参考条件列出如下：

a）流动相：A 相：5mmol/L 乙酸铵溶液；B 相：乙腈-甲醇溶液（50+50）；

b）梯度洗脱：32% B（0min~0.5min），45% B（3min~4min），100% B（4.2min~4.8min），32% B（5.0min~7.0min）；

c）色谱柱：C_{18}柱（柱长 100mm，柱内径 2.1mm；填料粒径 1.7μm），或相当者；

d）流速：0.3mL/min；

e）柱温：40℃；

f）进样体积：10μL。

5.5 质谱参考条件

质谱参考条件列出如下：

a）检测方式：多离子反应监测（MRM）；

b）离子源控制条件：参见表1；

c）离子选择参数：参见表2；

d）子离子扫描图：参见图 C.1~图 C.8；

e）液相色谱-质谱图：见图 C.9。

表1 离子源控制条件

电离方式	ESI⁺
毛细管电压/kV	3.5
锥孔电压/V	30
射频透镜1电压/V	14.9
射频透镜2电压/V	15.1
离子源温度/℃	150
锥孔反吹气流量/(L/h)	50
脱溶剂气温度/℃	500
脱溶剂气流量/(L/h)	800
电子倍增电压/V	650

表2 离子选择参数表

化合物名称	母离子 (m/z)	定量离子 (m/z)	碰撞能量 eV	定性离子 (m/z)	碰撞能量 eV	离子化方式
AFT B_1	313	285	22	241	38	ESI⁺
$^{13}C_{17}$-AFT B_1	330	255	23	301	35	ESI⁺
AFT B_2	315	287	25	259	28	ESI⁺
$^{13}C_{17}$-AFT B_2	332	303	25	273	28	ESI⁺
AFT G_1	329	243	25	283	25	ESI⁺
$^{13}C_{17}$-AFT G_1	346	257	25	299	25	ESI⁺
AFT G_2	331	245	30	285	27	ESI⁺
$^{13}C_{17}$-AFT G_2	348	259	30	301	27	ESI⁺

5.6 定性测定

试样中目标化合物色谱峰的保留时间与相应标准色谱峰的保留时间相比较，变化范围应在±2.5%之内。

每种化合物的质谱定性离子必须出现，至少应包括一个母离子和两个子离子，而且同一检测批次，对同一化合物，样品中目标化合物的两个子离子的相对丰度比与浓度相当的标准溶液相比，其允许偏差不超过表3规定的范围。

表 3　定性时相对离子丰度的最大允许偏差

相对离子丰度/%	>50	20~50	10~20	≤10
允许相对偏差/%	±20	±25	±30	±50

5.7　标准曲线的制作

在 5.4、5.5 的液相色谱串联质谱仪分析条件下，将标准系列溶液由低到高浓度进样检测，以 AFT B$_1$、AFT B$_2$、AFT G$_1$ 和 AFT G$_2$ 色谱峰与各对应内标色谱峰的峰面积比值−浓度作图，得到标准曲线回归方程，其线性相关系数应大于 0.99。

5.8　试样溶液的测定

取 5.3 处理得到的待测溶液进样，内标法计算待测液中目标物质的质量浓度，按第 6 章计算样品中待测物的含量。待测样液中的响应值应在标准曲线线性范围内，超过线性范围则应适当减少取样量重新测定。

5.9　空白试验

不称取试样，按 5.2 和 5.3 的步骤做空白实验。应确认不含有干扰待测组分的物质。

6　分析结果的表述

试样中 AFT B$_1$、AFT B$_2$、AFT G$_1$ 和 AFT G$_2$ 的残留量按式（1）计算：

$$X = \frac{\rho \times V_1 \times V_3 \times 1\,000}{V_2 \times m \times 1\,000} \cdots\cdots\cdots\cdots\cdots\cdots\cdots\cdots\cdots\cdots \quad (1)$$

式中：

X——试样中 AFT B$_1$、AFT B$_2$、AFT G$_1$ 或 AFT G$_2$ 的含量，单位为微克每千克（μg/kg）；

ρ——进样溶液中 AFT B$_1$、AFT B$_2$、AFT G$_1$ 或 AFT G$_2$ 按照内标法在标准曲线中对应的浓度，单位为纳克每毫升（ng/mL）；

V_1——试样提取液体积（植物油脂、固体、半固体按加入的提取液体积；酱油、醋按定容总体积），单位为毫升（mL）；

V_3——样品经净化洗脱后的最终定容体积，单位为毫升（mL）；

1 000——换算系数；

V_2——用于净化分取的样品体积，单位为毫升（mL）；

m——试样的称样量，单位为克（g）。

计算结果保留三位有效数字。

7 精密度

在重复性条件下获得的两次独立测定结果的绝对差值不得超过算术平均值的 20%。

8 其他

当称取样品 5g 时，AFT B_1 的检出限为：0.03μg/kg，AFT B_2 的检出限为 0.03μg/kg，AFT G_1 的检出限为 0.03μg/kg，AFT G_2 的检出限为 0.03μg/kg；AFT B_1 的定量限为 0.1μg/kg，AFT B_2 的定量限为 0.1μg/kg，AFT G_1 的定量限为 0.1μg/kg，AFT G_2 的定量限为 0.1μg/kg。

第二法　高效液相色谱-柱前衍生法

9 原理

试样中的黄曲霉毒素 B_1、黄曲霉毒素 B_2、黄曲霉毒素 G_1、黄曲霉毒素 G_2，用乙腈-水溶液或甲醇-水溶液的混合溶液提取，提取液经黄曲霉毒素固相净化柱净化去除脂肪、蛋白质、色素及碳水化合物等干扰物质，净化液用三氟乙酸柱前衍生，液相色谱分离，荧光检测器检测，外标法定量。

10 试剂和材料

除非另有说明，本方法所用试剂均为分析纯，水为 GB/T 6682 规定的一级水。

10.1 试剂

10.1.1 甲醇（CH_3OH）：色谱纯。

10.1.2 乙腈（CH_3CN）：色谱纯。

10.1.3 正己烷（C_6H_{14}）：色谱纯。

10.1.4 三氟乙酸（CF_3COOH）。

10.2 试剂配制

10.2.1 乙腈-水溶液（84+16）：取 840mL 乙腈加入 160mL 水。

10.2.2 甲醇-水溶液（70+30）：取 700mL 甲醇加入 300mL 水。

10.2.3 乙腈-水溶液（50+50）：取 500mL 乙腈加入 500mL 水。

10.2.4 乙腈-甲醇溶液（50+50）：取 500mL 乙腈加入 500mL 甲醇。

10.3 标准品

10.3.1 AFT B_1 标准品（$C_{17}H_{12}O_6$，CAS 号：1162-65-8）：纯度≥98%，或经

国家认证并授予标准物质证书的标准物质。

10.3.2 AFT B_2 标准品（$C_{17}H_{14}O_6$，CAS号：7220-81-7）：纯度≥98%，或经国家认证并授予标准物质证书的标准物质。

10.3.3 AFT G_1 标准品（$C_{17}H_{12}O_7$，CAS号：1165-39-5）：纯度≥98%，或经国家认证并授予标准物质证书的标准物质。

10.3.4 AFT G_2 标准品（$C_{17}H_{14}O_7$，CAS号：7241-98-7）：纯度≥98%，或经国家认证并授予标准物质证书的标准物质。

注：标准物质可以使用满足溯源要求的商品化标准溶液。

10.4 标准溶液配制

10.4.1 标准储备溶液（10μg/mL）：分别称取 AFT B_1、AFT B_2、AFT G_1 和 AFT G_2 1mg（精确至0.01mg），用乙腈溶解并定容至100mL。此溶液浓度约为10μg/mL。溶液转移至试剂瓶中后，在-20℃下避光保存，备用。临用前进行浓度校准（校准方法参见附录A）。

10.4.2 混合标准工作液（AFT B_1 和 AFT G_1：100ng/mL，AFT B_2 和 AFT G_2：30ng/mL）：准确移取 AFT B_1 和 AFT G_1 标准储备溶液各1mL，AFT B_2 和 AFT G_2 标准储备溶液各300μL 至100mL容量瓶中，乙腈定容。密封后避光-20℃下保存，三个月内有效。

10.4.3 标准系列工作溶液：分别准确移取混合标准工作液 10μL、50μL、200μL、500μL、1000μL、2000μL、4000μL 至10mL容量瓶中，用初始流动相定容至刻度（含 AFT B_1 和 AFT G_1 浓度为 0.1ng/mL、0.5ng/mL、2.0ng/mL、5.0ng/mL、10.0ng/mL、20.0ng/mL、40.0ng/mL，AFT B_2 和 AFT G_2 浓度为 0.03ng/mL、0.15ng/mL、0.6ng/mL、1.5ng/mL、3.0ng/mL、6.0ng/mL、12ng/mL 的系列标准溶液）。

11 仪器和设备

11.1 匀浆机。

11.2 高速粉碎机。

11.3 组织捣碎机。

11.4 超声波/涡旋振荡器或摇床。

11.5 天平：感量0.01g和0.00001g。

11.6 涡旋混合器。

11.7 高速均质器：转速6500r/min~24000r/min。

11.8 离心机：转速≥6000r/min。

11.9 玻璃纤维滤纸：快速、高载量、液体中颗粒保留1.6μm。

11.10 氮吹仪。

11.11 液相色谱仪：配荧光检测器。

11.12 色谱分离柱。

11.13 黄曲霉毒素专用型固相萃取净化柱（以下简称净化柱），或相当者。

11.14 一次性微孔滤头：带 0.22μm 微孔滤膜（所选用滤膜应采用标准溶液检验确认无吸附现象，方可使用）。

11.15 筛网：1mm~2mm 试验筛孔径。

11.16 恒温箱。

11.17 pH 计。

12 分析步骤

12.1 样品制备

12.1.1 液体样品（植物油、酱油、醋等）

采样量需大于 1L，对于袋装、瓶装等包装样品需至少采集 3 个包装（同一批次或号），将所有液体样品在一个容器中用匀浆机混匀后，其中任意的 100g（mL）样品进行检测。

12.1.2 固体样品（谷物及其制品、坚果及籽类、婴幼儿谷类辅助食品等）

采样量需大于 1kg，用高速粉碎机将其粉碎，过筛，使其粒径小于 2mm 孔径试验筛，混合均匀后缩分至 100g，储存于样品瓶中，密封保存，供检测用。

12.1.3 半流体（腐乳、豆豉等）

采样量需大于 1kg（L），对于袋装、瓶装等包装样品需至少采集 3 个包装（同一批次或号），用组织捣碎机捣碎混匀后，储存于样品瓶中，密封保存，供检测用。

12.2 样品提取

12.2.1 液体样品

12.2.1.1 植物油脂

称取 5g 试样（精确至 0.01g）于 50mL 离心管中，加入 20mL 乙腈-水溶液（84+16）或甲醇-水溶液（70+30），涡旋混匀，置于超声波/涡旋振荡器或摇床中振荡 20min（或用均质器均质 3min），在 6000r/min 下离心 10min，取上清液备用。

12.2.1.2 酱油、醋

称取 5g 试样（精确至 0.01g）于 50mL 离心管中，用乙腈或甲醇定容至 25mL（精确至 0.1mL），涡旋混匀，置于超声波/涡旋振荡器或摇床中振荡 20min（或用均质器均质 3min），在 6000r/min 下离心 10min（或均质后玻璃纤维滤纸过滤），取上清液备用。

12.2.2　固体样品

12.2.2.1　一般固体样品

称取5g试样（精确至0.01g）于50mL离心管中，加入20.0mL乙腈-水溶液（84+16）或甲醇-水溶液（70+30），涡旋混匀，置于超声波/涡旋振荡器或摇床中振荡20min（或用均质器均质3min），在6000r/min下离心10min（或均质后玻璃纤维滤纸过滤），取上清液备用。

12.2.2.2　婴幼儿配方食品和婴幼儿辅助食品

称取5g试样（精确至0.01g）于50mL离心管中，加入20.0mL乙腈-水溶液（50+50）或甲醇-水溶液（70+30），涡旋混匀，置于超声波/涡旋振荡器或摇床中振荡20min（或用均质器均质3min），在6000r/min下离心10min（或均质后玻璃纤维滤纸过滤），取上清液备用。

12.2.3　半流体样品

称取5g试样（精确至0.01g）于50mL离心管中，加入20.0mL乙腈-水溶液（84+16）或甲醇-水溶液（70+30），置于超声波/涡旋振荡器或摇床中振荡20min（或用均质器均质3min），在6000r/min下离心10min（或均质后玻璃纤维滤纸过滤），取上清液备用。

12.3　样品黄曲霉毒素固相净化柱净化

移取适量上清液，按净化柱操作说明进行净化，收集全部净化液。

12.4　衍生

用移液管准确吸取4.0mL净化液于10mL离心管后在50℃下用氮气缓缓地吹至近干，分别加入200μL正己烷和100μL三氟乙酸，涡旋30s，在40℃±1℃的恒温箱中衍生15min，衍生结束后，在50℃下用氮气缓缓地将衍生液吹至近干，用初始流动相定容至1.0mL，涡旋30s溶解残留物，过0.22μm滤膜，收集滤液于进样瓶中以备进样。

12.5　色谱参考条件

色谱参考条件列出如下：

a）流动相：A相：水，B相：乙腈-甲醇溶液（50+50）；

b）梯度洗脱：24% B（0min～6min），35% B（8.0min～10.0min），100% B（10.2min～11.2min），24% B（11.5min～13.0min）；

c）色谱柱：C_{18}柱（柱长150mm或250mm，柱内径4.6mm，填料粒径5.0μm），或相当者；

d）流速：1.0mL/min；

e）柱温：40℃；

f）进样体积：50μL；

g）检测波长：激发波长360nm；发射波长440nm；

h）液相色谱图：参见图 D.1。

12.6　样品测定

12.6.1　标准曲线的制作

系列标准工作溶液由低到高浓度依次进样检测，以峰面积为纵坐标-浓度为横坐标作图，得到标准曲线回归方程。

12.6.2　试样溶液的测定

待测样液中待测化合物的响应值应在标准曲线线性范围内，浓度超过线性范围的样品则应稀释后重新进样分析。

12.6.3　空白试验

不称取试样，按 12.2、12.3 和 12.4 的步骤做空白实验。应确认不含有干扰待测组分的物质。

13　分析结果的表述

试样中 AFT B_1、AFT B_2、AFT G_1 和 AFT G_2 的残留量按式（2）计算：

$$X = \frac{\rho \times V_1 \times V_3 \times 1\,000}{V_2 \times m \times 1\,000} \quad\cdots\cdots\cdots\cdots\cdots\cdots\cdots\cdots\cdots\cdots\cdots (2)$$

式中：

X——试样中 AFT B_1、AFT B_2、AFT G_1 或 AFT G_2 的含量，单位为微克每千克（μg/kg）；

ρ——进样溶液中 AFT B_1、AFT B_2、AFT G_1 或 AFT G_2 按照外标法在标准曲线中对应的浓度，单位为纳克每毫升（ng/mL）；

V_1——试样提取液体积（植物油脂、固体、半固体按加入的提取液体积；酱油、醋按定容总体积），单位为毫升（mL）；

V_3——净化液的最终定容体积，单位为毫升（mL）；

1 000——换算系数；

V_2——净化柱净化后的取样液体积，单位为毫升（mL）；

m——试样的称样量，单位为克（g）。

计算结果保留三位有效数字。

14　精密度

在重复性条件下获得的两次独立测定结果的绝对差值不得超过算术平均值的20%。

15　其他

当称取样品 5g 时，柱前衍生法的 AFT B_1 的检出限为 0.03μg/kg，AFT B_2 的

检出限为 $0.03\mu g/kg$，AFT G_1 的检出限为 $0.03\mu g/kg$，AFT G_2 的检出限为 $0.03\mu g/kg$；柱前衍生法的 AFT B_1 的定量限为 $0.1\mu g/kg$，AFT B_2 的定量限为 $0.1\mu g/kg$，AFT G_1 的定量限为 $0.1\mu g/kg$，AFT G_2 的定量限为 $0.1\mu g/kg$。

第三法　高效液相色谱-柱后衍生法

导语：下述方法的仪器检测部分，包括碘或溴试剂衍生、光化学衍生、电化学衍生等柱后衍生方法，可根据实际情况，选择其中一种方法即可。

16　原理

试样中的黄曲霉毒素 B_1、黄曲霉毒素 B_2、黄曲霉毒素 G_1、黄曲霉毒素 G_2，用乙腈-水溶液或甲醇-水溶液的混合溶液提取，提取液经免疫亲和柱净化和富集，净化液浓缩、定容和过滤后经液相色谱分离，柱后衍生（碘或溴试剂衍生、光化学衍生、电化学衍生等），经荧光检测器检测，外标法定量。

17　试剂和材料

除非另有说明，本方法所用试剂均为分析纯，水为 GB/T 6682 规定的一级水。

17.1　试剂

17.1.1　甲醇（CH_3OH）：色谱纯。

17.1.2　乙腈（CH_3CN）：色谱纯。

17.1.3　氯化钠（NaCl）。

17.1.4　磷酸氢二钠（Na_2HPO_4）。

17.1.5　磷酸二氢钾（KH_2PO_4）。

17.1.6　氯化钾（KCl）。

17.1.7　盐酸（HCl）。

17.1.8　Triton X-100 $[C_{14}H_{22}O\ (C_2H_4O)_n]$（或吐温-20，$C_{58}H_{114}O_{26}$）。

17.1.9　碘衍生使用试剂：碘（I_2）。

17.1.10　溴衍生使用试剂：三溴化吡啶（$C_5H_6Br_3N_2$）。

17.1.11　电化学衍生使用试剂：溴化钾（KBr）、浓硝酸（HNO_3）。

17.2　试剂配制

17.2.1　乙腈-水溶液（84+16）：取 840mL 乙腈加入 160mL 水。

17.2.2　甲醇-水溶液（70+30）：取 700mL 甲醇加入 300mL 水。

17.2.3　乙腈-水溶液（50+50）：取 500mL 乙腈加入 500mL 水。

17.2.4　乙腈-水溶液（10+90）：取 100mL 乙腈加入 900mL 水。

17.2.5　乙腈-甲醇溶液（50+50）：取 500mL 乙腈加入 500mL 甲醇。

17.2.6 磷酸盐缓冲溶液（以下简称 PBS）：称取 8.00g 氯化钠、1.20g 磷酸氢二钠（或 2.92g 十二水磷酸氢二钠）、0.20g 磷酸二氢钾、0.20g 氯化钾，用 900mL 水溶解，用盐酸调节 pH 至 7.4，用水定容至 1000mL。

17.2.7 1% Triton X-100（或吐温-20）的 PBS：取 10mL Triton X-100，用 PBS 定容至 1000mL。

17.2.8 0.05%碘溶液：称取 0.1g 碘，用 20mL 甲醇溶解，加水定容至 200mL，用 0.45μm 的滤膜过滤，现配现用（仅碘柱后衍生法使用）。

17.2.9 5mg/L 三溴化吡啶水溶液：称取 5mg 三溴化吡啶溶于 1L 水中，用 0.45μm 的滤膜过滤，现配现用（仅溴柱后衍生法使用）。

17.3 标准品

17.3.1 AFT B_1 标准品（$C_{17}H_{12}O_6$，CAS 号：1162-65-8）：纯度≥98%，或经国家认证并授予标准物质证书的标准物质。

17.3.2 AFT B_2 标准品（$C_{17}H_{14}O_6$，CAS 号：7220-81-7）：纯度≥98%，或经国家认证并授予标准物质证书的标准物质。

17.3.3 AFT G_1 标准品（$C_{17}H_{12}O_7$，CAS 号：1165-39-5）：纯度≥98%，或经国家认证并授予标准物质证书的标准物质。

17.3.4 AFT G_2 标准品 $C_{17}H_{14}O_7$，CAS 号：7241-98-7）：纯度≥98%，或经国家认证并授予标准物质证书的标准物质。

注：标准物质可以使用满足溯源要求的商品化标准溶液。

17.4 标准溶液配制

17.4.1 标准储备溶液（10μg/mL）：分别称取 AFT B_1、AFT B_2、AFT G_1 和 AFT G_2 1mg（精确至 0.01mg），用乙腈溶解并定容至 100mL。此溶液浓度约为 10μg/mL。溶液转移至试剂瓶中后，在-20℃ 下避光保存，备用。临用前进行浓度校准（校准方法参见附录 A）。

17.4.2 混合标准工作液（AFT B_1 和 AFT G_1：100ng/mL，AFT B_2 和 AFT G_2：30ng/mL）：准确移取 AFT B_1 和 AFT G_1 标准储备溶液各 1mL，AFT B_2 和 AFT G_2 标准储备溶液各 300μL 至 100mL 容量瓶中，乙腈定容。密封后避光-20℃下保存，三个月内有效。

17.4.3 标准系列工作溶液：分别准确移取混合标准工作液 10μL、50μL、200μL、500μL、1000μL、2000μL、4000μL 至 10mL 容量瓶中，用初始流动相定容至刻度（含 AFT B_1 和 AFT G_1 浓度为 0.1ng/mL、0.5ng/mL、2.0ng/mL、5.0ng/mL、10.0ng/mL、20.0ng/mL、40.0ng/mL，AFT B_2 和 AFT G_2 浓度为 0.03ng/mL、0.15ng/mL、0.6ng/mL、1.5ng/mL、3.0ng/mL、6.0ng/mL、12ng/mL 的系列标准溶液）。

18　仪器和设备

18.1　匀浆机。

18.2　高速粉碎机。

18.3　组织捣碎机。

18.4　超声波/涡旋振荡器或摇床。

18.5　天平：感量 0.01g 和 0.00001g。

18.6　涡旋混合器。

18.7　高速均质器：转速 6500r/min～24000r/min。

18.8　离心机：转速 ≥6000r/min。

18.9　玻璃纤维滤纸：快速、高载量、液体中颗粒保留 1.6μm。

18.10　固相萃取装置（带真空泵）。

18.11　氮吹仪。

18.12　液相色谱仪：配荧光检测器（带一般体积流动池或者大体积流通池）。

注：当带大体积流通池时不需要再使用任何型号或任何方式的柱后衍生器。

18.13　液相色谱柱。

18.14　光化学柱后衍生器（适用于光化学柱后衍生法）。

18.15　溶剂柱后衍生装置（适用于碘或溴试剂衍生法）。

18.16　电化学柱后衍生器（适用于电化学柱后衍生法）。

18.17　免疫亲和柱：AFT B_1 柱容量 ≥200ng，AFT B_1 柱回收率 ≥80%，AFT G_2 的交叉反应率 ≥80（验证方法参见附录 B）。

注：对于每个批次的亲和柱使用前需质量验证。

18.18　黄曲霉毒素固相净化柱或功能相当的固相萃取柱（以下简称净化柱）：对复杂基质样品测定时使用。

18.19　一次性微孔滤头：带 0.22μm 微孔滤膜（所选用滤膜应采用标准溶液检验确认无吸附现象，方可使用）。

18.20　筛网 1mm～2mm 试验筛孔径。

19　分析步骤

使用不同厂商的免疫亲和柱，在样品的上样、淋洗和洗脱的操作方面可能略有不同，应该按照供应商所提供的操作说明书要求进行操作。

警示：整个分析操作过程应在指定区域内进行。该区域应避光（直射阳光）、具备相对独立的操作台和废弃物存放装置。在整个实验过程中，操作者应按照接触剧毒物的要求采取相应的保护措施。

19.1　样品制备

同 12.1。

19.2 样品提取

同 12.2。

19.3 样品净化

19.3.1 免疫亲和柱净化

19.3.1.1 上样液的准备

准确移取 4mL 上述上清液，加入 46mL 1% Triton X-100（或吐温-20）的 PBS（使用甲醇-水溶液提取时可减半加入），混匀。

19.3.1.2 免疫亲和柱的准备

将低温下保存的免疫亲和柱恢复至室温。

19.3.1.3 试样的净化

免疫亲和柱内的液体放弃后，将上述样液移至 50mL 注射器筒中，调节下滴速度，控制样液以 1mL/min~3mL/min 的速度稳定下滴。待样液滴完后，往注射器筒内加入 2×10mL 水，以稳定流速淋洗免疫亲和柱。待水滴完后，用真空泵抽干亲和柱。脱离真空系统，在亲和柱下部放置 10mL 刻度试管，取下 50mL 的注射器筒，2×1mL 甲醇洗脱亲和柱，控制 1mL/min~3mL/min 的速度下滴，再用真空泵抽干亲和柱，收集全部洗脱液至试管中。在 50℃ 下用氮气缓缓地将洗脱液吹至近干，用初始流动相定容至 1.0mL，涡旋 30s 溶解残留物，0.22μm 滤膜过滤，收集滤液于进样瓶中以备进样。

19.3.2 黄曲霉毒素固相净化柱和免疫亲和柱同时使用（对花椒、胡椒和辣椒等复杂基质）

19.3.2.1 净化柱净化

移取适量上清液，按净化柱操作说明进行净化，收集全部净化液。

19.3.2.2 免疫亲和柱净化

用刻度移液管准确吸取上部净化液 4mL，加入 46mL 1% Triton X-100（或吐温-20）的 PBS（使用甲醇-水溶液提取时可减半加入），混匀。按 19.4.1.3 处理。

注：全自动（在线）或半自动（离线）的固相萃取仪器可优化操作参数后使用。

19.4 液相色谱参考条件

19.4.1 无衍生器法（大流通池直接检测）

液相色谱参考条件列出如下：

a）流动相：A 相，水；B 相，乙腈-甲醇（50+50）；

b）等梯度洗脱条件：A，65%；B，35%；

c）色谱柱：C_{18}柱（柱长 100mm，柱内径 2.1mm，填料粒径 1.7μm），或相当者；

d）流速：0.3mL/min；

e）柱温：40℃；

f）进样量：10μL；

g）激发波长：365nm；发射波长：436nm（AFT B_1、AFT B_2），463nm（AFT G_1、AFT G_2）；

h）液相色谱图见图 D.2。

19.4.2　柱后光化学衍生法

液相色谱参考条件列出如下：

a）流动相：A 相，水；B 相，乙腈-甲醇（50+50）；

b）等梯度洗脱条件：A，68%；B，32%；

c）色谱柱：C_{18} 柱（柱长 150mm 或 250mm，柱内径 4.6mm，填料粒径 5μm），或相当者；

d）流速：1.0mL/min；

e）柱温：40℃；

f）进样量：50μL；

g）光化学柱后衍生器；

h）激发波长：360nm；发射波长：440nm；

i）液相色谱图见图 D.3。

19.4.3　柱后碘或溴试剂衍生法

19.4.3.1　柱后碘衍生法

液相色谱参考条件列出如下：

a）流动相：A 相，水；B 相，乙腈-甲醇（50+50）；

b）等梯度洗脱条件：A，68%；B，32%；

c）色谱柱：C_{18} 柱（柱长 150mm 或 250mm，柱内径 4.6mm，填料粒径 5μm），或相当者；

d）流速：1.0mL/min；

e）柱温：40℃；

f）进样量：50μL；

g）柱后衍生化系统；

h）衍生溶液：0.05%碘溶液；

i）衍生溶液流速：0.2mL/min；

j）衍生反应管温度：70℃；

k）激发波长：360nm；发射波长：440nm；

l）液相色谱图见图 D.4。

19.4.3.2　柱后溴衍生法

液相色谱参考条件列出如下：

a）流动相：A 相，水；B 相，乙腈-甲醇（50+50）；

b）等梯度洗脱条件：A，68%；B，32%；

c）色谱柱：C_{18}柱（柱长 150mm 或 250mm，柱内径 4.6mm，填料粒径 5μm），或相当者；

d）流速：1.0mL/min；

e）色谱柱柱温：40℃；

f）进样量：50μL；

g）柱后衍生系统；

h）衍生溶液：5mg/L 三溴化吡啶水溶液；

i）衍生溶液流速：0.2mL/min；

j）衍生反应管温度：70℃；

k）激发波长：360nm；发射波长：440nm；

l）液相色谱图见图 D.5。

19.4.4　柱后电化学衍生法

液相色谱参考条件列出如下：

a）流动相：A 相，水（1L 水中含 119mg 溴化钾，350μL 4mol/L 硝酸）；B 相，甲醇；

b）等梯度洗脱条件：A，60%；B，40%；

c）色谱柱：C_{18}柱（柱长 150mm 或 250mm，柱内径 4.6mm，填料粒径 5μm），或相当者；

d）柱温：40℃；

e）流速：1.0mL/min；

f）进样量：50μL；

g）电化学柱后衍生器：反应池工作电流 100μA；1 根 PEEK 反应管路（长度 50cm，内径 0.5mm）；

h）激发波长：360nm；发射波长：440nm；

i）液相色谱图见图 D.6。

19.5　样品测定

19.5.1　标准曲线的制作

系列标准工作溶液由低到高浓度依次进样检测，以峰面积为纵坐标、浓度为横坐标作图，得到标准曲线回归方程。

19.5.2　试样溶液的测定

待测样液中待测化合物的响应值应在标准曲线线性范围内，浓度超过线性范围的样品则应稀释后重新进样分析。

19.5.3　空白试验

不称取试样，按 19.3、19.4 和 19.5 的步骤做空白实验。应确认不含有干扰待测组分的物质。

20　分析结果的表述

试样中 AFT B_1、AFT B_2、AFT G_1 和 AFT G_2 的残留量按式（3）计算：

$$X = \frac{\rho \times V_1 \times V_3 \times 1\ 000}{V_2 \times m \times 1\ 000} \cdots\cdots\cdots\cdots\cdots\cdots\cdots\cdots\cdots （3）$$

式中：

X——试样中 AFT B_1、AFT B_2、AFT G_1 或 AFT G_2 的含量，单位为微克每千克（μg/kg）；

ρ——进样溶液中 AFT B_1、AFT B_2、AFT G_1 或 AFT G_2 按照外标法在标准曲线中对应的浓度，单位为纳克每毫升（ng/mL）；

V_1——试样提取液体积（植物油脂、固体、半固体按加入的提取液体积；酱油、醋按定容总体积），单位为毫升（mL）；

V_3——样品经免疫亲和柱净化洗脱后的最终定容体积，单位为毫升（mL）；

V_2——用于免疫亲和柱的分取样品体积，单位为毫升（mL）；

1 000——换算系数；

m——试样的称样量，单位为克（g）。

计算结果保留三位有效数字。

21　精密度

在重复性条件下获得的两次独立测定结果的绝对差值不得超过算术平均值的 20%。

22　其他

当称取样品 5g 时，柱后光化学衍生法、柱后溴衍生法、柱后碘衍生法、柱后电化学衍生法的 AFT B_1 的检出限为 0.03μg/kg，AFT B_2 的检出限为 0.01μg/kg，AFT G_1 的检出限为 0.03μg/kg，AFT G_2 的检出限为 0.01μg/kg；无衍生器法的 AFT B_1 的检出限为 0.02μg/kg，AFT B_2 的检出限为 0.003μg/kg，AFT G_1 的检出限为 0.02μg/kg，AFT G_2 的检出限为 0.003μg/kg；

柱后光化学衍生法、柱后溴衍生法、柱后碘衍生法、柱后电化学衍生法：AFT B_1 的定量限为 0.1μg/kg，AFT B_2 的定量限为 0.03μg/kg，AFT G_1 的定量限为 0.1μg/kg，AFT G_2 的定量限为 0.03μg/kg；无衍生器法：AFT B_1 的定量限为 0.05μg/kg，AFT B_2 的定量限为 0.01μg/kg，AFT G_1 的定量限为 0.05μg/kg，AFT

G_2 的定量限为 $0.01\mu g/kg$。

第四法　酶联免疫吸附筛查法

23　原理

试样中的黄曲霉毒素 B_1 用甲醇水溶液提取，经均质、涡旋、离心（过滤）等处理获取上清液。被辣根过氧化物酶标记或固定在反应孔中的黄曲霉毒素 B_1，与试样上清液或标准品中的黄曲霉毒素 B_1 竞争性结合特异性抗体。在洗涤后加入相应显色剂显色，经无机酸终止反应，于 450nm 或 630nm 波长下检测。样品中的黄曲霉毒素 B_1 与吸光度在一定浓度范围内呈反比。

24　试剂和材料

配制溶液所需试剂均为分析纯，水为 GB/T 6682 规定二级水。

按照试剂盒说明书所述，配制所需溶液。

所用商品化的试剂盒需按照 E 中所述方法验证合格后方可使用。

25　仪器和设备

25.1　微孔板酶标仪：带 450nm 与 630nm（可选）滤光片。

25.2　研磨机。

25.3　振荡器。

25.4　电子天平：感量 0.01g。

25.5　离心机：转速≥6000r/min。

25.6　快速定量滤纸：孔径 11μm。

25.7　筛网：1mm～2mm 孔径。

25.8　试剂盒所要求的仪器。

26　分析步骤

26.1　样品前处理

26.1.1　液态样品（油脂和调味品）

取 100g 待测样品摇匀，称取 5.0g 样品于 50mL 离心管中，加入试剂盒所要求提取液，按照试纸盒说明书所述方法进行检测。

26.1.2　固态样品（谷物、坚果和特殊膳食用食品）

称取至少 100g 样品，用研磨机进行粉碎，粉碎后的样品过 1mm～2mm 孔径试验筛。取 5.0g 样品于 50mL 离心管中，加入试剂盒所要求提取液，按照试纸盒说明书所述方法进行检测。

26.2　样品检测

按照酶联免疫试剂盒所述操作步骤对待测试样（液）进行定量检测。

27　分析结果的表述

27.1　酶联免疫试剂盒定量检测的标准工作曲线绘制

按照试剂盒说明书提供的计算方法或者计算机软件，根据标准品浓度与吸光度变化关系绘制标准工作曲线。

27.2　待测液浓度计算

按照试剂盒说明书提供的计算方法以及计算机软件，将待测液吸光度代入 27.1 所获得公式，计算得待测液浓度（ρ）。

27.3　结果计算

食品中黄曲霉毒素 B_1 的含量按式（4）计算：

$$X = \frac{\rho \times V \times f}{m} \cdots\cdots\cdots\cdots\cdots\cdots\cdots\cdots\cdots\cdots\cdots\cdots\cdots\cdots (4)$$

式中：

X——试样中 AFT B_1 的含量，单位为微克每千克（$\mu g/kg$）；

ρ——待测液中黄曲霉毒素 B_1 的浓度，单位为纳克每毫升（$\mu g/L$）；

V——提取液体积（固态样品为加入提取液体积，液态样品为样品和提取液总体积），单位为升（L）；

f——在前处理过程中的稀释倍数；

m——试样的称样量，单位为千克（kg）。

计算结果保留小数点后两位。

阳性样品需用第一法、第二法或第三法进一步确认。

28　精密度

每个试样称取两份进行平行测定，以其算术平均值为分析结果。其分析结果的相对相差应不大于 20%。

29　其他

当称取谷物、坚果、油脂、调味品等样品 5g 时，方法检出限为 1$\mu g/kg$，定量限为 3$\mu g/kg$。当称取特殊膳食用食品样品 5g 时，方法检出限为 0.1$\mu g/kg$，定量限为 0.3$\mu g/kg$。

第五法　薄层色谱法

30　原理

样品经提取、浓缩、薄层分离后，黄曲霉毒素 B_1 在紫外光（波长 365nm）下产生蓝紫色荧光，根据其在薄层上显示荧光的最低检出量来测定含量。

31　试剂和材料

除非另有说明，本方法所用试剂均为分析纯，水为 GB/T 6682 规定的一级水。

31.1　试剂

31.1.1　甲醇（CH_3OH）。

31.1.2　正己烷（C_6H_{14}）。

31.1.3　石油醚（沸程30℃~60℃或60℃~90℃）。

31.1.4　三氯甲烷（$CHCl_3$）。

31.1.5　苯（C_6H_6）。

31.1.6　乙腈（CH_3CN）。

31.1.7　无水乙醚（C_2H_6O）。

31.1.8　丙酮（C_3H_6O）。

注：以上试剂在试验时先进行一次试剂空白试验，如不干扰测定即可使用，否则需逐一进行重蒸。

31.1.9　硅胶 G：薄层层析用。

31.1.10　三氟乙酸（CF_3COOH）。

31.1.11　无水硫酸钠（Na_2SO_4）。

31.1.12　氯化钠（NaCl）。

31.2　试剂配制

31.2.1　苯–乙腈溶液（98+2）：取 2mL 乙腈加入 98mL 苯中混匀。

31.2.2　甲醇–水溶液（55+45）：取 550mL 甲醇加入 450mL 水中混匀。

31.2.3　甲醇–三氯甲烷（4+96）：取 4mL 甲醇加入 96mL 三氯甲烷中混匀。

31.2.4　丙酮–三氯甲烷（8+92）：取 8mL 丙酮加入 92mL 三氯甲烷中混匀。

31.2.5　次氯酸钠溶液（消毒用）：取 100g 漂白粉，加入 500mL 水，搅拌均匀。另将 80g 工业用碳酸钠（$Na_2CO_3 \cdot 10H_2O$）溶于 500mL 温水中，再将两液混合、搅拌，澄清后过滤。此滤液含次氯酸浓度约为 25g/L。若用漂粉精制备，则碳酸钠的量可以加倍。所得溶液的浓度约为 50g/L。污染的玻璃仪器用 10g/L 氯酸钠溶液浸泡半天或用 50g/L 次氯酸钠溶液浸泡片刻后，即可达到去毒效果。

31.3　标准品

AFT B_1 标准品（$C_{17}H_{12}O_6$，CAS号：1162-65-8）：纯度≥98%，或经国家认证并授予标准物质证书的标准物质。

31.4　标准溶液配制

31.4.1　AFT B_1 标准储备溶液（10μg/mL）：准确称取 1mg~1.2mgAFT B_1 标准品，先加入 2mL 乙腈溶解后，再用苯稀释至 100mL，避光，置于4℃冰箱保存，此溶液浓度约 10μg/mL。

纯度的测定：取 5μL10μg/mL AFT B_1 标准溶液，滴加于涂层厚度 0.25mm 的硅胶 G 薄层板上，用甲醇-三氯甲烷与丙酮-三氯甲烷展开剂展开，在紫外光灯下观察荧光的产生，应符合以下条件：

a）在展开后，只有单一的荧光点，无其他杂质荧光点；

b）原点上没有任何残留的荧光物质。

31.4.2　AFT B_1 标准工作液：准确吸取 1mL 标准溶液储备液于 10mL 容量瓶中，加苯-乙腈混合液至刻度，混匀。此溶液每毫升相当于 1.0μgAFT B_1。吸取 1.0mL 此稀释液，置于 5mL 容量瓶中，加苯-乙腈混合液稀释至刻度，此溶液每毫升相当于 0.2μgAFT B_1。再吸取 AFT B_1 标准榕液（0.2μg/mL）1.0mL 置于 5mL 容量瓶中，加苯-乙腈混合液稀释至刻度。此溶液每毫升相当于 0.04μg AFT B_1。

32　仪器和设备

32.1　圆孔筛：2.0mm 筛孔孔径。

32.2　小型粉碎机。

32.3　电动振荡器。

32.4　全玻璃浓缩器。

32.5　玻璃板：5cm×20cm。

32.6　薄层板涂布器。

注：可选购适用黄曲霉毒素检测的商品化薄层板。

32.7　展开槽：长 25cm，宽 6cm，高 4cm。

32.8　紫外光灯：100W~125W，带 365nm 滤光片。

32.9　微量注射器或血色素吸管。

33　分析步骤

警示：整个操作需在暗室条件下进行。

33.1 样品提取

33.1.1 玉米、大米、小麦、面粉、薯干、豆类、花生、花生酱等

33.1.1.1 甲法：称取 20.00g 粉碎过筛试样（面粉、花生酱不需粉碎），置于 250mL 具塞锥形瓶中，加 30mL 正己烷或石油醚和 100mL 甲醇水溶液，在瓶塞上涂上一层水，盖严防漏。振荡 30min，静置片刻，以叠成折叠式的快速定性滤纸过滤于分液漏斗中，待下层甲醇水带被分清后，放出甲醇水溶液于另一具塞锥形瓶内。取 20.00mL 甲醇水溶液（相当于 4g 试样）置于另一 125mL 分液漏斗中，加 20mL 三氯甲烷，振摇 2min，静置分层，如出现乳化现象可滴加甲醇促使分层。放出三氯甲烷层，经盛有约 10g 预先用三氯甲烷湿润的无水硫酸钠的定量慢速滤纸过滤于 50mL 蒸发皿中，再加 5mL 三氯甲烷于分液漏斗中，重复振摇提取，三氯甲烷层一并滤于蒸发皿中，最后用少量三氯甲烷洗过滤器，洗液并于蒸发皿中。将蒸发皿放在通风柜于 65℃ 水浴上通风挥干，然后放在冰盒上冷却 2min～3min 后，准确加入 1mL 苯-乙腈混合液（或将三氯甲烷用浓缩蒸馏器减压吹气蒸干后，准确加入 1mL 苯-乙腈混合液）。用带橡皮头的滴管的管尖将残渣充分混合，若有苯的结晶析出，将蒸发皿从冰盒上取出，继续溶解、混合，晶体即消失，再用此滴管吸取上清液转移于 2mL 具塞试管中。

33.1.1.2 乙法（限于玉米、大米、小麦及其制品）：称取 20.00g 粉碎过筛试样于 250mL 具塞锥形瓶中，用滴管滴加约 6mL 水，使试样湿润，准确加入 60mL 三氯甲烷，振荡 30min，加 12g 无水硫酸钠，振摇后，静置 30min，用叠成折叠式的快速定性滤纸过滤于 100mL 具塞锥形瓶中。取 12mL 滤液（相当 4g 试样）于蒸发皿中，在 65℃ 水浴锅上通风挥干，准确加入 1mL 苯-乙腈混合液，以下按 33.1.1.1 自"用带橡皮头的滴管的管尖将残渣充分混合……"起依法操作。

33.1.2 花生油、香油、菜油等

称取 4.00g 试样置于小烧杯中，用 20mL 正己烷或石油醚将试样移于 125mL 分液漏斗中。用 20mL 甲醇水溶液分次洗烧杯，洗液一并移入分液漏斗中，振摇 2min，静置分层后，将下层甲醇水溶液移入第二个分液漏斗中，再用 5mL 甲醇水溶液重复振摇提取一次，提取液一并移入第二个分液漏斗中，在第二个分液漏斗中加入 20mL 三氯甲烷，以下按 33.1.1.1 自"振摇 2min，静置分层……"起依法操作。

33.1.3 酱油、醋

称取 10.00g 试样于小烧杯中，为防止提取时乳化，加 0.4g 氯化钠，移入分液漏斗中，用 15mL 三氯甲烷分次洗涤烧杯，洗液一并移入分液漏斗中。以下按 33.1.1.1 自"振摇 2min，静置分层……"起依法操作，最后加入 2.5mL 苯-乙

腈混合液，此溶液每毫升相当于 4g 试样。

或称取 10.00g 试样，置于分液漏斗中，再加 12mL 甲醇（以酱油体积代替水，故甲醇与水的体积比仍约为 55∶45），用 20mL 三氯甲烷提取，以下按 33.1.1.1 自"振摇 2min，静置分层……"起依法操作。最后加入 2.5mL 苯-乙腈混合液。此溶液每毫升相当于 4g 试样。

33.1.4　干酱类（包括豆豉、腐乳制品）

称取 20.00g 研磨均匀的试样，置于 250mL 具塞锥形瓶中，加入 20mL 正己烷或石油醚与 50mL 甲醇水溶液。振荡 30min，静置片刻，以叠成折叠式快速定性滤纸过滤，滤液静置分层后，取 24mL 甲醇水层（相当 8g 试样，其中包括 8g 干酱类本身约含有 4mL 水的体积在内）置于分液漏斗中，加入 20mL 三氯甲烷，以下按 33.1.1.1 自"振摇 2min，静置分层……"起依法操作。最后加入 2mL 苯-乙腈混合液。此溶液每毫升相当于 4g 试样。

33.2　测定

33.2.1　单向展开法

33.2.1.1　薄层板的制备

称取约 3g 硅胶 G，加相当于硅胶量 2 倍~3 倍的水，用力研磨 1min~2min 至成糊状后立即倒于涂布器内，推成 5cm×20cm，厚度约 0.25mm 的薄层板三块。在空气中干燥约 15min 后，在 100℃ 活化 2h，取出，放干燥器中保存。一般可保存 2d~3d，若放置时间较长，可再活化后使用。

33.2.1.2　点样

将薄层板边缘附着的吸附剂刮净，在距薄层板下端 3cm 的基线上用微量注射器或血色素吸管滴加样液。一块板可滴加 4 个点，点距边缘和点间距约为 1cm，点直径约 3mm。在同一块板上滴加点的大小应一致，滴加时可用吹风机用冷风边吹边加。滴加样式如下：

第一点：0μL AFT B$_1$ 标准工作液（0.04μg/mL）。

第二点：20μL 样液。

第三点：20μL 样液+10μL0.04μg/mL AFT B$_1$ 标准工作液。

第四点：20μL 样液+10μL0.2μg/mL AFT B$_1$ 标准工作液。

33.2.1.3　展开与观察

在展开槽内加 10mL 无水乙醚，预展 12cm，取出挥干。再于另一展开槽内加 10mL 丙酮-三氯甲烷（8+92），展开 10cm~12cm，取出。在紫外光下观察结果，方法如下。

由于样液点上加滴 AFT B$_1$ 标准工作液，可使 AFT B$_1$ 标准点与样液中的 AFT B$_1$ 荧光点重叠。如样液为阴性，薄层板上的第三点中 AFT B$_1$ 为 0.0004μg，可用作检查在样液内 AFT B$_1$ 最低检出量是否正常出现；如为阳性，则起定性作用。

薄层板上的第四点中 AFT B₁ 为 0.002μg，主要起定位作用。

若第二点在与 AFT B₁ 标准点的相应位置上无蓝紫色荧光点，表示试样中 AFT B₁ 含量在 5μg/kg 以下，如在相应位置上有蓝紫色荧光点，则需进行确证试验。

33.2.1.4 确证试验

为了证实薄层板上样液荧光系由 AFT B₁ 产生的，加滴三氟乙酸，产生 AFT B₁ 的衍生物，展开后此衍生物的比移值在 0.1 左右。于薄层板左边依次滴加两个点。

第一点：0.04μg/mL AFT B₁ 标准工作液 10μL。

第二点：20μL 样液。于以上两点各加一小滴三氟乙酸盖于其上，反应 5min 后，用吹风机吹热风 2min 后，使热风吹到薄层板上的温度不高于 40℃，再于薄层板上滴加以下两个点。

第三点：0.04μg/mL AFT B₁ 标准工作液 10μL。

第四点：20μL 样液。

再展开（同 16.2.1.3），在紫外光灯下观察样液是否产生与 AFT B₁ 标准点相同的衍生物。未加三氟乙酸的三、四两点，可依次作为样液与标准的衍生物空白对照。

33.2.1.5 稀释定量

样液中的 AFT B₁ 荧光点的荧光强度如与 AFT B₁ 标准点的最低检出量（0.0004μg）的荧光强度一致，则试样中 AFT B₁ 含量即为 5μg/kg。如样液中荧光强度比最低检出量强，则根据其强度估计减少滴加微升数或将样液稀释后再滴加不同微升数，直至样液点的荧光强度与最低检出量的荧光强度一致为止。滴加式样如下：

第一点：10μL AFT B₁ 标准工作液（0.04μg/mL）

第二点：根据情况滴加 10μL 样液。

第三点：根据情况滴加 15μL 样液。

第四点：根据情况滴加 20μL 样液。

33.2.1.6 结果计算

试样中 AFT B₁ 的含量按式（5）计算：

$$X = 0.0004 \times \frac{V_1 \times f}{V_2 \times m} \times 1\,000 \quad\cdots\cdots\cdots\cdots\cdots\cdots\cdots\cdots\cdots (5)$$

式中：

X——试样中 AFT B₁ 的含量，单位为微克每千克（μg/kg）；

0.0004——AFT B₁ 的最低检出量，单位为微克（μg）；

V_1——加入苯-乙腈混合液的体积，单位为毫升（mL）；

f——样液的总稀释倍数；

V_2——出现最低荧光时滴加样液的体积，单位为毫升（mL）；

m——加入苯–乙腈混合液溶解时相当试样的质量，单位为克（g）；

1 000——换算系数。

结果表示到测定值的整数位。

33.2.2 双向展开法

如用单向展开法展开后，薄层色谱由于杂质干扰掩盖了 AFT B$_1$ 的荧光强度，需采用双向展开法。薄层板先用无水乙醚作横向展开，将干扰的杂质展至样液点的一边而 AFT B$_1$ 不动，然后再用丙酮–三氯甲烷（8+92）作纵向展开，试样在 AFT B$_1$ 相应处的杂质底色大量减少，因而提高了方法灵敏度。如用双向展开中滴加两点法展开仍有杂质干扰时，则可改用滴加一点法。

33.2.2.1 滴如两点法

33.2.2.1.1 点样

取薄层板三块，在距下端 3cm 基线上滴加 AFT B$_1$ 标准使用液与样液。即在三块板的距左边缘 0.8cm～1cm 处各滴加 10μL AFT B$_1$ 标准使用液（0.04μg/mL），在距左边缘 2.8cm～3cm 处各滴加 20μL 样液，然后在第二块板的样液点上加滴 10μL AFT B$_1$ 标准使用液（0.04μg/mL），在第三块板的样液点上加滴 10μL 0.2μg/mL AFT B$_1$ 标准使用液。

33.2.2.1.2 展开

33.2.2.1.2.1 横向展开：在展开槽内的长边置一玻璃支架，加 10mL 无水乙醇，将上述点好的薄层板靠标准点的长边置于展开槽内展开，展至板端后，取出挥干，或根据情况需要时可再重复展开 1 次～2 次。

33.2.2.1.2.2 纵向展开：挥干的薄层板以丙酮–三氯甲烷（8+92）展开至 10cm～12cm 为止。丙酮与三氯甲烷的比例根据不同条件自行调节。

33.2.2.1.3 观察及评定结果

在紫外光灯下观察第一、二板，若第二板的第二点在 AFT B$_1$ 标准点的相应处出现最低检出量，而第一板在与第二板的相同位置上未出现荧光点，则试样中 AFT B$_1$ 含量在 5μg/kg 以下。

若第一板在与第二板的相同位置上出现荧光点，则将第一板与第三板比较，看第三板上第二点与第一板上第二点的相同位置上的荧光点是否与 AFT B$_1$ 标准点重叠，如果重叠，再进行确证试验。在具体测定中，第一、二、三板可以同时做，也可按照顺序做。如按顺序做，当在第一板出现阴性时，第三板可以％省略，如第一板为阳性，则第二板可以省略，直接作第三板。

33.2.2.1.4 确证试验

另取薄层板两块，于第四、第五两板距左边缘 0.8cm～1cm 处各滴加 10μL

AFT B_1 标准使用液 0.04μg/mL 及 1 小滴三氟乙酸；在距左边缘 2.8cm~3cm 处，于第四板滴加 20μL 样液及 1 小滴三氟乙酸，于第五板滴加 20μL 样液、10μL AFT B_1 标准使用液（0.04μg/mL）及 1 小滴三氟乙酸。反应 5min 后，用吹风机吹热风 2min，使热风吹到薄层极上的温度不高于 40℃。再用双向展开法展开后，观察样液是否产生与 AFT B_1 标准点重叠的衍生物。观察时，可将第一板作为样液的衍生物空白板。如样液 AFT B_1 含量高时，则将样液稀释后，按 33.2.1.4 做确证试验。

33.2.2.1.5 稀释定量

如样液 AFT B_1 含量高时，按 16.3.1.5 稀释定量操作。如 AFT B_1 含量低，稀释倍数小，在定量的纵向展开板上仍有杂质干扰，影响结果的判断，可将样液再做双向展开法测定，以确定含量。

33.2.2.1.6 结果计算

同 33.2.1.6。

33.2.2.2 滴加一点法

33.2.2.2.1 点样

取薄层板三块，在距下端 3cm 基线上滴加 AFT B_1 标准使用液与样液。即在三块板臣左边缘 0.8cm~1cm 处各滴加 20μL 样液，在第二板的点上加 10μL AFT B_1 标准使用液（0.04μg/mL）。在第三板的点上加滴 10μL AFT B_1 标准溶液（0.2μg/mL）。

33.2.2.2.2 展开

同 33.2.2.1.2 的横向展开与纵向展开。

33.2.2.2.3 观察及评定结果

在紫外光灯下观察第一、二板，如第二板出现最低检出量的黄曲霉霉素 B_1 标准点，而第一板与其相同位置上未出现荧光点，试样中 AFT B_1 含量在 5μg/kg 以下。如第一板在与第二板 AFT B_1 相同位置上出现荧光点，则将第一板与第三板比较，看第三板上与第一板相同位置的荧光点是否与 AFT B_1 标准点重叠，如果重叠再进行以下确证试验。

33.2.2.2.4 确证试验

另取两板，于距左边缘 0.8cm~1cm 处，第四板滴加 20μL 样液、1 滴三氟乙酸；第五板滴加 20μL 样液、10μL0.04μg/mL AFT B_1 标准使用液及 1 滴三氟乙酸。产生衍生物及展开方法同 33.2.2.1。再将以上二板在紫外光灯下观察，以确定样液点是否产生与 AFT B_1 标准点重叠的衍生物，观察时可将第一板作为样液的衍生物空白板。经过以上确证试验定为阳性后，再进行稀释定量，如含 AFT B_1 低，不需稀释或稀释倍数小，杂质荧光仍有严重干扰，可根据样液中黄曲霉毒

素 B_1 荧光的强弱，直接用双向展开法定量。

33.2.2.2.5　结果计算

同 33.2.1.6。

34　精密度

每个试样称取两份进行平行测定，以其算术平均值为分析结果。

其分析结果的相对相差应不大于 60%。

35　其他

薄层板上黄曲霉毒素 B_1 的最低检出量为 0.0004μg，检出限为 5μg/kg。

附录 A
AFT B_1、AFT B_2、AFT G_1 和 AFT G_2 的标准浓度校准方法

用苯–乙腈（98＋2）或甲苯–乙腈（9＋1）或甲醇或乙腈溶液分别配制 8μg/mL～10μg/mL 的 AFT B_1、AFT B_2、AFT G_1 和 AFT G_2 的标准溶液。根据下面的方法，在最大吸收波段处测定溶液的吸光度，分别确定 AFT B_1、AFT B_2、AFT G_1 和 AFT G_2 的实际浓度。

用分光光度计在 340nm～370nm 处测定，经扣除溶剂的空白试剂本底，校正比色皿系统误差后，读取标准溶液的最大吸收波长（λmax）处吸光度值 A。校准溶液实际浓度 ρ 按式（A.1）计算：

$$\rho = A \times M \times \frac{1\,000}{\varepsilon} \cdots\cdots\cdots\cdots\cdots\cdots\cdots\cdots\cdots\cdots \text{（A.1）}$$

式中：

ρ——校准测定的 AFT B_1、AFT B_2、AFT G_1 和 AFT G_2 的实际浓度，单位为微克每毫升（μg/mL）；

A——在 λ_{max} 处测得的吸光度值；

M——AFT B_1、AFT B_2、AFT G_1 和 AFT G_2 摩尔质量，单位为克每摩尔（g/mol）；

ε——溶液中的 AFT B_1、AFT B_2、AFT G_1 和 AFT G_2 的吸光系数，单位为平方米每摩尔（m²/mol）。

AFT B_1、AFT B_2、AFT G_1 和 AFT G_2 的摩尔质量及摩尔吸光系数见表 A.1。

表 A.1 AFT B_1、AFT B_2、AFT G_1 和 AFT G_2 的摩尔质量及摩尔吸光系数

黄曲霉毒素名称	摩尔质量/(g/mol)	溶剂	摩尔吸光系数
AFT B_1	312	苯-乙腈(98+2)	19800
		甲苯-乙腈(9+1)	19300
		甲醇	21500
		乙腈	20700
AFT B_2	314	苯-乙腈(98+2)	20900
		甲苯-乙腈(9+1)	21000
		甲醇	21400
		乙腈	22100
AFT G_1	328	苯-乙腈(98+2)	17100
		甲苯-乙腈(9+1)	16400
		甲醇	17700
		乙腈	17600
AFT G_2	330	苯-乙腈(98+2)	18200
		甲苯-乙腈(9+1)	18300
		甲醇	19200
		乙腈	18900

附录 B
免疫亲和柱验证方法

B.1 柱容量验证

在 30mL 的 1% TritonX-100（或吐温-20）-PBS 中加入 600ngAFT B_1 标准储备溶液，充分混匀。分别取同一批次 3 根免疫亲和柱，每根柱的上样量为 10mL。经上样、淋洗、洗脱，收集洗脱液，用氮气吹干至 1mL，用初始流动相定容至 10mL，用液相色谱仪分离测定 AFT B_1 的含量。

结果判定：结果 AFT B_1≥160ng，为可使用商品。

B.2 柱回收率验证

在 30mL 的 1% TritonX-100（或吐温-20）-PBS 中加入 600ngAFT B_1 标准储

备溶液，充分混匀。分别取同一批次 3 根免疫亲和柱，每根柱的上样量为 10mL。经上样、淋洗、洗脱，收集洗脱液，用氮气吹干至 1mL，用初始流动相定容至 10mL，用液相色谱仪分离测定 AFT B$_1$ 的含量。

　　结果判定：结果 AFT B$_1$≥160ng，即回收率≥80%，为可使用商品。

B.3　交叉反应率验证

　　在 30mL 的 1% TritonX-100（或吐温-20）-PBS 中加入 300ngAFT G$_2$标准储备溶液，充分混匀。分别取同一批次 3 根免疫亲和柱，每根柱的上样量为 10mL。经上样、淋洗、洗脱，收集洗脱液，用氮气吹干至 1mL，用初始流动相定容至 10mL，用液相色谱仪分离测定 AFT G$_2$ 的含量。

　　结果判定：结果 AFT G$_2$≥80ng，为可同时测定 AFT B$_1$、AFT B$_2$、AFT G$_1$、AFT G$_2$时使用的商品。

附录 C
串联质谱法图谱

C.1　黄曲霉毒素 B$_1$ 离子扫描图见图 C.1。

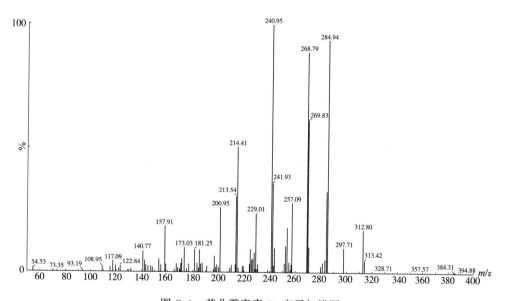

图 C.1　黄曲霉毒素 B$_1$ 离子扫描图

C.2　黄曲霉毒素 B$_2$ 离子扫描图见图 C.2。

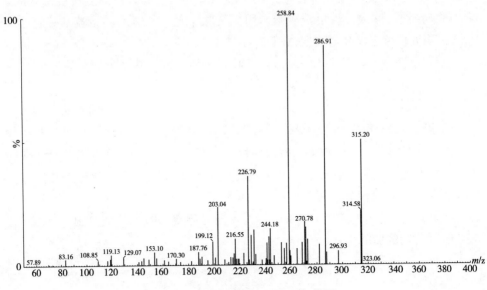

图 C.2 黄曲霉毒素 B$_2$ 离子扫描图

C.3 黄曲霉毒素 G$_1$ 离子扫描图见图 C.3。

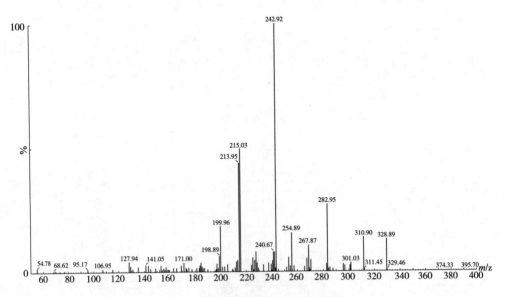

图 C.3 黄曲霉毒素 G$_1$ 离子扫描图

C.4 黄曲霉毒素 G$_2$ 离子扫描图见图 C.4。

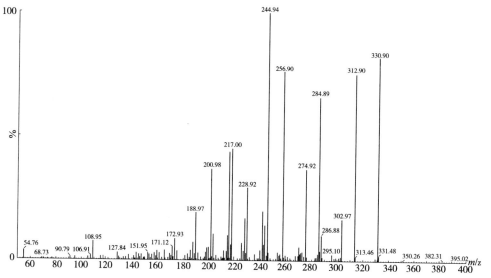

图 C.4　黄曲霉毒素 G₂ 离子扫描图

C.5　¹³C-黄曲霉毒素 B₁ 离子扫描图见图 C.5。

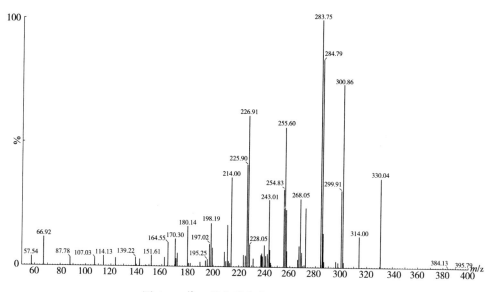

图 C.5　¹³C-黄曲霉毒素 B₁ 离子扫描图

C.6　¹³C-黄曲霉毒素 B₂ 离子扫描图见图 C.6。

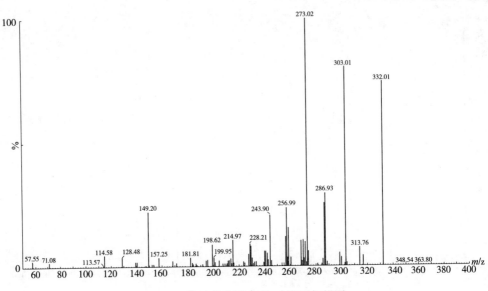

图 C.6 ^{13}C-黄曲霉毒素 B$_2$ 离子扫描图

C.7 ^{13}C-黄曲霉毒素 G$_1$ 离子扫描图见图 C.7。

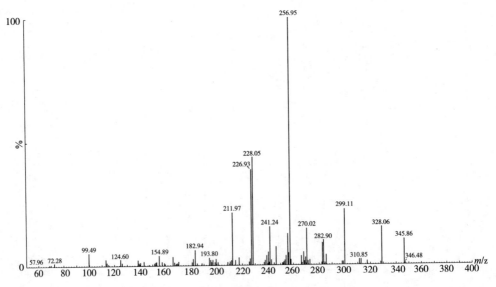

图 C.7 ^{13}C-黄曲霉毒素 G$_1$ 离子扫描图

C.8 ^{13}C-黄曲霉毒素 G$_2$ 离子扫描图见图 C.8。

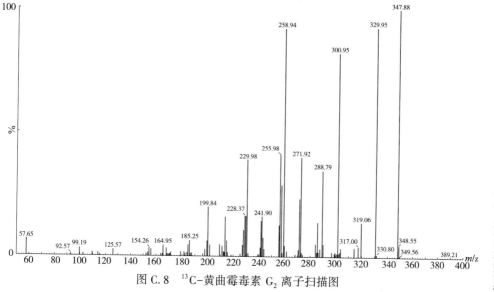

图 C.8 ^{13}C-黄曲霉毒素 G$_2$ 离子扫描图

C.9 四种黄曲霉毒素和同位素的串联质谱图见图 C.9。

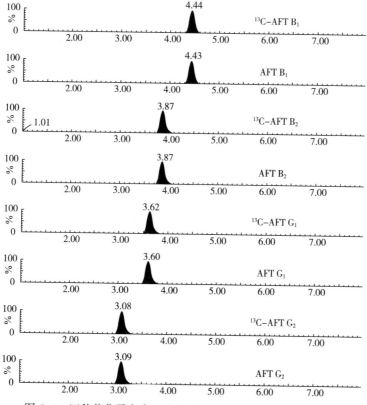

图 C.9　四种黄曲霉毒素及其同位素内标化合物的串联质谱图

附录 D
液相色谱图

D.1 四种黄曲霉毒素 TFA 柱前衍生液相色谱图见图 D.1。

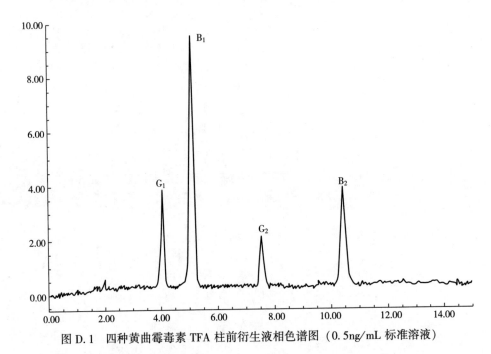

图 D.1 四种黄曲霉毒素 TFA 柱前衍生液相色谱图（0.5ng/mL 标准溶液）

D.2 四种黄曲霉毒素大流通池检测色谱图见图 D.2。

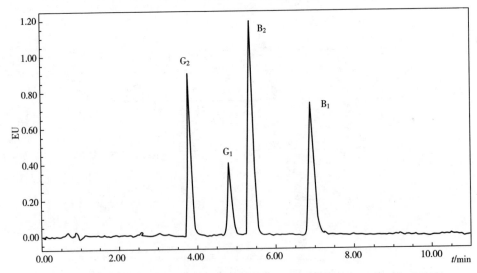

图 D.2 四种黄曲霉毒素大流通池检测色谱图（双波长检测）（2ng/mL 标准溶液）

D.3 四种黄曲霉毒素柱后光化学衍生法检测色谱图见图 D.3。

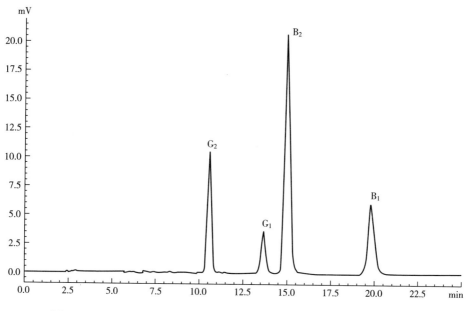

图 D.3　四种黄曲霉毒素柱后光化学衍生法色谱图（5ng/mL 标准溶液）

D.4 四种黄曲霉毒素柱后碘衍生法检测色谱图见图 D.4。

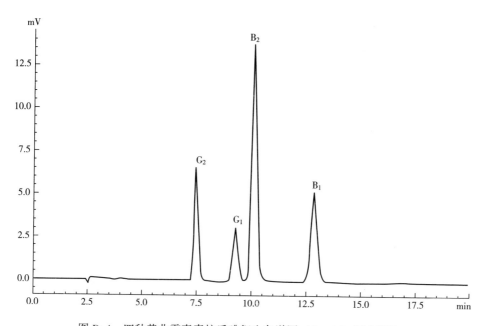

图 D.4　四种黄曲霉毒素柱后碘衍生色谱图（5ng/mL 标准溶液）

D.5 四种黄曲霉毒素柱后溴衍生法检测色谱图见图 D.5。

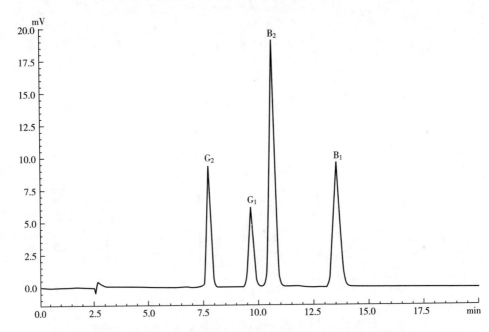

图 D.5 四种黄曲霉毒素柱后溴衍生色谱图 (5ng/mL 标准溶液)

D.6 四种黄曲霉毒素柱后电化学衍生法检测色谱图见图 D.6。

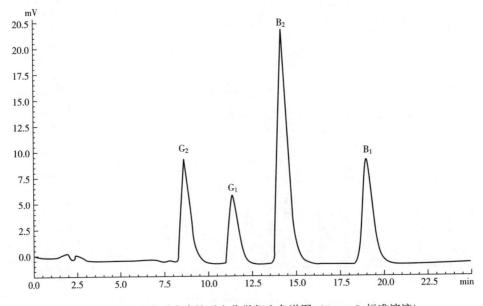

图 D.6 四种黄曲霉毒素柱后电化学衍生色谱图 (5ng/mL 标准溶液)

附录 E
酶联免疫试剂盒的质量判定方法

选取小麦粉或其他阴性样品，根据所购酶联免疫试剂盒的检出限，在阴性基质中添加 3 个浓度水平的 AFT B_1 标准溶液（2μg/kg、5μg/kg、10μg/kg）。按照说明书操作方法，用读数仪读数，做三次平行实验。针对每个加标浓度，回收率在 50%~120% 容许范围内的该批次产品方可使用。

注：当试剂盒用于特殊膳食用食品基质检测时，需根据其限量，考察添加浓度水平为 0.2μg/kgAFT B_1 标准溶液的回收率。

附录五　GB/T 5009.172—2003

《大豆、花生、豆油、花生油中氟乐灵残留量的测定》

1　范围

本标准规定了大豆、花生、豆油、花生油中氟乐灵残留量的测定方法。

本标准适用于大豆、花生，豆油、花生油中氟乐灵残留量的测定。

本方法的检出限为 0.001ng。线性范围：0.01μg/mL～0.10μg/mL。

2　原理

试样中氟乐灵用甲醇或丙酮提取后，经液-液分配和弗罗里硅土柱净化后，用具电子捕获检测器的气相色谱仪测定，外标法定量。

3　试剂

3.1　甲醇：全玻璃蒸馏器重蒸。

3.2　丙酮：全玻璃蒸馏器重蒸。

3.3　石油醚：取 1000mL 石油醚（60℃～90℃）加 1g 氢氧化钠和 1g 沸石，回流 7h～8h 后冷却过夜，全玻璃蒸馏器蒸馏。

3.4　无水硫酸钠：取 50g 无水硫酸钠用经处理过的石油醚 50mL 振摇过滤，再加 25mL 石油醚振摇过滤。自然风干后 350℃烘 4h，干燥器中冷却备用。

3.5　硫酸钠溶液；50g/L。

3.6　弗罗里硅土：层析用（60 目～120 目），于 650℃灼烧 8h，干燥器冷却后加 5%（质量分数）蒸馏水振摇均匀，平衡过夜待用。

3.7　脱脂棉：将脱脂棉放入索氏提取器中，加丙酮-石油醚（4+96）溶剂，于水浴上回流 4h，抽干后让其自行挥发至干。

3.8　活性炭，取 100g 粉状活性炭用 6mol/L 盐酸调成浆状，煮沸 1h 后抽滤，用蒸馏水洗至无氯离子，120℃烘干备用。

3.9　氟乐灵标准溶液用石油醚将氟乐灵标准品（Trifluralin 含量≥99.5%）配制成 1.00mg/mL 的标准储备液，临用前用石油醚稀释成 1.0μg/mL 的标准工作液。

4　仪器和设备

4.1　气相色谱仪：具电子捕获检测器（ECD，Ni[63]）。

4.2 电动粉碎机。

4.3 电动振荡器。

4.4 离心机：3000r/min.

4.5 全玻璃蒸馏装置。

4.6 旋转蒸发器。

4.7 层析柱：内径1.5cm，长25cm玻璃层析柱。

4.8 具塞三角烧瓶：250mL。

4.9 分液漏斗，125mL、250mL。

5 分析步骤

5.1 试样的制备

称取大豆，花生试样各1.0kg，按四分法对角取样各100g用电动粉碎机粉碎，通过40目筛备用，大豆油、花生油用原样。

5.2 提取

5.2.1 大豆、花生

取大豆或花生样10.0g，置于250mL具塞三角烧瓶中，加甲醇100mL浸渍过夜。次日于振荡器上振荡30min，过滤后滤液离心10min。吸取滤液20mL于250mL分液漏斗中，加100mL硫酸钠溶液混匀。加50mL石油醚振摇萃取2min，静置分层后将下层水溶液放入另一分液漏斗中，再加50mL石油醚萃取一次。合并石油醚层通过盛有2g～3g无水硫酸钠的漏斗脱水于250mL圆底烧瓶中，在50℃水浴上旋转蒸发浓缩至5mL左右待净化。

5.2.2 豆油、花生油

称取大豆油或花生油5.0g，用50mL丙酮溶解并转入125mL分液漏斗中，加水10mL振摇1min。静置分层后，将油层分离至另一分液漏斗中，加丙酮50mL和水10mL重复提取一次。弃去油层，合并丙酮水溶液（如乳化严重离心分去油滴），吸取24mL于250mL分液漏斗中，加100mL硫酸钠溶液混匀。以下按5.2.1自"加50mL石油醚振摇萃取2min……"依法操作。

5.3 净化

将层析柱用少许脱脂棉垫底后，加1cm高的无水硫酸钠，将6g弗罗里硅土和石油醚混合湿法装入柱内，加0.1g活性炭，再加1cm高的无水硫酸钠，加50mL石油醚预淋洗后弃之。将提取液转移至柱内，打开柱下端活塞用250mL圆底烧瓶收集流出液，当柱内液面降至上端无水硫酸钠层后，用100mL石油醚以2mL/min～3mL/min的速度淋洗。将淋洗液于50℃旋转蒸发至1.0mL左右，转移至2.0mL容量瓶并用石油醚分次洗涤烧瓶后定容。

5.4 色谱参考条件

色谱柱：内径 3mm，长 2m 玻璃柱，内填 4.5% DC-200+2.5% OV-17 混合固定液的 80 目~100 目 Chromosorb W AW-DMCS 固定相；

柱温：190℃；

进样口温度：250℃；

检测器温度：250℃；

载气：氮（≥99.999%），流速 60mL/min。

5.5 测定

将标准工作液用石油醚稀释成 0.00、0.01、0.02、0.04、0.06、0.08、0.10μg/mL 氟乐灵的标准系列，分别取 1.0μL 进样。每个浓度重复 3 次，记录保留时间。将峰高或峰面积均值对氟乐灵的含量求出直线回归方程式。同时取净化后的试样液 1.0μL 注入色谱仪，将得到的峰高或峰面积均值代入方程式，求出试样中氟乐灵的含量。在上述色谱条件下，氟乐灵的保留时间为 2min 48s。

5.6 结果计算

按下式计算：

$$X = \frac{c \times V \times 5}{m}$$

式中：

X——试样中氟乐灵的残留量，单位为毫克每千克（mg/kg）；

c——样液中瓶乐灵的浓度，单位为微克每毫升（μg/mL）；

V——样液最终定容体积，单位为毫升（mL）；

m——试样质量，单位为克（g）；

5——试样稀释因子。

计算结果保留两位有效数字。

6 精密度

在重复性条件下获得的两次独立测定结果的绝对差值不得超过算术平均值的 10%。

7 色谱图

色谱图见图 1。

氟乐灵

图1 氟乐灵标准色谱图

附录六 GB/T 5009.180—2003
《稻谷、花生仁中恶草酮残留量的测定》

1 范围

本标准规定了稻谷、花生仁中恶草酮残留量的测定方法。

本标准适用于稻谷、花生仁中恶草酮残留量的测定。

本方法检出限：0.001ng。

线性范围：0.01μg/mL～0.1μg/mL。

2 原理

样品中的恶草酮用有机溶剂提取，经弗罗里硅土预处理小柱净化，用附有电子捕获检测器的气相色谱仪测定，外标法定量。

3 试剂

3.1 丙酮。

3.2 乙醚。

3.3 正己烷。

3.4 无水硫酸钠：650℃灼烧4h，贮于密封容器中备用。

3.5 恶草酮（oxadiazon），纯度≥98%。

3.6 标准储备溶液：称取恶草酮0.1000g，置于100mL容量瓶，用正己烷稀释至刻度，制成浓度为1.000mg/mL的贮备液。

3.7 标准使用溶液，将标准储备溶液（3.6）稀释100倍，浓度为10μg/mL。

3.8 预处理小柱：PT-弗罗里硅土吸附剂型（市售）。弗罗里硅土吸附剂型小柱依次用4mL正己烷，4mL正己烷-乙醚（2+1）、2mL正己烷淋洗。

4 仪器与设备

4.1 气相色谱仪：具有电子捕获检测器（ECD）。

4.2 小型粉碎机。

4.3 超声波清洗器。

4.4 K.D.浓缩器。

5　分析步骤

5.1　试样制备

称取 5.00 g 已粉碎的试样于 100mL 烧杯中，加 10mL 丙酮，在超声波清洗器中提取 10min，将上清液移入 25mL 容量瓶中，重复提取一次，用丙酮定容至 25mL，取 1mL 提取液，氮气吹干，2mL 正己烷溶解。

5.2　净化

将提取液（5.1）移入已处理过的弗罗里硅土吸附柱，用 10mL 正己烷洗脱，正己烷+乙醚（2+1）5mL 洗脱，K.D. 浓缩器收集洗脱液，氮气吹干，正己烷定容至 1.0mL 备用。

5.3　气相色谱参考条件

5.3.1　色谱柱，OV-17 交联毛细管柱（30m×0.53mm×0.25μm）。

5.3.2　温度：柱温 185℃，气化室、检测器温度 230℃。

5.3.3　载气：氮气（纯度 99.999%），分流比 30∶1，尾吹 50mL/min。

5.4　测定

将标准使用溶液配制成 0.000、0.005、0.010、0.020、0.040、0.060、0.080、0.100μg/mL 的标准系列，各取 1μL 注入气相色谱仪中，记录峰面积（或峰高）。

取净化液（5.2）1μL 注入气相色谱仪中，记录峰面积（或峰高），由标准曲线计算样品中恶草酮的含量。

6　结果计算

试样中恶草酮测定含量按式（1）计算。

$$X = \frac{X_1 \times V \times 1000}{m \times 1000} \quad\cdots\cdots\cdots\cdots\cdots\cdots\cdots\cdots\cdots\cdots\cdots (1)$$

式中：

X——食品中恶草酮含量，单位为毫克每千克（mg/kg）；

X_1——由标准曲线计算出恶草酮含量，单位为微克每毫升（μg/mL）；

m——试样质量，单位为克（g）；

V——试样提取液定容体积，单位为毫升（mL）。

结果表述：计算结果表示至小数点后两位。

7　精密度

在重复性条件下获得的两次独立测定结果的绝对差值不得超过算术平均值的 10%。

8 气相色谱参考图

条件 色谱柱：OV-17 交联毛细管柱（30m×0.53mm×0.25μm）。

温度：柱温 185℃，气化室、检测器温度 230℃。

载气：氮气（纯度 99.999%），分流比 30∶1，尾吹 50mL/min。

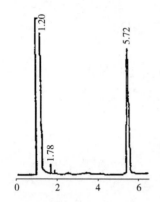 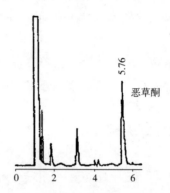

图 1　恶草酮标准色谱参考图样品　　图 2　样品加标（花生）色谱图

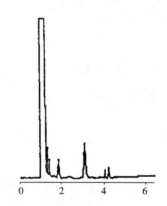

图 3　样品空白（花生）色谱图

附录七 GB/T 5009.174—2003
《花生、大豆中异丙甲草胺残留量的测定》

1 范围

本标准规定了花生、大豆中异丙甲草胺残留量的测定方法。

本标准适用于花生、大豆中异丙甲草胺残留量的测定。

本方法检出限：0.016ng；线性范围：0.05ng～5.0ng。

2 原理

样品中的异丙甲草胺经有机溶剂提取、净化，用附有电子捕获检测器的气相色谱仪测定，采用保留时间定性，与标准系列比较定量。

3 试剂

3.1 正己烷，重蒸馏。

3.2 乙醚。

3.3 甲醇+水（80+20）。

3.4 200g/L氯化钠水溶液。

3.5 无水硫酸钠：650℃灼烧4h，贮于密闭容器中备用。

3.6 预处理小柱：PT-硅镁吸附剂型。硅镁吸附剂型小柱依次用4mL正己烷、4mL正己烷-乙醚（2+1）、2mL正己烷淋洗。

3.7 异丙甲草胺标准贮备液：称取异丙甲草胺（metolachlor，纯度＞97%），0.1000g，精确到0.0001g，置于100mL容量瓶中，用正己烷溶解并定容至刻度，得到1mg/mL的标准贮备液。

3.8 异丙甲草胺标准使用液：取贮备液（3.7）5.0mL用正己烷定容至100mL，浓度50μg/mL。

4 仪器

4.1 气相色谱仪：具有电子捕获检测器。

4.2 超声波清洗器。

4.3 电动离心机：3000r/min。

4.4 K-D浓缩接受器。

4.5 50mL 离心管。

4.6 125mL 分液漏斗。

5 分析步骤

5.1 试样制备

称取经捣碎试样 5.00g，精确至 0.01g，置于 50mL 离心管中，加 20mL 甲醇+水（80+20），放入超声波清洗器中提取 20min，在离心机上离心 10min（3000r/min），将上清液移入 125mL 分液漏斗中，在残渣中依次加入 10mL、10mL 甲醇+水（80+20），各提取 20min，合并甲醇+水溶液于 125mL 分液漏斗中，加 5mL 200g/L 氯化钠水溶液，加 10mL 正己烷，振摇 1min，注意放气，静止分层后，将下层溶液转移至另一个分液漏斗中，再加入 10mL 正己烷，萃取，合并萃取液，经无水硫酸钠脱水后，于 25mL 容量瓶中定容。

5.2 样品的净化

取 2mL 提取液（5.1）过预处理小柱，用 10mL 正己烷洗脱，5mL 正己烷+乙醚（2+1）洗脱，收集两种洗脱液于 K-D 浓缩器收集器中，氮气吹干，正己烷定容至 1.0mL，备用。

5.3 气相色谱参考条件

5.3.1 色谱柱：SE—30 交联毛细管柱 25m×0.53mm×0.25μm。

5.3.2 气化室温度：230℃。

5.3.3 检测器温度：260℃。

5.3.4 柱箱温度：175℃。

5.3.5 载气（N_2）流速：分流比 30∶1 尾吹 50mL/min。

5.4 测定

标准使用液配成浓度分别为 0.05、0.10、0.50、1.00、2.00、4.00、5.00μg/mL 系列。各取 1μL 进行气相色谱分析，记录峰面积（或峰高）。

取试样净化液（5.2）1μL 进行气相色谱分析，记录峰面积（或峰高）。

6 结果计算

按下式计算：

$$\rho = \frac{\rho_1 V \times 1000}{m \times \dfrac{V_1}{V_2} \times 1000}$$

式中：

ρ——食品中异丙甲草胺含量，单位为毫克每千克（mg/kg）；

ρ_1——标准曲线上计算出异丙甲草胺浓度，单位为微克每毫升（μg/mL）；

V——提取液体积，单位为毫升（mL）；

V_1——提取液上预处理小柱的体积，单位为毫升（mL）；

V_2——净化后样品定容体积，单位为毫升（mL）；

m——试样质量，单位为克（g）。

计算结果保留两位有效数字。

7 精密度

在重复性条件下获得的两次独立测定结果的绝对差值不得超过算术平均值的 10%。

8 气相色谱参考图

见图 1、图 2、图 3。

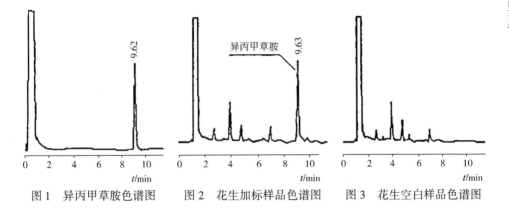

图 1 异丙甲草胺色谱图　　图 2 花生加标样品色谱图　　图 3 花生空白样品色谱图

气相色谱参考条件：色谱柱：SE-30 交联毛细管柱 25m×0.53mm×0.25μm。

气化室温度：230℃。检测器温度：260℃。柱箱温度：175℃。

载气（N₂）流速：分流比 30∶1　尾吹 50mL/min

附录八 GB/T 14929.2—1994
《花生仁、棉籽油、花生油中涕灭威残留量测定方法》

1 主题内容与适用范围

本标准规定了涕灭威残留量的测定方法。

本标准适用于花生仁、棉籽油、花生油中涕灭威及代谢物残留量的测定。本方法最低检出限 1.47μg，取样 25g，定容 1.0mL，进样 10μL，最小检出浓度 0.0059mg/kg。

2 原理

含有涕灭威及氧化代谢物涕灭威亚砜、涕灭威砜的样品，在提取过程中加入强氧化剂使涕灭威、涕灭威亚砜氧化成在气相色谱仪火焰光度检测器上有较高响应的涕灭威砜进行测定。涕灭威残留总量以涕灭威砜的量表示。

3 试剂

3.1 除特殊规定外，只应使用分析纯试剂和蒸馏水或同等纯度水。

3.2 丙酮。

3.3 二氯甲烷。

3.4 无水硫酸钠。

3.5 10%碳酸氢钠溶液。

3.6 过氧乙酸溶液：过氧化氢：乙酸＝2：1。

3.7 涕灭威砜标准储备溶液：精密称取涕灭威砜标准品 50.0mg，置于 50mL 容量瓶中，加少量二氯甲烷溶解，用二氯甲烷稀释到刻度。配成每毫升含涕灭威砜 1.0mg 的标准溶液。

3.8 涕灭威砜标准使用溶液：吸取标准储备溶液 5.0mL，用二氯甲烷定容至 50mL，该中间溶液浓度为 0.10mg/mL。依次吸取中间溶液 1.0、2.0、3.0、4.0、5.0mL，以二氯甲烷分别定容至 100mL，配成浓度为 1.0、2.0、3.0、4.0、5.0μg/mL 标准系列。

4 仪器

4.1 电动振荡器。

4.2　旋转蒸发仪。

4.3　净化柱：在 1.3cm（内径）×8cm 层析柱中依次装入 1cm 无水硫酸钠，4g 弗罗里硅土，1cm 无水硫酸钠。

4.4　气相色谱仪：具有火焰光度检测器。

5　操作方法

5.1　样品处理

5.1.1　水果：样品洗净、擦干，取可食部分捣碎、混匀。称取约 25g 试样，精确至 0.001g。置于 250mL 具塞锥形瓶中，加入 100mL 丙酮-水（3∶1），振荡 0.5h。经滤纸过滤，用 50mL 丙酮-水分三次冲洗锥形瓶及残渣，合并滤液。在水浴 45℃条件下减压浓缩至约 100mL。样液置于 250mL 分液漏斗中，加入 5mL 过氧乙酸溶液，振荡 0.5h。缓慢加入 50mL 碳酸氢钠溶液，摇至无气泡产生。用 50、25、25mL 二氯甲烷萃取三次，合并二氯甲烷，经无水硫酸钠干燥，在水浴 45℃条件下减压浓缩至 1.0mL，待测定。

5.1.2　花生仁、粮谷等：样品粉碎、混匀，按 5.1.1 "称取 25g 样品，……经无水硫酸钠干燥。"操作。萃取液浓缩至约 20mL。

层析柱先用 25mL 甲苯-二氯甲烷（1∶1）预洗。将上液转入柱中，弃去流出部分，依次用 50mL（2∶98）、100mL（1∶1）丙酮-乙酰淋洗，收集、合并两次淋洗液。在水浴 45℃条件下减压浓缩至近干，取下用氮气吹干。加 1.0mL 二氯甲烷溶解残渣，待测定。

5.2　色谱条件

5.2.1　色谱柱：玻璃柱：长 1m，内径 3mm；固定相：15%FFAP/Chromosorb W AW 80~100 目。

5.2.2　检测器：火焰光度检测器，S 滤光片。

5.2.3　温度：柱箱 190℃；进样口 230℃；检测器 230℃。

5.2.4　气流：氮气 45mL/min；氢气 80mL/min；空气 100mL/min。

5.3　测定

根据气相色谱仪灵敏度，取标准系列各浓度 5~10μL 分别注入气相色谱仪。测得各浓度标准溶液的峰高，以进样体积下的标准物含量（ng）为横坐标，峰高（mm）为纵坐标绘制标准曲线。

取样品溶液 5~10μL 注入气相色谱仪。测得涕灭威砜的峰高（mm），从标准曲线中查出相应的含量（ng）。

5.4　计算

$$X(\mathrm{mg/kg}) = \frac{m \times V_0 \times 1000}{W \times V_1 \times 1000}$$

式中：

X——样品中涕灭威砜含量，mg/kg；

m——样品峰在标准曲线中查得的相应含量，ng；

V_0——样品液体积，mL；

W——称样量，g；

V_1——进样体积，μL；

1000——单位换算系数。

6 精密度

本方法相对标准差小于13%。

7 色谱图及标准曲线

涕灭威砜色谱图见图1；涕灭威标准曲线见图2。

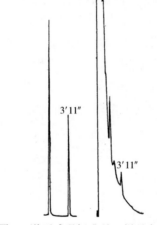

图1 涕灭威砜标准品、样品色谱图

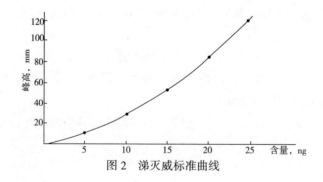

图2 涕灭威标准曲线

附加说明：

本标准由卫生部卫生监督司提出。

本标准由北京市卫生防疫站、中国农业科学院植物保护研究所、北京市农林科学院植物保护环境保护研究所负责起草。

本标准主要起草人孙淳、焦淑贞、高宣德、石建成、刘杰。

本标准由卫生部委托技术归口单位卫生部食品卫生监督检验所负责解释。

附录九 GB/T 24903—2010
《粮油检验 花生中白藜芦醇的测定高效液相色谱法》

1 范围

本标准规定了高效液相色谱法测定花生中白藜芦醇含量的原理、试剂和材料、仪器和设备、操作步骤及结果计算。

本标准适用于花生果、花生仁中白藜芦醇含量的测定。

样品中白藜芦醇的检出限为 0.1mg/kg。

2 规范性引用文件

下列文件中的条款通过本标准的引用而成为本标准的条款。凡是注日期的引用文件，其随后所有的修改单（不包括勘误的内容）或修订版均不适用于本标准，然而，鼓励根据本标准达成协议的各方研究是否可使用这些文件的最新版本。凡是不注日期的引用文件，其最新版本适用于本标准。

GB/T 6682 分析实验室用水规格和试验方法

3 原理

试样中的白藜芦醇用乙醇−水溶液提取，提取液离心后，取上清液，用配有紫外检测器的高效液相色谱仪进行测定，以外标法定量。

4 试剂和材料

除另有规定外，所用试剂均为分析纯，实验用水应符合 GB/T 6682 中二级要求。

4.1 无水乙醇。

4.2 甲醇：色谱纯。

4.3 乙腈：色谱纯。

4.4 冰醋酸。

4.5 85%乙醇溶液：取 850mL 乙醇（4.1），加 150mL 水，混匀。

4.6 液相流动相：乙腈+水+冰醋酸 = 25+75+0.09。取 250mL 乙腈（4.3），加入 750mL 水和 0.9mL 冰醋酸（4.4）混匀，通过 0.2μm 的滤膜（5.6）并脱气。

4.7 白藜芦醇标准品：纯度≥99%。

4.8 白藜芦醇标准储备溶液：准确称取 12.5mg（精确至 0.0001g）白藜芦醇标准品（4.7），用甲醇（4.2）溶解并定容至 250mL，得到 50mg/L 白藜芦醇标准储备液，避光保存于 4℃冰箱备用。

4.9 白藜芦醇标准工作溶液：准确移取 1mL、2mL、4mL、6mL、8mL、10mL 白藜芦醇标准储备液（4.8），用甲醇（4.2）稀释并定容至 50mL，得到一系列的标准工作溶液（质量浓度分别为 1mg/L、2mg/L、4mg/L、6mg/L、8mg/L、10mg/L）。

5 仪器和设备

5.1 高效液相色谱仪：带紫外检测器。

5.2 粉碎机：高速万能粉碎机，转速 24000r/min，或相当的设备。

5.3 台式离心机：不低于 5000r/min，或相当的设备。

5.4 微量进样器：10μL。

5.5 天平：感量 0.01g、0.0001g。

5.6 滤膜：孔径 0.2μm，直径 25mm 的聚砜膜或相当者。

6 操作步骤

6.1 试样制备

花生果样品剥壳，花生仁样品直接取样。

分取花生仁样品约 100g，用粉碎机（5.2）粉碎 2min～3min。

6.2 提取

称取粉碎试样约 5g（精确至 0.01g）于 250mL 具塞三角瓶中，加入 60mL 85%乙醇溶液（4.5），置于 80℃水浴中提取 45min，不时振摇，冷却后用滤纸过滤，以少量 85%乙醇溶液（4.5）洗涤残渣，过滤，合并滤液，定容至 100mL。移取 1mL～2mL 滤液，离心 5min，离心速度不低于 5000r/min，离心后的上清液供进样测定。

6.3 测定

6.3.1 高效液相色谱参考条件

色谱柱：C_{18}柱，150mm×3.9mm（内径），4μm，或相当者。

流动相：乙腈+水+冰醋酸（4.6）。

流速：0.7mL/min。

紫外检测器：波长 306nm。

柱温：室温。

进样量：10μL。

白藜芦醇标准品及样品测定的色谱图参见附录 A。

6.3.2 定量

用微量进样器（5.4）分别吸取等体积的白藜芦醇标准工作溶液和样品离心后的上清液进样分析，测定响应值（峰高或峰面积），以标准工作液的浓度与相应的峰面积绘制标准曲线，以样液白藜芦醇的峰面积查标准曲线，求得相应的白藜芦醇的浓度（c_s）。

7 结果计算

花生仁样品中白藜芦醇的含量按式（1）计算：

$$X_1 = \frac{c_s \times A \times V}{A_s \times m} \quad \cdots\cdots\cdots\cdots\cdots\cdots\cdots\cdots\cdots\cdots\cdots\cdots\cdots \quad (1)$$

式中：

X_1——样品中白藜芦醇的质量分数，单位为毫克每千克（mg/kg）；

V——试样最终定容体积，单位为毫升（mL）；

A——样液中白藜芦醇的峰面积数值；

c_s——标准溶液中白藜芦醇的浓度，单位为毫克每升（mg/L）；

A_s——标准溶液中白藜芦醇的峰面积数值；

m——称取试样的质量，单位为克（g）。

测定结果以花生仁中白藜芦醇含量计，保留至小数点后 1 位数字。

在重复性条件下获得的两次独立测定结果的绝对差值不得超过算术平均值的 10%。

附录 A

（资料性附录）

白藜芦醇色谱图

白藜芦醇的色谱图见图 A.1 和图 A.2。

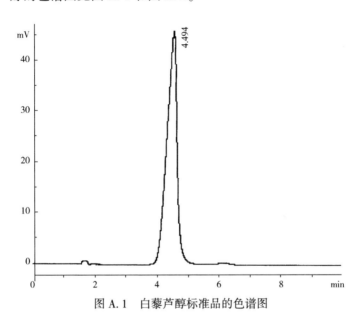

图 A.1　白藜芦醇标准品的色谱图

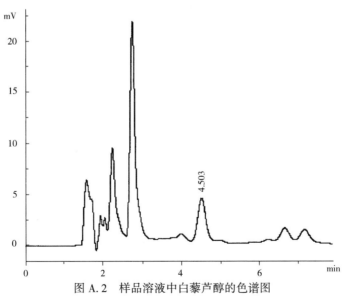

图 A.2　样品溶液中白藜芦醇的色谱图

附录十　其他花生及花生油相关标准

团体标准
《花生油质量安全
生产技术规范》
（报批稿）

LS/T 3311—2017
《花生酱》

花生油真实性
检测鉴别
（离子迁移谱法）

QB/T 1733.1—2015
《花生制品通
用技术条件》

NY/T 2400—2013
《绿色食品　花生
生产技术规程》

QB/T 2439—1999
《植物蛋白饮料
花生乳（露）》

参考文献

［1］刘玉兰等．油脂制取与加工工艺学．北京：科学出版社，2003 年 9 月第 4 版．

［2］何东平．油脂制取及加工技术．武汉：湖北科学技术出版社，1998 年 8 月第 4 版．

［3］周瑞宝主编．花生加工技术．北京：化学工业出版社，2003 年 1 月第一版．

［4］刘振华等主编．花生加工技术研究．北京：中国农业科学技术出版社，2016 年 8 月第一版．

［5］杨庆利等．花生功能成分加工学．北京：中国农业出版社，2010 年 10 月第一版．

［6］郑竟成．油料资源综合利用．

［7］邹世能等．花生加工技术发展综述．适用技术市场，1996 年第 4 期 p5.

［8］毛兴文．世界花生生产及 21 世纪初发展趋势．世界农业 2000 年第 1 期 p23.

［9］郑畅等．高油酸花生油与普通油酸花生油的脂肪酸．微量成分含量和氧化稳定性，中国油脂，2014 年第 39 卷第 11 期 p40-43.

［10］周晓等．花生磷脂制取工艺的研究．食品科技，2008 年第 8 期 104-105.

［11］王海鸥等．花生黄曲霉毒素污染与控制．江苏农业科学，2015 年第 43 卷第 1 期 270-272.

［12］武琳霞等．花生黄曲霉毒素污染预警技术研究进展．中国油料作物学报 2016，38（1）：120-126.

［13］郑建仙等．功能性食品学［M］．北京：中国轻工业出版社，2003 年．

［14］刘曼丽等．花生红衣多酚的研究进展．中国食物与营养 2013，19（8）：35-38.

［15］温志英等．花生红衣综合利用现状及发展前景．中国粮油学报 2010 年第 1 期 143-145.

［16］杨伟强等．花生壳在食品工业中的综合开发与利用．花生学报 2003，32（1）：33-35.

［17］耿响．二维红外光谱分析技术在食用植物油品质检测中的应用研究．2010 年博士学位论文．

［18］李新会．基于化学计量学和 FT-IR、GC-MS 技术的食用油品质分析．2016 年硕士论文．